Pro/E Wildfire 5.0 中文版
完全自学一本通

胡志刚 乔现玲 编著

电子工业出版社
Publishing House of Electronics Industry
北京·BEIJING

内容简介

Pro/E 是美国 PTC 公司的标志性软件，该软件已逐渐成为当今世界最为流行的 CAD/CAM/CAE 软件之一，被广泛用于电子、通信、机械、模具、汽车、自行车、航天、家电、玩具等各制造行业的产品设计。

本书基于 Pro/E Wildfire 5.0 软件的全功能模块，对其进行全面细致的讲解。本书配合大量的制作实例由浅到深、循序渐进地介绍了 Pro/E 的基本操作及命令的使用。

本书共 21 章，从 Pro/E 的安装和启动开始，详细介绍了 Pro/E 的基本操作与设置、草图功能、基本实体特征设计、构造特征设计、特征编辑与操作、参数化设计、曲面功能、曲面编辑与操作、渲染设计、工程图设计、装配设计、钣金设计、塑料顾问分析、注塑模具设计、数控加工等内容，并将相关行业的应用案例详细讲解给读者。

本书结构严谨、内容翔实、知识全面、可读性强，设计实例实用性强、专业性强、步骤明确，是广大读者快速掌握中文版 Pro/E Wildfire 5.0 的自学实用指导书，也可作为大专院校计算机辅助设计课程的指导教材。

本书配套光盘提供了书中实例和练习的源文件，以及教学视频，方便读者练习使用。

未经许可，不得以任何方式复制或抄袭本书之部分或全部内容。
版权所有，侵权必究。

图书在版编目（CIP）数据

Pro/E Wildfire 5.0中文版完全自学一本通 / 胡志刚, 乔现玲编著. -- 北京：电子工业出版社, 2018.5
ISBN 978-7-121-33877-9

Ⅰ.①P… Ⅱ.①胡… ②乔… Ⅲ.①机械设计－计算机辅助设计－应用软件 Ⅳ.①TH122

中国版本图书馆CIP数据核字(2018)第053026号

责任编辑：姜　伟
特约编辑：刘红涛
印　　刷：涿州市京南印刷厂
装　　订：涿州市京南印刷厂
出版发行：电子工业出版社
　　　　　北京市海淀区万寿路173信箱　　邮编：100036
开　　本：787×1092　1/16　　印张：34.5　　字数：998.1千字
版　　次：2018年5月第1版
印　　次：2022年10月第11次印刷
定　　价：89.80元（含光盘1张）

凡所购买电子工业出版社图书有缺损问题，请向购买书店调换。若书店售缺，请与本社发行部联系，联系及邮购电话：（010）88254888，88258888。
质量投诉请发邮件至 zlts@phei.com.cn，盗版侵权举报请发邮件至 dbqq@phei.com.cn。
本书咨询联系方式：（010）88254161～88254167转1897。

前言 PREFACE

Pro/E 是美国 PTC 公司的标志性软件，该软件能将设计至生产的过程集成在一起，让所有的用户同时进行同一产品的设计制造工作，它提出的参数化、基于特征、单一数据库、全相关及工程数据再利用等概念改变了 MDA（Mechanical Design Automation）的传统观念，这种全新的概念已成为当今世界 MDA 领域的新标准。自问世以来，由于其强大的功能，现已逐渐成为当今世界最为流行的 CAD/CAM/CAE 软件之一，被广泛用于电子、通信、机械、模具、汽车、自行车、航天、家电、玩具等各制造行业的产品设计。

本书内容

本书基于 Pro/E Wildfire 5.0 软件的全功能模块，对其进行了全面细致的讲解。本书配合大量的制作实例由浅到深、循序渐进地介绍了 Pro/E 5.0 的基本操作及命令的使用。

全书共 21 章。章节内容安排如下：

第 1 章~第 2 章：主要介绍 Pro/E Wildfire 5.0 的界面、安装、基本操作与设置等内容。这些内容可以帮助用户熟练地操作 Pro/E 软件；

第 3 章~第 10 章：这部分内容包括 Pro/E 的草图、特征建模、曲面建模、曲线/曲面及实体模型的测量和分析，通过这样的一个循序渐进的讲解过程，让读者轻松掌握 Pro/E 的强大建模功能；

第 11 章~第 18 章：这部分主要介绍了 Pro/E 的在其他行业实用性较强的功能模块，包括渲染、装配、工程图、钣金、塑料顾问分析、模具设计、数控加工及机构运动仿真与分析等；

第 19 章~第 21 章：最后以典型的行业应用案例的操作，详解 Pro/E 与实战设计相结合的方法，这也是本书留给读者的宝贵财富。

本书特色

本书突破了以往 Pro/E 书籍的写作模式，主要针对使用 Pro/E 的广大初、中级用户，同时本书还配备了交互式多媒体教学光盘，将案例制作过程制作为多媒体（光盘）进行讲解，讲解形式活泼，方便实用，便于读者学习使用。同时光盘中还提供了所有实例及练习的源文件，按章节放置，以便读者练习使用。

通过对本书内容的学习、理解和练习，能使读者真正具备工程设计者的水平和素质。

作者信息

本书由胡志刚、乔现玲编著,参与编写的还有:史丰荣、孙岩志、徐宗刚、黄成、郭方文、魏玉伟、宋一兵、马震、罗来兴、张红霞、陈胜、官兴田、吕英波,他们为顺利完成本书提供了大量帮助。

感谢你选择了本书,希望我们的努力对你的工作和学习有所帮助,也希望你把对本书的意见和建议告诉我们。

由于时间仓促,本书难免有不足和错漏之处,还望广大读者批评和指正!

版权声明

本书所有权归属电子工业出版社。未经同意,任何单位或个人不得将本书内容及光盘作其他商业通途,否则依法必究!

2+1 维创世界

shejizhimen@163.com

读 者 服 务

读者在阅读本书的过程中如果遇到问题,可以关注"有艺"公众号,通过公众号中的"读者反馈"功能与我们取得联系。此外,通过关注"有艺"公众号,您还可以获取艺术教程、艺术素材、新书资讯、书单推荐、优惠活动等相关信息。

扫一扫关注"有艺"

资源下载方法: 关注"有艺"公众号,在"有艺学堂"的"资源下载"中获取下载链接,如果遇到无法下载的情况,可以通过以下三种方式与我们取得联系:

1. 关注"有艺"公众号,通过"读者反馈"功能提交相关信息;
2. 请发邮件至 art@phei.com.cn,邮件标题命名方式:资源下载+书名;
3. 读者服务热线:(010) 88254161~88254167 转 1897。

投稿、团购合作: 请发邮件至 art@phei.com.cn。

目录 CONTENTS

第 1 章 Pro/E Wildfire 5.0 自学入门 ………… 1

1.1 浅谈 Pro/E Wildfire 5.0 的学习误区 ………… 2
- 1.1.1 有针对性地学习 Pro/E 软件的功能 ………… 2
- 1.1.2 学习 Pro/E 的方法 ………… 3
- 1.1.3 Pro/E 的基础建模方式 ………… 3

1.2 安装 Pro/E Wildfire 5.0 ………… 5

1.3 Pro/E 5.0 工作界面 ………… 7
- 1.3.1 启动 Pro/E 5.0 ………… 7
- 1.3.2 菜单栏 ………… 8
- 1.3.3 工具栏 ………… 14
- 1.3.4 特征工具栏 ………… 16
- 1.3.5 命令提示栏 ………… 16

1.4 环境设置与选项配置 ………… 16
- 1.4.1 环境设置 ………… 16
- 1.4.2 配置设置 ………… 18

1.5 设置工作目录的重要性 ………… 20

1.6 Pro/E 文件管理 ………… 20

1.7 课后习题 ………… 22

第 2 章 对象操作与基准创建 ………… 23

2.1 视图操控——键鼠设置 ………… 24

2.2 模型对象的选取 ………… 24
- 2.2.1 设置选取首选项 ………… 24
- 2.2.2 选取方式 ………… 25
- 2.2.3 对象的选取 ………… 25

2.3 创建 Pro/E 基准 ………… 26
- 2.3.1 创建基准点 ………… 26
- 2.3.2 创建基准轴 ………… 26
- 2.3.3 创建基准曲线 ………… 27
- 2.3.4 创建基准坐标系 ………… 29
- 2.3.5 创建基准平面 ………… 31

2.4 综合案例：羽毛球设计 ………… 34

2.5 课后习题 ………… 40

第 3 章 草图绘制与编辑 ………… 41

3.1 草图概述 ………… 42
- 3.1.1 Pro/E 草绘环境中的术语 ………… 42
- 3.1.2 草图环境的进入 ………… 42
- 3.1.3 草绘环境中的工具栏图标 ………… 42
- 3.1.4 草绘前的必要设置和草图区的调整 ………… 43

3.2 基本图元的绘制 ………… 45
- 3.2.1 绘制点和坐标系 ………… 45
- 3.2.2 绘制直线 ………… 45
- 3.2.3 绘制圆 ………… 46
- 3.2.4 圆弧的绘制 ………… 47
- 3.2.5 绘制矩形 ………… 47
- 3.2.6 绘制圆角 ………… 48
- 3.2.7 绘制样条曲线 ………… 48
- 3.2.8 创建文本 ………… 49

3.3 草图图形编辑 ………… 53
- 3.3.1 选取操作对象图元 ………… 53
- 3.3.2 图元的复制与镜像 ………… 54
- 3.3.3 图元的缩放与旋转 ………… 55
- 3.3.4 图元的修剪 ………… 55

3.4 尺寸标注 ………… 61
- 3.4.1 标注长度尺寸 ………… 61
- 3.4.2 标注半径和直径尺寸 ………… 62
- 3.4.3 标注角度尺寸 ………… 62
- 3.4.4 其他尺寸的标注 ………… 63

　　3.4.5　修改标注 ……………………… 64
3.5　图元的约束 ………………………… 66
　　3.5.1　建立竖直约束 …………………… 66
　　3.5.2　建立水平约束 …………………… 67
　　3.5.3　建立垂直约束 …………………… 67
　　3.5.4　建立相切约束 …………………… 67
　　3.5.5　对齐线的中点 …………………… 67
　　3.5.6　建立重合约束 …………………… 67
　　3.5.7　建立对称约束 …………………… 68
　　3.5.8　建立相等约束 …………………… 68
　　3.5.9　建立平行约束 …………………… 68
3.6　综合实例——草图绘制 …………… 70
　　3.6.1　实例一：绘制变速箱
　　　　　　截面草图 …………………… 71
　　3.6.2　实例二：绘制摇柄零
　　　　　　件草图 ……………………… 74
3.7　课后习题 …………………………… 77

第 4 章　创建基础特征 …………… 79

4.1　特征建模 …………………………… 80
　　4.1.1　三维建模的一般过程 …………… 80
　　4.1.2　特征建模技术分享 ……………… 81
4.2　拉伸特征 …………………………… 84
　　4.2.1　【拉伸】操控板 ………………… 84
　　4.2.2　拉伸深度类型 …………………… 85
　　4.2.3　创建减材料实体特征 …………… 87
　　4.2.4　拉伸薄壁特征 …………………… 89
　　4.2.5　【暂停】与【特征预览】
　　　　　　功能 ………………………… 89
4.3　旋转特征 …………………………… 92
　　4.3.1　【旋转】操控板 ………………… 92
　　4.3.2　旋转截面的绘制 ………………… 92
　　4.3.3　旋转类型 ………………………… 93
　　4.3.4　其他设置 ………………………… 94
4.4　扫描特征 …………………………… 94
4.5　可变截面扫描 ……………………… 97

　　4.5.1　【可变截面扫描】
　　　　　　操控板 ……………………… 97
　　4.5.2　定义扫描轨迹 …………………… 98
　　4.5.3　扫描截面 ………………………… 98
4.6　螺旋扫描 …………………………… 101
　　4.6.1　【螺旋扫描】操控板 …………… 101
　　4.6.2　截面方向 ………………………… 101
　　4.6.3　螺旋扫描轨迹 …………………… 102
　　4.6.4　旋转轴 …………………………… 102
　　4.6.5　螺旋扫描截面 …………………… 102
4.7　混合特征 …………………………… 103
　　4.7.1　混合概述 ………………………… 104
　　4.7.2　创建混合特征需要
　　　　　　注意的事项 ………………… 105
4.8　扫描混合 …………………………… 107
　　4.8.1　【扫描混合】操控板 …………… 108
　　4.8.2　【参照】选项卡 ………………… 108
　　4.8.3　【截面】选项卡 ………………… 109
　　4.8.4　【相切】选项卡 ………………… 110
　　4.8.5　【选项】选项卡 ………………… 110
4.9　综合实例——座椅设计 …………… 111
4.10　课后习题 ………………………… 113

第 5 章　创建工程特征 …………… 115

5.1　工程特征 …………………………… 116
　　5.1.1　孔特征 …………………………… 116
　　5.1.2　壳特征 …………………………… 118
　　5.1.3　筋特征 …………………………… 119
　　5.1.4　拔模特征 ………………………… 121
　　5.1.5　倒圆角 …………………………… 124
　　5.1.6　倒角 ……………………………… 126
5.2　折弯特征 …………………………… 131
　　5.2.1　环形折弯 ………………………… 131
　　5.2.2　骨架折弯 ………………………… 134
5.3　综合案例——汽车轮胎设计 ……… 137
5.4　课后习题 …………………………… 139

第6章 特征操作与编辑 ······ 141

6.1 常用编辑特征 ······ 142
- 6.1.1 镜像 ······ 142
- 6.1.2 阵列 ······ 142
- 6.1.3 填充 ······ 143
- 6.1.4 合并 ······ 144
- 6.1.5 相交 ······ 144
- 6.1.6 反向法向 ······ 145

6.2 复杂编辑特征 ······ 145
- 6.2.1 偏移 ······ 145
- 6.2.2 延伸 ······ 146
- 6.2.3 修剪 ······ 147
- 6.2.4 投影 ······ 147
- 6.2.5 加厚 ······ 147
- 6.2.6 实体化 ······ 148
- 6.2.7 移除 ······ 150
- 6.2.8 包络 ······ 150

6.3 高级编辑特征 ······ 151
- 6.3.1 扭曲 ······ 151
- 6.3.2 折弯实体 ······ 152
- 6.3.3 实体自由形状 ······ 153

6.4 综合案例 ······ 154
- 6.4.1 椅子设计 ······ 154
- 6.4.2 花键轴设计 ······ 157
- 6.4.3 支架零件设计 ······ 159
- 6.4.4 电话设计 ······ 162

6.5 习题训练 ······ 165

第7章 模型参数化设计 ······ 167

7.1 关系 ······ 168
- 7.1.1 【关系】对话框 ······ 168
- 7.1.2 将参数与模型尺寸相关联 ··· 168
- 7.1.3 利用关系进行建模训练 ······ 170

7.2 参数 ······ 171
- 7.2.1 参数概述 ······ 171
- 7.2.2 参数的设置 ······ 171
- 7.2.3 编辑属性参数项目 ······ 172
- 7.2.4 向特定对象中添加参数 ······ 173
- 7.2.5 删除参数 ······ 173

7.3 插入2D基准图形关系 ······ 175
- 7.3.1 什么是2D基准图形关系 ······ 175
- 7.3.2 2D基准图形的应用 ······ 176

7.4 特征再生失败及其处理 ······ 178
- 7.4.1 特征再生失败的原因 ······ 178
- 7.4.2 【故障排除器】对话框 ······ 179

7.5 拓展训练 ······ 180
- 7.5.1 圆柱直齿轮参数化设计 ······ 180
- 7.5.2 锥齿轮参数化设计 ······ 190

7.6 课后习题 ······ 199

第8章 基本曲面设计 ······ 201

8.1 曲面特征综述 ······ 202
- 8.1.1 曲面建模的优势 ······ 202
- 8.1.2 曲面建模的步骤 ······ 202

8.2 创建基本曲面特征 ······ 203
- 8.2.1 创建拉伸曲面特征 ······ 203
- 8.2.2 创建旋转曲面特征 ······ 203
- 8.2.3 创建扫描曲面特征 ······ 204
- 8.2.4 创建混合曲面特征 ······ 204

8.3 创建填充曲面特征 ······ 206

8.4 创建边界混合曲面特征 ······ 207
- 8.4.1 边界混合曲面特征概述 ······ 207
- 8.4.2 创建单一方向上的边界混合曲面特征 ······ 208
- 8.4.3 创建双方向上的边界混合曲面 ······ 209
- 8.4.4 使用约束创建边界混合曲面 ······ 210

8.5 创建螺旋扫描曲面特征 ······ 212

8.6	创建扫描混合曲面特征 ········ 213
8.7	创建可变截面扫描曲面特征 ··· 215
	8.7.1 可变截面扫描的原理 ······· 215
	8.7.2 可变截面扫描设计过程 ···· 216
8.8	综合案例——香蕉造型 ········ 222
8.9	课后习题 ········ 225

第 9 章　曲面编辑与操作 ········ 227

- 9.1 曲面编辑 ········ 228
  - 9.1.1 修剪曲面特征 ········ 228
  - 9.1.2 延伸曲面特征 ········ 230
  - 9.1.3 合并曲面特征 ········ 234
- 9.2 曲面操作 ········ 236
  - 9.2.1 曲面的实体化 ········ 237
  - 9.2.2 曲面的加厚操作 ········ 238
- 9.3 综合案例 ········ 238
  - 9.3.1 案例一：U 盘设计 ········ 238
  - 9.3.2 案例二：饮料瓶设计 ········ 241
  - 9.3.3 案例三：鼠标外壳设计 ········ 245
  - 9.3.4 案例四：电吹风模型设计 ········ 249
- 9.4 课后习题 ········ 253

第 10 章　曲面造型工具 ········ 255

- 10.1 曲面造型工作台 ········ 256
  - 10.1.1 进入造型工作台 ········ 256
  - 10.1.2 造型环境设置 ········ 257
  - 10.1.3 工具栏介绍 ········ 257
- 10.2 设置活动平面和内部平面 ····· 258
- 10.3 创建曲线 ········ 259
  - 10.3.1 创建自由曲线 ········ 260
  - 10.3.2 创建圆 ········ 261
  - 10.3.3 创建圆弧 ········ 261
  - 10.3.4 创建下落曲线 ········ 262
  - 10.3.5 创建 COS 曲线 ········ 262

	10.3.6 创建偏移曲线 ········ 263
	10.3.7 创建来自基准的曲线 ········ 264
	10.3.8 创建来自曲面的曲线 ········ 264
10.4	编辑造型曲线 ········ 265
	10.4.1 曲率图 ········ 265
	10.4.2 编辑曲线点或控制点 ········ 265
	10.4.3 复制与移动曲线 ········ 266
10.5	创建造型曲面 ········ 266
	10.5.1 边界曲面 ········ 266
	10.5.2 连接造型曲面 ········ 267
	10.5.3 修剪造型曲面 ········ 268
	10.5.4 编辑造型曲面 ········ 268
10.6	综合案例 ········ 268
	10.6.1 案例一：指模设计 ········ 268
	10.6.2 案例二：瓦砾设计 ········ 270
10.7	课后习题 ········ 273

第 11 章　渲染 ········ 275

- 11.1 渲染概述 ········ 276
  - 11.1.1 认识渲染 ········ 276
  - 11.1.2 Pro/E 外观设置与渲染 ········ 276
  - 11.1.3 Pro/E 渲染术语 ········ 277
  - 11.1.4 Pro/E 渲染功能命令 ········ 278
- 11.2 关于实时渲染 ········ 278
- 11.3 创建外观 ········ 279
  - 11.3.1 外观库 ········ 279
  - 11.3.2 外观编辑器 ········ 281
  - 11.3.3 模型外观编辑器 ········ 282
  - 11.3.4 外观过滤器 ········ 283
  - 11.3.5 应用纹理 ········ 283
- 11.4 添加光源 ········ 283
  - 11.4.1 光源类型 ········ 283
  - 11.4.2 【光源】选项卡 ········ 284
  - 11.4.3 光源的修改、删除、打开和保存 ········ 285

11.5 房间 ································· 285
  11.5.1 创建房间 ··················· 285
  11.5.2 修改房间 ··················· 286
11.6 应用场景 ···························· 287
11.7 渲染 ································· 288
  11.7.1 设置透视图 ··············· 288
  11.7.2 渲染设置 ··················· 289
  11.7.3 渲染窗口 ··················· 289
  11.7.4 渲染区域 ··················· 290
11.8 综合案例 ···························· 290
  11.8.1 案例一：渲染灯泡 ····· 290
  11.8.2 案例二：渲染鸡蛋 ····· 293
11.9 课后习题 ···························· 296

第 12 章　装配建模 ··················· 297

12.1 装配模块概述 ····················· 298
  12.1.1 两种装配模式 ············ 298
  12.1.2 两种装配约束形式 ····· 298
  12.1.3 进入装配环境 ············ 298
  12.1.4 装配工具 ··················· 299
12.2 无连接接口的装配约束 ······· 300
  12.2.1 【配对】约束 ············ 301
  12.2.2 【对齐】约束 ············ 301
  12.2.3 【插入】约束 ············ 301
  12.2.4 【坐标系】约束 ········· 302
  12.2.5 【相切】约束 ············ 302
  12.2.6 【线上点】约束 ········· 302
  12.2.7 【曲面上的点】约束 ··· 302
  12.2.8 【曲面上的边】约束 ··· 302
  12.2.9 其他约束 ··················· 303
12.3 有连接接口的装配约束 ······· 303
12.4 重复元件装配 ····················· 308
12.5 建立爆炸视图 ····················· 310
12.6 综合案例 ···························· 311
  12.6.1 案例一：减速器装配
       设计 ···························· 311

  12.6.2 案例二：齿轮泵装配
       体设计 ························ 316
12.7 课后习题 ···························· 321

第 13 章　机构运动与仿真 ········· 323

13.1 Pro/E 运动仿真概述 ············ 324
  13.1.1 机构的定义 ················ 324
  13.1.2 Pro/E 机构运动
        仿真术语 ··················· 324
  13.1.3 机构连接装配方式 ····· 325
13.2 Pro/E 机构运动仿真环境 ······ 325
13.3 Pro/E Mechanism 基本
     操作与设置 ···························· 325
  13.3.1 基本操作 ··················· 326
  13.3.2 组件设置 ··················· 326
13.4 连杆机构仿真与分析 ··········· 327
  13.4.1 常见的平面连杆机构 ··· 327
  13.4.2 空间连杆机构 ············ 329
13.5 凸轮机构仿真与分析 ··········· 334
  13.5.1 凸轮机构的组成 ········· 334
  13.5.2 凸轮机构的分类 ········· 334
13.6 齿轮传动机构仿真与分析 ····· 339
  13.6.1 齿轮机构 ··················· 339
  13.6.2 平面齿轮传动 ············ 339
  13.6.3 空间齿轮传动 ············ 339
13.7 课后习题 ···························· 343

第 14 章　工程图设计 ················· 345

14.1 工程图概述 ························ 346
  14.1.1 进入工程图设计模式 ··· 346
  14.1.2 设置绘图格式 ············ 346
  14.1.3 工程图的相关配置 ····· 348
  14.1.4 图形交换 ··················· 353
14.2 工程图的组成 ····················· 355
  14.2.1 基本视图类型 ············ 355
  14.2.2 其他视图类型 ············ 357

14.2.3 工程图上的其他
组成部分··················358

14.3 定义绘图视图··················358
　14.3.1 【绘图视图】对话框·····358
　14.3.2 定义视图状态···········359
　14.3.3 定义视图显示···········360
　14.3.4 定义视图的原点········361
　14.3.5 定义视图对齐···········361

14.4 工程图的标注与注释·········361
　14.4.1 自动标注尺寸···········362
　14.4.2 手动标注尺寸···········363
　14.4.3 尺寸的整理与操作·····365
　14.4.4 尺寸公差标注···········367
　14.4.5 几何公差标注···········368

14.5 综合实训——支架零件
工程图··························368

14.6 课后习题·····························381

第 15 章　钣金设计··················383

15.1 钣金成型基础······················384
　15.1.1 钣金加工概述···········384
　15.1.2 Pro/E 中的钣金
设计方法···············384
　15.1.3 钣金设计环境···········385

15.2 分离的钣金基本壁·············386
　15.2.1 平整壁特征···············386
　15.2.2 拉伸壁特征···············387
　15.2.3 旋转壁特征···············388
　15.2.4 混合壁特征···············389
　15.2.5 偏移壁特征···············391

15.3 钣金次要壁··························392
　15.3.1 创建次要平整壁········392
　15.3.2 创建法兰壁···············393
　15.3.3 创建扭转壁···············395
　15.3.4 创建延伸壁···············396

15.4 将实体转换成钣金·············397

15.5 综合案例——计算机机箱
侧板钣金设计······················398

15.6 课后习题·····························405

第 16 章　Plastic Advisor
（塑料顾问）分析··········407

16.1 Pro/E 塑料顾问概述···········408
　16.1.1 Plastic Advisor
的安装···················408
　16.1.2 塑料顾问分析流程·····409
　16.1.3 分析要求···················409
　16.1.4 Plastic Advisor 功能··409
　16.1.5 产品结构对 Plastic Advisor
分析的影响···········410

16.2 塑料流动理论基础·············411
　16.2.1 塑料注射成型···········411
　16.2.2 浇口位置···················412
　16.2.3 结晶性·······················412
　16.2.4 模具类型···················413
　16.2.5 流道系统设计···········414

16.3 熟悉 Plastic Advisor 的
界面····································415

16.4 Plastic Advisor
基本操作······························416
　16.4.1 导入/导出的文件
类型·······················416
　16.4.2 模型视图操作···········416
　16.4.3 模型显示操作···········417
　16.4.4 首选项设置···············418

16.5 顾问·······································418
　16.5.1 拾取注射进胶位置·····418
　16.5.2 建模工具···················419
　16.5.3 分析前检查···············420
　16.5.4 分析向导···················420
　16.5.5 分析结果···················421

16.6 综合案例——名片格产品
分析····································422

16.6.1 最佳浇口位置分析 422
16.6.2 塑料充填分析 423
16.6.3 冷却质量分析 426
16.6.4 缩痕分析 427
16.6.5 熔接痕与气穴位置 427
16.7 课后习题 428

第 17 章 注塑模具设计 429

17.1 Pro/E 模具设计流程 430
17.2 Pro/E 模具设计环境 431
17.3 准备模型的检测 432
  17.3.1 拔模斜度 432
  17.3.2 等高线 433
  17.3.3 厚度 433
  17.3.4 分型面 434
  17.3.5 投影面积 435
17.4 装配参照模型 437
  17.4.1 【装配】方式 437
  17.4.2 创建方式 437
  17.4.3 定位参照模型 438
17.5 设置收缩率 441
  17.5.1 按尺寸收缩 441
  17.5.2 按比例收缩 442
17.6 毛坯工件 442
  17.6.1 自动工件 442
  17.6.2 装配工件 443
  17.6.3 手动工件 443
17.7 分型面设计 443
  17.7.1 自动分型工具 444
  17.7.2 裙边分型面 444
  17.7.3 阴影分型面 445
17.8 模具体积块 448
  17.8.1 以分型面分割体积块 449
  17.8.2 编辑模具体积块 449
  17.8.3 修剪到几何 451
17.9 抽取模具元件 451

17.10 制模 451
17.11 模具开模 452
17.12 综合案例——手把拆模设计 452
17.13 课后习题 457

第 18 章 数控加工 459

18.1 数控编程基础 460
  18.1.1 数控加工原理 460
  18.1.2 选择加工刀具 462
  18.1.3 Pro/E 数控加工界面认识 465
18.2 NC 数控加工的准备内容 467
  18.2.1 参考模型 467
  18.2.2 自动工件 468
  18.2.3 其他工件创建方法 470
  18.2.4 NC 操作的创建方法 471
18.3 体积块铣削 472
  18.3.1 体积块铣削的铣削过程 472
  18.3.2 确定加工范围 472
  18.3.3 体积块铣削加工过程仿真 473
18.4 轮廓铣削 477
18.5 端面铣削加工 481
  18.5.1 端面铣削的特点 481
  18.5.2 工艺分析 481
18.6 曲面铣削加工 484
  18.6.1 曲面铣削的功能和应用 484
  18.6.2 工艺分析 484
18.7 钻削加工 488
  18.7.1 工艺设计 489
  18.7.2 参数设置 489
18.8 课后习题 492

第 19 章　Pro/E 在零件设计中的应用 …… 493

19.1　减速器上箱体设计 …… 494
19.2　钳座设计 …… 497
19.3　螺丝刀设计 …… 502

第 20 章　Pro/E 在装配设计中的应用 …… 509

20.1　产品设计分析 …… 510
20.2　设计过程 …… 510
  20.2.1　前罩设计 …… 510
  20.2.2　扇叶设计 …… 512
  20.2.3　底座设计 …… 516
  20.2.4　其他零件设计 …… 525
20.3　电扇装配 …… 525

第 21 章　Pro/E 在钣金设计中的应用 …… 527

21.1　分析钣金件 …… 528
21.2　确定钣金冲压方案 …… 528
21.3　钣金设计流程 …… 531
  21.3.1　创建第一壁及凸、凹模成型 …… 532
  21.3.2　创建拉伸切除特征 …… 534
  21.3.3　创建折弯 …… 534
  21.3.4　创建二次折弯钣金 …… 537

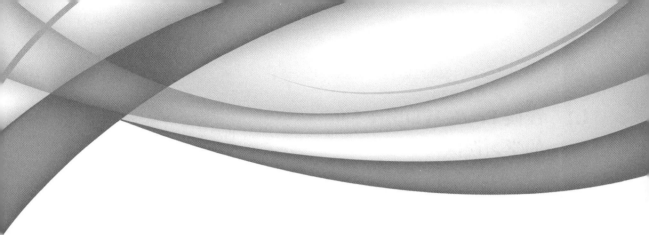

第 1 章
Pro/E Wildfire 5.0 自学入门

本章内容

本章主要简单介绍 Pro/Engineer（简称 Pro/E）的发展和行业应用，以及中文版 Pro/E Wildfire 5.0 中窗口的种类、菜单栏的功能、文件及窗口的基本操作等内容，并讲解了控制三维视角的方法，使读者对 Pro/Engineer 有初步的了解。
建议读者在学习本章内容时配合多媒体教学光盘的演示进行，这样可以提高学习效率。

知识要点

- ☑ 了解 Pro/E Wildfire 5.0
- ☑ 了解 Pro/E 的基础建模方式
- ☑ 学习 Pro/E Wildfire 5.0 的安装方法
- ☑ 工作界面
- ☑ 参数设置

1.1 浅谈 Pro/E Wildfire 5.0 的学习误区

有许多自学者，特别是没有任何设计和软件使用经验的技能提升人员，一下子接触到建模功能强大的 Pro/Engineer 软件，根本不能按照教程的讲解进行深入学习，这到底是为什么呢？是编写者的问题还是自学者自身的问题呢？下面笔者对这个问题浅谈自己的一些看法并交流学习经验。

1.1.1 有针对性地学习 Pro/E 软件的功能

为什么要有针对性地进行 Pro/E 的学习呢？毕竟 Pro/E 软件是一款综合性的二维与三维建模软件，能有效结合很多工业设计领域里的众多学科，常见的学科及专业有机械设计与自动化、模具设计、数控加工、工业产品设计、钣金与焊接设计、线缆设计、PC 电路设计、工艺计划设计、飞行器、船舶与汽车工业设计等，甚至还有一些建筑设计人员用来进行建筑建模。

这么多的专业与 Pro/E 软件对接，需要自学者合理地选择职业或专业，否则难免顾头不顾尾。

在此申明一下，学会了 Pro/E 并不等于掌握各种设计技术了，Pro/E 仅仅是辅助设计工具而已。这不仅要求自学者首先要掌握基本的专业基础知识，还要结合自己所在岗位、所在院校、所在单位的行业设计要求，这样才能算自学成功，离设计师或工程师也就不远了。

下面列出一些学好 Pro/E 必备的常见专业的基础知识。

- 机械设计与自动化：工程制图、AutoCAD 制图、工程力学、机械设计基础、PLC 基础、单片机原理等。
- 模具设计：材料力学、材料成型原理、工程制图、AutoCAD 制图、冲压模具设计、注塑模具设计、数控加工技术等。
- 数控加工：AutoCAD 制图、金属工艺学、数控技术及应用、模具设计与装配等。
- 工业产品设计：AutoCAD 制图、模具设计基础、产品外形设计、产品结构设计、机械设计基础、平面设计、包装设计、数控 CNC 加工、材料工艺等。
- 钣金与焊接设计：工程力学、机械设计基础、材料力学、钣金材料成型原理、AutoCAD 制图、冲压模具设计等。

从以上专业不难看出，在学习 Pro/E 之前，还应先掌握工程制图与 AutoCAD 制图技术，这是三维建模之核心基础。对于已经是在岗的初学者，一些理论基础知识可以通过在工作中不断地自学和积累，进而直接学习 AutoCAD 软件制图，有了这些必备基础知识，就不会感到茫然了。接下来列举一些常见设计专业所应用到的 Pro/E 软件功能模块：

- 机械设计：草图模块、零件设计模块、曲面设计模块、装配设计模块、工程制图模块、参数化设计模块、MECHANICA 有限元分析模块等。
- 工业产品设计：草图模块、零件设计模块、曲面设计模块、装配设计模块、工程制图模块、参数化设计模块、渲染模块等。
- 模具设计：草图模块、零件设计模块、曲面设计模块、装配设计模块、工程制图模块、Plastic Advisor 塑料顾问分析模块、模具/铸造模块等。

- 数控加工：草图模块、零件设计模块、曲面设计模块、模具/铸造模块、NC制造模块等。
- 钣金与焊接设计：草图模块、零件设计模块、曲面设计模块、装配设计模块、工程制图模块、钣金件模块、焊接模块等。

1.1.2　学习 Pro/E 的方法

在了解与掌握 Pro/E 5.0 软件之前，不妨先了解软件的学习方法，只有掌握了软件的学习方法，才能更轻松地进行设计。

软件的学习是不能急于求成的，首先要做的就是转变自己的学习观念，跳出传统学历教育的学习方式，实现知识学习向技能训练的有效过渡。要想实现以上观念的转变，首先要做的就是要分清两个词——"能力"和"知识"的区别。

在多年 CAD 计算机技能教学工作的过程中，笔者经常发现，很多学生往往把计算机技能当作知识在学习，而不是当作能力在训练。但是实际上知识的学习和能力的训练是有很大区别的。

在计算机机房辅导也经常会遇到这样的学生，上机经常不按老师的要求，踏踏实实地把老师上课讲的案例一遍遍地操作熟练。问他为什么不做老师上课的案例，他的回答就是做完了，他都会了。遇到这样的情况后，我会现场检查他，这时他们往往无法再把案例操作出来。其实这不叫会了，这只能说是他们了解了，但这个知识还不是他的，他并没有把它转化为自己的能力。

学习要记得"少就是多，慢就是快"，不要贪多求全，学一门软件，今天老师上课布置几个案例，与其上机匆忙把几个案例都做一遍，但一个都没有熟练，还不如将一个

案例操作得非常熟练。一天一个案例，一门软件学下来，一个月时间，至少有 30 个案例。有多少人，一门软件学下来，会做 30 个案例呢？

当前国内流行的三维设计软件，软件指令、建模方式及模块应用大多是相通的，也就是说，学会 Pro/E 之后，再学习其他三维软件就可以快速地找到与 Pro/E 相同或相通的地方，这样就能全面掌握其他软件技能了。

最后再送大家一句话："技能 = 模仿 + 重复"，只要你有恒心，坚持训练，大量重复，都会成为软件高手。

1.1.3　Pro/E 的基础建模方式

简单来说，Pro/E 的建模方式无非两种：一种是从二维草图生成三维实体模型；另一种就是从空间曲线构建曲面，生成曲面模型，然后将曲面实体化，变成实体模型。

1. 从二维草图生成三维实体模型

Pro/E 的二维草图与工程图纸制图原理和 AutoCAD 工程制图是相通的，二维草图是建立在某个工作平面上的，也就是俗称的"草图平面"或者"草绘平面"。Pro/E 工程图和 AutoCAD 工程制图是不需要人为指定工作平面的，为软件默认指定。

如图 1-1 所示为某个零件的草图及实体模型。

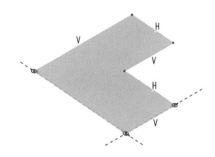

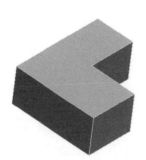

图 1-1　某零件的草图与实体模型

2．由曲线构建曲面

Pro/E 的曲线包括草绘曲线、基准曲线和造型曲线。草绘曲线也就是在草图中绘制的平面曲线。基准曲线是利用通过点、来自文件、使用剖截面、从方程等方式来获得的平面及空间曲线。造型曲线是造型平台中构建空间曲线的工具，主要用来做曲面造型。

如图 1-2 所示为造型曲线及构建的造型曲面。

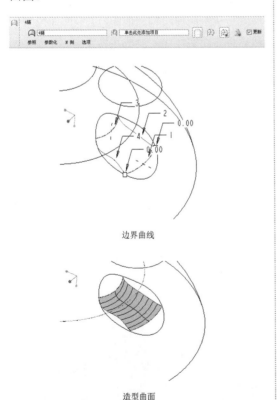

图 1-2　造型曲线与构建的造型曲面

3．三维模型的表达方式

用 CAD 软件创建基本三维模型的一般过程如下：

选取或定义一个用于定位三位坐标系或 3 个垂直矢量的空间平面，如图 1-3 所示。

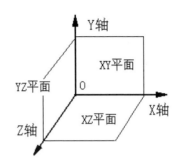

图 1-3　用于定位的空间平面

- 选定一个面（草绘平面），作为二维平面几何图形的绘制平面。
- 在草绘平面上创建形成立体图形所需的截面、轨迹线等二维平面几何图形。
- 定义图形的轮廓厚度，形成几何图形。

在深入了解 Pro/E 的工作原理前，首先需要了解三维建模的基本方法，从目前的计算机计算方式来看，主要有 3 种表示方式，如图 1-4 所示。

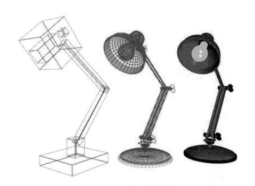

图 1-4　模型的表现形式

（1）线框模型。

将三维模型利用线框的形式搭建起来，与透视图相似，但是不能表示任何表面、体积等信息。

(2) 三维曲面模型。

利用一定的曲面拟合方式建立具有一定轮廓的几何外形,可以进行渲染、消隐等复杂处理,但是它只相当于一个物体表面而已。这种形式没有质量,从外表看,已经具有了三维真实感。

(3) 实体模型。

在 Pro/E、UG 等软件中均包括实体模型这种形式,它已经成为真正的几何形体,不但包括外壳,还包含"体",也就是说,具有质量信息。实体模型完整地定义了三维实体,它的数据信息量大大超过了其他形式。

如表 1-1 所示列举了 3 种模型表现形式的比较。

表 1-1 三维建模方式的比较

内容	线框	三维曲面	实体模型
表达方式	点、边	点、边、面	点、线、面、体
工程图能力	好	有限制	好
剖视图	只有交点	只有交线	交线与剖面
消隐操作	否	有限制	可行
渲染能力	否	可行	可行
干涉检查	凭视觉	直接判断	自动判断

1.2 安装 Pro/E Wildfire 5.0

下面以 Pro/E Wildfire 5.0 M060(以下简称 Pro/E 5.0)全功能中文正式版为例讲解软件的安装过程。Pro/E 5.0 在 Windows 2000/Windows XP/Windows 7 等操作系统下均可运行。在 Windows 平台上要求使用 Internet Explore 6.0 及以上版本。

step 01 运行安装程序目录下的 Setup.exe,开始安装,安装的初始界面如图 1-5 所示,在左下角会显示主机 ID,单击【下一步】按钮,转到接受许可证协议界面,选中【我接受】单选按钮,如图 1-6 所示。接受协议,然后单击【下一步】按钮。

图 1-5 安装初始界面

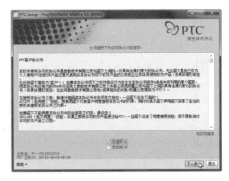

图 1-6 选中【我接受】单选按钮

step 02 选择 Pro/Engineer 产品，如图 1-7 所示，开始安装。

step 03 在【要安装的功能】列表框中选择需要的安装项目，如图 1-8 所示，然后单击【下一步】按钮。

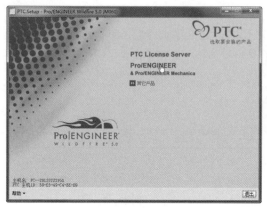

图 1-7 选择产品

图 1-8 选择安装项目

step 04 进入【选择单位】界面，根据需要选中【公制】或【英制】单选按钮，如图 1-9 所示，然后单击【下一步】按钮。

step 05 添加许可证。转到【许可证服务器】界面，单击【添加】按钮，打开【指定许可证服务器】对话框，在其中单击【浏览】按钮，找到许可证所在的位置，如图 1-10 所示。再单击【指定许可证服务器】对话框中的【确定】按钮，然后单击【下一步】按钮。

图 1-9 选择单位标准

图 1-10 选择许可证文件

step 06 接下来设置快捷方式位置和启动目录，如图 1-11 所示，然后单击【下一步】按钮。

step 07 在可选配置步骤界面的【安装可选实用工具】和【指令】选项区域进行设置，如图 1-12 所示，然后单击【下一步】按钮。

step 08 在如图 1-13 所示的对话框中直接单击【下一步】按钮。

step 09 指定 ProductView Express 的安装位置，如图 1-14 所示。

step 10 系统开始安装程序，如图 1-15 所示，静候几分钟时间。

第 1 章 Pro/E Wildfire 5.0 自学入门

图 1-11 设置快捷方式位置和启动目录

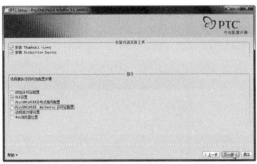

图 1-12 选择安装可选实用工具和指令

图 1-13 完成配置

1-14 设置 ProductView Express 的安装位置

图 1-15 开始安装程序

1.3 Pro/E 5.0 工作界面

下面讲解如何启动软件，并对 Pro/E 工作界面中的各个部分进行详细介绍，使读者更好地熟悉该软件，为今后的学习打下基础。

1.3.1 启动 Pro/E 5.0

Pro/E 5.0 的工作界面如图 1-16 所示，主要由菜单栏、工具栏、特征工具栏、导航器、工作窗口等组成。除此之外，对于不同的功能模块还可能出现【菜单管理器】（如图 1-17 所示）和特征对话框（如图 1-18 所示），本节将详细介绍这些组成部分的功能。

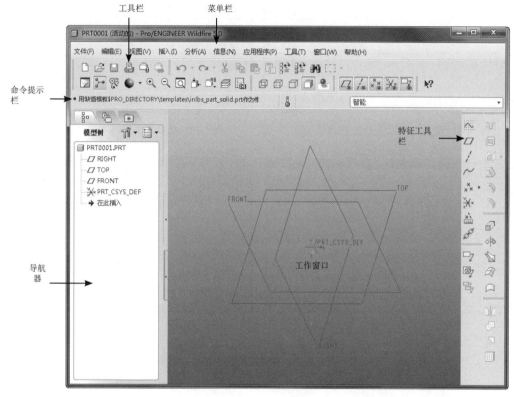

图 1-16 用户界面

图 1-17 菜单管理器

图 1-18 特征对话框

1.3.2 菜单栏

菜单栏集合了大量的 Pro/Engineer 操作命令，如图 1-19 所示，包括文件、编辑、视图、插入、草绘、分析、信息、应用程序、工具、窗口和帮助等 11 个菜单。

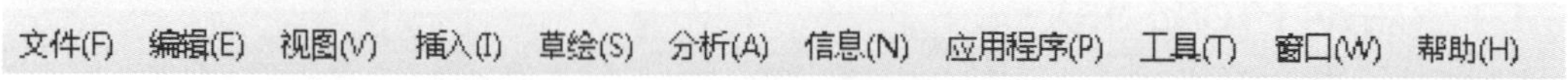

图 1-19 菜单栏

下面分别对菜单栏中的菜单进行详细介绍。

1. 【文件】菜单

在菜单栏中单击【文件】菜单，打开的【文件】菜单中包含关于文件操作的命令，如【新建】、【打开】、【保存】和【删除】等，如图1-20所示。

图1-20　【文件】菜单

2. 【编辑】菜单

单击菜单栏中的【编辑】菜单，打开的【编辑】菜单如图1-21所示，主要包含编辑特征、隐含或恢复特征、删除特征的相关命令，以及【选取】、【查找】等操作命令。【编辑】菜单中的命令可能因所处的活动模式不同而改变。在后面的章节将针对不同的模式进行详细介绍。

图1-21　【编辑】菜单

3. 【视图】菜单

单击菜单栏中的【视图】菜单，【视图】菜单包括关于模型控制的命令，如图1-22所示。

- 【重画】命令：重新绘制模型以清除残影。
- 【方向】命令：定义视图方向等操作。
- 【显示设置】命令：可以定义基准、模型和系统的显示方式。

展开【方向】子菜单，如图1-23所示，包含的命令如下：

图 1-22 【视图】菜单

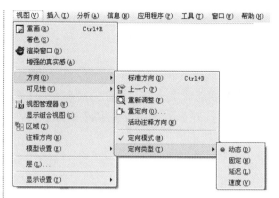

图 1-25 展开【定向类型】子菜单

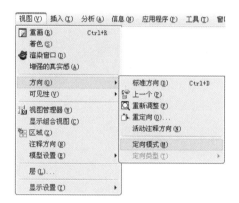

图 1-23 【方向】子菜单

- 【标准方向】：以标准方向显示模型。
- 【上一个】：恢复最近的一次视图方向。
- 【重新调整】：重新调整模型放大比例至工作窗口能够完整地显示模型。
- 【重定向】：重新定向视图。
- 【定向模式】：打开定向模式。
- 【定向类型】：定义视图类型。

单击如图 1-24 所示的【视图】工具栏中的【定向模式】按钮，或者选择【视图】|【方向】|【定向模式】菜单命令，切换到定向模式，此时【定向类型】菜单被激活，其子菜单如图 1-25 所示。

图 1-24 【视图】工具栏

其中包括【固定】、【动态】、【延迟】和【速度】4种类型，只有在视图模式下才可用。其中【固定】是指模型的旋转由鼠标指针相对于其初始位置移动的方向和距离控制；【动态】是指模型可以绕着视图中心自由地旋转；【延迟】是指模型在鼠标指针移动时方向不更新，释放鼠标中键后模型方向才更新；【速度】是指模型在鼠标指针移动时方向一直更新，且鼠标指针相对于其初始位置的距离和方向决定模型移动的速度和方向。

选择【视图】|【视图管理器】菜单命令，可打开【视图管理器】对话框，定义视图的简化表示和视图定向，其对话框如图 1-26 所示，设置完成后关闭该对话框。

图 1-26 【视图管理器】对话框

展开【显示设置】子菜单，如图 1-27 所示。它包括以下几项命令：

第 1 章　Pro/E Wildfire 5.0 自学入门

图 1-27　【显示设置】子菜单

- 选择【模型显示】命令，其对话框如图 1-28 所示，可在其中定义模型的显示方式。
- 选择【基准显示】命令，可以定义基准的显示方式，其对话框如图 1-29 所示。
- 选择【性能】命令，打开【视图性能】对话框，用来定义视图的显示性能，如图 1-30 所示。
- 选择【可见性】命令，打开【可见性】对话框，可以定义模型的可见性，其对话框如图 1-31 所示。

图 1-29　【基准显示】对话框

图 1-30　【视图性能】对话框

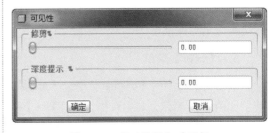

图 1-31　【可见性】对话框

选择【系统颜色】命令，可以定义系统显示的颜色，其对话框如图 1-32 所示。

图 1-28　【模型显示】对话框

图1-32 【系统颜色】对话框

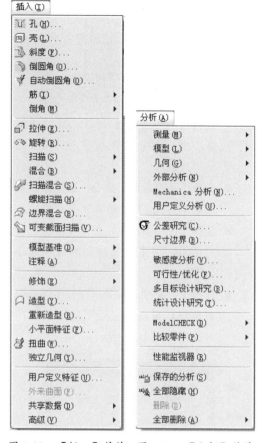

图1-33 【插入】菜单　　图1-34 【分析】菜单

4．【插入】菜单

在菜单栏中单击【插入】菜单,打开的【插入】菜单如图1-33所示,主要包括【孔】、【壳】、【筋】、【倒角】、【拉伸】、【扫描】、【混合】等特征的创建命令,这些命令也可以通过单击特征工具栏中相应的功能按钮来实现。关于命令的具体操作将在后面的章节中陆续介绍,这里不再赘述。

5．【分析】菜单

单击菜单栏中的【分析】菜单,【分析】菜单如图1-34所示,其中包括【测量】、【模型】、【几何】、【外部分析】、【Mechanica分析】、【用户定义分析】、【敏感度分析】等命令,因本书涉及的"分析"命令较少,这里不做详细介绍。

6．【信息】菜单

单击菜单栏中的【信息】菜单,利用【信息】菜单中包含的各项命令可以查询特征、特征关系、尺寸、模型等详细信息。这些信息会在系统的浏览器中显示。不同的工作模式对应不同的【信息】菜单,如图1-35所示为零件工作模式下的【信息】菜单。

7．【应用程序】菜单

不同的工作模式对应不同的【应用程序】菜单,零件工作模式下的【应用程序】菜单如图1-36所示,其主要功能是可以切换系统的不同工作模式,例如由标准零件工作模式切换到钣金件工作模式。

8.【工具】菜单

在菜单栏中单击【工具】菜单,【工具】菜单如图 1-37 所示,其功能是定义 Pro/Engineer 工作环境、设置外部参照控制选项及使用模型播放器查看模型创建历史记录等。

图 1-35 【信息】菜单　　图 1-36 【应用程序】菜单

图 1-37 【工具】菜单

该菜单中包含以下几项命令:

- 【关系】:用于模型参数化设置,为尺寸定义添加几何关系式。
- 【参数】:用于模型参数化设计,为系列的标准化零件设计服务。
- 【指定】:用于指定模型中参数的显示。即参数在产品数据管理(Product Data Management,PDM)系统中可见。
- 【族表】:用来定义多个相同特性的零件族。
- 【程序】:利用此菜单中的相关命令,可以创建用于程序化控制的参数化建模。例如,用户可以创建出习惯于自身的菜单命令。
- 【UDF 库】:自定义的零件库。通过相应的菜单命令,可以创建一个常用的图形库。
- 【外观管理器】:用于模型外观的设置。既可以选择任何材质和颜色,也可以对外观的属性进行编辑。
- 【图像编辑器】:利用图形编辑器可以对当前视图所截取的图片更改其视图方向。
- 【模型播放器】:利用模型播放器来查看当前模型的设计过程。
- 【组件设置】:用来定义装配环境下的组件显示与控制。
- 【播放跟踪/培训文件】:运行跟踪或培训文件。
- 【分布式计算】:将本机加入分布计算,或者将其他机器作为分布计算点,协助做分布计算。
- 【Pro/Web.Link】:连接 Pro/Engineer 网站或互联网。
- 【映射键】:用户自定义快捷键。
- 【浮动模块】:使用浮动授权的共享模块。
- 【辅助应用程序】:使用辅助应用程序。
- 【环境】:设置系统的操作环境。

- 【服务器的管理器】：向文件夹浏览器中添加服务器，并设置活动工作区域。
- 【定制屏幕】：用户自定义个人菜单、工具栏、特征工具栏等界面。
- 【配置 ModelCHECK】：用于对 ModelCHECK 进行设置。
- 【选项】：编辑或加载系统配置文件。

9.【窗口】菜单

单击菜单栏中的【窗口】菜单，【窗口】菜单如图 1-38 所示，它包含【激活】、【新建】、【关闭】等命令。

图 1-38　【窗口】菜单

【窗口】菜单中的各项菜单命令功能如下：

- 【激活】命令：激活窗口作为当前活动的窗口。
- 【新建】命令：新创建一个窗口，并将该窗口激活。
- 【关闭】命令：关闭当前窗口，但仍然存放在内存中。
- 【打开系统窗口】命令：打开 MS-DOS 控制台窗口。
- 【最大化】命令：将当前窗口放大到最大状态。
- 【恢复】命令：将当前窗口恢复到正常尺寸。
- 【默认尺寸】命令：将当前窗口放大到系统默认的尺寸。

10.【帮助】菜单

在菜单栏中单击【帮助】菜单，【帮助】菜单如图 1-39 所示，它的功能是提供各种信息查询。

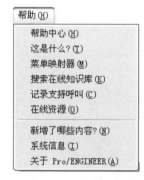

图 1-39　【帮助】菜单

1.3.3　工具栏

工具栏一般位于菜单栏下方，如图 1-40 所示，用户也可以根据需要自定义工具栏的位置。

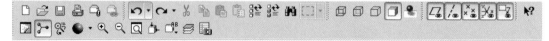

图 1-40　工具栏

工具栏中各按钮的功能与菜单栏中对应的菜单命令功能相同，它包含的按钮与菜单栏中的菜单命令对应关系如表 1-2 所示。

表 1-2　工具栏按钮与菜单栏命令的对应关系

按钮	按钮功能	对应菜单命令
	新建文件	【文件】菜单中的【新建】命令
	打开文件	【文件】菜单中的【打开】命令
	保存文件	【文件】菜单中的【保存】命令
	打印文件	【文件】菜单中的【打印】命令
	将文件作为附件发邮件给收件人	【文件】菜单中的【发送至】|【作为附件发给收件人】命令
	将文件作为链接发邮件给收件人	【文件】菜单中的【发送至】|【以链接形式发给收件人】命令
	基准面开/关	【视图】菜单中的【显示设置】|【基准显示】命令
	基准轴开/关	【视图】菜单中的【显示设置】|【基准显示】命令
	基准点开/关	【视图】菜单中的【显示设置】|【基准显示】命令
	坐标系开/关	【视图】菜单中的【显示设置】|【基准显示】命令
	重画	【视图】菜单中的【重画】命令
	旋转中心开/关	【视图】菜单中的【显示设置】|【基准显示】命令
	定向模式开/关	【视图】菜单中的【方向】|【定向模式】命令
	外观库	
	放大模型	
	缩小模型	
	缩放模型到适当比例	【视图】菜单中的【方向】|【重新调整】命令
	重定向视图	【视图】菜单中的【方向】|【重定向】命令
	保存的视图列表	【视图】菜单中的【视图管理器】命令
	设置层状态	
	启动视图管理器	【视图】菜单中的【视图管理器】命令
	显示模型线框	【视图】菜单中的【显示设置】|【模型显示】命令
	显示模型隐藏线	【视图】菜单中的【显示设置】|【模型显示】命令
	不显示模型隐藏线	【视图】菜单中的【显示设置】|【模型显示】命令
	将模型着色	【视图】菜单中的【显示设置】|【模型显示】命令
	查询帮助	【帮助】菜单
	搜索工具	【视图】菜单中的【查找】命令
	选取工具	【编辑】菜单中的【选取】命令

选择【工具】|【定制屏幕】菜单命令，打开如图 1-41 所示的【定制】对话框，用户可在其中自定义工具栏中的按钮。

图 1-41 【定制】对话框

工具栏。或者在界面右侧工具栏的空白处单击鼠标右键，在如图 1-43 所示的快捷菜单中选择【工具栏】命令或者其他命令，同样可以自定义工具栏。

1.3.4 特征工具栏

特征工具栏一般位于界面的右方，系统默认的特征工具栏如图 1-42 所示，特征工具栏中的按钮功能是创建不同的特征，这些将在后面关于创建特征的章节中进行详细介绍。

用户可以根据需要通过【工具】菜单中的【定制屏幕】命令，打开【定制】对话框并切换到【工具栏】选项卡，自定义【特征】

图 1-42 特征工具栏　　图 1-43 快捷菜单

1.3.5 命令提示栏

找到位于工作区上方的命令提示栏，如图 1-44 所示，它的主要功能是提示命令执行情况和下一步操作的信息。

图 1-44 命令提示栏

1.4 环境设置与选项配置

下面介绍 Pro/E 环境设置与选项配置的相关内容。

1.4.1 环境设置

step 01 选择【工具】|【环境】菜单命令，打开如图 1-45 所示的【环境】对话框。

第 1 章　Pro/E Wildfire 5.0 自学入门

图 1-45　【环境】对话框

step 02　在【显示】选项组中启用【基准平面】、【点符号】、【旋转中心】等复选框，选中【中心线电缆】单选按钮。

> 技巧点拨：
>
> 在【基准显示】和【视图】工具栏中通过单击相应的按钮（如图 1-46 和 1-47 所示），也可以控制基准特征和视图的显示情况。

图 1-46　【基准显示】工具栏

图 1-47　【视图】工具栏

step 03　在【默认操作】选项组中启用【保持信息基准】、【使用 2D 草绘器】复选框。在【显示样式】下拉列表框中选择【着色】选项，选择【标准方向】下拉列表框中的【斜轴测】选项，选择【相切边】下拉列表框中的【实线】选项，单击【确定】按钮，关闭【环境】对话框。

step 04　选择【工具】|【定制屏幕】菜单命令，打开如图 1-48 所示的【定制】对话框。

step 05　单击【命令】选项卡，切换到【命令】

选项卡，选择【视图】目录下的【渲染窗口】命令，用鼠标左键按住该命令，拖动至合适的位置后松开鼠标，如图 1-49 所示，即在【视图】工具栏中添加了【渲染窗口】按钮。

图 1-48　【定制】对话框

图 1-49　添加【渲染窗口】按钮

> 技巧点拨：
>
> 删除某按钮的方法是，拖动要删除的按钮，将其拖动至工作窗口的任意位置后，松开鼠标。

step 06　单击【工具栏】选项卡，切换到【工具栏】选项卡，选择【模型显示】复选框，在【位置】下拉列表框中选择【右】选项，可以看到【模型显示】工具栏移动到了右侧的【特征】工具栏中，如图 1-50 所示。

step 07　单击【浏览器】选项卡，切换到【浏览器】选项卡，取消启用【默认情况下，加载 Pro/Engineer 时展开浏览器】复选框，单击【确定】按钮，如图 1-51 所示。设置之后再打开 Pro/E 软件，将不加载浏览器。

> 技巧点拨：
>
> 该设置将自动保存到【自动保存到】文本框后显示的地址中，默认情况下，将保存到启动目录中，本例是"E:\proeWildfire 5.0 M060\proeWildfire 5.0\bin\config.win"。

17

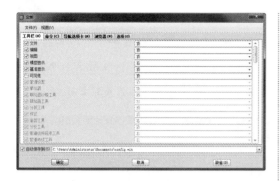

图 1-52 【选项】对话框

图 1-50 定义【模型显示】工具栏的位置

step 03 在【显示】下拉列表框中选择【当前会话】选项，取消选中【仅显示从文件加载的选项】复选框，在下方的列表中选择【menu_translation】选项，设置【值】为【both】，如图 1-53 所示。

图 1-51 取消启用浏览器

1.4.2 配置设置

step 01 启动 Pro/E Wildfire 5.0，进入 Pro/E 工作界面。

step 02 选择【工具】|【选项】菜单命令，打开如图 1-52 所示的【选项】对话框。

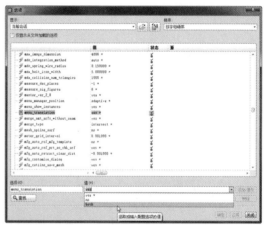

图 1-53 设置【值】为【both】

step 04 单击【添加/更改】按钮，然后在对话框中单击【确定】按钮，关闭对话框。

技术拓展

yes 后面带有 * 符号的均为系统默认值。
回：表示选项设置后要重新运行 Pro/E 后才生效（即关闭 Pro/E 再重新打开）。
彡：表示修改后立即生效。
✗：只对新建的模型、工程图等有效。这一点很重要，也就是说，修改的选项不作用于已有的模型，只对新建的模型有效。

step 05 单击【新建】按钮，打开【新建】对话框，按照如图1-54所示设置参数，单击【确定】按钮，打开【新文件选项】对话框。

图1-54 设置【新建】对话框

step 06 选择如图1-55所示的模板，单击【确定】按钮。

图1-55 选择模板

step 07 选择【插入】|【扫描】|【伸出项】菜单命令，弹出如图1-56所示的【伸出项：扫描】对话框和【扫描轨迹】菜单管理器，为中英文双语显示。

图1-56 【伸出项：扫描】对话框和【扫描轨迹】菜单管理器

技巧点拨：

笔者计算机中安装的是简体中文版Pro/E而非英文版，只有出现菜单管理器时才会有中英文双语显示）。如果想还原为原来的中文显示菜单，可以关闭该Pro/E文件，再重新开启，设置【menu_translation】选项的【值】为【yes】。

step 08 单击【伸出项：扫描】对话框中的【取消】按钮，按照前面介绍的步骤打开【选项】对话框。

step 09 在【选项】文本框中输入"web"，在【选项】对话框中单击【查找】按钮 ，打开如图1-57所示的【查找选项】对话框。

图1-57 【查找选项】对话框

step 10 选择【web_browser_homepage】选项，在【设置值】组合框中输入"about:blank"，单击【添加/更改】按钮，再单击【关闭】按钮。

注意事项：该选项用于设置浏览器主页的位置。

step 11 在【选项】对话框中单击【确定】按钮，关闭对话框。

step 12 展开浏览器，单击【主页】按钮 ，可以看到其浏览器主页为空白页，如图1-58所示。

图1-58 浏览器主页为空白页

step 13 再次进入【查找选项】对话框，选择【web_browser_homepage】选项，在【设置值】组合框中输入"ptc.com"，单击【添加 / 更改】按钮，然后关闭两个对话框。

step 14 在展开的浏览器中单击【主页】按钮 ，可以看到系统已连接到PTC的官方网站，如图1-59所示。

图1-59 重新设置后的浏览器主页

空间区域。通常情况下，Pro/E的启动目录是默认工作目录。

一般来说，零件设计环境下设计的零件模型是不需要自动保存在工作目录中的，因为输出的文件是单个模型文件，可以另存在其他文件夹中。但是，只要用户创建的是组件（装配）文件，就必须设置工作目录，否则另存时只会保存组件的顶层文件，简单地讲就是一个空壳，没有子装配部件。

选择菜单栏中的【文件】|【设置工作目录】命令，系统弹出如图1-60所示的【选取工作目录】对话框。

在【选取工作目录】对话框中的【查找范围】下拉列表框中，选取所需要的工作目录。单击【选取工作目录】对话框中的【确定】按钮，完成工作目录的设置。

> **技巧点拨：**
>
> 在进行工程设计的时候，程序会将设计过程中的文字和数据信息自动保存到这个文件夹中。当启动Pro/E软件时，程序就指向工作目录文件夹的路径。如果想设定不同的目录文件路径，再在菜单栏中选择【文件】|【设置工作目录】命令后，修改即可。

图1-60 【选取工作目录】对话框

1.5 设置工作目录的重要性

Pro/E的工作目录是指存储Pro/E文件的

1.6 Pro/E 文件管理

Pro/E Wildfire 5.0 中对文件的操作都集中

在【文件】菜单下，包括新建、打开、保存、保存副本和备份等操作命令。

1. 文件扩展名

在 Pro/E 中常用的扩展名有 4 种。在保存各个文件的时候，系统会自动赋予文件相应的扩展名：

- *.prt：是由多个特征组成的三维模型的零件文件。
- *.asm：在装配模式中创建的模型组件和具有装配信息的装配文件。
- *.drw：输入了二维尺寸的零件或装配体的制图文件。
- *.sec：在草绘模式中创建的非关联参数的二维草绘文件。

2. 新建文件

在 Pro/E Wildfire 5.0 中，新建不同的文件类型，操作上略有不同，下面以最为常用的零件文件的新建过程为例，讲述新建文件的操作步骤。

step 01 选择菜单栏中的【文件】|【新建】命令，或者单击【文件】工具栏中的【新建】按钮，系统弹出如图 1-61 所示的【新建】对话框。

图 1-61 【新建】对话框

step 02 选中【类型】选项组中的【零件】单选按钮及【子类型】选项组中的【实体】单选按钮。

step 03 在【名称】文本框中输入新建文件的名称，取消选中【使用默认模版】复选框，单击【确定】按钮，系统弹出如图 1-62 所示的【新文件选项】对话框。

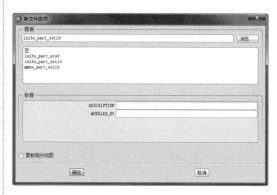

图 1-62 【新文件选项】对话框

step 04 在【模板】选项组的列表框中选择公制模板【mmns_part_solid】选项，或者单击【浏览】按钮，选取其他模板，单击【确定】按钮，进入零件设计平台。

3. 打开文件

选择菜单栏中的【文件】|【打开】命令，或者单击【文件】工具栏中的【打开】按钮，系统弹出如图 1-63 所示的【文件打开】对话框。

图 1-63 【文件打开】对话框

打开【查找范围】下拉列表框，选择要

打开的文件的目录,选中要打开的文件。再单击【文件打开】对话框中的【打开】按钮,完成文件的打开。

4．保存文件

选择菜单栏中的【文件】|【保存】命令,或者单击【文件】工具栏中的【保存】按钮,系统弹出如图1-64所示的【保存对象】对话框。打开【查找范围】下拉列表框,选择当前文件的保存目录。单击【确定】按钮,保存文件并关闭对话框。

图1-64　【保存对象】对话框

5．镜像文件

选择菜单栏中的【文件】|【打开】命令,或者单击【文件】工具栏中的【打开】按钮,系统弹出【文件打开】对话框。

选择【文件打开】对话框中要镜像的文件,单击【打开】按钮,完成文件的打开。

选择菜单栏中的【文件】|【镜像零件】命令,系统弹出如图1-65所示的【镜像零件】对话框。

图1-65　【镜像零件】对话框

在对话框中设置相应的参数,单击【确定】按钮,打开一个镜像文件,完成镜像文件的创建。

- 仅镜像几何：创建原始零件几何的镜像的合并。
- 镜像具有特征的几何：创建原始零件的几何和特征的镜像副本,镜像零件的几何不会从属于源零件的几何。

1.7　课后习题

1．问答题

(1)菜单栏中包括哪几个菜单?

(2)试说明工具栏中的按钮与菜单栏中的命令的对应关系。

2．操作题

安装Pro/E Wildfire 5.0软件,熟悉其工作界面中的菜单栏和工具栏等。

第 2 章
对象操作与基准创建

本章内容

学习基本操作是初学者学习 Pro/E 的关键阶段,基本操作是入门知识,可以帮助读者了解软件的基本辅助功能、基本应用及界面操作。

知识要点

☑ 视图操控——键鼠设置
☑ 模型对象的选取
☑ 基准点、基准轴、基准曲线、基准坐标系及基准平面的设计

2.1 视图操控——键鼠设置

在 Pro/Engineer 野火版中，大部分操作都是采用三键式鼠标（左键、中键和右键）完成的。目前，常用的是滚轮式鼠标，在此可用滚轮代替三键鼠标的中键。通过鼠标的三键操作，再配合键盘上的特殊控制键 Ctrl 键和 Shift 键，可以进行图形对象的选取操作，以及视图的缩放、平移等操作。

1．鼠标左键

用于选择菜单、单击工具按钮、明确绘制图素的起始点与终止点、确定文字的注释位置、选择模型中的对象等。在选取多个特征或零件时，可以与控制键 Ctrl 键和 Shift 键配合，用鼠标左键选取所需的特征或零件。

2．鼠标右键

可以选取工作区中的对象、模型树中的对象、图标按钮等。在工作区中，单击鼠标右键，会显示相应的快捷菜单。

> **技巧点拨：**
> 书中所提及的"在工作区中，单击鼠标右键"是指长按鼠标右键大约 1 秒。

3．鼠标中键

单击鼠标中键可以结束当前操作，一般情况下与菜单中的【完成】按钮、对话框中【确定】按钮功能相同。另外，鼠标中键还可用于控制视图方位、动态缩放显示模型及动态平移显示模型等。具体操作如下：

- 旋转视图：按住鼠标中键＋移动鼠标。如图 2-1 所示。
- 平移视图：按住鼠标中键 +Shift 键＋移动鼠标。如图 2-1 所示。
- 缩放视图：按住鼠标中键 +Ctrl 键＋垂直移动鼠标。如图 2-1 所示。
- 翻转视图：按住鼠标中键 +Ctrl 键＋水平移动鼠标。如图 2-1 所示。
- 动态缩放视图：转动鼠标滚轮。

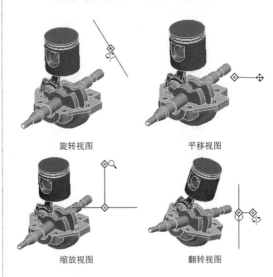

图 2-1　键鼠操控模型视图

2.2 模型对象的选取

选取对象这一操作在草绘过程中会经常用到。选中曲线后可对其进行删除操作，也可对线条进行拖动修改等。

2.2.1 设置选取首选项

选择菜单栏中的【编辑】|【选取】命令，展开如图 2-2 所示的菜单，从中选择选取对象的方法。

图 2-2　【选取】菜单

- 首选项：选择【首选项】命令，系统弹出如图 2-3 所示的【选取首选项】对话框，设置是否预选加亮及区域样式。

图 2-3 【选取首选项】对话框

图 2-5 在模型树中选取对象

- 依次：每次选取一个图素。按住 Ctrl 键时，则可选取多个图素；按下鼠标左键拖出一个矩形框，框内的图素则全被选中。
- 链：选取链的首尾，首尾之间的曲线一起被选取。
- 所有几何：选取所有几何元素（不包括标注尺寸、约束）。
- 全部：选取所有项目。

单击【草绘工具】工具栏中的【依次】按钮，使其处于按下状态即为选取状态，可用鼠标左键选取要编辑的图素。

2.2.2 选取方式

Pro/E 中常用的对象有：零件、特征、基准、曲面、曲线、点等，多数操作都要进行对象的选取。

选取的方式有两种：一种是在设计绘图区选取，如图 2-4 所示；另一种是在导航栏的模型树中进行特征的选取，如图 2-5 所示。

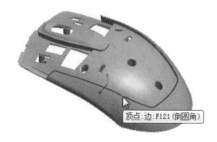

图 2-4 在绘图区选取对象

2.2.3 对象的选取

在绘图区选取对象时，可以选取点、线或面。

曲线的选取包括选择依次链、相切链、曲面链、起止链和目的链等，可以按住 Shift 键辅助选取曲线链，如图 2-6 所示为选取单条曲线。

曲面的选取包括环曲面、种子面和实体曲面，如图 2-7 所示为曲面的选取。

图 2-6 曲线的选取

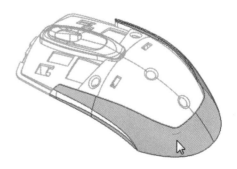

图 2-7 曲面的选取

2.3 创建 Pro/E 基准

Pro/E 的基准包括基准平面、基准轴、基准坐标系、基准点和基准曲线，下面详解基准的创建方法。

2.3.1 创建基准点

在几何建模时可将基准点用作构造元素，或用作进行计算和模型分析的已知点。可随时向模型中添加点，即便是在创建另一特征的过程中也可执行此操作。

基准点的创建方法有许多种，下面仅介绍使用基准点工具来创建基准点的过程。

动手操练——创建基准点

step 01 打开光盘文件"动手操练\素材\Ch02\ 2-1.prt"。

step 01 单击【基准】工具栏中的【点】按钮，系统弹出【基准点】对话框。

step 02 在参考模型上选取边或顶点或面作为基准点的放置参照，如图 2-8 所示。

step 03 接着在参考模型上选择 FRONT 基准平面与 RIGHT 基准平面（按住 Ctrl 键依次选取）作为偏移参照，如图 2-9 所示。

 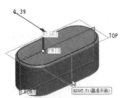

图 2-8 选取放置平面　　图 2-9 选取偏移参照

step 04 在【基准点】对话框的【偏移参照】列表下设置偏移距离，最后单击【基准点】对话框中的【确定】按钮，完成基准点的绘制，如图 2-10 所示。

图 2-10 设置偏移创建基准点

技巧点拨：

在线段上定位基准点，只需要在【基准点】对话框中设置比率和实数：比率是指基准点分线段的比例；实数是指基准点到线段的基准端点的距离。

2.3.2 创建基准轴

基准轴的创建方法有很多，例如：通过相交平面、使用两参照偏移、使用圆曲线或边等。

动手操练——通过相交平面创建基准轴

通过相交平面创建基准轴的操作步骤如下：

step 01 选择菜单栏中的【插入】|【模型基准】|【轴】命令，或者单击【基准】工具栏中的【轴】按钮，系统弹出【基准轴】对话框。

step 02 按住 Ctrl 键不放，在工作区选取新基准轴的两个放置参照，这里选择 TOP 和

FRONT 基准平面。

step 03 从【参照】列表框中的约束列表中选取所需的约束选项，这里不用选择。

> **技巧点拨：**
> 在选择基准轴参照后，如果参照能够完全约束基准轴，系统自动添加约束，并且不能更改。

step 04 单击【基准轴】对话框中的【显示】选项卡，选中【调整轮廓】复选框，在【长度】文本框中输入500。

> **技巧点拨：**
> 基准轴的长度要求不精确，可以通过拖动工作区中轴的两个端点调整长度。

step 05 单击【基准轴】对话框中的【确定】按钮，完成基准轴的创建，效果如图2-11所示。

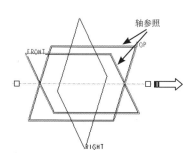

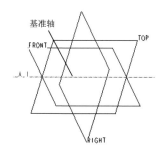

图2-11 创建基准轴

2.3.3 创建基准曲线

除了输入的几何体之外，Pro/E 中所有3D 几何体的建立均起始于2D 截面。基准曲线是有形状和大小的虚拟线条，但是没有方向、体积和质量。基准曲线可以用来创建和修改曲面，也可以作为扫描轨迹线或创建其他特征。

1．通过点创建基准曲线

动手操练——通过点创建基准曲线

step 01 在菜单栏中选择【插入】|【模型基准】|【曲线】命令，或者单击【基准】工具栏中的【曲线】按钮～，弹出如图2-12所示的菜单管理器。

图2-12 菜单管理器

step 02 选择菜单管理器中的【通过点】|【完成】命令，弹出如图2-13所示的【曲线：通过点】对话框，同时更新菜单管理器，如图2-14所示。

图2-13 【曲线：通过点】对话框

- 属性：指出该曲线是否应该位于选定的曲面上。
- 曲线点：选取要连接的曲线点。
- 相切：（可选）设置曲线的相切条件。

> **技巧点拨：**
> 至少有一条终止线段是样条曲线时，才能定义【相切】元素。

● 扭曲：（可选）通过使用多面体处理来修改通过两点的曲线形状。

图 2-14 菜单管理器

step 03 从菜单管理器中选择连接类型：样条、单一半径、多重半径、单个点、整个阵列、添加点等。完成工作区中点的选取后，选择菜单管理器中的【完成】命令，完成曲线点的定义，或选择【退出】命令中止该步骤。

step 04 要定义相切条件，可选取对话框中的【相切】元素，单击【定义】按钮，系统弹出如图 2-15 所示的菜单管理器。使用【定义相切】菜单中的命令，在曲线端点处定义相切。

图 2-15 【定义相切】菜单

step 05 通过从【方向】菜单中选择【反向】或【确定】命令，在相切位置指定曲线的方向，系统在曲线的端点处显示一个箭头。

step 06 如果创建通过两个点的基准曲线，

可以在三维空间中"扭曲"该曲线并动态更新其形状。要处理该曲线，选择对话框中的【扭曲】选项，并单击【定义】按钮，系统弹出如图 2-16 所示的【修改曲线】对话框，定义扭曲特征。

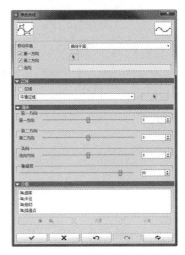

图 2-16 【修改曲线】对话框

step 07 单击【曲线 通过点】对话框中的【确定】按钮，完成基准曲线的创建，效果如图 2-17 所示。

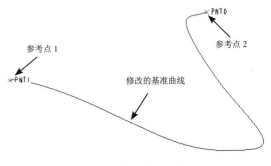

图 2-17 通过点创建基准曲线

4．从方程创建基准曲线

动手操练——从方程创建基准曲线

step 01 在菜单栏中选择【插入】|【模型基准】|【曲线】命令，或者单击【基准】工具栏中的【曲线】按钮，系统弹出菜单管理器。

step 02 选择菜单管理器中的【从方程】|【完

成】命令，更新菜单管理器，如图 2-18 所示，同时弹出如图 2-19 所示的【曲线：从方程】对话框。

图 2-18　菜单管理器

图 2-19　【曲线：从方程】对话框

- 坐标系：定义坐标系。
- 坐标系类型：指定坐标系类型。
- 方程：输入方程。

step 03　选取模型树中或工作区中的坐标系，菜单管理器更新为如图 2-20 所示的样式。

图 2-20　菜单管理器

step 04　使用【设置坐标系类型】菜单中的命令指定坐标系类型：笛卡儿坐标系、圆柱坐标系、球坐标系，这里选择球坐标系，系统弹出如图 2-21 所示的曲线方程输入记事本窗口。

图 2-21　曲线方程输入记事本窗口

step 05　在记事本窗口中输入曲线方程作为常规特征关系，如图 2-22 所示。

图 2-22　输入的方程

step 06　保存记事本窗口中的内容，单击【曲线：从方程】对话框中的【确定】按钮，完成效果如图 2-23 所示。

图 2-23　从方程创建基准曲线

2.3.4　创建基准坐标系

基准坐标系分为笛卡儿坐标系、圆柱坐标系和球坐标系 3 种类型。坐标系是可以添加到零件和组件中的参照特征，一个基准坐标系需要 6 个参照量，其中 3 个相对独立的参照量用于原点的定位，另外 3 个参照量用于坐标系的定向。

动手操练——创建坐标系

step 01　在菜单栏中选择【插入】|【模型基准】|【坐标系】命令，或者单击【基准】工具栏中的【坐标系】按钮 ，系统弹出如图 2-24 所示的【坐标系】对话框。

step 02　在图形窗口中选取一个坐标系作为

参照，这时【偏移类型】下拉列表框变为可用状态，如图 2-25 所示。从下拉列表框中选取偏移类型：笛卡儿、圆柱、球坐标或者自文件。

图 2-24 【坐标系】对话框

图 2-25 【坐标系】对话框

step 03 在图形窗口中，拖动控制滑块将坐标系手动定位到所需位置。也可以在 X、Y、Z 文本框中输入一个距离值，或从最近使用值的列表中选取一个值。

提示：

位于坐标系中心的控制滑块允许沿参照坐标系的任意一个轴拖动坐标系。要改变方向，可将光标悬停在控制滑块上方，然后向其中一个轴移动光标。在朝向轴的方向移动光标的同时，控制滑块会改变方向。

step 04 单击【坐标系】对话框中的【方向】选项卡，展开如图 2-26 所示的【方向】选项卡，

在该选项卡中设置坐标系的位置，各选项具体含义如下所述：

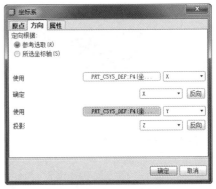

图 2-26 【方向】选项卡

- 选择【参考选取】单选按钮，通过选取坐标系中任意两个轴的方向参照定向坐标系。
- 选择【所选坐标轴】单选按钮，在【关于 X】、【关于 Y】、【关于 Z】文本框中输入与参照坐标系之间的相对距离，用于设置定向坐标系。
- 单击【设置 Z 垂直于屏幕】按钮，快速定向 Z 轴使其垂直于当前屏幕。

step 05 单击【坐标系】对话框中的【属性】选项卡，在【名称】文本框中输入基准轴的名称，如图 2-27 所示。

step 06 单击【名称】文本框后面的 i 按钮，弹出如图 2-28 所示的浏览器，在其中显示了当前基准坐标系特征的信息。

第 2 章　对象操作与基准创建

图 2-27　【属性】选项卡

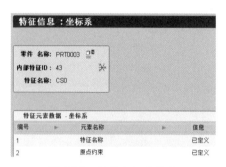

图 2-28　基准坐标系信息

2.3.5　创建基准平面

基准平面在实际生活中虽然不存在，但在零件图和装配图中都具有很重要的作用。基准平面主要用来作为草绘平面或者作为草绘、镜像、阵列等操作的参照，也可以用来作为尺寸标注的基准。

1．通过空间三点

动手操练——通过空间三点创建基准平面

step 01　打开光盘文件"动手操练\素材\Ch02\2-6.prt"。

step 02　单击【基准】工具栏中的【平面】按钮，或者在菜单栏中选择【插入】|【模型基准】|【平面】命令，弹出如图 2-29 所示的【基准平面】对话框。

图 2-29　【基准平面】对话框

step 03　按住 Ctrl 键，在绘图区中选择如图 2-30 所示的三点，选中的点被添加到【放置】选项卡中的【参照】列表框中。

图 2-30　空间三点

step 04　单击【显示】按钮，展开如图 2-31 所示的【显示】选项卡，设置基准平面的方向、大小。

图 2-31　【显示】选项卡

技巧点拨：
平面是无限大的，这里的大小指的是显示效果。

step 05　单击【属性】按钮，展开如图 2-32 所示的【属性】选项卡，设置基准平面的名

称和查看基准平面的信息。

图 2-32 【属性】选项卡

step 06 单击【基准平面】对话框中的【确定】按钮,完成基准平面的创建,效果如图2-33所示。

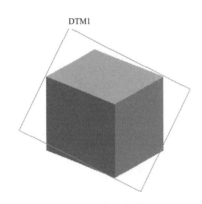

图 2-33 创建的基准平面

2. 通过空间点线

动手操练——通过空间点线创建基准平面

step 01 打开光盘文件"动手操练\素材\Ch02\2-7.prt"。

step 02 单击【基准】工具栏中的【平面】按钮 ▱,或者在菜单栏中选择【插入】|【模型基准】|【平面】命令,弹出【基准平面】对话框。

step 03 按住Ctrl键,在绘图区中选择如图2-34所示的轴线和点,选中的轴线和点被添加到【放置】选项卡中的【参照】列表框中。

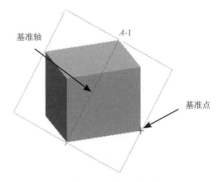

图 2-34 轴线和点

step 04 单击【基准平面】对话框中的【确定】按钮,完成基准平面的创建,效果如图2-35所示。

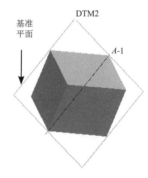

图 2-35 创建的基准平面

3. 偏移平面

动手操练——偏移平面

step 01 打开光盘文件"动手操练\Ch02\素材2-8.prt"。

step 02 单击【基准】工具栏中的【平面】按钮 ▱,或者在菜单栏中选择【插入】|【模型基准】|【平面】命令,弹出【基准平面】对话框。

step 03 选取现有的基准平面或平面曲面,所选参照及其约束类型均添加到【放置】选项卡的【参照】列表框中。

step 04 在【参照】列表框中的约束列表中选取约束类型,分别是偏移、穿过、平行、法向,如图 2-36 所示。

图 2-36 【基准平面】对话框

step 05 这里选择"偏移"约束类型,在【平移】文本框中输入偏移距离,或者拖动控制滑块将基准曲面手动平移到所需位置处,如图 2-37 所示。

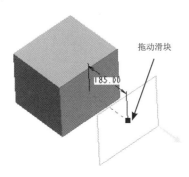

图 2-37 拖动控制滑块

step 06 单击【基准平面】对话框中的【确定】按钮,完成偏移基准平面的创建,效果如图 2-38 所示。

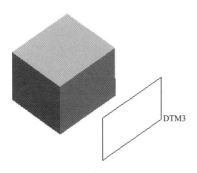

图 2-38 创建的基准平面

4．创建具有角度偏移的基准平面

动手操练——创建具有角度偏移的基准平面

step 01 打开光盘文件"动手操练\素材\Ch02\2-9.prt"。

step 02 单击【基准】工具栏中的【平面】按钮,或者在菜单栏中选择【插入】|【模型基准】|【平面】命令,系统弹出【基准平面】对话框。

step 03 首先选取现有基准轴、直边或直曲线,所选取的参照被添加到【基准平面】对话框中的【参照】列表框中。

step 04 从"参照"列表框中的约束列表内选取【穿过】约束方式。

step 05 按住 Ctrl 键,从绘图区中选取垂直于参照的基准平面,在【偏移旋转】文本框中输入偏移角度,或者拖动控制滑块将基准曲面手动旋转到所需角度处。

step 06 单击【基准平面】对话框中的【确定】按钮,完成创建角度偏移基准平面,效果如图 2-39 所示。

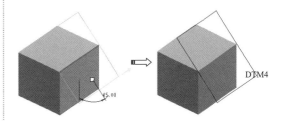

图 2-39 创建的基准平面

5．通过基准坐标系创建基准平面

动手操练——通过基准坐标系创建基准平面

step 01 单击【基准】工具栏中的【平面】按钮,或者在菜单栏中选择【插入】|【模型基准】|【平面】命令,弹出【基准平面】对话框。

step 02 选取一个基准坐标系作为放置参照，选定的基准坐标系被添加到【放置】选项卡中的【参照】列表框中。

step 03 从【参照】列表框中的约束列表中选取约束类型，分别是【偏移】和【穿过】。

step 04 如果选择【偏移】约束类型，在【平移】列表框中选择偏移的轴，在其后的文本框中输入偏移距离，拖动控制滑块将基准曲面手动平移到所需距离处；如果选择【穿过】，在【穿过平面】列表框中选择穿过平面。

- X 表示将 YZ 基准平面在 X 轴上偏移一定的距离创建基准平面。
- Y 表示将 XZ 基准平面在 Y 轴上偏移一定的距离创建基准平面。
- Z 表示将 XY 基准平面在 Z 轴上偏移一定的距离创建基准平面。
- XY 表示通过 XY 平面创建基准平面。
- YZ 表示通过 YZ 平面创建基准平面。
- ZX 表示通过 XZ 平面创建基准平面。

step 05 单击【基准平面】对话框中的【确定】按钮，完成基准平面的创建，效果如图 2-40 所示。

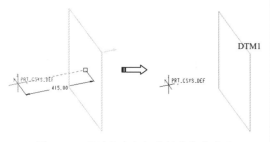

图 2-40 通过基准坐标系创建基准平面

2.4 综合案例：羽毛球设计

本例以一个羽毛球的造型设计，详解基准工具（包括基准点、基准曲线和基准平面）及其他 Pro/E 基本操作工具的应用技巧。羽毛球模型如图 2-41 所示。

图 2-41 羽毛球

操作步骤：

step 01 新建名称为 yumaoqiu 的模式文件。

step 02 在右工具栏中单击【旋转】按钮，弹出【旋转】操控板。然后在操控板的【放置】选项卡中单击【草绘】按钮，弹出【草绘】对话框。选择 TOP 基准平面作为草绘平面，单击【确定】按钮，进入草绘模式中，如图 2-42 所示。

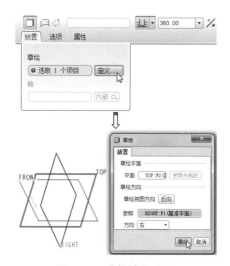

图 2-42 选择草绘平面

step 03 进入草绘模式后，绘制如图 2-43 所示的草图截面。

step 04 绘制草图后单击【完成】按钮 退出草绘模式，保留操控板上其余选项的默认设置，再单击操控板中的【应用】按钮，完成旋转特征1的创建,如图2-44所示。

> **技巧点拨:**
> 旋转特征的草绘中必须要绘制几何中心线,而非草绘中心线。这两个中心线将在后面章节详解。

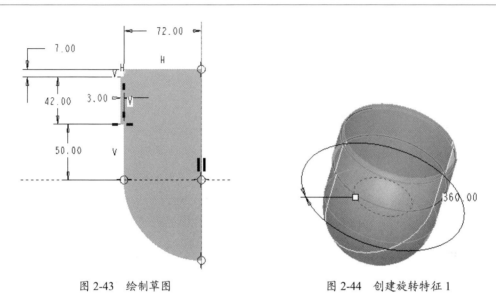

图2-43 绘制草图　　　　　图2-44 创建旋转特征1

step 05 同理,再利用【旋转】工具,在TOP基准平面上绘制草图,并创建出如图2-45所示的旋转特征2。

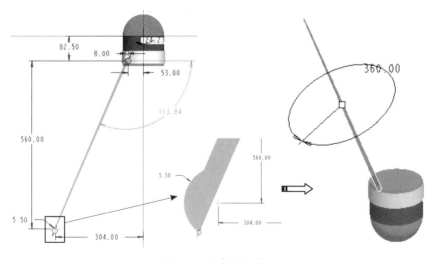

图2-45 创建旋转特征2

step 06 单击【点】按钮,打开【点】对话框。然后按住Ctrl键选择轴和旋转特征2的顶部曲面作为参考,创建基准点1,如图2-46所示。

step 07 在【点】对话框没有关闭的情况下,单击【点】按钮,然后选择旋转特征2的底部边作为参考,创建参考点2,如图2-47所示。

图 2-46　创建基准点 1

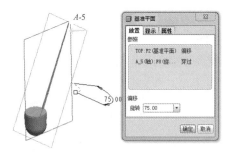

图 2-49　创建 DTM1 基准平面

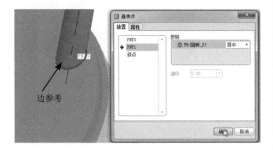

图 2-47　创建基准点 2

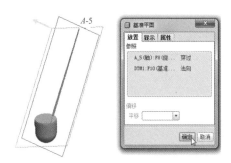

图 2-50　创建 DTM2 基准平面

step 08　单击【曲线】按钮，打开【曲线选项】菜单管理器。按如图 2-48 所示的操作步骤，创建基准曲线。

图 2-51　创建拉伸特征

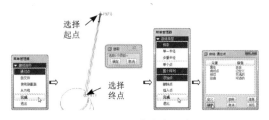

图 2-48　创建基准曲线

step 12　单击【拔模】按钮，弹出操控板。选择拔模曲面、拔模枢轴，输入拔模值 2，最后单击【应用】按钮完成拔模，如图 2-52 所示。

step 09　单击【平面】按钮，弹出【平面】对话框。按住 Ctrl 键选择旋转特征 2 的旋转轴和 TOP 基准平面作为参考，创建新参考平面 DTM1，如图 2-49 所示。

step 10　同理，再利用【平面】工具，选择 TOP 基准平面和旋转特征 2 的旋转轴作为参考，创建 DTM2 基准平面，如图 2-50 所示。

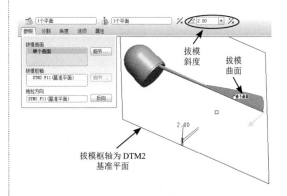

step 11　单击【拉伸】按钮，然后在 DTM1 平面上绘制拉伸截面，并完成拉伸特征的创建，结果如图 2-51 所示。

图 2-52　创建拔模特征

step 13　同理，对另一侧也创建拔模，如图

2-53 所示。

图 2-53 创建另一侧面的拔模

step 14 在模型树中按住 Ctrl 键选中拉伸特征和两个拔模特征，然后单击【镜像】按钮，打开操控板。选择 DTM2 基准平面作为镜像平面，单击【应用】按钮完成镜像，结果如图 2-54 所示。

图 2-54 创建镜像特征

step 15 将前面除第一个旋转特征外的其他特征创建成组，如图 2-55 所示。

图 2-55 创建组

step 16 在模型树选中创建的组，然后单击【阵列】按钮，打开【阵列】操控板。选择阵列方式为【轴】，选取旋转特征 1 的旋转轴为参考，然后设置阵列参数，最后单击【应用】按钮完成阵列，结果如图 2-56 所示。

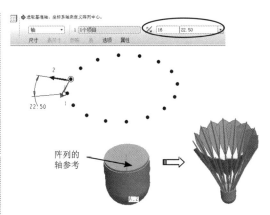

图 2-56 创建的阵列特征

step 17 单击【平面】按钮，然后以 FRONT 基准平面为偏移参考，创建 DTM3 基准平面，如图 2-57 所示。

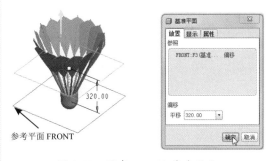

图 2-57 创建 DTM33 基准平面

step 18 单击【点】按钮，选择 DTM3 和曲线 1 作为参考，创建基准点，如图 2-58 所示。

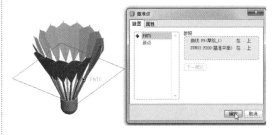

图 2-58 创建基准点

step 19 单击【草绘】按钮，打开【草绘】对话框。选择 DTM3 作为草绘平面，创建如图 2-59 所示的曲线。

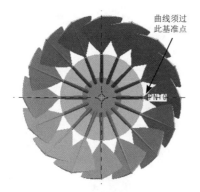

图 2-59 草绘曲线

step 20 单击【可变截面扫描】按钮，打开操控板。单击【扫描为实体】按钮，然后选择上步创建的曲线作为扫描轨迹，如图 2-60 所示。

图 2-60 选择扫描轨迹

step 21 在操控板中单击【创建或编辑扫描剖面】按钮，进入草绘模式，绘制如图 2-61 所示的截面。

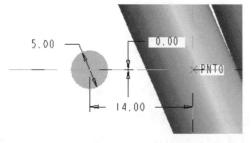

图 2-61 绘制截面

step 22 在草绘模式中，在菜单栏中选择【工具】|【关系】命令，打开【关系】对话框。然后输入两个尺寸的驱动关系式，如图 2-62 所示。

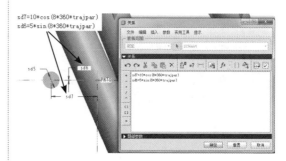

图 2-62 添加关系设置驱动尺寸

step 23 退出草绘模式后，保留默认设置，单击【应用】按钮完成可变截面扫描特征的创建，如图 2-63 所示。

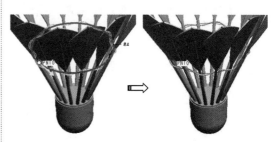

图 2-63 创建可变截面扫描

step 24 在模型树中选中上步创建的可变截面扫描特征，然后在上工具栏中单击【复制】按钮和【选择性粘贴】按钮，打开【选择性粘贴】对话框，然后选中【对副本应用移动/旋转变换】复选框，再单击【确定】按钮，如图 2-64 所示。

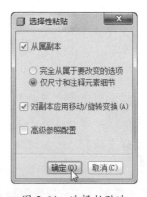

图 2-64 选择粘贴选

step 25 随后弹出【复制】操控板。单击【相对选定参照旋转特征】按钮，然后选择旋转特征1的旋转轴作为阵列参考轴，输入旋转角度后，单击【应用】按钮完成特征的旋转复制。结果如图2-65所示。

图2-65 创建复制特征

step 26 利用【平面】工具，以FRONT平面为参考，创建如图2-66所示的参考平面DTM4。

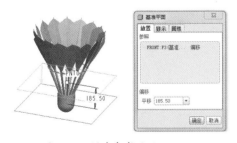

图2-66 创建参考平面DTM64

step 27 利用【点】工具，选择曲线1与DTM4为参考，创建新的基准点，如图2-67所示。

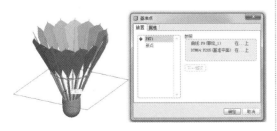

图2-67 创建新基准点

step 28 利用【草绘】工具，在DTM4基准平面上，草绘如图2-68所示的曲线，曲线须过上步创建的点。

step 29 利用【可变截面扫描】工具，打开操控板，选择扫描轨迹，如图2-69所示。

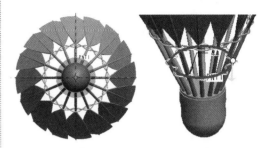

图2-68 草绘曲线　　图2-69 选择扫描轨迹

step 30 进入草绘模式，绘制如图2-70所示的截面。然后为相关尺寸添加关系式，如图2-71所示。

step 31 退出草绘模式后，单击操控板的【应用】按钮，完成可变截面扫描特征的创建，如图2-72所示。

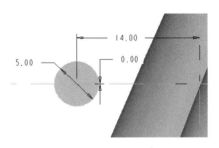

图2-70 绘制扫描截面

$sd5=11*\cos（8*360*trajpar）$
$sd4=3*\sin（8*360*trajpar）$

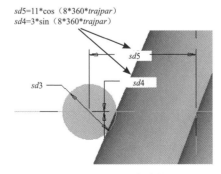

图2-71 添加关系式

Pro/E Wildfire 5.0 中文版完全自学一本通

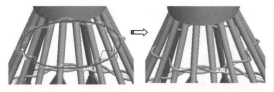

图 2-72 创建可变截面扫描特征

step 32 同理，按步骤 24、25 的复制、选择性粘贴方法，对上步所创建的可变截面扫描特征进行旋转复制，结果如图 2-73 所示。

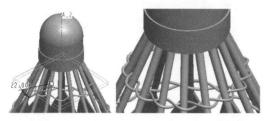

图 2-73 创建旋转复制特征

step 33 至此，完成了羽毛球的造型设计。

2.5 课后习题

1．创建基准轴

使用 4 种方法创建基准轴，如图 2-74 所示。

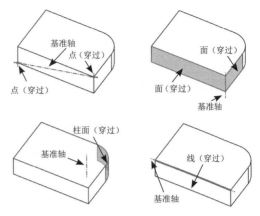

图 2-74 创建基准轴

2．利用基准工具辅助设计铣刀

利用基准点、基准曲线、基准轴和基准平面等工具，辅助设计如图 2-75 所示的铣刀模型。

图 2-75 铣刀

第 3 章
草图绘制与编辑

本章内容

Pro/E 的多数特征是通过草绘平面建立的，本章将详细介绍草绘的基本操作。有两种方法可以进入草绘界面，一是在创建零件特征时定义一个草绘平面，二是直接创建草绘平面。事实上，前者首先在内存中创建草绘，然后把它包含在特征中，而后者直接创建草绘文件，并将它保存在硬盘上，在创建特征时可直接调用该文件。

知识要点

- ☑ 草图概述
- ☑ 基本图元的绘制
- ☑ 草图图形编辑
- ☑ 尺寸标注
- ☑ 图元的约束

3.1 草图概述

在 Pro/E 草绘模块中，用户可以创建特征的截面草图、轨迹线、草绘的基准曲线等。该部分的内容是创建特征的基础。

3.1.1 Pro/E 草绘环境中的术语

下面列出了使用 Pro/E 软件草绘经常使用的术语。

- 图元：指截面几何的任何元素，如直线、圆弧、圆、样条线、点或坐标系等。
- 参照图元：是指在创建特征截面或轨迹时，所参照的图元。
- 尺寸：图元之间关系的量度。
- 约束：定义图元几何或图元间关系的条件。约束定义后，其约束符号会出现在被约束的图元旁边。例如，可约束两条直线垂直，完成约束后，垂直的直线旁边会出现一个垂直约束符号。
- 参数：草绘中的辅助元素。
- 关系：关联尺寸和/或参数的等式。例如，可使用一个关系将一条直线的长度设置为另一条直线的两倍。
- 弱尺寸或弱约束：弱尺寸或弱约束是自动建立的尺寸或约束，在没有用户确认的情况下软件可以自动删除它们。用户在增加尺寸时，可以在没有任何确认的情况下删除多余的弱尺寸或弱约束。弱尺寸和弱约束以灰色出现。
- 强尺寸或强约束：是指软件不能自动删除的尺寸或约束。由用户创建的尺寸和约束总是强尺寸和强约束。如果几个强尺寸或强约束发生冲突，则会要求其删除。强尺寸和强约束以较深的颜色出现。
- 冲突：两个或多个强尺寸或强约束产生矛盾或多余条件。出现这种情况时，必须删除一个不需要的约束或尺寸。

3.1.2 草图环境的进入

进入模型截面草图环境的操作方法如下：

（1）单击【新建】按钮，出现如图 3-1 所示的【新建】对话框。

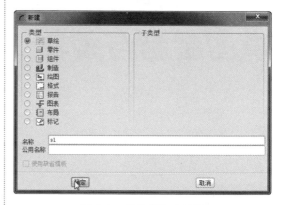

图 3-1 【新建】对话框

（2）在该对话框中选择【草绘】类型。

（3）在【名称】文本框中输入草图名，如 s1。

（4）单击【确定】按钮即可进入草绘环境。

> **技巧点拨：**
> 还有一种进入草绘环境的方法，就是使用特征命令进入草绘环境，在创建某些特征时，如拉伸特征，系统会打开操控板，在操控板中单击【草绘】按钮，也可进入草绘环境。

3.1.3 草绘环境中的工具栏图标

进入草绘环境后，会出现草绘时所需要的各种工具图标，其中常用工具图标及其功能注释如图 3-2 和图 3-3 所示。

图 3-2 常用工具

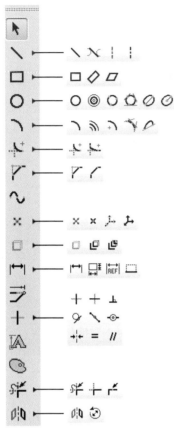

图 3-3 常用工具

1. 【草绘】菜单

【草绘】菜单是草绘环境中的主要菜单，如图 3-4 所示，主要包括草图的绘制、标注、添加约束和关系等命令。打开该菜单，即可显示其中的命令，其中绝大部分命令都以快捷图标的方式出现在屏幕上的工具栏中。

2. 【编辑】菜单

【编辑】菜单是草绘环境中对草图进行编辑的菜单，如图 3-5 所示。打开该菜单，即可显示其中的命令，其中绝大部分命令都以快捷图标的方式出现在屏幕上的工具栏中。

图 3-4 【草绘】菜单 图 3-5 【编辑】菜单

3.1.4 草绘前的必要设置和草图区的调整

用户根据模型的大小，可设置草绘环境中的网格大小。

在菜单栏中选择【草绘】|【命令】命令，弹出【草绘器首选项】对话框，如图 3-6 所示。

图 3-6 【草绘器首选项】对话框

单击其中的【参数】选项卡，在【栅格

间距】下拉列表中选取【手动】选项。在【命令】选项组中的 X 和 Y 文本框中输入间距值，单击【确定】按钮，结束网格设置。

> **技巧点拨：**
>
> Pro/E 软件支持笛卡儿坐标和极坐标网格。当第一次进入草绘环境时，系统显示笛卡儿坐标网格。通过【草绘器首选项】对话框，可以修改网格间距和角度。当第一次开始草绘时（创建任何几何形状之前），使用网格命令可以控制截面的近似尺寸。其中，X 间距仅设置 X 方向的间距，Y 间距仅设置 Y 方向的间距，角度设置相对于 X 轴的网格线的角度。

1. 设置优先约束命令

单击【草绘器首选项】对话框中的【约束】选项卡，可以设置草绘环境中的优先约束命令，如图 3-7 所示。通过进行这样的设置，才可以自动创建有关的约束。

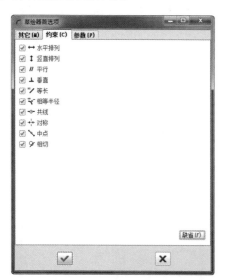

图 3-7　【约束】选项卡

2. 设置优先显示

单击【草绘器首选项】对话框中的【其他】选项卡，可以设置草绘环境中的优先显示项目，

如图 3-8 所示，通过这样的设置，可以自动显示草绘几何的尺寸、约束符号、顶点等项目。

图 3-8　【其他】选项卡

> **提示：**
>
> 如果选择了【捕捉到栅格】复选框，在前面已设置好的网格就会起到捕捉定位的作用。

3. 草绘区的快速调整

在图形区上方的【草绘器】工具栏中单击【网格显示】按钮，如果看不到网格，或者网格太密，可以缩放草绘区；如果用户想调整草绘区上、下、左、右的位置，可以移动草绘区。下面是它们的操作方法。

- 中键滚轮（缩放草绘区）：滚动鼠标中键滚轮，向前滚可看到图形在缩小，往后滚可看到图形在变大。
- 按住中键（移动草绘区）：按住鼠标中键，移动鼠标，可看到图形跟着鼠标移动。

> **提示：**
>
> 草绘区这样的调整不会改变图形的实际大小和实际空间位置，它的作用是为了满足用户查看和操作图形的方便。

3.2 基本图元的绘制

在大多数情况下,使用【目的管理器】来绘制二维图形,操作简便,设计效率高。在绘图时,能动态地标注尺寸和约束。同时,在用户更改了图元的参数信息后,能够自动再生图元。

3.2.1 绘制点和坐标系

在菜单栏中选择【草绘】|【点】命令,或在右工具栏中单击【点】按钮 ,都可以选中【点】工具,如图3-9所示。

图3-9 【点】设计工具

在菜单栏中选择【草绘】|【坐标系】命令,或单击【坐标系】按钮 ,则能创建参照坐标系,坐标系主要在三维建模时作为公共参照使用。在图3-10中创建了两个点和一个参照坐标系。

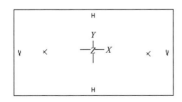

图3-10 创建点和坐标系

> **技巧点拨:**
> 大多数绘制工具都可以通过两种方法来选中:
> · 在【草绘】菜单中选取相应的工具。
> · 在右工具栏中单击相应的工具按钮。

3.2.2 绘制直线

在菜单栏中选择【草绘】|【线】命令,或在右工具栏中单击绘制线的工具按钮,即可绘制直线,如图3-11所示。

图3-11 直线工具

可以使用以下4种方法绘制直线:

- 通过两点绘制直线:在菜单栏中选择【草绘】|【线】|【线】命令,或者单击【线】按钮 ,可以使用鼠标在工作区内任意选取两点来绘制一条直线。
- 绘制相切直线:在菜单栏中选择【草绘】|【线】|【直线相切】命令,或者单击【直线相切】按钮 ,选定两个图元后,自动创建与这两个图元都相切的直线。
- 绘制中心线:在菜单栏中选择【草绘】|【线】|【中心线】命令,或者单击【中心线】按钮 ,可以经过两点绘制中心线,中心线一般用作剖面或模型的旋转中心和对称中心。
- 绘制几何中心线:在菜单栏中选择【草绘】|【线】|【中心线相切】命令,或者单击【几何中心线】按钮 ,然后选定两个图元,可以创建与这两个图元相切的中心线。

在绘制直线时,单击鼠标左键可以确定直线所通过的点,单击鼠标中键能结束本次直线的绘制,并可以继续绘制下一条直线。重复单击鼠标中键则退出直线工具。

如图 3-12 所示是通过以上 4 种方法绘制的直线。

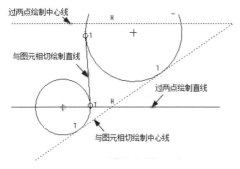

图 3-12 绘制直线示例

3.2.3 绘制圆

在菜单栏中选择【草绘】|【圆】命令或在右工具栏中单击绘制圆的工具按钮,都可以选中画圆工具,如图 3-13 所示。

图 3-13 画圆工具

可以使用以下 6 种方法绘制圆:

- 过圆心和圆上一点画圆:在菜单栏中选择【草绘】|【圆】|【圆心和点】命令,或者单击【圆心和点】按钮○,单击鼠标左键确定一点作为圆心,拖动鼠标到适当位置(在拖动过程中按不按下鼠标左键均可),再次单击鼠标左键确定圆上一点,完成圆的创建。
- 绘制同心圆:在菜单栏中选择【草绘】|【圆】|【同心】命令,或者单击【同心】按钮◎,在已知圆的圆弧或圆心处单击鼠标,拖动鼠标到适当位置再次单击,即可创建一个与该圆或圆弧同心的圆,单击鼠标中键结束圆的创建。
- 绘制与 3 个对象相切的圆:在菜单栏中选择【草绘】|【圆】|【3 相切】命令,或者单击【3 相切】按钮○,依次选取 3 个参考图元,创建与这 3 个图元均相切的圆。
- 绘制过 3 点的圆:在菜单栏中选择【草绘】|【圆】|【3 点】命令,或者单击【3 点】按钮○,依次用鼠标选取 3 个点,即可创建经过这 3 个点的圆。
- 绘制椭圆:在菜单栏中选择【草绘】|【圆】|【轴端点椭圆】命令,或者单击【轴端点椭圆】按钮⊘,使用鼠标选择一点作为椭圆的中心,然后拖动鼠标适当调节椭圆的长轴和短轴长度,即可完成椭圆的创建。

提示:

需要说明的是,在草绘状态下绘制的椭圆以 x 轴和 y 轴来定位,其长轴和短轴只能位于 x 轴和 y 轴上。

- 中心和轴椭圆:在菜单栏中选择【草绘】|【圆】|【中心和轴椭圆】命令,或者单击【中心和轴椭圆】按钮⊘,先确定椭圆的中心,然后分别确定椭圆长轴和短轴的端点,得到椭圆。

如图 3-14 所示是用各种方法绘制的椭圆。

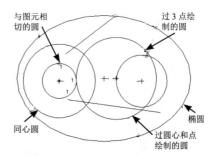

图 3-14 绘制各种圆

3.2.4 圆弧的绘制

在菜单栏中选择【草绘】|【弧】命令或在右工具栏中单击 按钮，都可以选中圆弧设计工具，如图 3-15 所示。

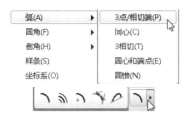

图 3-15　圆弧设计工具

可以使用以下 5 种方法绘制圆弧：

- 绘制过 3 点或在端点相切于图元的弧：在菜单栏中选择【草绘】|【弧】|【3 点 / 相切端】命令，或者单击【3 点 / 相切端】按钮 ，选取第一点作为圆弧的起点，选取第二点作为圆弧的终点，选取第三点作为圆弧上一点即可绘制通过这 3 点的弧。

> 技巧点拨：
> 如果选择的起点和终点在图元上，通过选择适当的第三点可以创建与该图元相切的圆弧。

- 绘制同心圆弧：在菜单栏中选择【草绘】|【弧】|【同心】命令，或者单击【同心】按钮 ，首先在已知圆或圆弧上选取一点，将显示一个与该圆或圆弧同心的虚线圆，移动鼠标确定圆弧的半径，然后在该虚线圆上选择两点截取一段圆弧即可。
- 绘制与 3 个图元相切的圆弧：在菜单栏中选择【草绘】|【弧】|【3 相切】命令，或者单击【3 相切】按钮 ，首先选取第一个图元，其上将放置圆弧的起点，然后选取第二个图元，其上将放置圆弧的终点，最后选取第三个图元，将创建与这 3 个图元均相切

的圆弧。
- 使用圆心和端点画弧：在菜单栏中选择【草绘】|【弧】|【圆心和端点】命令，或单击【圆心和端点】按钮 ，首先选取一点，将产生一个以该点为圆心的虚线圆，移动鼠标调整圆的半径后，在虚线圆上选取两点来截取一段圆弧。
- 创建锥圆弧：在菜单栏中选择【草绘】|【弧】|【圆锥】命令，或单击【圆锥】按钮 ，先指定锥圆弧的第一个端点，再指定锥圆弧的第二个端点，会用一条中心线将两端点连接起来，最后选取锥圆弧的一个肩点（锥圆弧上重要的控制点，位于圆弧的"肩"部），通过这 3 个点确定一段锥圆弧。

> 技巧点拨：
> 在绘制图元时，若选择的参考图元并不理想，只需单击鼠标中键放弃此次选择，重新选取新的参考图元即可。

如图 3-16 所示是用以上 5 种方法创建的各种弧。

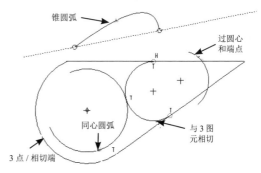

图 3-16　绘制各圆弧

3.2.5 绘制矩形

在菜单栏中选择【草绘】|【矩形】命令，或在右工具栏中单击【矩形】按钮 ，都能选中矩形绘制工具，如图 3-17 所示。

矩形的创建方法很简单，选中矩形工具

后，在工作区的任意位置单击确定矩形的一个对角点，再移动鼠标调整矩形的大小，在合适的位置单击即可，该点即为矩形的第二个对角点，如图3-18所示。

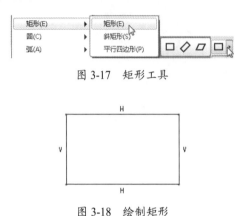

图 3-17 矩形工具

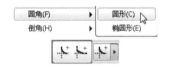

图 3-18 绘制矩形

3.2.6 绘制圆角

在菜单栏中选择【草绘】|【圆角】命令或在右工具栏中单击 按钮，都能选中圆角绘制工具，如图3-19所示。

图 3-19 圆角工具

使用圆角工具能绘制出两种样式的圆角。
- 创建圆形圆角：在菜单栏中选择【草绘】|【圆角】|【圆形】命令，或者单击 按钮，依次选取两个图元，便能创建连接选定图元的圆角。
- 创建椭圆形圆角：在菜单栏中选择【草绘】|【圆角】|【椭圆形】命令，或者单击 按钮，依次选取两个图元便能创建连接选定图元的椭圆角。

除了不能在平行的两个图元间创建圆角外，其他的图元之间都可以创建圆角。在创建圆角时，会通过选取图元时用鼠标在其上的单击位置来确定圆角的大小，如图3-20所示。

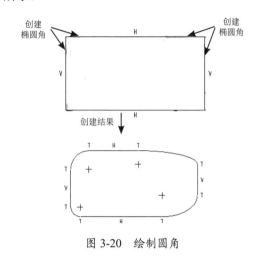

图 3-20 绘制圆角

3.2.7 绘制样条曲线

在菜单栏中选择【草绘】|【样条】命令或在右工具栏中单击【样条】按钮 ，都能选中样条曲线绘制工具，如图3-21所示。

图 3-21 样条曲线绘制工具

在选中绘制样条曲线的工具后，先在工作区内确定样条曲线的起点，然后移动鼠标在适当的位置单击，确定样条曲线经过的第二点，再根据需要确定第三点及更多点，直到绘制出符合要求的样条曲线为止，如图3-22所示。鼠标单击的点为样条曲线的控制点。

> **技巧点拨：**
>
> 绘制完成的样条曲线并不是一成不变的，可以先绘制出样条曲线的大致形状，然后再根据需要拖动相应的控制点，从而达到修改样条曲线的目的。

图 3-22　绘制样条曲线

3.2.8　创建文本

在菜单栏中选择【草绘】|【文本】命令，或在右工具栏中单击【文本】按钮 A，都能选中文本创建工具，如图 3-23 所示。

图 3-23　文本创建工具

选中文本创建工具后，会要求用户在工作区内指定两点并用一条直线将这两点连接起来，通过直线的方向及其长度判断所要创建文本的放置方向及文字的高度。随后打开如图 3-24 所示的【文本】对话框来设置文本内容和样式。

图 3-24　【文本】对话框

下面介绍【文本】对话框中各参数的用途。

1．【文本行】选项组

在【文本行】选项组中设置以下两项内容：

- 在文本框中输入文本内容。
- 单击【文本符号】按钮，会弹出如图 3-25 所示的【文本符号】对话框，选中要添加到文本中的符号，即可将该符号添加到文本内容中。

图 3-25　【文本符号】对话框

2．【字体】选项组

【字体】选项组用于设置文本样式。

- 字体：从【字体】下拉列表中选取需要的字体。
- 位置：可以设置水平位置和垂直位置。
- 长宽比：通过拖动滑块或在【长宽比】文本框中输入比例值完成文字长宽比例的设置。
- 斜角：通过拖动滑块或在【斜角】文本框中输入角度值完成斜角的设置。当角度为正时，文字向顺时针方向倾斜；当角度为负时，文字向逆时针方向倾斜。

3．沿曲线放置

如果选中【沿曲线放置】复选框，可以沿指定的曲线放置文本，单击 按钮将改变文本的放置侧。

如图 3-26 和图 3-27 所示是创建文本的示例。

图 3-26 创建文本

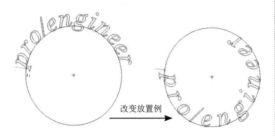

图 3-27 沿曲线放置文本

> **技巧点拨：**
> 在完成以上参数的设置后，如果想修改文本内容和文字样式可以先选中文本，再单击鼠标右键，在弹出的快捷菜单中选择【修改】命令，回到【文本】对话框进行参数的修改。

动手操练——编辑支架草图

本练习中所采用的绘制步骤，读者可以作为参考，并非要严格按照这样的顺序绘制。支架草图如图 3-28 所示。

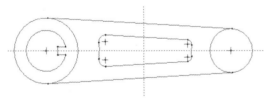

图 3-28 支架草图

step 01 启动 Pro/E，新建名称为 zhijia 的草图文件，然后设置工作目录。

step 02 选择默认的草绘基准平面进入草绘模式中。

step 03 单击【创建两点中心线】按钮 ，依次草绘两条相互垂直的中心线，如图 3-29 所示。

step 04 单击【圆心和点】按钮 ，以水平

方向中心线作为圆心的参考线，绘制两个大小不相等的圆，如图 3-30 所示。

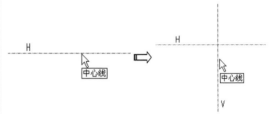

图 3-29 绘制两条中心线

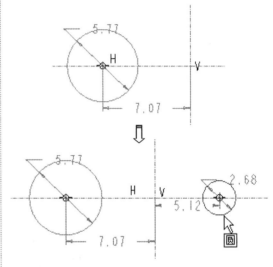

图 3-30 绘制两个圆

step 05 双击程序自动标注的尺寸值，依次修改全部尺寸，进行初始定位，如图 3-31 所示。

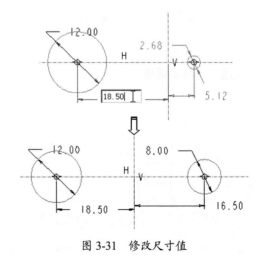

图 3-31 修改尺寸值

step 06　单击【直线相切】按钮，依次选取两个圆的上半部分，绘制第一条相切线，然后依次选取两个圆的下半部分绘制第二条相切线，如图3-32所示。

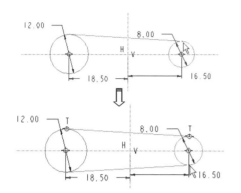

图3-32　绘制相切线

step 07　以刚才绘制的圆的圆心作为内轮廓圆的圆心，再绘制两个圆，如图3-33所示。

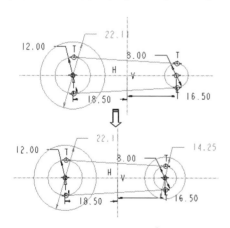

图3-33　绘制内轮廓圆

step 08　内轮廓圆绘制完成后，双击尺寸值，修改圆的大小，如图3-34所示。

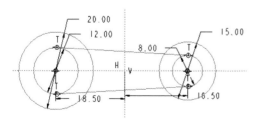

图3-34　修改圆的大小

step 09　使用【线】命令绘制两条与切线平行的直线，如图3-35所示。平行线的两个端点必须超出内轮廓圆或与其相交。

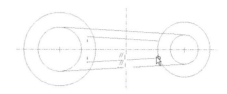

图3-35　绘制平行线

step 10　双击平行线尺寸，将其修改为"2.5"，修改完成后按Enter键确认，如图3-36所示。

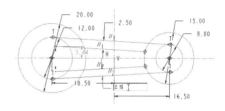

图3-36　修改平行线尺寸

step 11　单击【删除段】按钮，按住左键移动光标，在图形外部拖出一条轨迹线，如图3-37所示，轨迹线接触到的线段将加亮显示，释放鼠标左键后这些线段将被修剪。

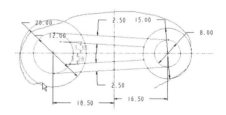

图3-37　修剪外部多余线段

step 12　使用同样的方法，将内部多余的线段修剪掉，如图3-38所示。

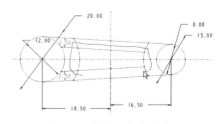

图3-38　修剪内部多余线段

step 13 单击【在两图元间创建一个圆角】按钮，在平行线与圆弧之间创建4个圆角，如图3-39所示。此时的圆角大小不需要精确，大致相等即可。

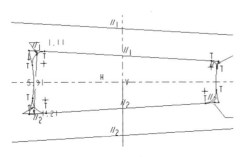

图 3-39 创建圆角

step 14 在【约束】面板中单击【相等】按钮＝，然后依次选取左侧的两个圆角，将其进行半径相等的约束，如图3-40所示。

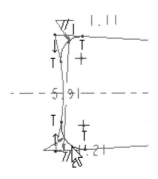

图 3-40 约束第一对圆角

step 15 使用同样的方法，在内部轮廓上依次选取右侧的两个圆角进行等半径约束，如图3-41所示。

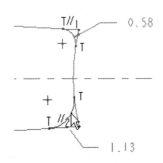

图 3-41 约束第二对圆角

step 16 单击【删除段】按钮，按住鼠标左键移动光标，拖出一条轨迹线，将圆角处多余的线段修剪掉，如图3-42所示。

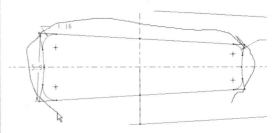

图 3-42 修剪多余线段

step 17 双击圆角的尺寸值，修改尺寸，左端圆角半径为"1.2"，右端半径为"0.8"，如图3-43所示。

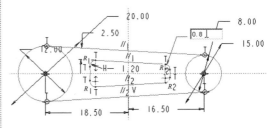

图 3-43 修改尺寸值

step 18 在图形左端绘制一个圆，圆心与已有的圆的圆心重合，绘制完成后双击其尺寸值，输入尺寸值"7.5"，输入完成后按Enter键重新生成，如图3-44所示。

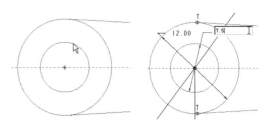

图 3-44 绘制结构圆

step 19 单击【矩形】按钮，在图形左侧绘制一个矩形，矩形的中心线与水平参照线重合，如图3-45所示。矩形绘制完成后，将矩形的左侧边与圆心进行尺寸标注，如图3-46所示。

第 3 章　草图绘制与编辑

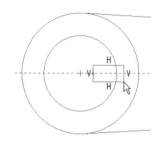

图 3-45　绘制矩形

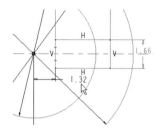

图 3-46　标注定位尺寸

step 20　双击矩形的定位尺寸和轮廓尺寸，修改其尺寸值，如图 3-47 所示。其中矩形长度方向的尺寸不是关键尺寸，是不需要修改的。

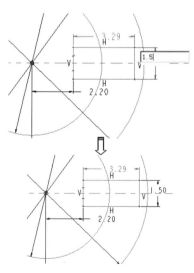

图 3-47　修改尺寸值

step 21　单击【删除段】按钮 ，按住鼠标左键移动光标，拖出一条轨迹线，将矩形中多余的部分修剪掉，如图 3-48 所示。

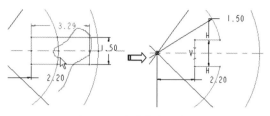

图 3-48　修剪多余的线段

step 22　在【草绘器】工具栏中关闭尺寸和约束的显示，完成后的草图如图 3-49 所示。最后将结果保存在工作目录中。

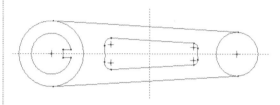

图 3-49　绘制完成的草图

3.3　草图图形编辑

使用基本设计工具创建各种图元后，还需要使用图元编辑工具编辑图元。借助图元编辑工具可以提高设计效率，同时还可以对已经存在的图元进行修剪或拼接，以获得更加完整的二维图形。

3.3.1　选取操作对象图元

在编辑图元之前，必须首先选中要编辑的对象。Pro/E 提供了丰富的图元选取方法，在设计时根据需要选择使用。

最简单的图元选取方法是直接使用鼠标进行选择。首先在右工具栏中单击【选择】按钮 ，然后直接使用鼠标单击要选取的图元，被选中的图元将显示为红色。这种选择方式一次操作只能选中一个图元，效率较低。这时可以使用另一种高效的选择方法，使用鼠标在绘图区内画一个矩形框，可以选中所有整体位于矩形框内的图元,但如果某一图元仅有部分位于矩形框内,则不会被选中。

在菜单栏中选择【编辑】|【选取】命令,弹出如图3-50所示的下层菜单,这里提供了更加丰富的图元选择工具。

图3-50 图元选择工具

下面介绍这些选择工具的基本用法。

- 【首选项】:打开【选取首选项】对话框,配置基本参数。在二维模式下,这里的大部分配置参数不可更改。
- 【依次】:每次选中一个图元,相当于普通的选取方式。
- 【链】:选中首尾相接的一组图元。
- 【所有几何】:选中视图中的所有几何图元,但不包括尺寸和约束等非几何对象。
- 【全部】:选取视图中的全部内容。该命令包括几何图元、标注和约束等内容。

3.3.2 图元的复制与镜像

当一个二维图形中包含多个形状、大小完全相同的图元时,怎样绘图才会更加简便?这时人们自然会想到复制的方法。下面介绍图元的复制和镜像操作。

1. 图元的复制

在菜单栏中选择【编辑】|【复制】和【粘贴】命令,在绘图区中放置对象,此时弹出如图3-51所示的【移动和调整大小】对话框,在该对话框中用户可对图元副本的大小和放置角度进行设置。而在工作区内出现一个带有虚线方框的图元副本。单击副本的旋转轴,移动鼠标即可拖动图元到合适位置,再次单击鼠标放置图元。最后单击【旋转缩放】对话框中的【确定】按钮,完成复制工作。

> **提示:**
> 只有先在绘图区选中要复制的图元,复制工具才能被激活。

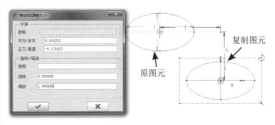

图3-51 复制图元

在对图元进行缩放和旋转时都需要指定一个旋转轴,默认情况下,旋转轴位于虚线方框的几何中心处,单击旋转轴并拖动图形可以移动图形的位置。在旋转轴上单击鼠标右键,可以将旋转轴拖放到新的位置,如图3-52所示。

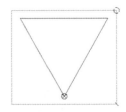

图3-52 改变旋转轴的位置

除了通过设置【移动和调整大小】对话框中的参数改变图元的大小和旋转角度以外,还可以通过拖动如图3-53和图3-54所示的缩放控制柄和旋转控制柄来缩放和旋转图形。

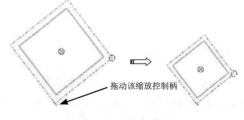

图3-53 缩放图形

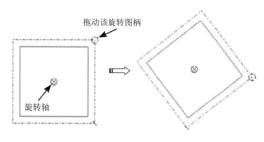

图 3-54 旋转图形

2. 图元的镜像复制

镜像复制就如同照镜子,以镜面为基准在另一侧产生一个影像。镜像复制就是以用户所选的中心线为基准,在中心线的另一侧与源图元等距的位置产生一个与源图元完全一致的图元副本。

首先在绘图区选中镜像复制的图元,然后在菜单栏中选择【编辑】|【镜像】命令,或在右工具栏中单击【镜像】按钮 ,弹出如图 3-55 所示的【选取】对话框,提示选取参照中心线,选取一条中心线后即可获得镜像结果,如图 3-56 所示。

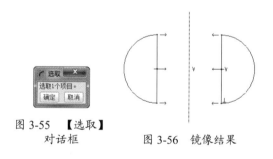

图 3-55 【选取】对话框   图 3-56 镜像结果

> 提示:
> 对于镜像复制的图元,系统会自动为其标注上对称符号。

3.3.3 图元的缩放与旋转

在复制图元时打开【移动和调整大小】对话框,通过对其中的参数进行设置能完成图元的缩放与旋转操作,但并不是对选定的图元进行缩放与旋转,而是对其图元副本进行缩放与旋转。下面说明对选定图元进行缩放与旋转的方法。

使用以下两种方法都可以打开图元的缩放与旋转工具:

- 单击 旁的 按钮,在滑动工具栏中单击 按钮。
- 在菜单栏中选择【编辑】|【缩放和旋转】命令。

在选取了缩放和旋转工具后,会弹出【移动和调整大小】对话框,设置相应的旋转角度和缩放比例参数即可,如图 3-57 所示。

与复制图元的操作类似,这里也可以通过拖放图形上的控制柄来缩放和旋转图形,更加直观、灵活,具体操作不再赘述。

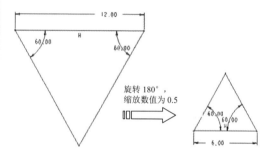

图 3-57 缩放旋转结果

3.3.4 图元的修剪

修剪图元包括删除图元上选定的线段、将单一图元分割为多个图元,以及延长图元到指定参照等操作。在菜单栏中选择【编辑】|【修剪】|【删除段】命令,或在右工具栏中单击【删除段】 按钮,都可以选中图元修剪工具,如图 3-58 所示。

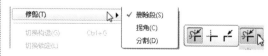

图 3-58 图元修剪工具

1. 删除段

删除图元段是指从一组图元中选择一部分将其从视图中删除。在菜单栏中选择【编辑】|【修剪】|【删除段】命令，或在右工具栏中单击 按钮都可以选中删除段工具。选中删除段工具后，根据提示选取要删除的图元，即可将其删除。如果需要删除的图元较多，可以按住鼠标左键，拖动鼠标画出一条曲线，与该曲线相交的图元段都将被删除，如图 3-59 所示。

> **技巧点拨：**
> 选取图元后，直接按键盘上的 Delete 键也可以删除图元。

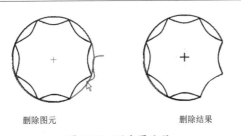

图 3-59 删除图元段

2. 拐角

拐角操作是指裁剪或者延伸两个图元以获得顶角的形状。在菜单栏中选择【编辑】|【修剪】|【拐角】命令，或在工具栏中单击 按钮，都能选中图元拐角工具。

选取图元拐角工具后，根据提示选取两个图元，如果这两个图元已经相交，则以交点为界，删除选取位置另一侧的图元，如图 3-60 所示。

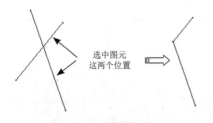

图 3-60 拐角示例 1

如果选中的拐角的两图元并不相交，则会延长其中一个图元使之与另一图元相交后，再按照前述方法进行拐角操作，如图 3-61 所示。如果延长一个图元不能获得交点，则同时延长两个图元以获得交点，如图 3-62 所示。

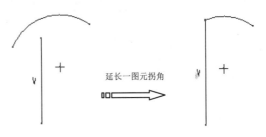

图 3-61 拐角示例 2

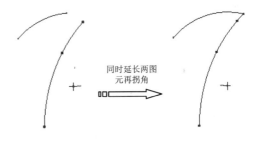

图 3-62 拐角示例 3

3. 分割

有时并不需要对整个图元进行编辑操作，而是只编辑其中某一部分，例如删除图元的某一段，这时需要用图元分割工具。使用分割的方法可以把一个图元分成多个段，以便分别对每个段实施不同的操作。在菜单栏中选择【编辑】|【修剪】|【分割】命令，或在右工具栏中单击 按钮，都能选中图元分割工具。

在选取需要分割的图元后，使用分割工具在图元上插入分割点即可。在如图 3-63 所示的圆弧上插入了 4 分割点，将圆弧分为 5 段。

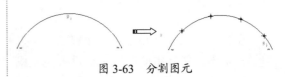

图 3-63 分割图元

第3章 草图绘制与编辑

提示：
在实际设计中常常综合使用图元分割、图元拐角及删除图元段等多种修剪工具来编辑图形。

动手操练——绘制吊钩草图

下面以吊钩的绘制为例，介绍二维图形的一般设计方法。

step 01 在菜单栏中选择【文件】|【新建】命令，打开【新建】对话框，新建名称为 diaogou 的草绘文件。

step 02 在右工具栏中单击【中心线】按钮，绘制如图 3-64 所示 3 条中心线。

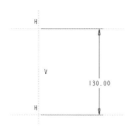

图 3-64 绘制中心线

step 03 单击【圆心和点】按钮 ⊙，绘制两个同心圆，如图 3-65 所示。然后分别双击每个圆的弱尺寸并修改尺寸值，结果如图 3-66 所示。

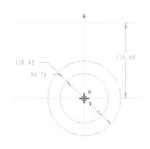

图 3-65 绘制两个圆

技巧点拨：
对于强弱尺寸的显示，可以在菜单栏中选择【草绘】|【选项】命令，打开【草绘器首选项】对话框，然后选中相关的复选框即可。

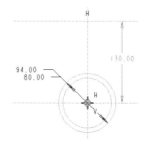

图 3-66 修改圆的直径

step 04 以上方的水平中心线为基准绘制如图 3-67 的矩形。

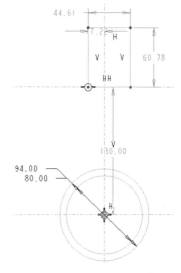

图 3-67 绘制矩形

step 05 打开【约束】工具栏，单击【对称】按钮，为矩形的两条竖直边添加对称约束，然后修改弱尺寸，结果如图 3-68 所示。

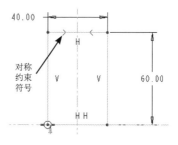

图 3-68 添加对称约束

step 06 绘制一条向左倾斜且过圆心的中心线，修改其倾斜角度，结果如图 3-69 所示。

Pro/E Wildfire 5.0 中文版完全自学一本通

尺寸可能会与圆角的尺寸发生冲突，此时系统会弹出消息：不能用当前尺寸圆角化。删除尺寸否？ 是 否，此时单击【是】按钮。

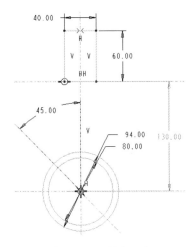

图 3-69 绘制中心线

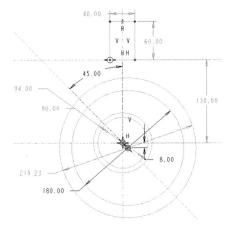

图 3-71 绘制同心圆

step 07 在该中心线右下方选取一点为圆心，绘制如图 3-70 所示的直径为 180 的圆。

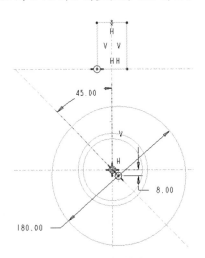

图 3-70 绘制圆

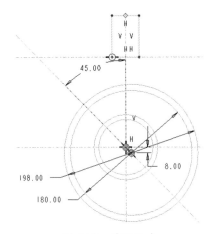

图 3-72 修改尺寸

step 08 接着再绘制该圆的一个同心圆，直径如图 3-71 所示。然后修改同心圆尺寸，如图 3-72 所示。

step 09 单击右工具栏中的【圆形】按钮，然后根据图 3-73 所示选择要创建圆角的图元，创建如图 3-74 所示的圆角。

技巧点拨：

为了便于观察视图，在图 3-70 中关闭了尺寸和约束显示。另外，在创建圆角 2 时，所选图元的

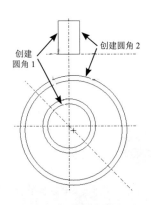

图 3-73 选择图元

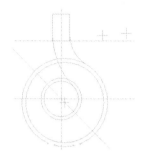

图 3-74 创建圆角

step 10 单击【3点】按钮 ○，按照如图 3-75 所示选中圆所经过的 3 个点（假想的 3 个点），即图中用黑色箭头标记出的点，其中一个点位于圆上，然后在新绘制的圆和直径为 198 的圆之间添加相切约束条件，结果如图 3-76 所示。

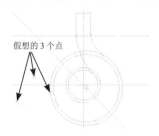

图 3-75 选取参照点

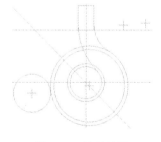

图 3-76 绘制的圆

step 11 同理，根据图 3-77 所示选择圆所经过的 3 个点（图中用黑点标出）绘制圆，其中一点位于圆上，注意在图示两个圆之间添加相切约束条件，结果如图 3-78 所示。

技巧点拨：

图中两个圆用于确定图形的轮廓形状，放置位置不用太精确。

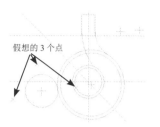

图 3-77 选取参照点

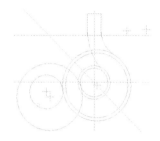

图 3-78 绘制的圆

step 12 单击右工具栏中的【法向】按钮，为前面新建的两个圆标注直径尺寸，结果如图 3-79 所示。

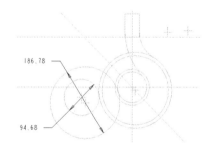

图 3-79 标注直径

step 13 单击右工具栏中的【修改】按钮，打开【修改尺寸】对话框，选取前面创建的两个圆的直径尺寸，按照如图 3-80 所示修改其值。

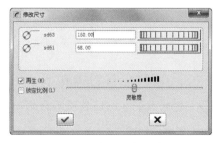

图 3-80 【修改尺寸】对话框

step 14 结果如图 3-81 所示。

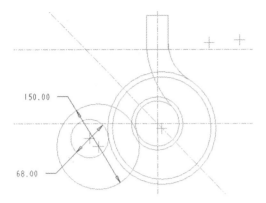

图 3-81 修改后的图元

step 15 单击【3 相切】按钮○，按照 3-82 所示选取参照，创建如图 3-83 所示的圆。

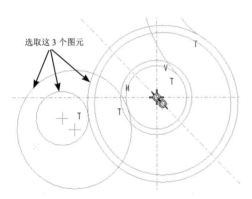

图 3-82 选中 3 个图元

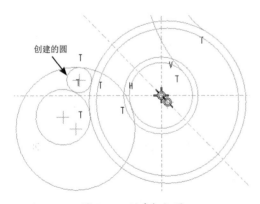

图 3-83 创建相切圆

step 16 对绘制的 3 个圆的圆心分别定义尺寸，如图 3-84 所示。

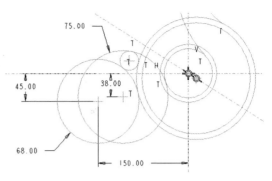

图 3-84 定义尺寸

step 17 单击【3 相切】按钮○，创建如图 3-85 所示的圆。此时可以暂时不用考虑圆的准确位置和大小，稍后将使用约束条件来对其进行调整。

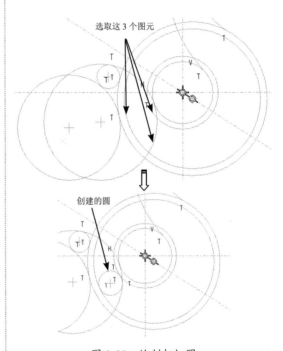

图 3-85 绘制相切圆

step 18 单击【3 点】按钮○，在如图 3-86 所示的位置绘制一个圆，然后对圆进行相切约束。

step 19 在右工具栏中单击 按钮，对图元进行修剪，修剪时要注意图 3-87 中标注出的细节部分，修剪时适当放大图形，裁去多余线条。

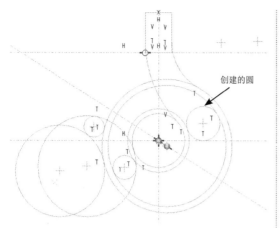

图 3-86　绘制圆并添加相切约束

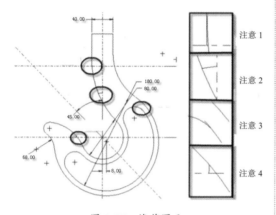

图 3-87　修剪图元

step 20 修剪结果如图 3-88 所示。

图 3-88　图形修剪结果

3.4　尺寸标注

在二维图形中，尺寸是图形的重要组成部分。尺寸驱动的基本原理就是根据尺寸数值的大小来精确确定模型的形状和大小。尺寸驱动简化了设计过程，增加了设计自由度，让设计者在绘图时不必为精确的形状斤斤计较，而只需画出图形的大致轮廓，然后通过尺来再生准确的模型。本节主要介绍在图形上创建各种尺寸标注的方法。

在菜单栏中选择【草绘】|【尺寸】命令或者在工具栏中单击【法向】按钮 ↔，都能打开尺寸标注工具，如图 3-89 所示。

图 3-89　尺寸标注工具

在讲述如何标注尺寸之前先了解一下尺寸标注的组成。如图 3-90 所示，一个完整的尺寸标注一般包括尺寸数字、尺寸线、尺寸界线和尺寸箭头等部分。

图 3-90　尺寸标注的组成

3.4.1　标注长度尺寸

长度尺寸常用于标记线段的长度或图元之间的距离等线性尺寸，其标注方法有 3 种。

1．标注单一线段的长度

首先选中该线段，然后在放置尺寸的线段侧单击鼠标中键，完成该线段的尺寸标注，如图 3-91 所示。

2．标注平行线之间的距离

首先单击第一条直线，再单击第二条直

线，最后在两条平行线之间的适当位置单击鼠标中键即可完成尺寸标注，如图3-92所示。

图 3-91 创建单一直线长度尺寸

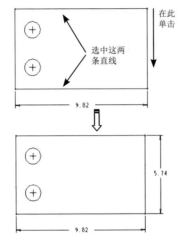

图 3-92 创建平行线间的距离尺寸

3. 标注两图元的中心距离

首先单击第一中心，然后单击第二中心，最后在两中心之间的适当位置单击鼠标中键，即可完成尺寸标注，如图3-93所示。

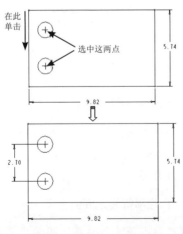

图 3-93 创建中心距离尺寸

3.4.2 标注半径和直径尺寸

下面分别介绍直径和半径的标注方法。

1. 半径的标注

单击选中圆弧，在圆弧外的适当位置单击鼠标中键，即可完成半径尺寸的标注。通常对小于180°的圆弧进行半径标注。

2. 直径的标注

直径标注的方法和半径稍有区别，双击圆弧，在圆弧外的适当位置单击鼠标中键，即可完成直径尺寸的标注。通常对大于180°的圆弧进行直径标注。

两种标注的示例如图3-94所示。

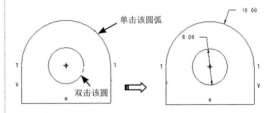

图 3-94 标注圆弧尺寸

3.4.3 标注角度尺寸

标注角度尺寸时，先选中组成角度的两条边中的一条，然后再单击另一条边，接着根据要标注的角度是锐角还是钝角选择放置角度尺寸的位置，如图3-95所示。

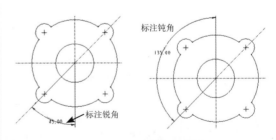

图 3-95 创建角度尺寸

在放置尺寸时可以不必一步到位，可以在创建完所有尺寸后再根据全图对部分尺寸的放置位置进行调整，具体的方法如下：

单击工具箱上的【选择工具】按钮，然后再选中需要调整的尺寸，拖动尺寸数字到合适的位置，重新调整视图中各尺寸的布置，使图面更加整洁，如图 3-96 所示。

技巧点拨：

如果不希望显示由系统自动标注的弱尺寸，可以选取【草绘】|【选项】命令，打开【草绘器首选项】对话框，在【显示】选项卡中取消选中【弱尺寸】复选框。

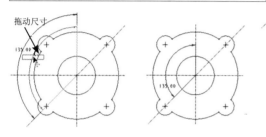

图 3-96　调整尺寸位置

3.4.4 其他尺寸的标注

在菜单栏中选择【草绘】|【尺寸】命令，在其子菜单中提供了 4 种尺寸标注形式。

1. 法向标注

使用该命令运用前面所介绍的方法创建基本尺寸标注，如图 3-97 所示。

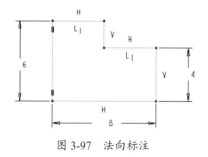

图 3-97　法向标注

2.【参照】命令

使用该命令可以创建参照尺寸。参照尺寸仅用于显示模型或图元的尺寸信息，而不能像基本尺寸那样用作驱动尺寸，且不能直接修改该尺寸，但在修改模型尺寸后参照尺寸将自动更新。参照尺寸的创建方法与基本尺寸类似，为了同基本尺寸相区别，在参照尺寸后添加了"REF"符号，如图 3-98 所示。

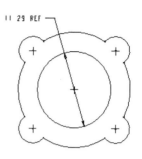

图 3-98　参照尺寸示例

3.【基线】命令

基线用来作为一组尺寸标注的公共基准线，一般来说，基准线都是水平或竖直的。在直线、圆弧的圆心及线段几何端点处都可以创建基线，方法是选择直线或参考点，单击鼠标中键，对于水平或竖直的直线，直接创建与之重合的基线；对于参考点，弹出如图 3-99 所示的【尺寸定向】对话框，该对话框用于确定是创建经过该点的水平基线还是竖直基线。基线上有"0.00"标记，如图 3-100 所示是创建基线的示例。

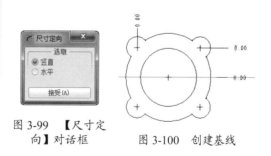

图 3-99　【尺寸定向】对话框　　图 3-100　创建基线

4.【解释】命令

单击某一尺寸标注后，在消息区给出关于该尺寸的功能解释。例如单击如图 3-101 所示的直径后，在消息区给出解释：此尺寸控制加亮图元的直径。

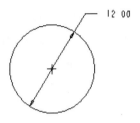

图 3-101　直径尺寸示例

3.4.5　修改标注

参数化设计方法是 Pro/E 的核心设计理念之一，其中最明显的表现就在于当设计者在初步创建图元时可以不用过多地考虑图元的尺寸精确性，而通过对创建好的尺寸的修改完成图元的最终绘制。

下面介绍修改图形尺寸的方法，这里提供了4条修改尺寸的途径。

1．使用修改工具

在右工具栏中单击 按钮，弹出如图 3-102 所示【修改尺寸】对话框，在该对话框中可以同时对多个尺寸进行修改。

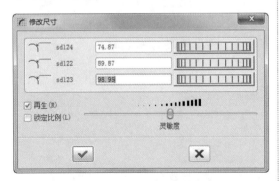

图 3-102　【修改尺寸】对话框

【修改尺寸】对话框中各选项含义如下：

- 修改尺寸数值：通过在尺寸文本框中输入新的尺寸值或调节尺寸修改滚轮对尺寸值进行修改。
- 调节灵敏度：通过对灵敏度的调节可以改变滚动尺寸修改滚轮时尺寸数值增减量的大小。
- 【再生】：选中该复选框，会在每次修改尺寸标注后立即使用新尺寸动态再生图元，否则将在单击【确定】按钮关闭【修改尺寸】对话框后再生图形。
- 【锁定比例】：选中该复选框后，则在调整一个尺寸的大小时，图形上其他同种类型的尺寸同时被自动以同等比例进行调整，从而使整个图形上的同类尺寸被等比例缩放。

技巧点拨：

在实际操作中，动态再生图形既有优点也有不足，优点是修改尺寸后可以立即查看修改效果，但是当一个尺寸修改前后的数值相差太大时，几何图形再生后变形严重，这不便于对图形的进一步操作。

2．双击修改尺寸

直接在图元上双击尺寸数值，然后在打开的尺寸文本框中输入新的尺寸数值，再按下 Enter 键即可完成尺寸修改，同时立刻对图元进行再生，如图 3-103 所示。

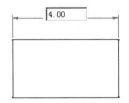

图 3-103　尺寸文本框

3．使用右键快捷菜单

在选定的尺寸上单击鼠标右键，然后在如图 3-104 所示的快捷菜单中选择【修改】命令，也可以打开【修改尺寸】对话框。

4．使用【编辑】主菜单中的【修改】命令

在菜单栏中选择【编辑】|【修改】命令，

然后再选中要修改的尺寸标注,也将打开【修改尺寸】对话框。

图 3-104 快捷菜单

动手操练——绘制弯钩草图

下面以绘制如图 3-105 所示的弯钩二维图形为例来讲述草图的步骤及操作方法,使用户进一步加深理解。

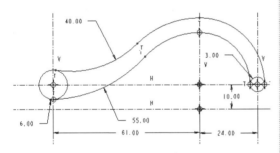

图 3-105 弯钩草图

step 01 新建名称为 wangou 的草图文件。单击【草绘器工具】工具栏中的【中心线】按钮,绘制如图 3-106 所示的中心线。

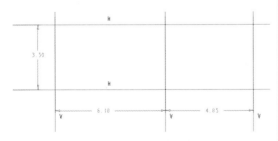

图 3-106 绘制中心线

step 02 双击图形中的尺寸,并修改为如图 3-107 所示的尺寸。

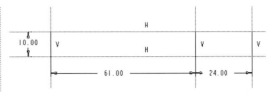

图 3-107 修改后的尺寸

step 03 单击【草绘器】工具栏中的【圆心和点】按钮,绘制如图 3-108 所示的圆。

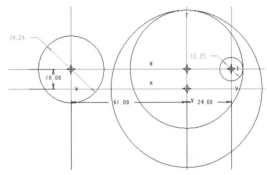

图 3-108 绘制的圆

step 04 单击【草绘器】工具栏中的【删除段】按钮,将图形修剪为如图 3-109 所示的效果。

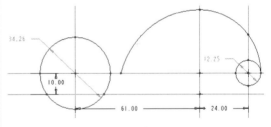

图 3-109 修剪后的图形

step 05 单击【草绘器】工具栏中的【修改】按钮,弹出【修改尺寸】对话框,修改两圆的半径为 6 和 3。

step 06 单击【草绘器】工具栏中的【圆形】按钮,绘制如图 3-110 所示的圆弧并修改半径为 55。

step 07 单击【草绘器】工具栏中的【圆心和点】按钮,绘制如图 3-111 所示的圆。

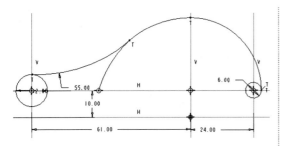

图 3-110 绘制圆弧

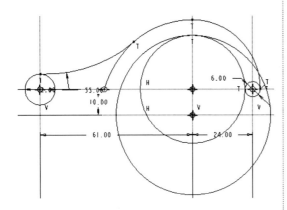

图 3-111 绘制圆

step 08 单击【草绘器】工具栏中的【删除段】按钮，将图形修剪为如图 3-112 所示的效果。

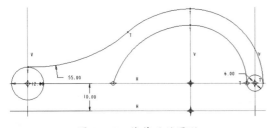

图 3-112 修剪后的图形

step 09 单击【草绘器】工具栏中的【圆形】按钮，绘制如图 3-113 所示的圆弧并修改半径为 50。

step 10 单击【草绘器】工具栏中的【删除段】按钮，将图形修剪为如图 3-114 所示的效果。

step 11 最后将弯钩草图保存在工作目录中。

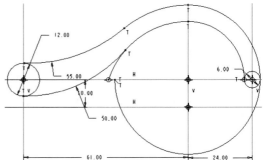

图 3-113 绘制圆弧

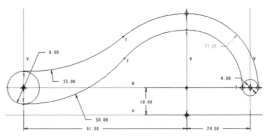

图 3-114 修剪后的图形

3.5 图元的约束

在草绘环境下，程序有自动捕捉一些"约束"的功能，用户还可以人为地控制约束条件来实现草绘意图。这些约束大大地简化了绘图过程，也使绘制的剖面准确而简洁。

建立约束是编辑图形必不可少的一步。选择菜单栏中的【草绘】|【约束】命令或者在【草绘器】工具栏中单击按钮旁边的右三角按钮，弹出多种约束类型，如图 3-115 所示。下面将分别介绍每种约束的建立方法。

图 3-115 约束的类型

3.5.1 建立竖直约束

单击【竖直】按钮，再选择要设为竖

直的线，被选取的线成为竖直状态，线旁标有"V"标记，如图 3-116 所示。另外，也可以选择两个点，让它们处于竖直状态。

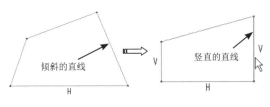

图 3-116　垂直约束

3.5.2　建立水平约束

单击【水平】按钮后，再选择要设为水平的线，被选取的线成为水平状态，线旁标有"H"标记，如图 3-117 所示。另外，也可以选择两个点，使它们处于水平状态。

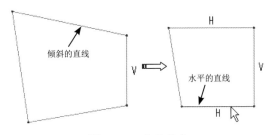

图 3-117　水平约束

3.5.3　建立垂直约束

单击【垂直】按钮后，再选择要建立垂直约束的两条线，被选取的两线则相互垂直。交叉垂直的两线旁标有"⊥1"标记，以拐角形式垂直则标有"⊥"标记，如图 3-118 所示。

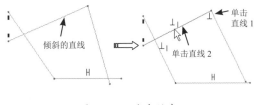

图 3-118　垂直约束

3.5.4　建立相切约束

单击【相切】按钮后，选择要建立相切约束的两图元，被选取的两图元建立相切关系，并在切点旁标有"T"标记，如图 3-119 所示。

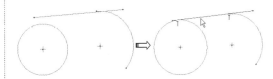

图 3-119　相切约束

3.5.5　对齐线的中点

单击【中点】按钮后，选择直线和要对齐在此线中点上的图元点，也可以先选择图元点再选取线。这样，所选择的点就对齐在线的中点上了，并在中点旁标有"*"标记，如图 3-120 所示。这里的图元点可以是端点、中心点，也可以是绘制的几何点。

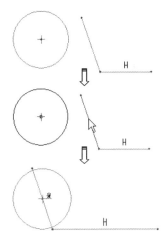

图 3-120　对齐到中点

3.5.6　建立重合约束

1. 图元的端点或者中心对齐在图元的边上

单击【重合】按钮，选择要对齐的点

和图元,即建立起对齐关系,并在对齐点上出现"⊙"标记,如图 3-121 所示。

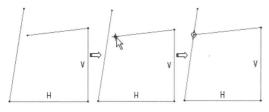

图 3-121 对齐在图元上

2. 对齐在中心点或者端点上

单击【重合】按钮 ⊙,选择两个要对齐的点,即建立起对齐关系,如图 3-122 所示。

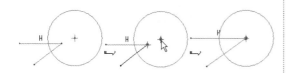

图 3-122 对齐在图元端点上

3. 共线

单击【重合】按钮 ⊙,选择要共线的两条线,则所选取的一条线会与另一条线共线,或者与另一条线的延长线共线,如图 3-123 所示。

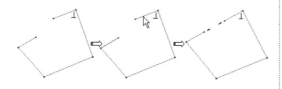

图 3-123 建立共线约束

3.5.7 建立对称约束

单击【对称】按钮 后,程序会提示选取中心线和两顶点来使它们对称,选择顺序没有要求,选择完毕后被选两点即建立关于中心线的对称关系,对称两点上有"><"标记符号,如图 3-124 所示。

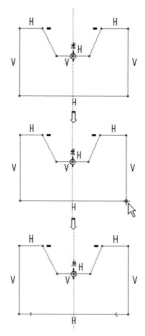

图 3-124 建立对称约束

3.5.8 建立相等约束

单击【相等】按钮 = 后,可以选取两条直线令其长度相等;或选取两个圆弧、圆、椭圆令其半径相等;也可以选取一条样条线与一条线或圆弧,令它们曲率相等,如图 3-125 所示。

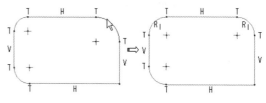

图 3-125 建立相等约束

3.5.9 建立平行约束

单击【使两线平行】按钮 // 后,选取要建立平行约束的两条线,相互平行的两条线旁都有一个相同的"||1"(1 为序数)标记,如图 3-126 所示。

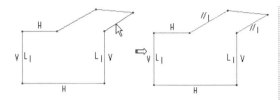

图 3-126　建立平行约束

动手操练——绘制调整垫片草图

下面以绘制如图 3-127 所示的调整垫片的二维图形为例来讲述草图的步骤及操作方法,使用户进一步加深理解。

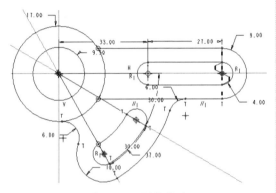

图 3-127　调整垫片

step 01　新建名称为 dianpian 的草图文件。设置工作目录,并进入草绘模式。

step 02　单击【草绘器】工具栏中的【中心线】按钮,绘制如图 3-128 所示的中心线并修改角度尺寸。

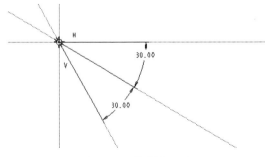

图 3-128　绘制中心线

step 03　单击【草绘器】工具栏中的【圆心和点】按钮,绘制如图 3-129 所示的圆并修改半径尺寸。

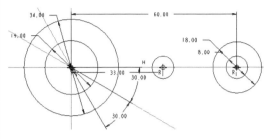

图 3-129　绘制圆

step 04　单击【草绘器】工具栏中的【线】按钮,绘制如图 3-130 所示的直线段。

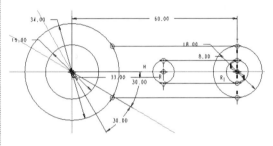

图 3-130　绘制直线段

step 05　单击【草绘器】工具栏中的【删除段】按钮,将图形修剪为如图 3-131 所示的效果。

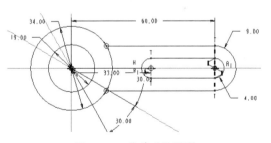

图 3-131　修剪后的图形

step 06　单击【草绘器】工具栏中的【圆心和点】按钮,绘制如图 3-132 所示的圆并修改半径尺寸。

step 07　单击【草绘器】工具栏中的【相切】按钮,将刚才绘制的圆与已知圆进行相切约束,效果如图 3-133 所示。

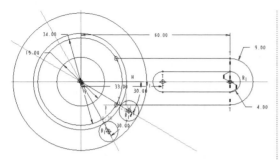

图 3-132 绘制圆

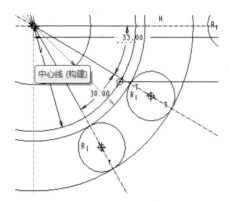

图 3-133 创建相切约束

step 08 单击【草绘器】工具栏中的【删除段】按钮 ，将图形修剪为如图 3-134 所示的效果。

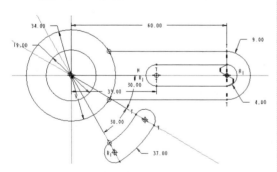

图 3-134 修剪后的图形

step 09 单击【草绘器】工具栏中的【圆心和点】按钮 ，绘制如图 3-135 所示的圆并修改半径尺寸。

step 10 单击【草绘器】工具栏中的【圆形】按钮 ，绘制如图 3-136 所示的圆弧。

step 11 单击【草绘器】工具栏中的【删除段】按钮 ，将多余的线段修剪掉，最终效果如图 3-137 所示。

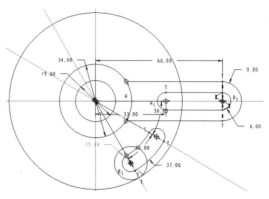

图 3-135 绘制圆

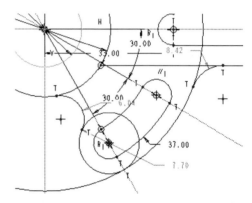

图 3-136 绘制圆弧

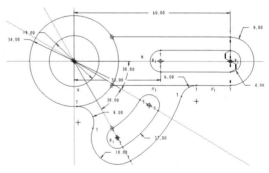

图 3-137 调整垫片草图

3.6 综合实例——草图绘制

下面通过两个草图绘制案例，使读者熟悉、熟练利用草图功能绘制较为复杂的草图，温习前面的草图命令。

3.6.1 实例一：绘制变速箱截面草图

本练习的变速箱截面草图如图3-138所示。

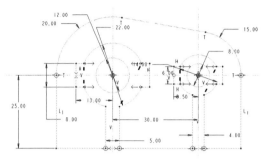

图3-138 变速箱截面草图

操作步骤：

step 01 启动Pro/E，新建名称为biansuxiang的草图文件。然后设置工作目录。

step 02 选择默认的草绘基准平面进入草绘模式。

step 03 单击【中心线】按钮，依次绘制一条水平中心线和两条垂直中心线，如图3-139所示。此时绘制的垂直中心线之间的距离没有要求。

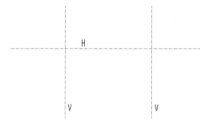

图3-139 绘制中心线

step 04 单击【圆心和点】按钮，以中心线的交点作为圆心，绘制两个圆，如图3-140所示。

step 05 双击程序自动标注的尺寸，修改尺寸值，修改完成后程序将自动重新生成图形，

结果如图3-141所示。

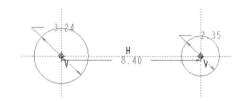

图3-140 绘制两个轮廓圆

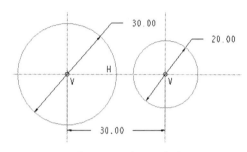

图3-141 修改尺寸值

step 06 单击【直线相切】按钮，依次选取两个圆的上半部分，绘制一条相切线，如图3-142所示。

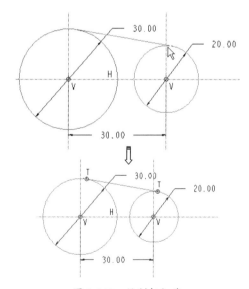

图3-142 绘制相切线

step 07 在图形的两侧分别绘制两条长度相等的竖直线，起点在圆上，绘制完成后再绘制一条水平直线将其连接起来，如图3-143所示。直线绘制完成后，双击其尺寸值，将其

修改为 25，修改完成后按 Enter 键再生图形，如图 3-144 所示。

弧后在合适的位置单击鼠标中键，此时将弹出【解决草绘】对话框，选取其中尺寸值为 35.00 的一项，单击【修剪】按钮，修剪该尺寸，如图 3-146 所示。使用同样的方法标注另一侧的圆弧半径。

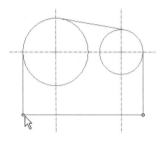

图 3-143　绘制直线

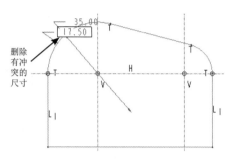

图 3-146　解决尺寸冲突

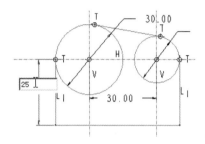

图 3-144　修改尺寸值

step 08　单击【删除段】按钮，按住鼠标左键移动光标，在图形外部拖出一条轨迹线，将多余的轨迹线修剪掉，如图 3-145 所示。

step 10　双击圆弧半径值，修改其尺寸，左侧圆弧半径为 20，右侧圆弧半径为 15，完成后的结果如图 3-147 所示。

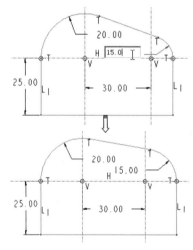

图 3-147　修改圆弧半径值

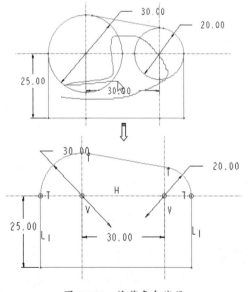

图 3-145　修剪多余线段

step 09　单击【法向】按钮，选取一段圆

step 11　单击【同心】按钮，绘制与圆弧同心的 4 个同心圆，如图 3-148 所示。

技巧点拨：

在绘制时需要注意的是，拖动光标时不能让程序自动捕捉为等半径约束的方式，否则不便于后面进行的尺寸标注。

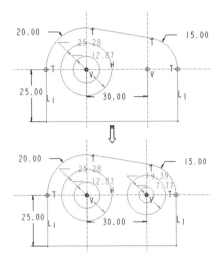

图 3-148 绘制 4 个同心圆

step 12 单击鼠标中键退出绘制同心圆的命令后,依次双击 4 个圆的尺寸值,修改其尺寸,修改完成后如图 3-149 所示。

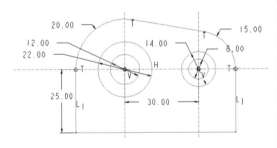

图 3-149 修改圆的尺寸

step 13 使用绘制直线的命令,在结构圆的左侧绘制 3 条连接的直线,起始点和结束点均在圆上,如图 3-150 所示。

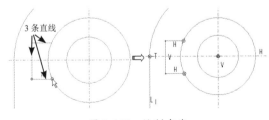

图 3-150 绘制直线

step 14 在【约束】面板中使用【对称】的约束方式,将绘制的竖直方向直线沿中心线对称,如图 3-151 所示。

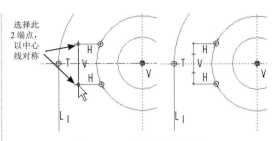

图 3-151 对直线添加约束

step 15 单击【法向】按钮,为刚才创建的直线重新标注尺寸,如图 3-152 所示。尺寸标注完成后,双击尺寸值,修改尺寸,完成后如图 3-153 所示。

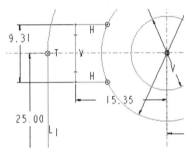

图 3-152 标注新的尺寸

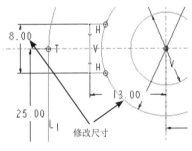

图 3-153 修改尺寸值

step 16 选取刚才绘制的 3 条直线,选取完成后单击【镜像】按钮,再单击竖直方向的中心线,即完成镜像操作,如图 3-154 所示。

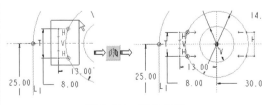

图 3-154 镜像直线

step 17 使用同样的方法，在右侧的同心圆上绘制相同形状的直线，并将其镜像到另一侧，如图3-155所示。

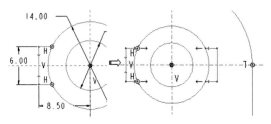

图3-155 绘制右侧图形

step 18 使用绘制直线的命令，在同心圆的下方绘制直线，起点在圆上，终点在下方直线上，如图3-156所示。

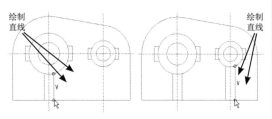

图3-156 绘制直线

step 19 将尺寸标注隐藏起来。在【约束】面板中使用【对称】的约束方式，将绘制的竖直方向的直线沿中心线对称，如图3-157所示。

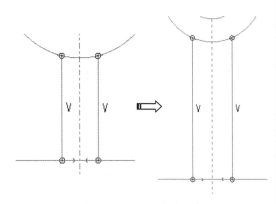

图3-157 添加对称约束

step 20 约束添加完成后，双击其尺寸值，修改尺寸，左侧直线间距离为5.0，右侧直线间距离为4.0，如图3-158所示。

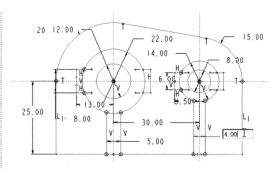

图3-158 修改尺寸值

step 21 关闭尺寸和约束的显示。单击【删除段】按钮，按住鼠标左键并移动，在左侧圆拖出一条轨迹线，将多余的轨迹线修剪掉，再在右侧圆拖出一条轨迹线，修剪多余线段，如图3-159所示。

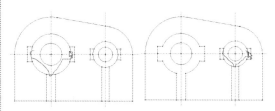

图3-159 修剪多余线段

step 22 在【草绘器】工具栏中关闭尺寸和约束的显示，完成后的草图如图3-160所示。最后保存文件。

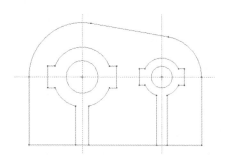

图3-160 绘制完成的草图

3.6.2 实例二：绘制摇柄零件草图

下面以绘制如图3-161所示的摇柄轮廓图

为例来讲述草图的绘制步骤及操作方法，使用户进一步加深理解。

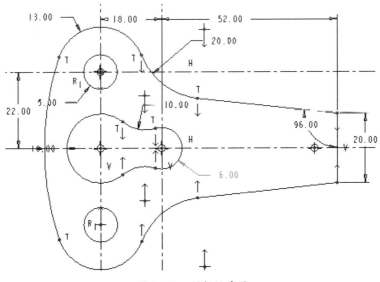

图 3-161　摇柄轮廓图

step 01　新建名称为 yaobing 的草图文件。设置工作目录，并进入草绘模式。

step 02　单击【草绘器】工具栏中的【中心线】按钮，绘制如图 3-162 所示的中心线并修改距离为 22 和 18。

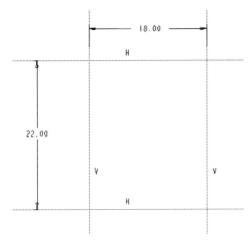

图 3-162　绘制的中心线

step 03　单击【草绘器工具】工具栏中的【圆心和点】按钮，绘制如图 3-163 所示的圆并修改半径尺寸。

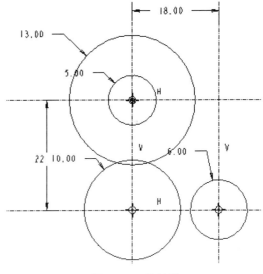

图 3-163　绘制圆

step 04　单击【草绘器】工具栏中的【线】按钮，绘制如图 3-164 所示的直线段并修改其定位尺寸和长度尺寸。

step 05　单击【草绘器】工具栏中的【圆形】按钮，绘制如图 3-165 所示的两圆弧并修改其半径为 20 和 10。

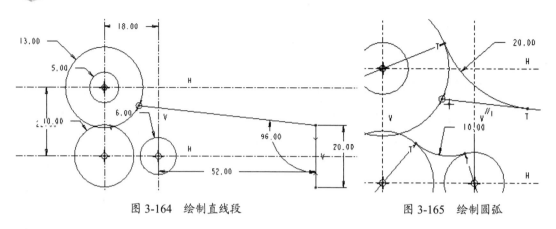

图 3-164 绘制直线段　　　　　　　　图 3-165 绘制圆弧

step 06 单击【草绘器】工具栏中的【删除段】按钮，按照如图3-166所示修剪图形。

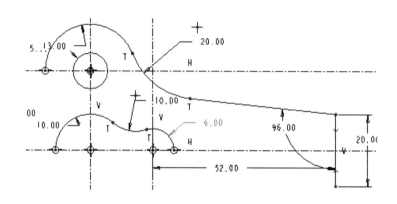

图 3-166 修剪后的图形

step 07 选择前面绘制的圆弧和直线段，单击【草绘器】工具栏中的【镜像】按钮，从绘图区中选择水平轴线作为镜像轴线，完成镜像操作，效果如图3-167所示。

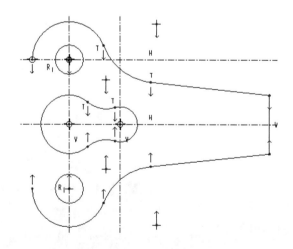

图 3-167 创建的镜像

step 08 单击【草绘器】工具栏中的【圆心和点】按钮,绘制与左上、左下两圆弧相切的圆并修改其半径为 80,效果如图 3-168 所示。

step 09 单击【草绘器】工具栏中的【删除段】按钮,将多余的线段修剪掉,效果如图 3-169 所示。

3.7 课后习题

1. 绘制手轮轮廓图

在草图模式中绘制出如图 3-170 所示的手轮轮廓图。

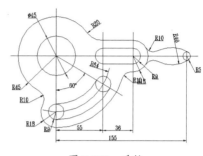

图 3-170 手轮

2. 绘制泵体截面草图

绘制如图 3-171 所示的泵体截面轮廓。

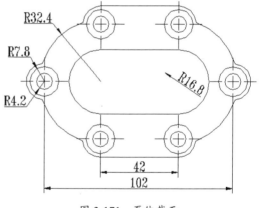

图 3-171 泵体截面

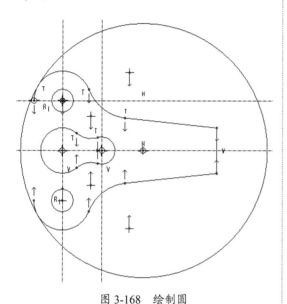

图 3-168 绘制圆

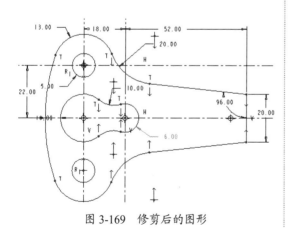

图 3-169 修剪后的图形

第 4 章
创建基础特征

本章内容

基础特征命令是构建模型的基本功能命令,在国内外流行的三维设计软件中都具有的通用功能。

建立一个模型,基础特征是主要特征,也是父特征,包括常见的拉伸、旋转、扫描、混合等,本章将详解基础特征的含义、用法及实例操作。

知识要点

- ☑ 零件设计过程
- ☑ 拉伸特征
- ☑ 旋转特征
- ☑ 扫描特征
- ☑ 螺旋特征
- ☑ 混合特征
- ☑ 扫描混合

4.1 特征建模

其实，使用 Pro/E 创建实体模型的过程和在生产上通过各类加工设备制造产品的过程有许多共同之处，因此可以通过二者的对比来理解三维实体建模的基本原理和建模方法。

4.1.1 三维建模的一般过程

在机械加工中，为了保证加工结果的准确性，首先需要画出精确的加工轮廓线。与之相对应，在创建三维实体特征时，需要绘制二维草绘剖面，通过该剖面来确定特征的形状和位置。在第一章中曾经讲过，Pro/E 使用特征作为实体建模的基本单位，如图 4-1 所示说明了三维实体建模的一般过程。

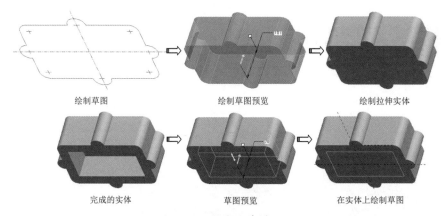

图 4-1　三维实体建模示例

在 Pro/E 中，在草绘平面内绘制的二维图形被称作草绘剖面或草绘截面。在完成剖（截）面图的创建工作之后，使用拉伸、旋转、扫描、混合及其他高级方法创建基础实体特征，然后在基础实体特征之上创建孔、圆角、拔模及壳等放置实体特征。

使用 Pro/E 创建三维实体模型时，实际上是以【搭积木】的方式依次将各种特征添加到已有模型之上的，从而构成具有清晰结构的设计结果。如图4-2 所示表达了一个【十字接头】零件的创建过程。

使用 Pro/E 创建零件的过程实际上也是一个反复修改设计结果的过程。Pro/E 是一个人性化的大型设计软件，其参数化

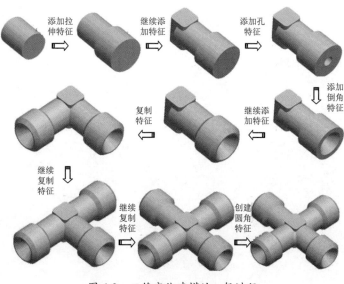

图 4-2　三维实体建模的一般过程

的设计方法为设计者轻松修改设计意图打开了方便之门，使用软件丰富的特征修改工具可以轻松更新设计结果。此外，使用特征复制、特征阵列等工具可以毫不费力地完成特征的"批量加工"。

4.1.2 特征建模技术分享

对于新手而言，快速有效地建立三维模型是一大难题，其实归纳一下无非有以下几点：
- 对软件中的建模指令不熟悉。
- 视新手掌握工程制图知识的程度，看图纸有一定难度。
- 模型建立的先后顺序模糊不清，无从着手。

对于同样的一个模型，可以用不同的建模思路（思路不同所利用的指令也会不同）去建立，"条条道路通罗马"就是这个意思。

基于以上列出的3点，前两点可以在长期的建模训练中得到解决或加强。最关键的就是第3点：建模思路的确定。接下来谈谈相关的基本建模思路。

目前，建模手段分3种：参照图纸建模、参照图片建模和逆向点云构建曲面建模。其中，参照图片建模和逆向点云建模主要在曲面建模中得到完美体现，故本节不作重点讲解，下面仅讲解参照图纸建模的建模手段。

1. 参照一张图纸建模

当需要为一张机械零件图纸进行三维建模时，图纸是唯一的参照，举例说明看图分析方法。模型建立完成的方式也分两种：叠加法和消减法。

（1）叠加建模。

如图4-3a所示，是一个典型的机械零件立体视图，立体视图中标清、标全了尺寸。

虽然只有一个视图，但尺寸一个都没有少，据此是可以建立三维模型的。问题是如

何一步一步去实现呢？叠加建模思路如下：
- 首先查找建模的基准，也就是建模的起点。此零件（或者说此类零件）都是有"座"的，称为底座。凡是有底座的零件，一律从底座开始建模。
- 找到建模起点，那么就可以遵循"从下往上""从上往下""由内向外"或者"由外向内"的原则依次建模了。
- 在遵循建模原则的同时，还要判断哪些是主特征（软件中称为"父特征"）、哪些是附加特征（软件中称为"子特征"）。先有主特征，再有子特征（不过有些子特征可以和主特征一起建立，省略操作步骤）。
- 就此零件，可以给出一个清晰的建模流程，如图4-3b所示。

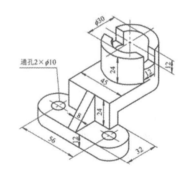

a. 零件立体视图及尺寸标注

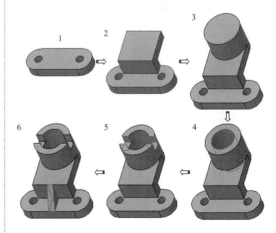

b. "叠加法"建模流程

图4-3 叠加法建模

（2）消减法建模。

消减法建模与叠加法建模恰恰相反，此法应用的案例要少于叠加法。主要原因是建模的逻辑思维是逆向的，不便于掌握。

如图 4-4a 所示的是机械零件，也是一个立体视图。观察模型得知，此零件有底座，那么建模从底座开始，但由于采用了消减法建模，所以必须首先建立基于底座最低面至模型的最高面之间的高度模型，然后才逐一地按照从上到下的顺序依次减除多余部分体积，直至得到最终的零件模型。如图 4-4b 所示为消减法的建模流程分解图。

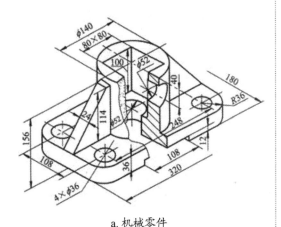

a. 机械零件

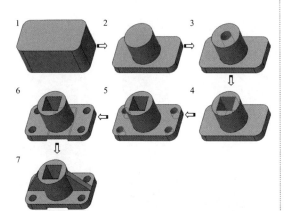

b. 建模流程

图 4-4 消减法建模

建模方法总结：前面介绍的两种建模方法从建模流程的图解中就可以看出，并非完全都是使用了叠加或消减，而是两者相互融合使用。比如"叠加法"中第 4 步和第 5 步就是消减步骤，而"消减法"建模流程中的第 7 步就是叠加的特征。说明在建模的时候，不能单纯靠某一种方式去解决问题，而是多方面地去分析，当然能够单独用某一种建模方法解决的，也不必再用另一种方式，总之，要以"最少步骤"完成设计为依据。

2. 参照三视图建模

如果给你的图纸是多视图的，能完整清晰地表达出零件各个视图方向及内部结构的情况，那么建模就变得相对容易多了。

如图 4-5a 所示为一幅完整的三视图及模型立体视图（轴侧视图）。图纸中还直接给出了建模起点，也就是底座所在平面。这个零件属于对称型的零件，用【拉伸】命令即可完成，结构还是比较简单的。如图 4-5b 所示为建模思路图解。

再接着看如图 4-6a 所示的零件三视图。此零件的建模起点虽然在底部，但是由于底座由 3 个小特征组合而成，那么就要遵循由大到小、由内向外的建模原则，以此完成底座部分的创建，然后再从下往上、由父特征到子特征地依次建模。如图 4-6b 所示为建模思路图解。

最后再看一张零件的三视图，如图 4-7a 所示。此零件与图 4-4 的模型结构是类似的。不过在本零件中可以采用从上往下的顺序进行建模，理由是最顶部的截面是圆形，圆形在二维图纸中通常充当的是尺寸基准、定位基准。此外，顶部的这个特征是圆形，是可以独立创建出来的，无须参照其他特征来完成，通常可以使用 3 种不同的命令来创建：【拉伸】、【旋转】或者【扫描】。

如图 4-7b 所示为零件的建模思路图解。

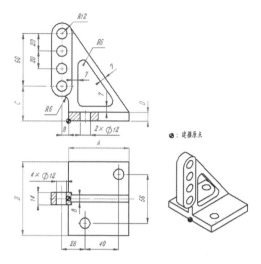

a. 零件三视图

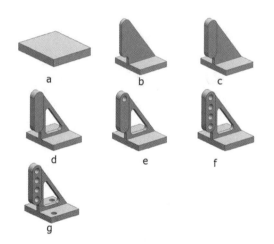

b. 建模流程

图 4-5 参照零件三视图建模（一）

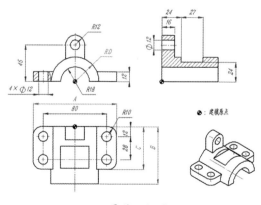

a. 零件三视图

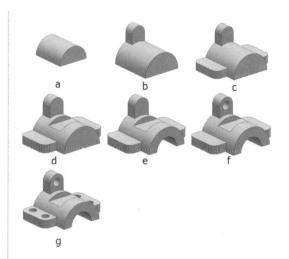

b. 建模流程

图 4-6 参照零件三视图建模（二）

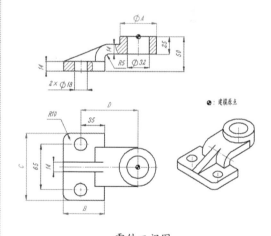

a. 零件三视图

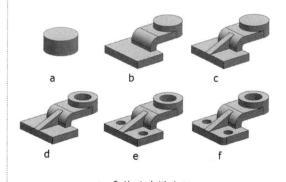

b. 零件的建模流程

图 4-7 参照零件三视图建模（三）

4.2 拉伸特征

拉伸是定义三维几何体的一种方法，通过将二维截面延伸到垂直于草绘平面的指定距离处来实现。

拉伸特征虽然简单，但它是常用的、最基本的创建规则实体的造型方法，在工程中的许多实体模型都可看作是多个拉伸特征互相叠加或切除的结果。拉伸特征多用于创建比较规则的实体模型。

4.2.1 【拉伸】操控板

在右工具栏中单击【拉伸工具】按钮，可以打开如图 4-8 所示的操控板，基本实体特征的创建是配合操控板完成的。

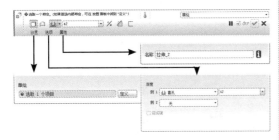

图 4-8 【拉伸】操控板

【拉伸】命令操控板中各选项含义如下：

- 拉伸为实体 □：单击此按钮，可以生成实体特征。
- 拉伸为曲面 ◘：单击此按钮，拉伸后的特征为曲面片体。
- 拉伸深度类型下拉列表框：在该下拉列表框中列出了几种特征拉伸的方法：从草绘平面以指定的深度值拉伸 ⊥、在各方向上以指定深度值的一半 ⊟、拉伸至点、曲线、平面或曲面 ⊥ 等。
- 深度值输入文本框：选择一种拉伸深度类型后，在此文本框内输入深度值。如果选择【拉伸至点、曲线、平面或曲面】类型，此框变为收集器。
- 更改拉伸方向 ％：单击此按钮，拉伸方向将与现有方向相反。
- 移除材料 ◙：单击此按钮，将创建拉伸切除特征，即在实体中减除一部分实体。
- 加厚草绘 ⊏：单击此按钮，将创建薄壁特征。
- 暂停 ⏸：暂停此工具以访问其他对象操作工具。
- 特征预览 ☑ ∞：单击此按钮，将不预览拉伸。
- 应用 ☑：单击此按钮，接受操作并完成特征的创建。
- 关闭 ✕：取消创建的特征，退出当前命令。

1. 【放置】选项卡

【放置】选项卡主要定义特征的草绘平面。在草绘平面收集器激活的状态下，可直接在图形区中选择基准平面或模型的平面作为草绘平面。也可以单击【定义】按钮，在弹出的【草绘】对话框中编辑、定义草绘平面的方向和参考等，如图 4-9 所示。

 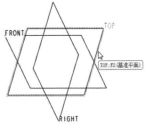

图 4-9 草绘平面的定义

当选取创建第一个实体特征时，一般会使用程序所提供的 3 个标准的基本平面：RIGHT 面、FRONT 面和 TOP 面的其中之一来作为草绘平面。

在选择草绘平面之前，要保证【草绘】对话框中的草绘平面收集器处于激活状态（文

第4章 创建基础特征

本框背景色为黄色）。然后在绘图区中单击3个标准基本平面中的任一个平面，程序会自动将信息在【草绘】对话框中显示出来。

技巧点拨：

如果选择的模型平面可能因为缺少参考而无法完成草绘时，或者在草绘过程中误操作删除了参考（基准中心线），那么即将退出草图环境时，会弹出警告对话框，单击【否】按钮后弹出【参考】对话框，如图4-10所示。最好的解决办法是：选择零件坐标系作为参考。

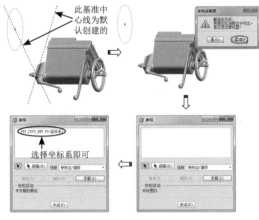

图4-10 缺少参考的解决办法

2.【选项】选项卡

此选项卡用来设置拉伸深度类型、单侧或双侧拉伸及拔模等选项，如图4-11所示。

图4-11 【选项】选项卡

提示：

【侧1】和【侧2】下拉列表框中的选项并非固定的，这些选项是根据用户是以何种形式来创建拉伸特征的：是初次创建拉伸？还是在已有特征上再创建拉伸特征？

【封闭端】选项主要用来创建拉伸曲面时封闭两端以生成封闭的曲面。选中【封闭端】复选框，可以闭合曲面特征，如图4-12所示。

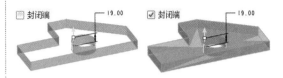

图4-12 创建闭合的曲面特征

4.2.2 拉伸深度类型

特征深度是指特征生长长度。在三维实体建模中，确定特征深度的方法主要有6种，如图4-13所示为拉伸深度类型。

图4-13 拉伸深度类型

提示：

如果是第一次创建拉伸实体，拉伸深度类型仅有前3种。如果是在已有特征上创建拉伸特征，就会显示全部6种拉伸深度类型。

1. 从草绘平面以指定的深度值拉伸

如图4-14所示的a、b、c 3个图分别为使用三种不同方法从草绘平面以指定的深度值拉伸的效果。

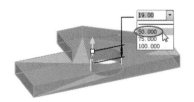

a. 在操控板文本框中修改值

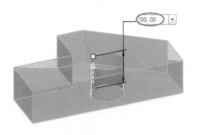

b. 双击尺寸直接修改值

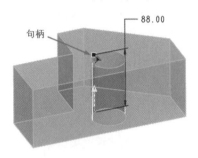

c. 拖动句柄修改值

图 4-14 3种数值输入方法设定拉伸深度

2. 在各方向上以指定深度值的一半

此类型是在草绘截面两侧分别拉伸实体特征。在深度类型下拉列表框中选择【在各方向上以指定深度值的一半】按钮 ，然后在文本框中输入数值，程序会将草绘截面以草绘基准平面往两侧拉伸，深度各为一半。如图4-15所示分别为单侧拉伸与双侧拉伸的效果。

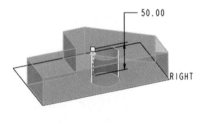

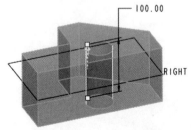

图 4-15 单侧拉伸和双侧拉伸

3. 拉伸至下一曲面

单击【拉伸至下一曲面】按钮 后，实体特征拉伸至拉伸方向上的第一个曲面，如图 4-16 所示。

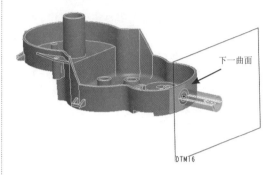

图 4-16 拉伸至下一个曲面

4. 拉伸至与所有曲面相交

选择【拉伸至与所有曲面相交】按钮 后，可以创建穿透所有实体的拉伸特征，如图 4-17 所示。

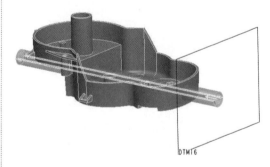

图 4-17 拉伸至与所有曲面相交

5. 拉伸至与选定的曲面相交

如果单击【拉伸至与选定的曲面相交】按钮 ，根据程序提示要相交的曲面，即可创建拉伸实体特征，如图4-18所示。

技巧点拨：

此深度选项，只能选择在截面拉伸过程中所能相交的曲面。否则不能创建拉伸特征。如图 4-19 所示，选定没有相交的曲面，不能创建拉伸特征，并且强行创建特征会弹出【故障排除器】对话框。

第 4 章 创建基础特征

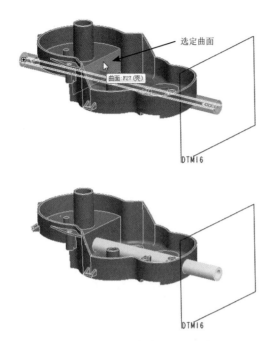

图 4-18 拉伸至与选定的曲面相交

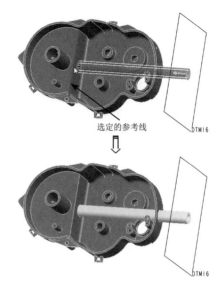

图 4-20 使用边线作为特征参照

> 提示：
>
> 【拉伸至点、曲线、平面或曲面】选项：当选定的参考是点、曲线或平面时，只能拉伸至与所选参考接触，即拉伸特征端面为平面。若选定的参考为曲面，那么拉伸的末端形状与曲面参考相同。

4.2.3 创建减材料实体特征

减材料特征是指在实体模型上移除部分材料的实体特征。减材料拉伸与加材料拉伸的操作过程类似，区别在于创建减材料特征时还需要指定材料侧的参数，而加材料是由程序自动确定材料边侧的。下面介绍用拉伸命令创建减材料实体特征的操作。

动手操练——创建心形实体

step 01 打开本例源文件"4-1.prt"。

step 02 在右工具栏中单击【拉伸】按钮 ，弹出拉伸操控板。在【放置】选项卡中单击【定义】按钮，打开【草绘】对话框。选择实体特征表面作为草绘平面。单击【草绘】按钮

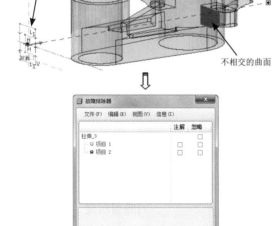

图 4-19 不能创建拉伸特征的情形

6. 拉伸至点、曲线、平面或曲面

选中【拉伸至点、曲线、平面或曲面】按钮 ，将创建如图 4-20 所示的指定点、线、面为参照的实体模型。

进入草绘环境中，如图 4-21 所示。

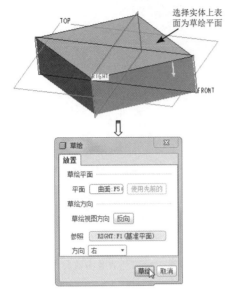

图 4-21　选择草绘平面与参照

step 03　在草绘模式中绘制如图 4-22 所示的截面轮廓，验证无误后单击【确定】按钮 ✓ 完成草绘操作。

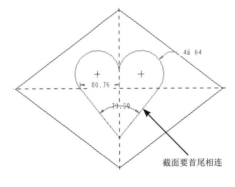

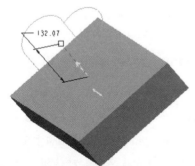

图 4-22　绘制拉伸截面

step 04　绘制截面以后就可以进行拉伸方向和截面移除方向的设定了。单击操控板上的【去除材料】按钮 ⊘，绘图区中的图形上显示两个控制方向的箭头。垂直于草绘平面方向的箭头是截面拉伸方向，由于本例是减材料实体创建，需要单击【反向】按钮 ✗，改变拉伸方向，预览无误后单击【确定】按钮 ✓，结束特征创建，如图 4-23 所示。

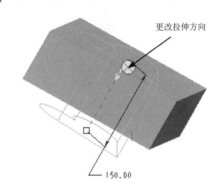

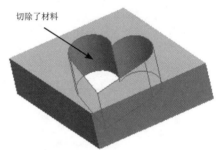

图 4-23　创建减材料特征

技巧点拨：

在移除材料的拉伸中，如果将拉伸方向指向了无材料可移除的那一侧，这是不可能进行的操作，所以特征的创建会失败。在建立切口类型的特征时，若最后程序提示有错误产生，注意查看是否缘于此因。

step 05　平行于草绘平面的箭头控制截面材料的移除方向，它的设定方法与添加材料拉伸方向的设定方法相同，使用操控板上的【去除材料】按钮 ⊘ 右侧的【反向】按钮 ✗，单击它使截面材料移除方向与先前所创建特征的显示方向相反,会有不同的结果显示,如图 4-24 所示。

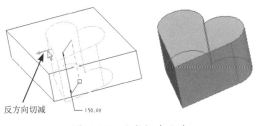

图 4-24 改变切减方向

4.2.4 拉伸薄壁特征

薄壁特征又称加厚草绘特征。薄壁特征为草绘截面轮廓指定一个厚度以此拉伸得到薄壁。适于创建具有相同厚度的特征。创建草绘截面后,单击操控板上的【加厚草绘】按钮 ,在右侧的文本框中输入截面加厚值,默认情况下加厚截面内侧。单击最右端的【反向】按钮可以更改加厚方向,加厚截面外侧,再次单击则加厚截面两侧,每侧加厚厚度各为一半。如图 4-25 所示为拉伸操控板上特征加厚的选项设置。

图 4-25 特征加厚的选项设置

动手操练——创建薄板特征

step 01 打开本例源文件 "4-2.prt"。

step 02 单击右工具栏中的【拉伸】按钮 ,弹出拉伸操控板。在操控板的【放置】选项卡中单击【定义】按钮,打开【草绘】对话框。然后选择实体特征表面作为草绘平面程序默认参照,进入草绘状态,绘制如图 4-26 所示的截面轮廓。

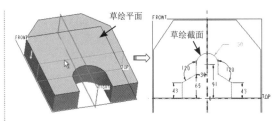

图 4-26 草绘截面轮廓

step 03 草绘截面绘制完并确认无误后,单击【确定】按钮 进入操控面板。首先单击【加厚草绘】按钮 ,在拉伸深度值输入框中输入数值 115,在草绘截面加厚参数值输入框中输入数值 2,并改变草绘截面加厚方向,按 Enter 键预览,再次单击【确定】按钮 完成薄壁特征的创建,如图 4-27 所示。

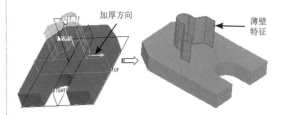

图 4-27 薄壁拉伸

> **提示:**
>
> 在使用开放截面创建薄壁特征时,一定要先在操控板中单击【加厚草绘】按钮,才能进行开放截面的特征创建,否则程序会出现错误提示信息。

4.2.5 【暂停】与【特征预览】功能

【暂停】就是暂停当前的工作。单击【暂停】按钮 ,即暂停当前正在操作的设计工具,该按钮为二值按钮,单击后转换为【继续使用】按钮 ,继续单击该按钮可以退出暂停模式,接着进行暂停前的工作。

【特征预览】是指在模型草绘图创建完

成后，为了检验所创建的特征是否满足设计的需要，运用此工具可以提前预览特征设计的效果，如图4-28所示。

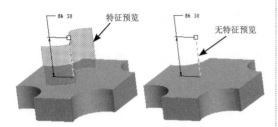

图4-28 【特征预览】工具运用与否效果对比

动手操练——支座设计

step 01 新建名称为"zhizuo.prt"的零件文件。

step 02 在右工具栏中单击【拉伸】按钮，打开拉伸操控面板，单击【放置】选项卡中的【定义】按钮打开【草绘】对话框，如图4-29所示。选取标准基准平面FRONT作为草绘平面，直接单击【草绘】按钮使用程序默认设置参照进入草绘模式中。

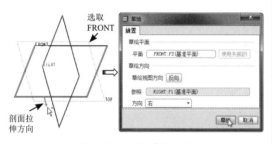

图4-29 选取草绘平面

step 03 绘制如图4-30所示的草绘剖面轮廓。特征预览确认无误后，单击【确定】按钮完成第一个拉伸实体特征的创建。

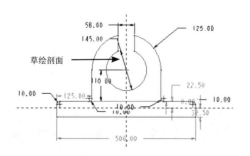

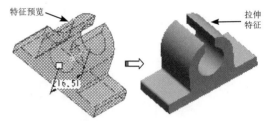

图4-30 创建支座主体

step 04 在右工具栏中单击【基准平面工具】按钮，打开【基准平面】对话框，选取TOP平面作为参照平面往箭头所指定的方向偏移285，单击【应用】按钮，完成新基准平面的创建，如图4-31所示。

图4-31 新建的DTM1基准平面

step 05 再次单击【拉伸工具】按钮，设置新创建的DTM1为草绘平面，使用程序默认设置参照平面与方向，进入草绘模式中。单击【通过边选取图元】按钮，选取图中所示的实体特征边线为选取的图元，再绘制如图4-32所示的草绘剖面。

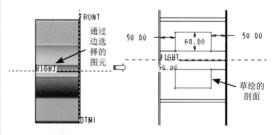

图4-32 绘制第二次拉伸草绘剖面

step 06 单击【应用】按钮，在操控板上的拉伸类型下拉列表框中选择【拉伸至下一曲面】选项。并单击【反向】按钮，改变拉伸方向，预览无误后单击【应用】按钮结束第二次实体特征拉伸创建，如图4-33所示。

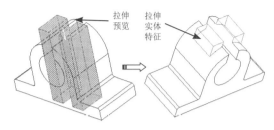

图4-33　拉伸至支座主体

step 07　运用同样的方法创建第3个拉伸实体特征，在实体特征上选取草绘平面，采用程序默认设置参照，进入草绘模式，绘制如图4-34所示的剖面轮廓。

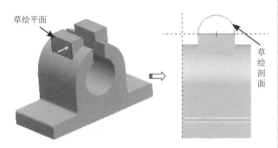

图4-34　绘制第三次拉伸草绘剖面

step 08　在操控板中的拉伸深度类型下拉列表框中单击【拉伸至选定的点、曲线、曲面】按钮，在实体特征上选取一个面作为选定曲面。确认无误后单击【应用】按钮，结束拉伸实体特征的创建，如图4-35所示。

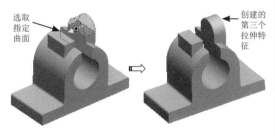

图4-35　拉伸至指定平面

step 09　用类似的方法创建在对称位置的第四个拉伸体，如图4-36所示。

step 10　创建第五个拉伸实体特征。选取实体特征上的一个平面作为草绘平面，使用程序默认设置参照，进入草绘模式，使用【同心圆工具】绘制如图4-37所示的草绘剖面。

图4-36　创建对称实体特征

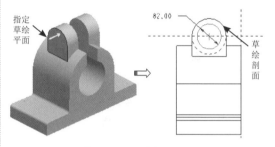

图4-37　绘制穿孔剖面

step 11　在操控板上单击【拉伸至与所有曲面相交】按钮，单击【反向】按钮，最后单击【去除材料】按钮，预览无误后单击【应用】按钮，结束第五个拉伸实体特征的创建，如图4-38所示。

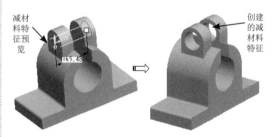

图4-38　拉伸至与所有曲面相交

step 12　创建支座的4个固定孔，同样用拉伸减材料实体特征的方法来创建。选取底座上的一个平面作为草绘平面，绘制如图4-39所示的草绘剖面，在操控板上单击【拉伸至与所有曲面相交】按钮，单击【反向】按钮，最后单击【去除材料】按钮。

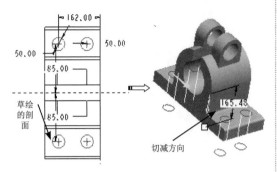

图 4-39 创建支座底部的 4 个固定孔

step 13 确认无误后，单击【应用】按钮，完成整个支座零件的创建，如图 4-40 所示。

图 4-40 支座零件

4.3 旋转特征

旋转实体特征是指将草绘截面绕指定的旋转中心线转一定的角度后所创建的实体特征，如图 4-41 所示。

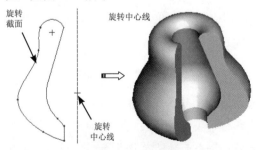

图 4-41 旋转特征

4.3.1 【旋转】操控板

创建旋转实体特征与创建拉伸实体特征的步骤基本相同。在右工具栏中单击【旋转】按钮，弹出如图 4-42 所示的【旋转】操控板。

图 4-42 【旋转】操控板

与拉伸实体特征类似，在创建旋转实体特征时还可以用到以下几种工具，如单击【作为曲面旋转】按钮可以创建旋转曲面特征，单击【移除材料】按钮可以创建减材料旋转特征，单击【加厚草绘】按钮可以创建薄壁特征。由于这些工具的用法与拉伸实体类似，这里就不再赘述了。

4.3.2 旋转截面的绘制

在构建旋转特征的草绘截面时应注意以下几点：

- 草绘截面时须绘制一条旋转中心线，此中心线不能利用基准中心线来创建，只能利用草绘的中心线工具。
- 截面轮廓不能与中心线形成交叉。
- 若创建实体类型，其截面必须是封闭的。
- 若创建薄壁或曲面类型，其截面可以是封闭的，也可以是开放的。

1. 旋转截面

正确设置草绘平面与参照以后，接着在二维草绘环境下绘制旋转截面图。旋转实体特征的截面绘制与拉伸实体特征有相同的要求：旋转特征为实体时，截面必须是闭合的，当旋转特征为薄壁时截面可以是开放的。如图 4-43 中的 a、b 两图所示。

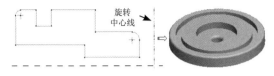

a. 封闭截面创建实体特征

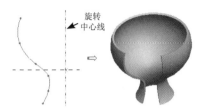

b. 开放截面创建薄壁特征

图 4-43 旋转特征

2. 确定旋转中心线

确定旋转中心线的方法有两种：在草绘平面中绘制旋转中心线、指定基准轴或实体边线。

在绘制旋转闭合截面时，允许截面的一条边线压在旋转中心线上，注意不要漏掉压在旋转中心线上的线段。另外，不允许使用与旋转中心线交叉的旋转截面，否则程序无法确定旋转中心线，这时需要在截面外添加一条旋转中心线。如图 4-44 所示，图中 a 为正确的中心线表达方法，但截面部分与中心线重合不能忽略（意思是不能截面的以某条曲线作为中心线）。b 和 c 为错误的中心线表达。

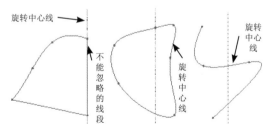

图 4-44 3 种需要注意的图例

此外，如需要指定基准中心线或实体边线作为旋转中心线，绘制完旋转截面后直接单击【确定】按钮，当操控板上左侧文本框中显示【选取一个项目】时，在绘图区中就可以选取实体模型里的中心轴线作旋转中心线了，如图 4-45 所示。

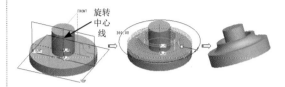

图 4-45 用实体特征的中轴线或边线作旋转轴

4.3.3 旋转类型

在创建旋转特征的过程中，指定旋转角度的方法与拉伸深度的方法类似，旋转角度的方式有 3 种，如图 4-46 所示。

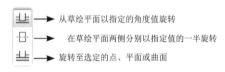

图 4-46 旋转角度的方式

- 设定旋转的方向：单击操控板上的【反向】按钮，也可以用鼠标接近图形上表示方向的箭头，当指针标识改变时单击鼠标左键。
- 设定旋转的角度：在操控板上输入数值，或者双击图形区域中的深度尺寸并在尺寸框中输入新的值进行更改；也可以用鼠标左键拖动此角度图柄调整数值。

在如图 4-47 所示的图中，在默认设置情况下，特征沿逆时针方向转到指定角度。单击操控板上的【反向】按钮，可以更改特征生成方向，草绘旋转截面完成后，在角度值输入框中输入角度值。

如图 4-48 所示是在草绘两侧均产生旋转体及使用参照来确定旋转角度的示例，特征旋转到指定平面位置。

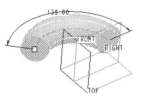 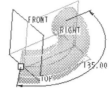

逆时针旋转角度　　　　　顺时针旋转角度

图 4-47　利用改变方向来创建旋转实体特征

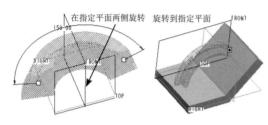

图 4-48　用两种旋转方式生成的旋转特征

4.3.4　其他设置

动手操练——创建旋转薄壁特征

step 01　新建名称为 xuanzhuanbaobi 的零件文件。

step 02　在右工具栏中单击【旋转】按钮 ⊕，打开旋转操控板。

step 03　操控板上默认设置特征属性类型为【实体】，在绘制草图前先单击【加厚草绘】按钮 □，然后在【草绘】对话框打开的情况下选择 FRONT 基准平面作为草绘平面，参照为程序默认设置，单击【草绘】按钮进入草绘环境，如图 4-49 所示。

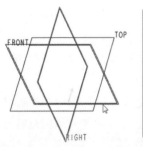 

图 4-49　设置草绘平面和参照

step 04　进入草绘环境，绘制如图 4-50 所示的截面。完成后单击【确定】按钮 ✓，进入操控板设置参数。

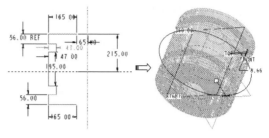

图 4-50　截面旋转预览

step 05　在操控板旋转角度数值框中输入数值 245，在截面加厚值框中输入数值 10，完成预览，单击【确定】按钮 ✓，结束旋转薄壁特征的创建，如图 4-51 所示。

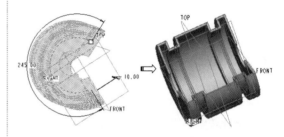

图 4-51　创建完成的旋转薄壁特征

4.4　扫描特征

扫描实体特征的创建原理比拉伸和旋转实体特征更具有一般性，它是通过将草绘截面沿着一定的轨迹（导引线）做扫描处理后，由其轨迹包络线所创建的自由实体特征。

扫描实体特征是将绘制的截面轮廓沿着一定的扫描轨迹线进行扫描后所生成的实体特征。也就是说，要创建扫描特征，需要先创建扫描轨迹线，创建扫描轨迹线的方式有两种：草绘扫描轨迹线和选取扫描轨迹线。如图 4-52 所示为草绘扫描轨迹线的示例。

掌握了扫描实体的创建过程，其他属性类型扫描实体特征如薄壁特征、切口（移除材料）、薄壁切口、扫描曲面等的创建也就容易了。因各种类型的扫描特征创建过程大致相同，扫描轨迹的设定方法和所遵循的规则也是相同的，在这里也就不再一一介绍了。读者可多加练习，以便能熟练掌握扫描实体特征的创建过程与方法。

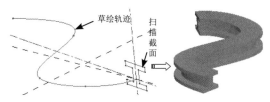

图 4-52 草绘轨迹先创建扫描特征示例

在菜单栏中选择【插入】|【扫描】命令后，在弹出的子菜单中有多种特征创建工具命令，选择其中一项工具命令即可进行扫描实体特征的创建，如图 4-53 所示。

图 4-53 扫描工具命令

创建扫描实体特征的轨迹线可以草绘，也可在已创建的实体特征上选取。在菜单栏中选择【插入】|【扫描】|【伸出项】命令，程序弹出【伸出项：扫描】对话框和【扫描轨迹】菜单管理器，如图 4-54 所示。可以看到两种扫描轨迹的定义方式。

图 4-54 对话框与菜单管理器

1. 草绘轨迹

选取【草绘轨迹】选项，则程序进入草绘平面设置界面，在绘图区中选择一个基准平面作为草绘轨迹线平面，接着单击【确定】命令，最后选择【默认】选项进入草绘环境中。如图 4-55 所示。

图 4-55 选取【草绘轨迹】选项及依次选取的菜单

菜单管理器中【设置平面】子菜单下有 3 个选项：

- 平面：从当前图形区中选择一个平面作为草绘平面。
- 产生基准：建立一个基准平面作为草绘平面。
- 退出平面：不做定义，放弃草绘平面的指定。

一般情况下，程序把草绘开始的第一点认为扫描的起始点，同时会出现箭头标识。用户可以重新定义起始点，方法是：选择结束点，单击鼠标右键，从快捷菜单中选择"起始点"命令，所选的点被重新指定为起始点，箭头移至此处，如图 4-56 所示。

图 4-56 改变扫描轨迹线起始点

2. 选取轨迹

若以【选取轨迹】方式指定扫描轨迹，则选择【选取轨迹】选项，然后在绘图区中选取轨迹线，再选择【完成】命令结束轨迹的选取，进入到草绘环境中，如图4-57所示。

> **提示：**
> 在创建扫描轨迹线时，相对扫描截面来说，轨迹线的弧或样条半径不能太小，否则截面扫描至此时，创建的特征与自身相交，会导致特征创建失败。

3. 绘制扫描截面

当扫描轨迹定义完成时，程序会自动进入草绘扫描截面的环境。在没有旋转视图的情况下，看不清楚扫描截面与轨迹的关系，可将视图旋转。草绘截面上相互垂直的截面参照线经过轨迹起始点，并且与此点的切线方向垂直。可以回到与荧幕平行的状态绘制截面，也可在这种经旋转不与荧幕平行的视角状态下进行草绘。

扫描的截面可以是封闭的，也可以是开放的。创建扫描曲面或薄壁时，截面可以闭合也可开放。但是当创建扫描实体时，截面必须是闭合的，否则不能创建特征，会弹出【未完成截面】警告对话框，如图4-58所示。

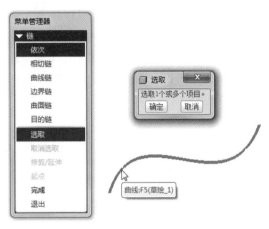

图 4-57 【选取轨迹】的设置方式

利用【链】菜单选取轨迹线的方式：
- 依次：逐个选取现有的实体边界或基准曲线作为轨迹线。
- 相切链：选择一条边线，与此线相切的边线同时自动被选取。
- 曲线链：选取基准曲线作为轨迹线。
- 边界链：选取面组并使用其单侧边来定义轨迹线。
- 曲面链：选取一个曲面并使用它的边来定义轨迹线。
- 目的链：选取模型中预先定义的边集合来定义轨迹线。
- 选取：用"链"菜单中指定的选择方式来选取一个链作为轨迹线。
- 取消选取：从链的当前选择中去掉曲线或边。
- 修剪/延伸：修剪或延伸链端点。
- 起点：选取轨迹的起始点。

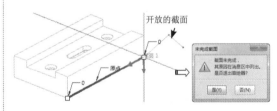

图 4-58 开放的截面不能创建扫描实体

动手操练——创建开放轨迹扫描实体特征

本例用选取轨迹的方式创建茶瓶的外壳。茶瓶的外壳设计将用到前面介绍的创建旋转实体特征的方法并结合本节的扫描实体特征的创建方法共同完成。

step 01 新建名称为 saomiao 的零件文件。

step 02 选取 FRONT 基准面作为草绘平面，运用旋转实体特征命令创建如图4-59所示的草绘剖面，旋转生成实体特征。

第 4 章 创建基础特征

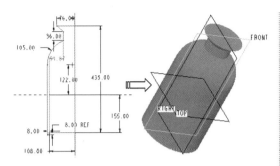

图 4-59 创建茶瓶外形

step 03 创建旋转减材料实体特征。选择第一次绘制剖面时所选取的草绘平面作为草绘平面，绘制如图 4-60 所示的剖面并创建旋转减材料特征。

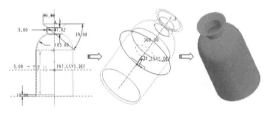

图 4-60 创建茶瓶壳体

step 04 在草绘区的右工具栏中单击【草绘】按钮，弹出【草绘】对话框，选择 FRONT 基准面作为草绘平面，程序默认设置参照平面 RIGHT 进入草绘环境。单击草绘命令工具栏中的【通过边创建图元】按钮，选取旋转特征上的一条边作为参照，绘制如图 4-61 所示的草绘剖面，草绘剖面完成后删掉选取的参照边，进入下一步操作。

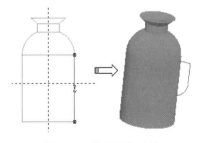

图 4-61 绘制手柄曲线

step 05 在菜单栏中选择【插入】|【扫描】|【伸出项】命令，在弹出的菜单管理器中选择【选取轨迹】方式，在绘图区中绘制如图 4-62 所示的扫描剖面轮廓，绘制完成后单击【确定】按钮 以继续操作。

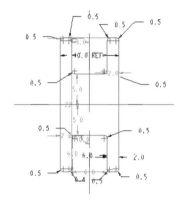

图 4-62 绘制扫描截面

step 06 在【伸出项: 扫描】对话框中单击【确定】完成茶瓶手柄的创建，如图 4-63 所示。

图 4-63 创建茶瓶外壳

4.5 可变截面扫描

【可变截面扫描】命令沿轨迹创建可变或恒定截面的扫描特征。

4.5.1 【可变截面扫描】操控板

在右工具栏中单击【可变截面扫描】按钮，弹出【可变截面扫描】操控板，如图 4-64 所示。

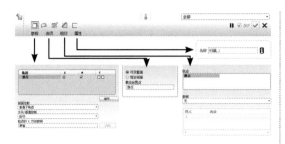

图 4-64 【可变截面扫描】操控板

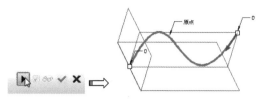

图 4-66 完成扫描轨迹的创建

4.5.2 定义扫描轨迹

创建扫描实体特征的轨迹线可以草绘，也可在已创建的实体特征上选取。仅当创建了扫描轨迹后，操控板中的【创建扫描截面】、【加厚草绘】、【移除材料】等命令才被激活。

1. 草绘轨迹

Pro/E 提供了独特的草绘轨迹的命令方式，单击操控板中的【暂停】按钮，然后在右工具栏中单击【草绘】按钮，弹出【草绘】对话框，在图形区选择基准平面或者模型上的平面作为草绘平面后，即可进入草绘环境中绘制扫描轨迹，如图 4-65 所示。

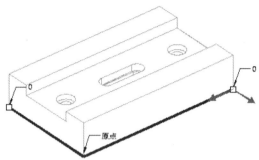

图 4-67 选取模型边作为扫描轨迹

> 提示：
> 要选取模型边作为扫描轨迹，不能间断选取，而且连续选取多条边时，须按住 Shift 键。

4.5.3 扫描截面

当扫描轨迹定义完成时，单击操控板上的【创建或编辑扫描剖】按钮，程序会自动确定草绘平面在轨迹起点，并且草绘平面与扫描轨迹垂直。

进入到草绘扫描截面的环境后，在没有旋转视图的情况下，看不清楚扫描截面与轨迹的关系，可将视图旋转，如图 4-68 所示。

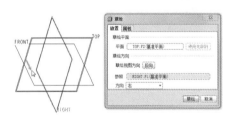

图 4-65 选择草绘平面

绘制了扫描轨迹后退出草绘环境，随后在操控板上单击【退出暂停模式】按钮，返回【扫描】操控板的激活状态，然后继续操作，如图 4-66 所示。

2. 选取轨迹

若要选取轨迹，当弹出【扫描】操控板时，即可选取已有的曲线或者模型的边作为扫描轨迹，如图 4-67 所示。

> 技巧点拨：
> 扫描的截面可以是封闭的，也可以是开放的。创建扫描曲面或薄壁时，截面可以闭合也可以开放。但是当创建扫描实体时，截面必须是闭合的，否则不能创建特征，会弹出【故障排除器】对话框，如图 4-69 所示。

第 4 章　创建基础特征

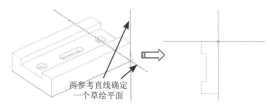

图 4-68　设置草绘视图

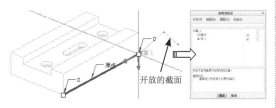

图 4-69　开放的截面不能创建扫描实体

截面有两种：恒定截面和可变截面。

1．恒定截面

【恒定截面】是指在沿轨迹扫描的过程中草绘的形状不变，仅截面所在框架的方向发生变化。如图 4-70 所示为创建恒定截面的扫描特征范例。

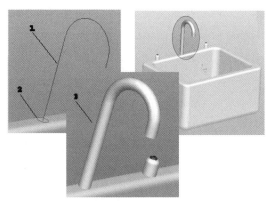

1——轨迹　2——截面　4——扫描特征

图 4-70　创建基于恒定截面的扫描特征

2．可变截面扫描

在【扫描特征】操控板中单击 按钮创建可变截面扫描会将草绘图元约束到其他轨迹（中心平面或现有几何），可使草绘可变。草绘所约束到的参考可更改截面形状。草绘在轨迹点处重新生成，并相应更新其形状。

如图 4-71 所示为创建可变截面的扫描特征范例。

1——原点轨迹　2——轨迹　3——扫描起点的截面
4——扫描特征

图 4-71　创建基于可变截面的扫描特征

动手操练——创建圆轨迹的可变截面扫描特征

step 01　新建一个名称为 kebianjiemsaomiao 的新零件文件。

step 02　在右工具栏中单击【可变截面扫描】按钮 ，打开【可变截面扫描】操控板。

step 03　首先在【选项】选项卡中选择【可变截面】单选按钮。而后单击右工具栏中的【草绘】按钮 ，选择 TOP 基准平面进入草绘环境中，如图 4-72 所示。

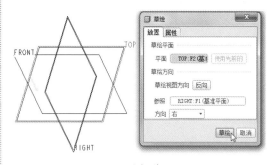

图 4-72　选择草绘平面

step 04　绘制原点轨迹。利用【圆】命令绘制如图 4-73 所示的不规则封闭曲线，完成后推出草绘环境。

step 05　绘制轨迹链。再次利用【草绘】命令，

99

以相同的草绘平面进入草绘环境下，绘制如图 4-74 所示的封闭样条曲线。完成后退出草绘环境。

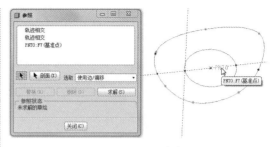

图 4-76 添加参考

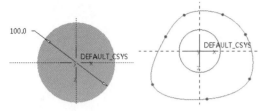

图 4-73 绘制原点轨迹　图 4-74 绘制封闭的轨迹链

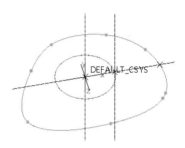

图 4-77 绘制竖直中心线

step 06 创建曲面顶点的投影点。利用【基准】工具栏中的【点】命令，在坐标系原点创建一参考点，如图 4-75 所示。

提示：

这里说说为什么要创建参考点。这个参考点是可变截面扫描成功的关键，也就是说当绘制了截面后，反之如果选择基准平面，当轨迹扫描到一定的角度后，此基准平面不再和截面法向，自然也就不会有参考存在了，所以会失败。

step 09 接下来创建截面，根据所要创建的弧面的不同，用户可以选择圆弧、圆锥曲线或样条曲线作为截面的图元，但不管用什么图元，都要注意绘制方法。利用【样条】命令绘制如图 4-78 所示的样条曲线。

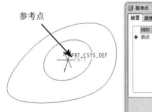

图 4-75 创建参考点

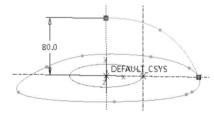

图 4-78 绘制样条曲线

step 07 在操控板中单击【创建或编辑扫描截面】按钮，然后进入草绘环境中。上面的【提示】中已经说明了，需要更改草绘参考。在菜单栏中选择【草绘】|【参照】命令，打开【参考】对话框，然后添加上步创建的参考点作为新参考，如图 4-76 所示。

step 08 使用【中心线】工具，在参考点上绘制竖直的中心线，如图 4-77 所示。

技巧点拨：

在一般情况下，圆轨迹只是用来辅助确定截面的法向以保证扫描过程中草绘平面始终通过中心轴的，因此圆轨迹的参考点一般是不会参与截面的约束的，如果用户不小心被自动捕捉上了，就要想清楚是否确实需要。其次，截面图元的最高点必须在中心轴上并且图元要法向于中心轴，这样才能保证将来的可变扫描结果在最高点是光滑的，而不是出现尖点或窝点；最后也是最容易出错的是，必须要固定草绘截面在中心轴上的最高点的高度，而最妥当的方法当然是直接标注这一点的高度，有的用户在使用圆弧作为截面的时候，往往不注意这一点，虽然注意到了圆弧的中心要在中心轴上，但他直接保留默认的圆弧半径标注，从而导致将来可变扫描结果曲面在最高点处不重合，形成一个螺旋形状，这一点仔细想想轮廓轨迹交点到中心轴的交点距离并不是不变的就不难明白其中的原因了。

step 10 退出草绘环境，Pro/E 自动生成扫描预览。最后单击【应用】按钮，完成可变截面扫描特征的创建，如图 4-79 所示。

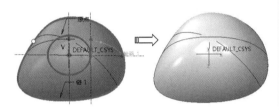

图 4-79 完成扫描特征的创建

step 11 最后将结果保存。

4.6 螺旋扫描

螺旋扫描是扫描的一种特例。所谓螺旋扫描，即一个剖面沿着一条螺旋轨迹扫描，产生螺旋状的扫描特征。特征的建立需要有旋转轴、轮廓线、螺距、剖面 4 个要素，如图 4-80 所示。

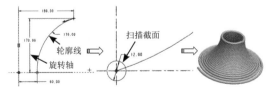

图 4-80 螺旋扫描

4.6.1 【螺旋扫描】操控板

在菜单栏中选择【插入】|【螺旋扫描】|【伸出项】命令，弹出【伸出项：螺旋扫描】对话框和菜单管理器，如图 4-81 所示。创建螺旋扫描特征的顺序是：草绘扫描轨迹线→指定或草绘旋转轴→草绘扫描截面→指定螺距→创建螺旋扫描特征。

图 4-81 【伸出项：螺旋扫描】对话框和菜单管理器

4.6.2 截面方向

螺旋扫描特征的截面方向有两种：穿过轴和垂直于轨迹。

- 穿过轴：选择此选项，扫描截面与旋转轴同面或平行，如图 4-82 所示。当螺旋扫描轨迹的起点没有在坐标系原点时，无论是选择【穿过旋转轴】还是选择【垂直于轨迹】，其截面方向始终是【穿过旋转轴】。

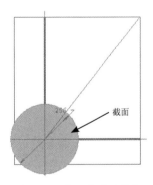

图 4-82 截面穿过旋转轴

- 垂直于轨迹：即扫描截面与扫描轨迹垂直，如图 4-83 所示。要使用此选项，扫描轨迹的起点必须是坐标系的原点。

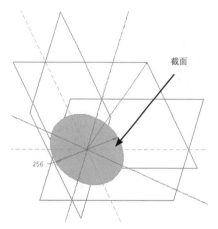

图 4-83　截面垂直于轨迹

4.6.3　螺旋扫描轨迹

螺旋扫描轨迹是确定外形的引导曲线。在菜单管理器中选择【完成】选项，弹出【设置草绘平面】子菜单。选择草绘平面后即可进入草图环境中绘制螺旋扫描轨迹。螺旋扫描轨迹一定是开放的曲线，可以是直线、圆弧或样条曲线，如图 4-84 所示。

图 4-84　螺旋扫描轨迹

用户还可以选取模型的边或已有的开放曲线作为扫描轨迹。如果绘制了闭合的曲线作为轮廓，那么退出草图环境时会弹出如图4-85 所示的【未完成截面】对话框。说明螺旋扫描轨迹只能是开放的曲线，封闭的截面是错误的。

> **技巧点拨：**
> 草绘扫描轨迹后，会自动生成扫描的起点方向。选取另一个端点并选择右键快捷菜单的【起点】命令，改变扫描起点位置。

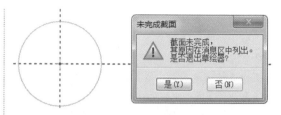

图 4-85　闭合的轮廓

4.6.4　旋转轴

螺旋扫描特征的旋转轴必须在绘制扫描轨迹时一起完成绘制，利用【中心线】命令绘制旋转轴，如图 4-86 所示。

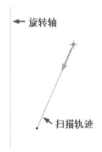

图 4-86　绘制旋转轴

4.6.5　螺旋扫描截面

要创建螺旋扫描实体，截面都必须是闭合的。若是创建薄板伸出项或曲面，扫描截面可以是开放的。

动手操练——创建弹簧

step 01　新建名称为 tanhuang 的零件文件。

step 02　在菜单栏中选择【插入】|【螺旋扫描】|【伸出项】命令，弹出【伸出项：螺旋扫描】对话框与菜单管理器。

step 03　在菜单管理器中依次选择【常数】|【穿过轴】|【右手定则】|【完成】选项，弹出【设置草绘平面】子菜单，然后指定 FRONT 基准平面为草图平面，如图 4-87 所示。

第 4 章 创建基础特征

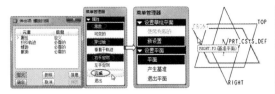

图 4-87 设置草绘平面和参照

step 04 随后再选择菜单管理器中的【确定】|【默认】选项，进入草绘环境，如图 4-88 所示。

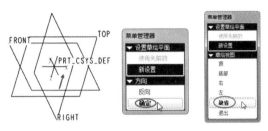

图 4-88 确定草绘方向

step 05 绘制如图 4-89 所示的截面和旋转轴，完成后单击【确定】按钮 退出草绘环境。

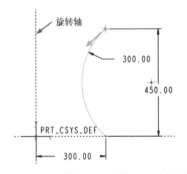

图 4-89 绘制螺旋扫描轨迹和旋转轴

step 06 在图形区顶部弹出的【输入节距值】文本框中输入节距值 100，如图 4-90 所示。

图 4-90 输入节距值

step 07 设置节距后再进入草绘模式，绘制如图 4-91 所示的扫描截面。

step 08 退出草绘模式后在【伸出项：螺旋扫描】对话框中单击【确定】按钮完成螺旋扫描特征的创建，如图 4-92 所示。

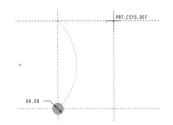

图 4-91 草绘截面

图 4-92 创建螺旋扫描特征

4.7 混合特征

混合实体特征就是将一组草绘截面的顶点顺次相连进而创建的三维实体特征。如图 4-93 所示，依次连接截面 1、截面 2、截面 3 的相应顶点即可获得实体模型。在 Pro/E 中，混合特征包括一般混合、平行混合与旋转混合 3 种。

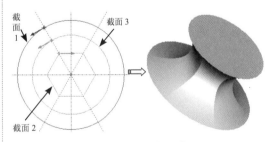

图 4-93 混合实体特征

> **提示：**
>
> 对不同形状的物体进一步抽象理解不难发现：任意一个物体总可以看成是由多个不同形状和大小的截面按照一定顺序连接而成（这个过程在 Pro/E 中称为混合）的。使用一组适当数量的截面来构建一个混合实体特征，既能够最大限度地准确表达模型的结构，又可以尽可能简化建模过程。

4.7.1 混合概述

混合实体特征的创建方法多种多样且灵活多变,是设计非规则形状物体的有效工具。在创建混合实体特征时,首先根据模型特点选择合适的造型方法,然后设置截面参数构建一组截面图,程序将这组截面的顶点依次连接生成混合实体特征。

在菜单栏中选择【插入】|【混合】命令,可以创建混合实体、混合曲面、混合薄板等特征。当用户创建了混合特征与混合曲面后,菜单中的其余灰显命令变为可用。

在菜单栏中选择【插入】|【混合】|【伸出项】命令,弹出如图4-94所示的【混合选项】菜单管理器。

图 4-94 【混合选项】菜单管理器

下面解释相关菜单命令分别用来创建何种特征。

- 伸出项:创建实体特征。
- 薄板伸出项:创建薄壁的实体特征。
- 切口:创建减材料实体特征。
- 薄板切口:创建减材料的薄壁特征。
- 曲面:创建混合曲面特征。
- 曲面修剪:创建混合曲面来修剪其他实体或曲面。
- 薄曲面修剪:创建一定厚度的混合特征来修剪曲面。

根据建模时各截面之间相互位置的关系不同,将混合实体特征划分为3种类型,如图4-95所示。

- 平行:所有混合截面都相互平行,在一个截面草绘中绘制完成。
- 旋转:混合截面绕 Y 轴旋转,最大角度可达120°。每个截面都单独草绘,并用截面坐标系对齐。
- 常规:常规混合截面可以绕 X 轴、Y 轴和 Z 轴旋转,也可以沿这3个轴平移。每个截面都单独草绘,并用截面坐标系对齐。

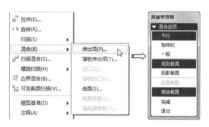

a. 平行混合   b. 旋转混合   c. 常规混合

图 4-95 3种类型的混合特征

1. 生成截面的方式

在【混合选项】菜单管理器中可以看见,生成截面的选项有以下两种:

- 规则截面:使用草绘平面获得混合的截面。
- 投影截面:使用选定曲面上的截面投影。该选项只用于平行混合。

> 提示:
> 需要说明的是,【投影截面】选项只有在用户创建平行混合特征时才可用。当创建旋转混合和常规混合特征时,此选项不可用,而用户只能创建【规则截面】。

如果以平行的方式混合,采用规则的截面并以草绘方式生成截面,即可出现如图4-96所示菜单上的当前选项,选择【完成】选项,打开【伸出项:混合,平行,规则截面】对话框和【属性】菜单管理器。

图 4-96 创建平行混合特征执行的命令

2. 指定截面属性

在如图 4-97 所示的【属性】子菜单上可以看到有两种截面过渡方式。

- 直：各混合截面之间采用直线连接。当前程序默认设置为【直的】选项。
- 光滑：各混合截面之间采用曲线光滑连接。

3. 设置草绘平面

完成属性设置后，再进行草绘平面的设置，选取标准基准平面中的一个平面作为草绘平面，在【方向】菜单中选取【正向】选项，在【草绘视图】菜单中选择【默认设置】选项，一般情况下使用默认设置方式放置草绘平面。依次选取的菜单命令如图 4-97 所示。

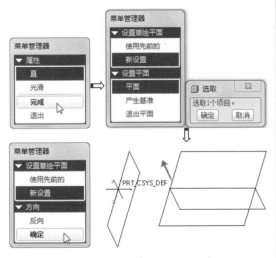

图 4-97 设置草绘平面的顺序

4.7.2 创建混合特征需要注意的事项

混合截面的绘制是创建混合特征的重要步骤，是混合特征创建成败的关键，有以下几点需要注意：

各截面的起点要一致，且箭头指示的方向也要相同（同为顺时针或逆时针）。

程序是依据起始点各箭头方向判断各截面上相应的点逼近的。若起始点的设置不同，得到的特征也会不同，比如使用如图 4-98 所示的混合截面上起始点的设置，得到一个扭曲的特征。

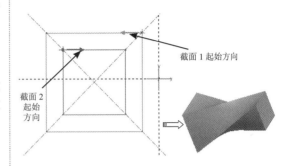

图 4-98 起始点设置不同导致扭曲

1. 各截面上图元数量要相同

有相同的顶点数，各截面才能找到对应逼近的点。如果截面是圆或者椭圆，需要将它分割，使它与其他截面的图元数相同，如图 4-99 所示，将图形中的圆分割为 4 段。

> **提示：**
> 单独的一个点可以作为混合的一个截面，可以把点看作具有任意图元数的几何体。但是单独的一个点不可以作为混合的中间截面，只能作为第一个或者是最后一个截面。

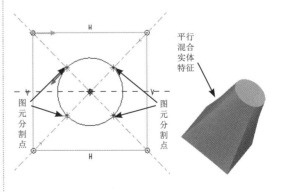

图 4-99 图元数相同

动手操练——利用【混合】命令创建苹果造型

本例将利用【混合】命令来设计一个苹果造型，如图 4-100 所示。

图 4-100　苹果造型

step 01　按 Ctrl+N 组合键弹出【新建】对话框。新建名称为 pingguo 的零件文件，并进入建模环境。

step 02　在菜单栏中选择【插入】|【混合】|【伸出项】命令，打开【混合选项】菜单管理器。然依次选择菜单管理器中的命令，进入草绘模式中，如图 4-101 所示。

step 03　进入草绘环境，绘制如图 4-102 所示的截面（由直线和样条曲线构成）。

step 04　退出草绘环境后，在【截面】选项卡单击【插入】按钮，并输入旋转角度 90°，然后单击【草绘】按钮进入草绘环境绘制第 2 个截面，如图 4-103 所示。

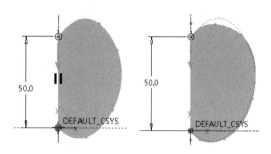

图 4-102　绘制第 1 个截面　图 4-103　绘制第 2 个截面

技巧点拨：

进入草绘模式后，首先要创建基准坐标系作为截面的参考。当然，在创建截面 2、截面 3 时也应在草绘模式中创建各自的基准坐标系。在绘制第 2 个截面时，直线一定要与第 1 个截面中的直线相等并重合。此外，在绘制第 2 个截面的样条曲线时，可参照虚线表示的截面 1 来绘制和编辑。当然，苹果的每个截面不应该是相等的，所以这里的旋转截面尽量不要一致，使创建的特征更具有真实性。

step 05　绘制完成两个截面后，程序会提示："继续下一截面吗？"单击【确定】按钮，并输入截面 3 的旋转角度 90°，再进入草绘环境，绘制如图 4-104 所示的第 3 个截面。

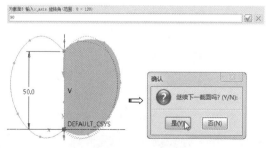

图 4-104　绘制截面 3

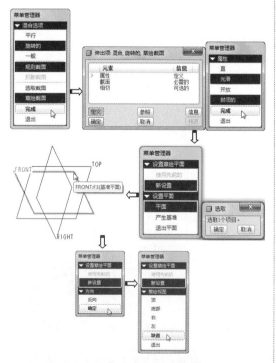

图 4-101　选择菜单命令进入草绘模式

技巧点拨：

在3个截面草图中，注意截面轮廓的起始方向要一致，否则会使混合特征扭曲。另外，每个截面中的旋转轴为默认统一的。

step 06 退出草绘环境。可以查看预览效果，如果有预览，说明截面正确，如果没有，需要更改截面。在【伸出项：混合，旋转的，草绘截面】对话框单击【确定】按钮完成旋转混合特征的创建，如图4-105所示。

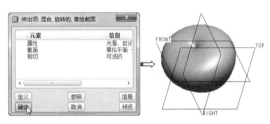

图 4-105　创建旋转混合

step 07 在菜单栏中选择【插入】|【扫描混合】命令，打开【扫描混合】操控板。利用【基准】工具栏的【草绘】命令，选择RIGHT基准平面作为草绘平面，如图4-106所示。

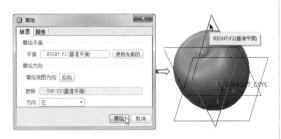

图 4-106　选择草绘平面

step 08 进入草绘环境后，绘制如图4-107所示的样条曲线，完成即退出草绘环境。

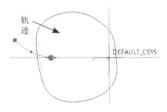

图 4-107　绘制扫描轨迹曲线

step 09 在操控板的【截面】选项卡中单击【草绘】按钮，进入草绘环境，绘制如图4-108所示的半径为5的截面草图。

图 4-108　绘制扫描截面草图

step 10 退出草图后在【截面】选项卡中单击【插入】按钮，再单击【草绘】按钮进入草绘环境，绘制第2个截面，此截面为半径2的小圆，如图4-109所示。

step 11 退出草绘环境后，单击操控板上的【应用】按钮，完成扫描混合特征的创建，结果如图4-110所示。

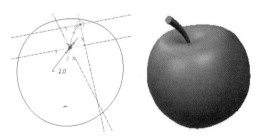

图 4-109　绘制第2个截面草图　　图 4-110　完成扫描混合特征的创建

step 12 至此，苹果的造型设计完成。最后将结果保存在工作目录中。

4.8　扫描混合

扫描混合特征同时具备扫描和混合两种特征。在建立扫描混合特征时，需要有一条轨迹线和多个特征剖面，这条轨迹线可以通过草绘曲线或选择相连的基准曲线或边来实现。

不难发现，扫描混合命令与扫描命令的

共同之处：都是扫描截面沿着扫描轨迹创建出扫描特征。它们的不同之处在于，扫描命令仅仅扫描一个截面，即扫描特征的每个横截面都是相等的。而扫描混合可以扫描多个不同形状的截面，如图4-111所示。

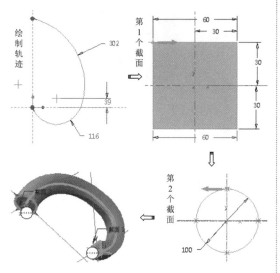

图4-111 扫描混合

4.8.1 【扫描混合】操控板

在【插入】菜单栏中选择【扫描混合】命令，弹出【扫描混合】操控板，如图4-112所示。

操控板中主要的按钮与其他操控板是相同的。操控板上有5个选项卡：参考、截面、相切、选项和属性。下面重点介绍【扫描混合】操控板中主要的4个选项卡。

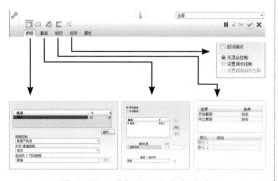

图4-112 【扫描混合】操控板

4.8.2 【参照】选项卡

1. 轨迹

打开【扫描混合】操控板时，默认情况下【参照】选项卡中【轨迹】收集器处于激活状态，用户可以选择已有的曲线或模型边作为扫描轨迹，也可以在【基准】工具栏中展开下拉菜单选择【草绘】命令来草绘轨迹。

单击【细节】按钮，弹出【链】对话框，如图4-113所示。通过此对话框来完成轨迹线链的添加。对话框中的【参照】选项卡用于链选取规则的确定：标准和基于规则。【选项】选项卡用来设置轨迹的长度、添加链或删除链，如图4-114所示。

图4-113 【链】对话框　图4-114 【选项】选项卡

2. 剖面控制

在【剖面控制】下拉列表框中包含3种方法：垂直于轨迹、垂直于投影和恒定法向。

- 垂直于投影：截面垂直于轨迹投影的平面，如图4-115所示。
- 恒定法向：选定一个参考平面，截面则穿过此平面，如图4-116所示。
- 垂直于轨迹：截面始终垂直于轨迹，如图4-117所示。

第 4 章　创建基础特征

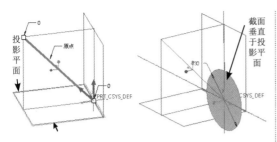

图 4-115　截面垂直于投影平面

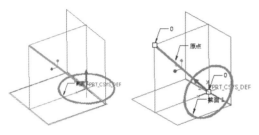

图 4-116　恒定法向　　图 4-117　垂直于轨迹

3．水平 / 垂直控制

此选项用于控制垂直或法向的方向参考，一般为默认，即自动选择与水平或竖直的平面参考。

4.8.3　【截面】选项卡

【截面】选项卡中有两种定义截面的方式：草绘截面和所选截面。要草绘截面，可以在【基准】工具栏选择【草绘】命令进入草绘环境绘制截面。

如果已经创建了曲线或者模型，选取曲线或模型边也可以作为截面来使用。要创建扫描混合的实体，截面必须是封闭的。如果创建扫描混合曲面或扫描薄壁特征，截面可以是开放的。

在【截面】选项卡中选择【草绘截面】单选按钮，然后激活【截面位置】收集器，并选择轨迹线的端点作为参照，此时【草绘】按钮才变为可用。单击【草绘】按钮并选择草绘平面，即可绘制截面，如图 4-118 所示。

扫描混合特征至少需要两个截面或更多截面。如果要绘制 3 个截面或更多，则需要在【基准】工具栏中通过利用【域】命令在轨迹上创建多个点。因此，添加截面位置参考点的工作必须在绘制截面之前完成。

> **技巧点拨：**
>
> 第 2 个截面及后面的截面，其截面图形的段数必须相等。也就是说，若第 1 个截面是矩形，自动分为 4 段，第 2 个截面是圆形，那么圆形必须用【分割】命令分割成 4 段（3 段或 5 段都不行），如图 4-119 所示。否则不能创建出扫描混合特征。
>
> 同理，若第 1 截面是圆形，第 2 截面是矩形或其他形状，则必须返回第 1 个截面中将圆形打断。

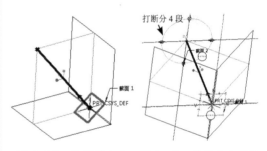

图 4-118　绘制第 1 个　　图 4-119　将第 2 个截面
　　　　　 截面　　　　　　　　　　 分段

要绘制第 2 个截面，在【截面】选项卡中单击【插入】按钮，再单击【草绘】按钮即可，如图 4-120 所示。再绘制截面亦如此。

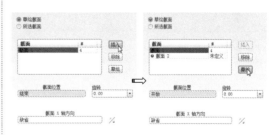

图 4-120　要绘制第 2 个截面所执行的命令

在实体造型工作中，时常用扫描混合工具来创建锥体特征，比例棱锥、圆锥或者圆台、棱台等。这就需要将第 2 个截面进行设定。

● 第 1 个截面为圆形，第 2 个截面为点，创建圆锥，如图4-121所示。
- 第1个截面为圆形，第2个截面也是圆形，则创建圆台，如图4-122所示。

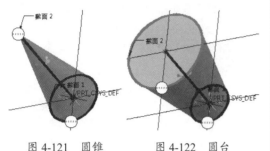

| 图4-121 圆锥 | 图4-122 圆台 |

技巧点拨：
对于同样是圆形的多个截面，无须打断分段。

- 第1个截面为多边形，第2个截面为点，创建多棱锥，如图4-123所示。
- 第1个截面为三角形（多边形），第2个截面也是三角形（多边形），则创建棱台，如图4-124所示。

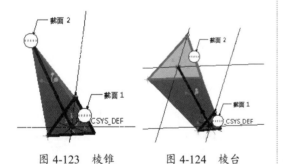

| 图4-123 棱锥 | 图4-124 棱台 |

绘制了截面后，可以在【截面】选项卡中选择截面来更改旋转角度，使扫描混合特征产生扭曲。

4.8.4 【相切】选项卡

仅当完成了扫描轨迹和扫描截面的绘制后，【相切】选项卡才被激活可用，主要用来控制截面与轨迹的相切状态，如图4-125所示。

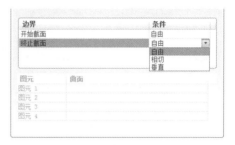

图4-125 【相切】选项卡

3种状态的含义如下：
- 自由：自由状态是随着截面的形状来控制的，是G连续状态。例如多个截面为相同，则轮廓形状一定是G1连续的，如图4-126所示。

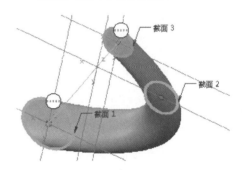

图4-126 截面自由状态

- 相切：仅当轨迹与截面之间的夹角较小时，才可以将截面与轨迹设置为相切。
- 垂直：选择此选项，截面与轨迹线垂直，可以从轮廓来判断。

4.8.5 【选项】选项卡

此选项卡用来控制截面的形态。选项卡中各选项含义如下：
- 封闭端点：选中此复选框，创建扫描混合曲面时将创建两端的封闭曲面。
- 无混合状态：表示扫描混合特征是随着截面的形状而改变的，不产生扭曲。
- 设置周长控制，通过在图形区中拖动截面曲线来改变周长，如图4-127所示。

第 4 章　创建基础特征

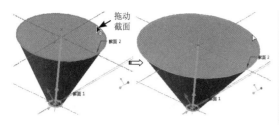

图 4-127　控制周长

- 设置横截面面积控制：此选项与【设置周长控制】类似，也是通过拖动截面来改变截面面积的。

4.9　综合实例——座椅设计

本节以一个工业产品——小座椅设计实例来详解实体建模与直接建模相结合的应用技巧。座椅设计造型如图 4-128 所示。

图 4-128　座椅渲染效果

操作步骤：

step 01　在主菜单栏中选择【文件】|【新建】命令，打开【新建】对话框，新建文件名称为 zuoyi，使用公制模板，然后进入三维建模环境。

step 02　首先创建坐垫。在【插入】菜单中依次选【扫描】|【伸出项】命令，程序弹出【扫描轨迹】菜单，选取【草绘轨迹】选项，程序弹出【设置草绘平面】菜单，选择 FRONT 标准基准平面作为草绘平面，在【方向】菜单中选取【确定】选项，以程序默认设置方式放置草绘平面。

step 03　在二维草绘模式中绘制草绘剖面，绘制完成后在随后弹出的【属性】菜单管理器中选择【添加内表面】命令，然后选择【完成】命令进入草绘模式，绘制扫描截面，如图 4-129 所示。

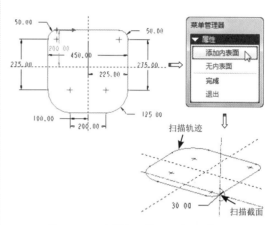

图 4-129　绘制扫描轨迹和扫描截面

step 04　当所有元素都定义后，单击【模型参数】对话框中的【应用】按钮结束坐垫的创建，如图 4-130 所示。

图 4-130　坐垫

step 05　在菜单栏中选择【插入】|【扫描】|【伸出项】命令，弹出【扫描轨迹】菜单。选取【草绘轨迹】选项，程序弹出【设置草绘平面】菜单，选择 RIGHT 标准基准平面为草绘平面，在【方向】菜单中选取【确定】命令，以程序默认设置方式放置草绘平面，绘制椅靠支架的扫描轨迹，如图 4-131 所示。

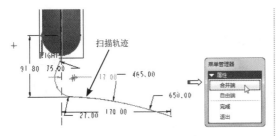

图 4-131 绘制开放的扫描轨迹

step 06 绘制封闭扫描截面，然后在对话框中单击【确定】按钮，完成椅靠支架的创建，如图 4-132 所示。

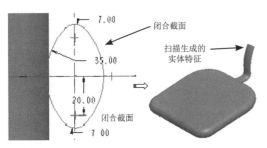

图 4-132 椅靠支架

step 07 单击【拉伸工具】按钮，在操控板上选取【放置】|【定义】选项，程序弹出【草绘】对话框，选取 RIGHT 标准基准平面为草绘平面，使用程序默认设置参照和方向设置，单击【草绘】按钮进入二维草绘模式，绘制座椅靠背剖面，如图 4-133 所示。

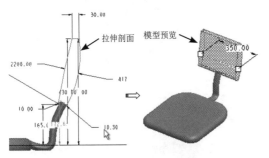

图 4-133 椅靠剖面绘制

step 08 在操控板的【深度设置】工具栏中单击【两侧拉伸】按钮，输入拉伸值 350，预览无误后单击【应用】按钮，结束椅靠

的创建，并对靠背棱角进行倒角，倒角值为 100，如图 4-134 所示。

图 4-134 椅靠

step 09 在【插入】菜单中依次选取【扫描】|【伸出项】命令，程序弹出【扫描轨迹】菜单，选取【草绘轨迹】选项，程序弹出【设置草绘平面】菜单，选择 RIGHT 标准基准平面为草绘平面，在【方向】菜单中选取【正向】命令，以程序默认设置方式放置草绘平面，进入二维草绘模式，绘制如图 4-135 所示的扫描轨迹。

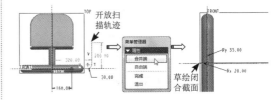

图 4-135 绘制座椅扶手扫描截面

step 10 预览无误后，单击【应用】按钮，结束座椅扶手部分构件的创建，如图 4-136 所示。

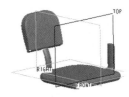

图 4-136 创建的扶手部分构件

step 11 单击工具栏中的【基准平面】按钮，弹出【草绘平面】对话框，在绘图区中直接选取 RIGHT 为新基准平面的参照，并偏移 320。在【草绘平面】对话框中单击【确定】完成新基准平面的创建，如图 4-137 所示。

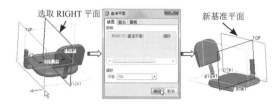

图 4-137 新建基准平面 DTM1

step 12 在菜单栏中选择【插入】|【扫描】|【伸出项】命令，程序弹出【扫描轨迹】菜单，选取【草绘轨迹】选项，程序弹出【设置草绘平面】菜单，选择新建基准平面 DTM1 为草绘平面，在【方向】菜单中选取【确定】选项，以程序默认设置方式放置草绘平面，绘制如图 4-138 所示的扫描轨迹和扫描截面。

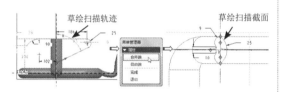

图 4-138 绘制的扫描轨迹和扫描截面

step 13 预览无误后，单击【确定】按钮，结束座椅左边扶手的创建，如图 4-139 所示。

图 4-139 创建左边扶手

step 14 镜像复制特征，在绘图区中选取整个左边扶手构件，然后在【编辑】菜单中选取【镜像】命令，程序提示要选取镜像参照平面，选取 RIGHT 作为镜像平面，单击【应用】按钮，完成实体特征的镜像创建，如图 4-140 所示。

step 15 运用旋转特征命令来创建座椅的底座。单击【旋转】按钮，在操控板上选择【放置】|【定义】选项，程序弹出【草绘】对话框，选取 RIGHT 标准基准平面作为草绘平面，使用程序默认设置，单击【草绘】按钮进入草绘模式，绘制如图 4-141 所示的旋转剖面。完成后退出草绘模式，在操控板上设置旋转角度为 360°，预览无误后单击【应用】按钮，完成最后的设计操作。

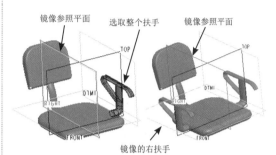

图 4-140 镜像右边扶手

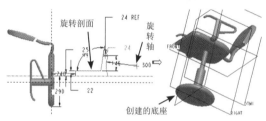

图 4-141 座椅底座

step 16 座椅的最终设计完成，如图 4-142 所示。

图 4-142 座椅渲染效果

4.10 课后习题

1. 习题一

通过多个扫描与混合命令，创建如图 4-143 所示的模型。

读者将熟悉如下内容：

（1）创建可变截面扫描特征。

（2）创建扫描特征。

（3）创建基准平面和基准轴。

（4）草绘的操作。

（5）关系的运用。

（6）阵列、镜像、偏移、实体化、合并、壳和倒圆角的操作。

（7）混合特征的创建。

2．习题二

利用混合特征绘制如图 4-144 所示的五角星模型。

读者将熟悉如下内容：

（1）创建混合特征。

（2）创建基准平面和基准轴。

（3）草绘的操作。

（4）混合特征的创建。

图 4-143　范例图

图 4-144　范例图

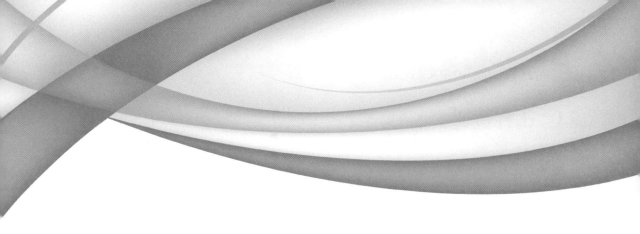

第 5 章
创建工程特征

本章内容

工程特征是 Pro/E 帮助用户建立复杂零件模型的高级工具。常见的工程特征、构造特征及折弯特征统称为高级特征。高级特征常用来进行零件结构设计和产品造型。

知识要点

- ☑ 工程特征
- ☑ 折弯特征

5.1 工程特征

Pro/E 的工程特征主要是基于父特征创建的实体造型。例如孔、筋、拔模、抽壳圆角及倒角等。

5.1.1 孔特征

利用"孔"工具可向模型中添加简单孔、自定义孔和工业标准孔。Pro/E 孔工具可以通过定义放置参考、设置偏移参考及定义孔的具体特性来添加孔。

单击右工具栏中的【孔】按钮 ，打开【孔】操控板，操控板中各图标如图 5-1 所示。

图 5-1 【孔】特征操控板

在【孔】操控板中常用选项功能如下：

- 按钮：创建简单孔。
- 按钮：创建标准孔。
- 按钮：定义标准孔轮廓。
- 按钮：创建草绘孔。
- `140.0` 下拉列表框：显示或修改孔的直径尺寸。
- 按钮：选择孔的深度定义形式。
- `295.8` 下拉列表框：显示或修改孔的深度尺寸。

1. 孔的放置方法

【放置】选项卡用来设置孔的放置方法、类型，以及放置参考等选项，如图 5-2 所示。

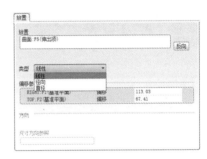

图 5-2 【放置】选项卡

孔放置类型有 6 种，分别是同轴、线性、线性参考轴、径向、直径、在点上。

选择放置参考后，可定义孔放置类型。孔放置类型允许定义孔放置的方式。如表 5-1 所示，列出了 5 种孔的放置方法。

表 5-1 孔的放置类型

孔放置类型	说明	示例	
线性	使用两个线性尺寸在曲面上放置孔。如果选择平面、圆柱体或圆锥实体曲面，或是基准平面作为主放置参考，可使用此类型。如果选择曲面或基准平面作为主放置参考，Pro/E 默认选择此类型		
线性参考轴	通过参考基准轴或位于同一曲面上的另一个孔的轴来放置孔。轴应垂直于新创建的孔的主放置参考		1 正交尺寸 2 新创建的孔 3 选择作为次参考的轴

续表

孔放置类型	说明	示例
径向	使用一个线性尺寸和一个角度尺寸放置孔。如果选择平面、圆柱体或圆锥实体曲面，或是基准平面作为主放置参考，可使用此类型	
直径	通过绕直径参考旋转孔来放置孔。此放置类型除了使用线性和角度尺寸之外还将使用轴。如果选择平面实体曲面或基准平面作为主放置参考，可使用此类型	
同轴	将孔放置在轴与曲面的交点处。注意，曲面必须与轴垂直。此放置类型使用线性和轴参考。如果选择曲面、基准平面或轴作为主放置参考，可使用此类型	
在点上	将孔与位于曲面上的或偏移曲面的基准点对齐。此放置类型只有在选择基准点作为主放置参考时才可用。如果主放置参考是一个基准点，则仅可用该放置类型	

> 技巧点拨：
>
> 因所选的放置参考不同，会显示不同的放置类型。

2. 孔的放置参考

在设计中放置孔特征要求选择放置参考来放置孔，并选择偏移参考来约束孔相对于选定参考的位置。【放置】选项卡中有两种参考：放置参考和偏移参考。

方法一：放置参考

利用放置参考，可在模型上放置孔。可通过在孔预览几何中拖动来放置控制滑块，或将控制滑块捕捉到某个参考上来重定位孔。也可单击控制滑块，然后选择主放置参考，孔预览几何便会进行重定位，如图5-3所示。

图5-3 拖动控制滑块重定位孔

单击【反向】按钮，可改变孔的放置方向。放置参考也是孔放置的主参考，而偏移参考是次参考。

方法二：偏移参考

偏移参考可利用附加参考来约束孔相对于选定的边、基准平面、轴、点或曲面的位置。可通过将次放置控制滑块捕捉到参考来定义偏移参考，如图5-4所示。

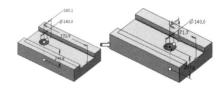

图5-4 拖动次参考的控制滑块来定义偏移参考

> 技巧点拨：
>
> 不能选择与放置参考垂直的边作为偏移参考。偏移参考必须是两个，可以是曲线、边、基准平面或者模型的边。

3. 孔的形状设置方法

在【形状】选项卡中可以设置孔的形状

参数，如图 5-5 所示。单击该选项卡中的孔深度文本框，即可从打开的深度下拉列表中的 6 个选项中选取所需选项（如图 5-6 所示），进行孔深度、直径及锥角等参数的设置，从而确定孔的形状。

图 5-6　6 个孔深度选项

这 6 个选项与拉伸特征的深度选项是相同的。孔也是拉伸特征的一种特例，是移除材料的拉伸特征。

4．孔类型

在 Pro/E 中可创建的孔的类型有简单孔、草绘孔和标准孔，如表 5-2 所示。

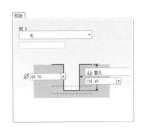

图 5-5　【形状】选项卡

表 5-2　孔类型

简单孔	草绘孔	标准孔
由带矩形剖面的旋转切口组成。可使用预定义矩形或标准孔轮廓作为孔轮廓，也可以为创建的孔指定埋头孔、扩孔和角度	使用草绘器创建不规则截面的孔	创建符合工业标准的螺纹孔。对于标准孔，会自动创建螺纹注释

> **技巧点拨：**
> 在草绘孔时，旋转轴只能是基准中心线，不能是草图曲线中的中心线，否则不能创建孔特征。

5.1.2　壳特征

壳特征就是将实体内部掏空，变成指定壁厚的壳体，主要用于塑料和铸造零件的设计。单击右工具栏中的【壳】按钮 ，打开【壳】操控板，如图 5-7 所示。

图 5-7　【壳】特征操控板

1．选择实体上要移除的表面

在模型上选取要移除的曲面，当要选取多个移除曲面时需按住 Ctrl 键。选取的曲面将显示在操控板的【参照】选项卡中。

当要改变某个移除面侧的壳厚度时，可以在【非默认厚度】收集器中选取该移除面，然后修改厚度值，如图 5-8 所示。

> **技巧点拨：**
> 要改变某移除面的厚度，也可以选择右键快捷菜单中的【非默认厚度】命令。在模型上选择该曲面，如图 5-9 所示。曲面上会出现一个控制厚度的图柄和表示厚度的尺寸数值，双击图形上的尺寸数值，更改其厚度值即可。

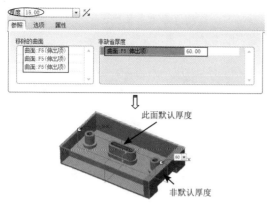

图 5-8 选取要移除的曲面

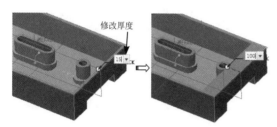

图 5-9 选择右键快捷菜单中的命令来修改壳厚度

2. 其他设置方法

在【壳】操控板中还可以将厚度侧设为反向,也就是将壳的厚度加在模型的外侧。方法是将厚度数值设为负数,或者单击操控板上的【更改厚度方向】按钮 。

如图 5-10 所示,深色线为实体的外轮廓线,左图为薄壳的生成侧在内侧,右图为薄壳的生成侧在外侧。

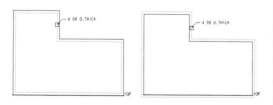

图 5-10 不同的薄壳生成侧

创建薄壳特征过程中的注意事项:
- 当模型上某处的材料厚度小于指定的壳体厚度时,薄壳特征不能建立。
- 建立壳特征时选取要移除的曲面不可以与邻接的曲面相切。
- 建立壳特征时选取要移除的曲面不可以有一个顶点是由 3 个曲面相交所形成的交点。
- 若实体有一个顶点是由 4 个以上的实体表面所形成的交点,壳特征可能无法建立,因为 4 个相交于一点的曲面在偏距后不一定会再相交于一点。
- 所有相切的曲面都必须有相同的厚度值。

5.1.3 筋特征

筋在零件中起到增加刚度的作用。在 Pro/E 中可以创建两种形式的筋特征:直筋和旋转筋,当相邻的两个面均为平面时,生成的筋称为直筋,即筋的表面是一个平面;相邻的两个面中有一个为回转面时,草绘筋的平面必须通过回转面的中心轴,生成的筋为旋转筋,其表面为回转面。

筋特征从草绘平面的两个方向上进行拉伸,筋特征的截面草图不封闭,筋的截面只是一条链,而且链的两端必须与接触面对齐。直筋特征草绘只要线端点连接到曲面上,形成一个要填充的区域即可;而对旋转筋,必须在通过旋转曲面的旋转轴的平面上创建草绘,并且其线端点必须连接到曲面,以形成一个要填充的区域。

Pro/E 提供了两种筋的创建工具:轨迹筋和轮廓筋。

1. 轨迹筋

轨迹筋是沿着草绘轨迹,并且可以创建拔模、圆角的实体特征。单击右工具栏中的【轨迹筋】按钮 ,打开【轨迹筋】特征操控板,如图 5-11 所示。

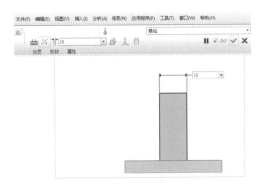

图 5-11 【轨迹筋】操控板

操控板上各选项的作用如下：

- 添加拔模 ：单击此按钮，可以创建带有拔模角度的筋。拔模角度可以在图形区中通过单击尺寸进行修改，如图 5-12a 所示。
- 在内部边上添加倒圆角 ：单击此按钮，在筋与实体相交的边上创建圆角。圆角半径可以在图形区中通过单击尺寸进行修改，如图 5-12b 所示。
- 在暴露边上添加倒圆角 ：单击此按钮，在轨迹线上添加圆角。如图 5-12c 所示。
- 【参照】选项卡：用于指定筋的放置平面，并进入草绘环境进行截面绘制。
- 按钮：改变筋特征的生成方向，可以更改筋的两侧面相对于放置平面之间的厚度。在指定筋的厚度后，连续单击 按钮，可在对称、正向和反向3 种厚度效果之间切换。
- 文本框：设置筋特征的厚度。
- 【属性】选项卡：在【属性】上滑菜单栏中，可以通过单击按钮 预览筋特征的草绘平面、参照、厚度及方向等参数信息，并且能够对筋特征进行重命名。

技巧点拨：

有效的筋特征草绘必须满足如下规则：单一的开放环；连续的非相交草绘图元；草绘端点必须与形成封闭区域的连接曲面对齐。

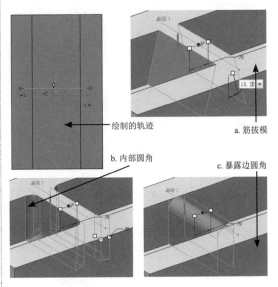

图 5-12 筋的附加特征

2. 轮廓筋

轮廓筋与轨迹筋不同的是：轮廓筋是通过草绘筋的形状轮廓来创建的；轨迹筋则是通过草绘轨迹来创建的扫描筋。

单击右工具栏中的【轮廓筋】特征按钮 ，打开【轮廓筋】特征操控板，如图 5-13 所示。

图 5-13 【轮廓筋】操控板

定义筋特征时，可在打开筋工具栏后草绘筋，也可在打开筋工具栏之前预先草绘筋。在任一情况下，参考收集器一次将只接受一个有效的筋草绘。

有效的筋特征草绘必须满足以下标准：

- 单一的开放环。
- 连续的非相交草绘图元。
- 草绘端点必须与形成封闭区域的连接曲面对齐。

虽然对于直的筋特征和旋转筋特征而言操作步骤都是一样的，但是每种筋类型都具有特殊的草绘要求。如表 5-3 所示列出了直的筋与旋转筋的草绘要求。

表 5-3 直的筋与旋转筋的草绘要求

筋类型	直的	旋转
草绘要求	可以在任意点上创建草绘，只要其线端点连接到曲面，从而形成一个要填充的区域	必须在通过旋转曲面的旋转轴的平面上创建草绘。其线端点必须连接到曲面，从而形成一个要填充的区域
有效草绘实例		

技巧点拨：

无论创建内部草绘，还是用外部草绘生成筋特征，用户均可轻松地修改筋特征草绘，因为它在筋特征的内部。对原始种子草绘所做的任何修改（包括删除）都不会影响到筋特征，因为草绘的独立副本被存储在特征中。为了修改筋草绘几何，必须修改内部草绘特征，在"模型树"中，它是筋特征的一个子节点。

5.1.4 拔模特征

在塑料拉伸件、金属铸造件和锻造件中，为了便于加工脱模，通常会在成品与模具型腔之间引入一定的倾斜角，称为"拔模角"。

拔模特征就是为了解决此类问题，在单独曲面或一系列曲面中添加一个 -30°～30°之间的拔模角度。可以选择的拔模曲面有平面或圆柱面，并且当曲面为圆柱面或平面时，才能进行拔模操作。曲面边的边界周围有圆角时不能拔模，但可以先拔模，再对边进行圆角操作。

Pro/E 中拔模特征有 4 种创建方法：基本拔模、可变拔模、可变拖拉方向拔模和分割拔模。

1. 基本拔模

基本拔模就是创建一般的拔模特征。

在右工具栏中单击【拔模】按钮，打开【拔模】操控板，如图 5-14 所示。

图 5-14 【拔模】操控板

要使用拔模特征，需先了解拔模的几个术语。如图 5-15 所示为拔模术语的图解表达。图中所涉及的拔模概念解释如下：

- 拔模曲面：要拔模的模型的曲面。可以拔模的曲面有平面和圆柱面。
- 拔模枢轴：曲面围绕其旋转的拔模曲面上的线或曲线（也称作中立曲线）。可通过选取平面（在此情况下拔模曲面围绕它们与此平面的交线旋转）或选取拔模曲面上的单个曲线链来定义拔模枢轴。
- 拖拉方向（拔模方向）：用于测量拔模角度的方向。通常为模具开模的方向。可通过选取平面（在这种情况下拖动方向垂直于此平面）、直边、基准轴或坐标系的轴来定义它。

- 拔模角度：拔模方向与生成的拔模曲面之间的角度。如果拔模曲面被分割，则可为拔模曲面的每侧定义两个独立的角度。拔模角度必须在-30°～30°范围内。

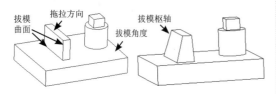

图 5-15 拔模特征的图解

下面介绍两种基本拔模的特殊处理方法。

方法一：排除曲面环

如图 5-16 所示的模型，其所选的拔模面其实是单个曲面，非两个曲面组合。因为它们是由一个拉伸切口得到的。但此处仅拔模其中一个凸起的面，那么就需要在【拔模】操控板的【选项】选项卡中激活排除面的收集器，并选择要排除的面，如图 5-17 所示。

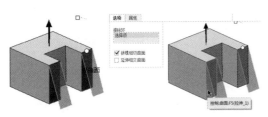

图 5-16 要拔模　　图 5-17 选择要排除的曲面
　　　的面

选择要排除的面后，只能对其中一个面进行拔模，如图 5-18 所示。

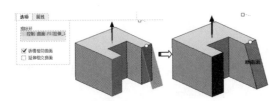

图 5-18 拔模单个曲面

> **技巧点拨**：
> 按 Ctrl 键连续选择的多个曲面是不能使用"排除曲面环"方法的。因为程序只能识别单个曲面中的环。

方法二：延伸相交曲面

当要拔模的曲面拔模后与相邻的曲面产生错位时，可以使用【选项】选项卡中的【延伸相交曲面】复选框，使之与模型的相邻曲面相接触。

如图 5-19 所示，需要对图中的圆形凸台进行拔模。但未使用【延伸相交曲面】选项进行拔模。

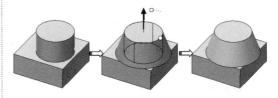

图 5-19 未使用【延伸相交曲面】选项的拔模

如果使用了【延伸相交曲面】选项进行拔模，其结果如图 5-20 所示。

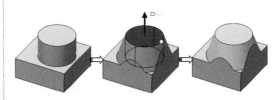

图 5-20 使用【延伸相交曲面】选项的拔模

如图 5-21 所示为对图中的矩形实体进行拔模的情况。包括未使用和使用【延伸相交曲面】选项的两种情形。

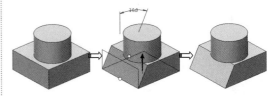

情形一：未使用【延伸相交曲面】选项

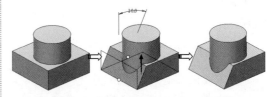

情形二：使用【延伸相交曲面】选项

图 5-21 延伸至相交曲面的另一情形

2. 可变拔模

上面介绍的基本拔模属于恒定角度的拔模。但在"可变"拔模中，可沿拔模曲面将可变拔模角应用于各控制点：

- 如果拔模枢轴是曲线，则角度控制点位于拔模枢轴上。
- 如果拔模枢轴是平面或面组，则角度控制点位于拔模曲面的轮廓上。

可变拔模的关键在于角度的控制。例如，当选择了拔模曲面、拔模枢轴及拖拉方向后，通过在【拔模】操控板的【角度】选项卡中添加角度来控制拔模的可变性。如图 5-22 所示为恒定拔模与可变拔模的范例。

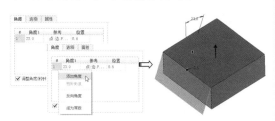

未添加角度的恒定拔模

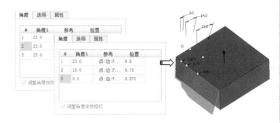

添加角度的可变拔模

图 5-22 恒定拔模与可变拔模

> **技巧点拨：**
>
> 可以按住 Ctrl 键然后拖动拔模的圆形滑块，将控制点移动至所需位置，如图 5-23 所示。

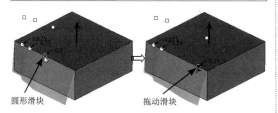

图 5-23 拖动圆形滑块改变控制点

3. 可变拖拉方向拔模

可变拖拉方向拔模与基本拔模、可变拔模所不同的是，拔模曲面不再仅仅是平面，曲面同样可以拔模。此外，拔模曲面无须再选择，而是定义拔模曲面的边——也是拔模枢轴（拔模枢轴是拔模曲面的固定边）。

在菜单栏中选择【插入】|【高级】|【可变拖拉方向拔模】命令，打开【可变拖拉方向拔模】操控板，如图 5-24 所示。

图 5-24 【可变拖拉方向拔模】操控板

下面用一个零件的拔模来说明可变拖拉方向拔模的用法。

方法一：拔模枢轴的选取

可变拖拉方向拔模的拖拉方向参考曲面，此曲面也是拖拉方向（有时也叫拔模方向）的参考曲面。如图 5-25 所示为选择的拖拉方向参考曲面。

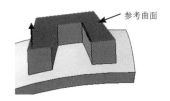

图 5-25 选择拖拉方向参考曲面

激活拔模枢轴的收集器，然后为拔模选取拔模枢轴（即拔模曲面上固定不变的边），如图 5-26 所示。

> **技巧点拨：**
>
> 选取拔模枢轴时，可以按住 Ctrl 键连续选取多个枢轴。当然，也可以在远离拖拉方向参考曲面的单独位置设置拔模枢轴。

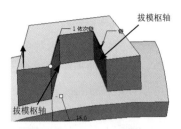

图 5-26　选择拔模枢轴

拔模枢轴选择后,可以看见拔模的预览,拖动圆形控制滑块可以手动改变拔模的角度,如果需要精确控制拔模角度,如图 5-27 所示,需要在【参照】选项卡最下面的选项区域中设置角度。

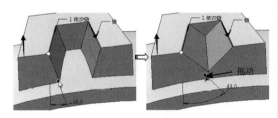

图 5-27　简化表示对象

方法二：使拔模角度成为变量

默认情况下拔模角度是恒定的,可以选择右键快捷菜单中的【成为变量】命令,将拔模角度设为可变。如图 5-28 所示,设为变量后,可以在【参照】选项卡最下方编辑每个控制点的角度,也可以手动拖动方形滑块来改变拔模角度。

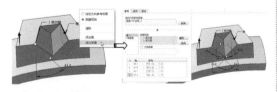

图 5-28　使拔模角成为变量

技巧点拨：

要恢复为恒定拔模,可单击鼠标右键并选取快捷菜单上的【成为常数】命令,将删除第一个拔模角以外的所有拔模角。

方法三：创建分割拔模

分割拔模不仅在这里可以操作,其他类型的拔模方式也可以创建分割拔模特征。当选择了拖拉方向参考曲面和拔模枢轴后,在【参照】选项卡选中【分割曲面】复选框,然后选择分割曲面,此曲面可以是平面、基准平面、曲面,如图 5-29 所示。

如果将图形放大,即可看见预览中有两个拔模控制滑块,其中一个控制滑块是控制整体拔模角度的,另一个滑块是控制被曲面分割后的拔模角度的,如图 5-30 所示。通过调整两个拔模控制滑块的位置,可以任意改变拔模角度。

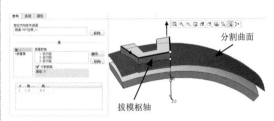

图 5-29　选择分割曲面

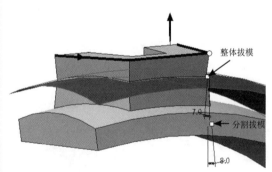

图 5-30　分割曲面后的拔模控制滑块

5.1.5　倒圆角

圆角特征是在一条或多条边、边链或在曲面之间添加半径创建的特征。机械零件中圆角用来完成表面之间的过渡,增加零件强度。

单击右工具栏中的【倒圆角】按钮,打开【倒圆角】操控板,如图 5-31 所示。

图 5-31　【倒圆角】操控板

1. 倒圆角类型

使用倒圆角命令可以创建以下类型的倒圆角：

- 恒定：一条边上倒圆角的半径数值为恒定常数，如图 5-32 所示。
- 可变：一条边的倒圆角半径是变化的，如图 5-33 所示。

图 5-32　恒定倒圆角　　图 5-33　可变倒圆角

- 曲线驱动倒圆角：由基准曲线来驱动倒圆角的半径，如图 5-34 所示。

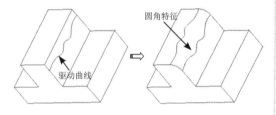

图 5-34　曲线驱动的倒圆角

2. 倒圆角参照的选取方法

方法一：边或者边链的选取

直接选取倒圆角放置的边或者边链（相切边组成链）。可以按住 Ctrl 键一次性选取多条边，如图 5-35 所示。

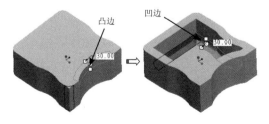

图 5-35　选取边单个边

> **技巧点拨：**
> 如果有多条边相切，在选取其中一条边时，与之相切的边链会同时被全部选中，进行倒圆角，如图 5-36 所示。

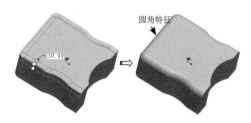

图 5-36　相切边链同时被选取

方法二：曲面到边

按住 Ctrl 键依次选取一个曲面和一条边来放置倒圆角，创建的倒圆角通过指定的边与所选曲面相切，如图 5-37 所示。

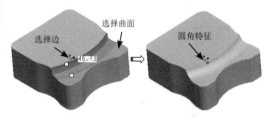

图 5-37　曲面到边的倒圆角

方法三：两个曲面

按住 Ctrl 键依次选取两个曲面来确定倒圆角的放置，创建的倒圆角与所选取的两个曲面相切，如图 5-38 所示。

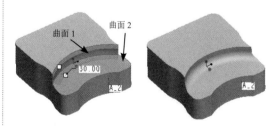

图 5-38　两个曲面的倒圆角放置参照

3. 自动倒圆角

自动倒圆角工具是针对图形区中所有实

体或曲面进行自动倒圆角的工具。当需要对模型统一的尺寸倒圆角时，此工具可以快速地创建圆角特征。在菜单栏中选择【插入】|【自动倒圆角】命令，打开【自动倒圆角】操控板。如图 5-39 所示。

图 5-39　【自动倒圆角】操控板

如图 5-40 所示为对模型中所有凹边进行倒圆角的范例。

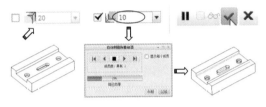

图 5-40　自动倒圆角的操作过程

5.1.6　倒角

倒角是处理模型周围棱角的方法之一，操作方法与倒圆角基本相同。Pro/E 提供了边倒角和拐角倒角两种倒角类型：边倒角沿着所选择边创建斜面；拐角倒角在 3 条边的交点处创建斜面。

1. 边倒角

单击右工具栏中的【倒角】按钮，打开【边倒角】操控板，如图 5-41 所示。

图 5-41　【边倒角】特征操控

其中【$D \times D$】是在各曲面上与参照边相距 D 处创建倒角，用户只需确定参照边和 D 值即可，系统默认选取此选项；【$D1 \times D2$】是在一个曲面距参照边 $D1$、在另一个曲面距参照边 $D2$ 处创建倒角，用户需要分别确定参照边和 $D1$、$D2$ 的数值；【角度 $\times D$】创建倒角距相邻曲面的参照边距离为 D，且与该曲面的夹角为指定角度，用户需要分别指定参照边、D 值和夹角数值；【$45 \times D$】：创建倒角与两个曲面都成 $45°$ 角，且与各曲面上的边的距离为 D，用户需要指定参照边和 D 值。如图 9-42 所示。

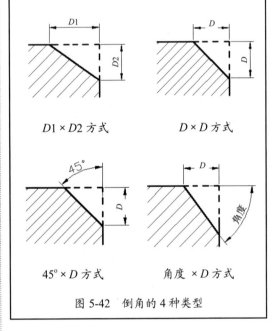

图 5-42　倒角的 4 种类型

【边倒角】操控板中各选项的作用及操作方法介绍如下：

- 按钮：激活【集】模式，可用来处理倒角集，Pro/E 默认选取此选项。
- 按钮：打开圆角过渡模式。
- 【集】选项卡、【段】选项卡、【过度】菜单及【属性】选项卡内容及使用方法与建立圆角特征的内容相同。

在 Pro/E 中可以创建不同的倒角，能创建的倒角类型取决于选择的放置参考类型。如表 5-4 所示说明了倒角类型和使用的放置参考。

表 5-4 倒角类型和使用的放置参考

参考类型	定义	示例		倒角类型
边或边链	边倒角从选定边移除平整部分的材料，以在共有该选定边的两个原曲面之间创建斜角曲面 注意：倒角沿着相切的邻边进行传播，直至在切线中遇到断点。但是，如果使用"依次"链，则倒角不沿着相切的邻边进行传播	两个边		边倒角
		边链		
一个曲面和一个边	通过先选择曲面，然后选择边的方式来放置倒角 该倒角与曲面保持相切，边参考不保持相切	曲面和边		曲面到边的倒角
两个曲面	通过选择两个曲面来放置倒角 倒角的边与参考曲面仍保持相切	两个曲面		曲面到曲面的倒角
一个顶点参考和 3 个沿 3 条边定义顶点的距离值	拐角倒角从零件的拐角处移除材料，以在共有该拐角的 3 个原曲面间创建斜角曲面	三条边		拐角倒角

动手操练——电机座设计

电机座用来固定定子铁心与前后端盖以支撑转子，并起防护、散热等作用。机座通常为铸铁件，大型异步电动机机座一般用钢板焊成，微型电动机的机座采用铸铝件。封闭式电机的机座外面有散热筋以增加散热面积，防护式电机的机座两端端盖开有通风孔，使电动机内外的空气可直接对流，以利于散热。

设计完成的电机座如图 5-43 所示。

图 5-43 电机座图

step 01 创建一个名称为 dianjizuo 的零件文件，并选择 mmns_part_solid 公制模板进入零件设计环境。

step 02 在右工具栏中单击【拉伸】按钮,弹出【拉伸】操控板,选择 FRONT 基准面作为草绘平面,创建"拉伸1",如图 5-44 所示。

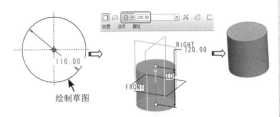

图 5-44 创建"拉伸1"

step 03 在右工具栏中单击【旋转】按钮,弹出【旋转】操控板,选择 TOP 基准面作为草绘平面,创建"旋转1",如图 5-45 所示。

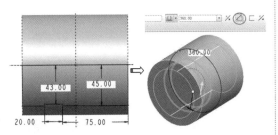

图 5-45 创建"旋转1"

step 04 单击【拉伸】按钮,弹出【拉伸】操控板,在"拉伸1"上选择一个面作为草绘平面,创建"拉伸2",如图 5-46 所示。

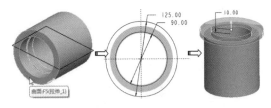

图 5-46 创建"拉伸2"

step 05 在模型树中选择"拉伸2",在功【模型】选项卡的【编辑】菜单栏中单击【镜像】按钮,创建"镜像1",如图 5-47 所示。

step 06 单击【拉伸】按钮,弹出【拉伸】操控板,选择 FRONT 基准面作为草绘平面,创建"拉伸3",如图 5-48 所示。

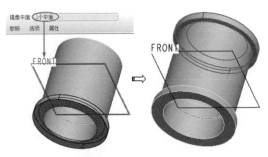

图 5-47 创建"镜像1"

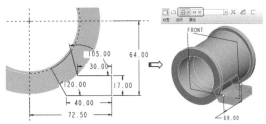

图 5-48 创建"拉伸3"

step 07 在模型树内选择"拉伸3",在【模型】选项卡的【编辑】菜单栏中单击【镜像】按钮,创建"镜像2",如图 5-49 所示。

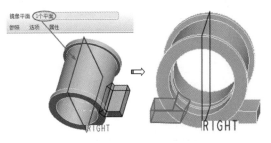

图 5-49 创建"镜像2"

step 08 单击【平面】按钮,弹出【基准平面】对话框,创建 DTM1 平面,如图 5-50 所示。

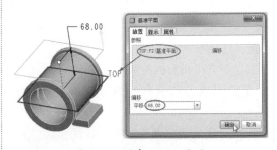

图 5-50 创建 DTM1 平面

step 09 单击【拉伸】按钮，弹出【拉伸】操控板，选择"DTM1"基准面作为草绘平面，创建"拉伸4"，如图5-51所示。

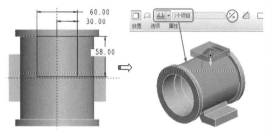

图 5-51 创建"拉伸4"

step 10 单击【拉伸】按钮，弹出【拉伸】操控板，选择"DTM1"基准面作为草绘平面，创建"拉伸5"，如图5-52所示。

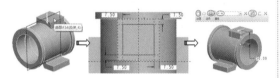

图 5-52 创建"拉伸5"

step 11 单击【边倒角】按钮，创建"倒角1"，其操作过程如图5-53所示。

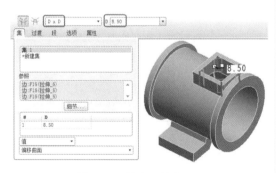

图 5-53 创建"倒角1"

step 12 单击【孔】按钮，弹出【孔】操控板，创建"孔1"，如图5-54所示。

step 13 在模型树内选择"孔1"，在【模型】选项卡的【编辑】菜单栏中单击【镜像】按钮，创建"镜像3"，如图5-55所示。

step 14 在模型树内选择"孔1"和"镜像3"，单击鼠标右键，弹出快捷菜单，在快捷菜单中选择【组】命令，创建组，其操作过程如图5-56所示。

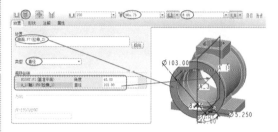

图 5-54 创建"孔1"

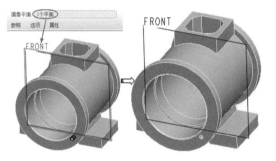

图 5-55 创建"镜像3"

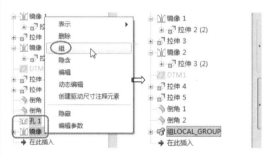

图 5-56 创建组

step 15 在【模型树】内选中新建的组，在功能区【模型】选项卡的【编辑】菜单栏中单击【阵列】按钮，创建"阵列1"，其操作过程如图5-57所示。

step 16 单击【孔】按钮，弹出【孔】操控板，创建"孔8"，如图5-58所示。

step 17 在模型树内选中"孔8"，单击【阵列】按钮，创建"阵列2"，其操作过程如图5-59所示。

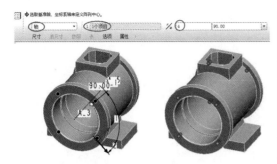

图 5-57 创建"阵列 1"

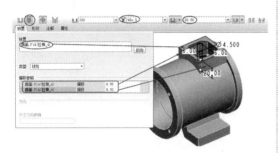

图 5-58 创建"孔 8"

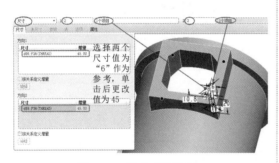

图 5-59 创建"阵列 2"

step 18 单击【孔】按钮,弹出【孔】操控板,创建"孔 9",如图 5-60 所示。

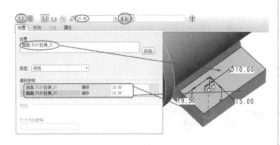

图 5-60 创建"孔 9"

step 19 在模型树内选中"孔 9",单击【阵列】按钮,创建"阵列 3",其操作过程如图 5-61 所示。

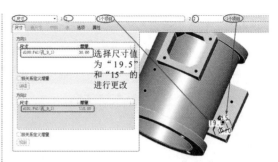

图 5-61 创建"阵列 3"

step 20 单击【圆角】按钮,创建"圆角 1",其操作过程如图 5-62 所示。

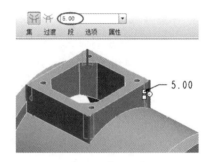

图 5-62 创建"圆角 1"

step 21 单击【圆角】按钮,创建"圆角 2",其操作过程如图 5-63 所示。

图 5-63 创建"圆角 2"

step 22 单击【边倒角】按钮,创建"倒角 1",其操作过程如图 5-64 所示。

step 23 至此,整个电机座的设计即完成,单击【保存】按钮,将其保存,其最终效果如图 5-65 所示。

第 5 章 创建工程特征

图 5-64 创建"倒角 1"　　图 5-65 电机座的效果图

5.2 折弯特征

所谓"折弯",就是将实体按指定的形状（草绘截面或轨迹）进行变换,得到新的折弯实体。Pro/E 的折弯特征命令包括环形折弯和骨架折弯。

5.2.1 环形折弯

环形折弯操作是将实体、曲面或基准曲线在 0.001°～360°范围内折弯成环形,可以使用此功能从平整几何创建汽车轮胎、瓶子等,如图 5-66 所示。

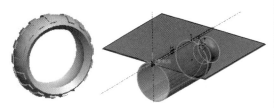

图 5-66 环形折弯的范例

用于定义环形折弯特征的强制参数包括截面轮廓、折弯半径及折弯几何。

在菜单栏中选择【插入】|【高级】|【环形折弯】命令,打开【环形折弯】操控板,进行环形折弯的参数设置,如图 5-67 所示。

图 5-67 【环形折弯】操控板

1. 折弯参考

要创建折弯特征,必须满足【参照】选项卡中的选项设置,如图 5-68 所示,如果是折弯实体,必须指定"面组"和指定（或草绘）"轮廓截面"。

"面组"就是要折弯的实体表面,可以采用复制、粘贴的办法来获取参考面组。

如果要草绘"轮廓截面",必须指定草绘平面,并进入草绘环境中绘制截面。绘制截面有以下几点要求:

● 截面可以是一条平直的直线,如图 5-69 所示。

图 5-68 【参照】选项卡

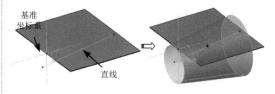

图 5-69 直线截面

提示:

在【参考】选项卡中,若选中【实体几何】复选框,将创建折弯的实体特征。若取消选中此复选框,则创建折弯的曲面。【曲线】收集器用于收集所有属于折弯几何特征的曲线。

● 截面必须是相切连续的曲线,如图 5-70 所示。

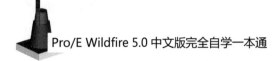

图 5-70　截面必须相切连续

- 截面曲线的起点必须超出要折弯的实体或曲线，否则不能创建折弯，如图 5-71 所示。

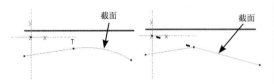

图 5-71　截面曲线的起点必须在实体或曲线外

- 在截面草图中必须创建基准坐标系，但【草绘】菜单栏中的【坐标系】命令不可以。
- 截面轮廓的起点决定了折弯的旋转中心轴，所以要确定截面轮廓的起始位置。

2. 曲线折弯

当用于折弯曲线时，在操控板中的【选项】选项卡中可以设置曲线折弯的多个选项，如图 5-72 所示。

各选项的含义如下：

- 标准：根据环形折弯的标准算法对链进行折弯，如图 5-73 所示。

图 5-72　【选项】选项卡　　图 5-73　【标准】的折弯

- 保留在角度方向的长度：对曲线链进行折弯，折弯后的曲线与原直线长度相等，如图 5-74 所示。
- 保持平整并收缩：使曲线链保持平整并位于中性平面内，原曲线（链）上的点到轮廓截面平面的距离收缩。此选项主要针对多条直线折弯的情形，如图 5-75 所示，第二条直线才会产生距离收缩现象。

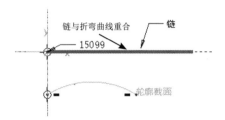

图 5-74　保留在角度方向的长度

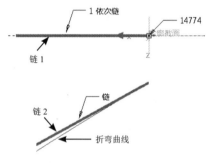

图 5-75　保持平整并收缩

- 保持平整并展开：使曲线链保持平整并位于中性平面内。曲线上的点到轮廓截面平面的距离增加。

技巧点拨：

如果使用【标准】选项创建另一个环形折弯，则其结果等效于使用【保留在角度方向的长度】选项创建单个环形折弯。

3. 折弯方法

操控板中的折弯方法下拉列表中包含有 3 种：折弯半径、折弯轴和 360° 折弯。

方法一：折弯半径

折弯半径是通过设置折弯的半径值来折弯实体或曲面的。默认情况下 Pro/E 给定最大的折弯半径值，用户修改半径值即可，如图 5-76 所示。

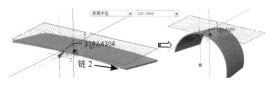

图 5-76 折弯半径方法

技巧点拨：

折弯半径的值最小为 0.0524，最大不超过 1 000 000。

方法二：折弯轴

折弯轴方法是参考选定的轴来折弯曲面的，此方法对实体无效。如图 5-77 所示，旋转轴应在曲面一侧，轴必须是基准轴，内部草绘的中心线不可用。

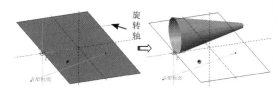

图 5-77 折弯轴方法

技巧点拨：

折弯的旋转轴不能与轮廓截面重合，而且轴不能在曲面上，否则会使折弯变形。

方法三：360°折弯

此方法可以折弯实体或曲面。要创建 360°的折弯特征，除了参考面组、截面轮廓外，还必须指定平面曲面或基准平面来确定折弯特征的长度。

如果是实体，须指定实体的两个侧面平面，如图 5-78 所示。

如果是创建 360°折弯实体，则必须指定实体的侧面，如图 5-79 所示。

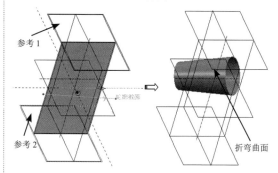

图 5-78 确定曲面折弯长度的两个参考平面

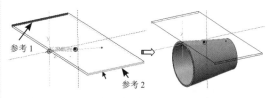

图 5-79 确定实体折弯长度的两个参考平面

技巧点拨：

如果确定长度的参考平面在实体边界内，或者是在边界外，同样可以折弯，但长度发生了变化，如图 5-80 所示。

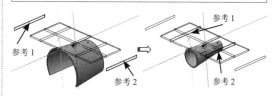

图 5-80 确定长度的参考平面的位置情况

动手操练——环形折弯应用案例

利用环形折弯功能，通过进行适当的设置完成轮胎模型的创建。创建的汽车轮胎模型如图 5-81 所示。

图 5-81 轮胎模型

step 01 打开本例源文件 5-1.prt 模型，如图 5-82 所示。

图 5-82 零件模型

step 02 创建曲面。选择图 5-82 中箭头所指的表面，进行复制和粘贴操作，创建一个曲面。

step 03 选择【插入】|【高级】|【环形折弯】命令，打开【环形折弯】操控板。在【环形折弯】操控板中选择【几何实体】，选择上一步创建的曲面作为面组参照。单击 定... 按钮，进入草绘模式。

step 04 绘制轮廓截面。草绘平面及草绘参照如图 5-83 所示。

图 5-83 草绘平面与参考平面

step 05 绘制如图 5-84 所示的轮廓。选择【基准特征】工具栏上的 ↳ 按钮，然后创建几何坐标系。

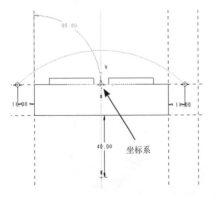

图 5-84 截面轮廓绘制

技巧点拨：

在绘制轮廓截面时必须草绘坐标系，否则不能构建折弯特征，坐标系一般位于几何图元上，否则草绘轮廓应该具有切向图元。

step 06 设置折弯角度为 360° 折弯，选择图 5-85 所示的两个面定义折弯长度。

图 5-85 定义折弯长度

step 07 单击【确定】 ☑ 按钮，完成环形折弯操作，结果如图 5-86 所示。

图 5-86 环形折弯结果

5.2.2 骨架折弯

骨架折弯是以具有一定形状的曲线作为参照的，将创建的实体或曲面沿着曲线进行弯曲，得到所需要的造型。

在菜单栏中选择【插入】|【高级】|【骨架折弯】命令，打开【选项】菜单管理器，如图 5-87 所示。

图 5-87 【选项】菜单管理器

【选项】选项卡中各参数的含义如下：
- 选取骨架线：选取已有的曲线作为骨架线。
- 草绘骨架线：草绘曲线作为骨架线。
- 无属性控制：弯曲效果不受骨架线控制。
- 截面属性控制：弯曲效果受骨架线控制。
- 线性：配合截面属性控制选项，骨架线线性变化。
- 图形：配合截面属性控制选项，骨架线随图形变化。

骨架线既可以选择现有的，也可以进入草绘环境绘制。要草绘骨架线，必须执行如图5-88所示的选项命令及操作。

草绘的骨架线必须是开放的，而且还必须注意骨架线的起点。如图5-89所示，同一条骨架曲线因起点方向不同，产生的结果也会有所不同。

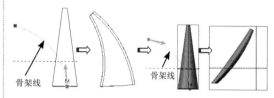

结果一：起点在实体内部　结果二：起点在实体外部

图5-89　不同骨架线起点的效果

技巧点拨：

多段曲线构成的骨架线要求相切连续，否则不能正确创建特征。

草绘骨架线完成后退出草绘环境，会弹出如图5-90所示的【设置平面】子菜单。需要为折弯指定一个折弯长度的参考平面。平面可以是模型平面，也可以是基准平面。【平面】选项用来选择现有的平面或基准平面。【产生基准】选项可以通过一系列的方式来创建，选择此选项，会弹出如图5-91所示的【基准平面】子菜单。

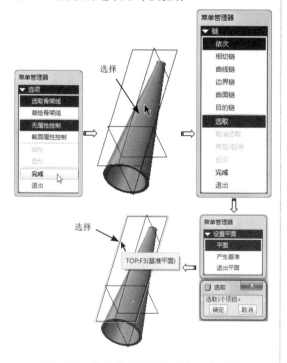

图5-88　草绘骨架线执行的命令与操作

技巧点拨：

选择要折弯的实体或面组，都可以将实体或曲面按用户绘制的骨架曲线进行骨架折弯。骨架折弯主要用于各种钣金件设计。

图5-90　参考平面的选项　　图5-91　【基准平面】子菜单

【基准平面】子菜单中包括7种基准平面的创建方法，这些创建方法也适用于外部环境下的基准平面的创建。通常情况下，应用最多的方法就是"偏移"，因为草绘骨架线并退出草绘环境后，Pro/E 会自动在骨架线的起点位置创建一个垂直于骨架线的基准平面，如图 5-92 所示。

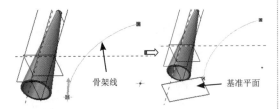

图 5-92　自动在骨架线起点创建基准平面

参考平面与基准平面之间的距离决定了骨架折弯的形状，正常情况下，这个距离必须超出实体的长度，特殊情况例外。

技巧点拨：
参考平面与骨架线的起点平面必须平行，否则不能正确创建骨架折弯特征。

下面以一个折弯实例加以说明，当参考平面距离骨架线起点平面较远时，折弯实体变短，如图 5-93 所示。

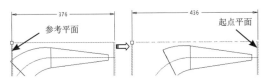

图 5-93　折弯实体变短

当参考平面在折弯弯头近端位置时，折弯实体变长，如图 5-94 所示。

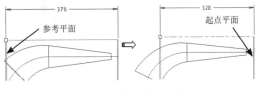

图 5-94　折弯实体变长

当参考平面与起点平面间的距离越来越短时，折弯实体变细且变短，如图 5-95 所示。

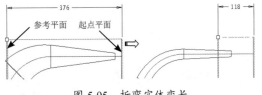

图 5-95　折弯实体变长

动手操练——骨架折弯应用案例

本例主要涉及骨架折弯和凹槽功能，采用先创建骨架折弯特征，然后创建凹槽等特征的顺序进行设计。创建的铭牌模型如图 5-96 所示。

图 5-96　铭牌模型

step 01　新建零件文件。单击工具栏中的【新建】按钮，建立名称为"mingpai"的新零件，如图 5-97 所示。

图 5-97　新建零件文件

step 02　创建拉伸特征。按照如图 5-98 所示尺寸创建拉伸特征，结果如图 5-99 所示。

图 5-98　拉伸特征尺寸

5-99　拉伸特征创建结果

step 03　绘制骨架折弯特征。在菜单栏中选择【插入】|【高级】|【骨架折弯】命令，按

照系统提示进行骨架折弯特征的创建,操作过程如图 5-100 所示。

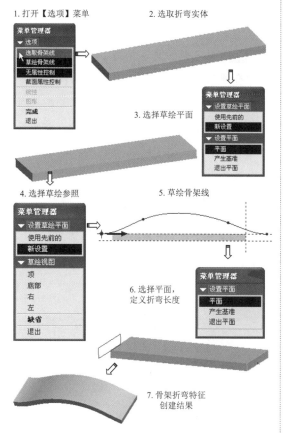

图 5-100　创建骨架折弯特征

step 04　单击【平面】按钮,选择 TOP 面作为参照,在【基准平面】对话框中输入平移距离 25,单击【确定】按钮创建基准面。如图 5-101 所示。

图 5-101　【基准平面】对话框

step 05　创建凹槽特征。选择【插入】|【修饰】|【凹槽】命令,开始创建凹槽特征,操作过程如图 5-102 所示。

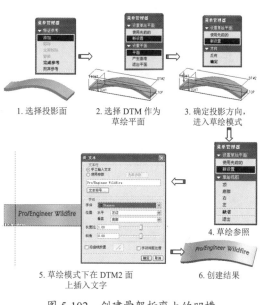

图 5-102　创建骨架折弯上的凹槽

step 06　至此,完成了铭牌的设计。

5.3　综合案例——汽车轮胎设计

本例设计汽车轮胎,主要利用拉伸、环形折弯等功能进行设计,如图 5-103 所示。

图 5-103　轮胎设计

step 01　新建一个名称为 luntai 的新零件文件。

step 02 使用【拉伸】工具,选择 FRONT 基准平面作为草绘平面,进入草绘环境中绘制如图 5-104 所示的截面。

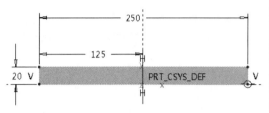

图 5-104 选择草绘平面并绘制截面

step 03 退出草绘环境,然后创建出拉伸深度为 2200 的拉伸实体,如图 5-105 所示。

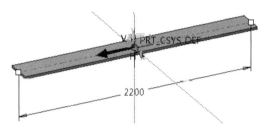

图 5-105 创建拉伸实体

step 04 再使用【拉伸】工具,在上步创建的拉伸特征表面上,以去除材料的方式,创建如图 5-106 所示的拉伸移除材料特征。

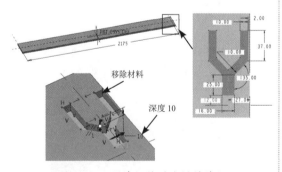

图 5-106 创建拉伸移除材料特征

step 05 阵列移除材料特征。在右工具栏中单击【阵列】按钮,打开【几何阵列】操控板,然后选择拉伸实体的一条长边作为参考,并输入阵列个数及间距,完成的阵列如图 5-107 所示。

图 5-107 创建阵列特征

step 06 阵列特征后,单击【镜像】按钮,将所有阵列的特征全部镜像至 RIGHT 基准平面的另一侧。方法是先选择要镜像的所有阵列特征,然后再执行【镜像】命令,最后选择镜像平面——RIGHT 基准平面,即可创建镜像特征,如图 5-108 所示。

技巧点拨:

【阵列】命令和【镜像】命令将在下一章中详细讲解。这里仅仅是调用这两个命令来创建所需的特征。

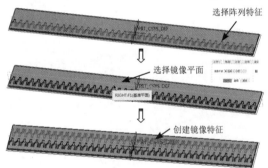

图 5-108 创建镜像特征

step 07 在菜单栏中选择【插入】|【高级】|【环形折弯】命令,打开【环形折弯】操控板。在操控板的【参照】选项卡中选中【实体几何】复选框,单击【定义内部草绘】按钮,弹出【草绘】对话框,并选择如图 5-109 所示的拉伸特征端面作为草绘平面。

图 5-109 选择草绘平面

step 08 进入草绘环境中，绘制如图 5-110 所示的轮廓截面。截面中必须绘制基准坐标系。此坐标系不是草图中的坐标系。

> **技巧点拨：**
> 只需保证 140 长度的直线尺寸。竖直方向的长度尺寸只要超出拉伸实体范围即可，无须精确。草图必须在实体下方，否则不能正确创建折弯。

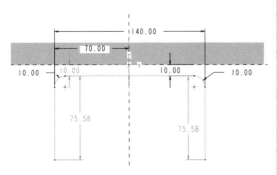

图 5-110　绘制截面轮廓

step 09 退出草绘环境后，在操控板中选择【360°折弯】方法，然后选择如图 5-111 所示的拉伸实体的两个端面作为折弯长度参考。

图 5-111　选择折弯参考

step 10 随后 Pro/E 自动生成环形折弯的预览，最后单击操控板中的【应用】按钮，完成轮胎的设计，如图 5-112 所示。

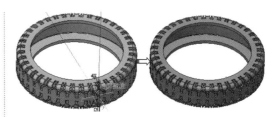

图 5-112　完成轮胎设计

5.4　课后习题

1. 设计连接板零件

创建如图 5-113 所示的连接板零件。

图 5-113　孔特征创建

2. 设计管路模型

创建如图 5-114 所示的管路模型。

图 5-114　管道特征创建

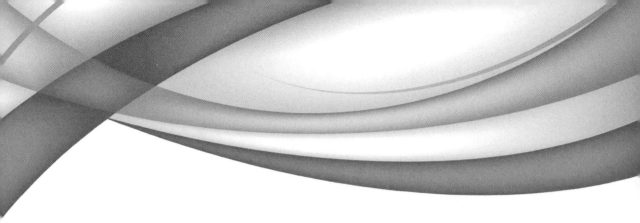

第 6 章
特征操作与编辑

本章内容

在 Pro/E 中,特征的编辑与修改是基于工程特征、构造特征的模型操作与编辑命令,Pro/E 还提供了基于模型的修改命令,用户可以直接在模型上选择面进行拉伸、偏移等操作。本章将详细讲解这些特征的编辑与修改命令。巧用这些命令能帮助用户快速建模,提高工作效率。

知识要点

- ☑ 掌握常用编辑特征指令
- ☑ 掌握复杂编辑特征的一般用法
- ☑ 掌握高级编辑特征操作方法
- ☑ 掌握实体编辑特征与曲面编辑特征的不同用法

6.1 常用编辑特征

特征是 Pro/E 中模型的基本单元。在创建模型时，按照一定的顺序，将特征组成拼装起来，就可以得到模型；而在对模型进行修改时，也只是修改需要修改的特征。Pro/E 中，提供了丰富的特征编辑方法，设计者可以使用移动、镜像、方法快速创建与模型中已有特征相似的新特征，也可以使用阵列的方法大量复制已经存在的特征。这些常用的编辑特征是对以特征为基础的 Pro/E 实体建模技术的一个极大补充，合理地使用特征编辑操作，可以大大简化设计过程、提高效率，掌握这些常用编辑特征是完成建模的基本要求。

6.1.1 镜像

利用特征镜像工具，可以产生一个相对于对称平面对称的特征。在该操作之前，必须首先选中所要镜像的特征，然后单击【特征】工具栏中的【镜像】按钮 （或在主菜单中选择【编辑】|【镜像】命令），弹出如图 6-1 所示的【镜像】特征操控板，其各项含义如下：

图 6-1　【镜像】特征操控板

- **参照 选项 属性** 按钮：显示镜像平面状态。
- 【参照】选项卡：定义镜像平面。
- 【选项】选项卡：选择镜像的特征与原特征间的关系，即独立或从属关系。

关于基准面镜像的例子如图 6-2 所示。

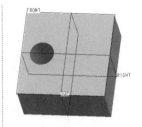 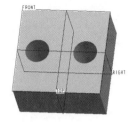

图 6-2　镜像特征

6.1.2 阵列

阵列是一种特殊的特征复制方法，可以通过某个特征来创建与其相似的多个特征，适用于"规则性重复"造型，且在数量较大的情况下使用。阵列是对排列复制原特征后的一组特征（含原特征）的总称。首先，选中要阵列的对象，选择主菜单中的【编辑】|【阵列】命令或单击右工具栏中的【阵列】按钮 ，弹出【阵列】操控板，如图 6-3 所示。

图 6-3　【阵列】特征操控板

其中， 下拉列表框用于选择阵列类型，主要包括以下类型：

- 【尺寸】：通过使用驱动尺寸并指定阵列的增量变化来创建阵列。
- 【方向】：通过指定方向并使用拖动控制滑块设置阵列增长方向和增量来创建阵列。
- 【轴】：通过使用拖动控制滑块设置阵列的角增量和径向增量来创建径向阵列，也可将阵列拖动成为螺旋形。
- 【填充】：通过根据选定栅格用实例填充区域来创建阵列。
- 【表】：通过使用阵列表并为每一阵列实例指定尺寸值来创建阵列。
- 【参照】：通过参照另一阵列来创建阵列。

- 【曲线】：通过指定阵列成员的数目或阵列成员间的距离来沿草绘曲线创建阵列。

在操控板中单击【选项】选项卡，其中的内容随着阵列类型的不同而略有不同，但均包括【相同】、【可变】和【一般】3个阵列再生选项。

相同阵列是最简单的一种类型，使用这种阵列方式建立的全部实例都有具有完全相同的尺寸，必须位于同一个表面且此面必须是一个平面，阵列的实例不能和平面的任何一边相交，实例彼此之间也不能有相交。使用相同阵列系统的计算速度是3种类型中最快的。可变阵列的每个实例可以有不同的尺寸，每个实例可以位于不同的曲面上，可以和曲面的边线相交，但实例彼此之间不能交截。可变阵列系统先分别计算每个单独的实例，最后统一再生，所以它的运算速度比相同阵列慢。一般阵列和可变阵列大体相同，最大的区别在于阵列的实例可以互相交截且交截的地方系统自动实行交截处理以使交截处不可见，这种方式的再生速度最慢，但是最可靠，Pro/E系统默认采用这种方式。

3种阵列方式的差别如图6-4所示。

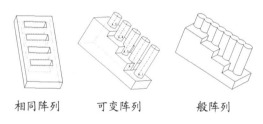

相同阵列　　可变阵列　　般阵列

图6-4　3种不同阵列方式的比较

不同阵列方式的例子如图6-5所示。

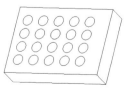 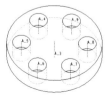

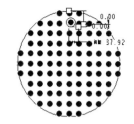 

图6-5　阵列特征

6.1.3 填充

使用填充特征工具可创建和重定义平整曲面特征，填充特征只是通过其边界定义的一种平整曲面封闭环特征，多用于加厚曲面。

在主菜单中选择【编辑】|【填充】，弹出如图6-6所示的【填充】特征操控板，利用其中的【参照】选项卡可以打开【草绘图形】对话框，可以对草绘图形进行绘制或编辑。

图6-6　【填充】特征操控板

- 草绘 内部 S2D0002 草绘收集器：显示草绘图形状态。
- 【参照】选项卡：对草绘图形进行绘制或编辑。

在使用该项功能时，通常利用已创建的草绘图形创建填充特征。首先在图形窗口或模型树中选取平整的封闭环草绘特征（草绘基准曲线），此时Pro/E加亮该选取项，如果有效的草绘特征不可用，可使用草绘器创建一个。然后，在主菜单中选择【编辑】|【填充】命令，此时Pro/E创建填充特征。

使用草绘图形创建填充特征的例子如图6-7所示。

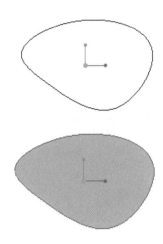

图 6-7　填充特征

6.1.4　合并

特征合并多用于曲面操作，即将两个已创建的曲面进行合并，产生一个曲面组的过程。首先选中要合并的曲面，在主菜单中选择【编辑】|【合并】命令，弹出如图 6-8 所示的【合并】特征操控板。

图 6-8　【合并】特征操控板

- 【参照】选项卡：调整选中的曲面。
- 【选项】选项卡：设置曲面合并方式为相交或连接。

曲面合并的主要步骤如下：

（1）选取两个面，然后单击工具栏上的【曲面合并】按钮。选取的第一个面组成为默认的主面组。

（2）选取合并方法，在【选项】选项卡中选择【相交】或【连接】。

（3）单击按钮改变要包括的面组的侧。

（4）单击按钮，即产生新的曲面。

对两个曲面进行合并操作的例子如图 6-9 所示。

> 注意：
> 曲面可以通过草绘曲面进行拉伸创建。

图 6-9　曲面合并

6.1.5　相交

可使用相交工具创建曲线，在该曲线处，曲面与其他曲面或基准平面相交。也可在两个草绘或草绘后的基准曲线（被拉伸后成为曲面）相交的位置处创建曲线。

通常可以通过下列方式使用相交特征：

- 创建可用于其他特征（如扫描轨迹）的三维曲线。
- 显示两个曲面是否相交，以避免可能的间隙。
- 诊断不成功的剖面和切口。

选取两个面，在主菜单中选择【编辑】|【合并】命令，弹出如图 6-10 所示的【相交】特征操控板。

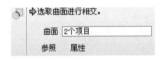

图 6-10　【相交】特征操控板

两个曲面进行相交创建曲线操作的例子如图 6-11 所示。

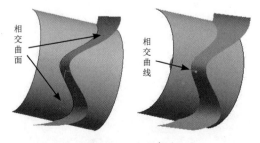

图 6-11　曲面相交

6.1.6 反向法向

反向法向特征主要用于对已创建的曲面进行操作，以改变曲面的法向。该指令在结构设计中应用较少，主要用于结构分析中，例如壳体表面添加载荷时，可以通过对曲面进行反向法向改变载荷方向。

在操作过程中，首先选取曲面，然后在主菜单中选择【编辑】|【反向法向】命令，即可改变该曲面的法向。

6.2 复杂编辑特征

曲面建模在 Pro/E 的建模中占有非常重要的地位，利用常用的一些编辑特征，可以完成一些基本建模工作，而通过灵活地运用一些复杂编辑特征则可以创建较为复杂的特征。下面对一些常用的复杂编辑特征进行介绍。

6.2.1 偏移

使用偏移工具，可以通过将实体上的曲面或曲线偏移恒定的距离或可变的距离来创建一个新特征。可以使用偏移后的曲面构建几何或创建阵列几何，也可以使用偏移曲线构建一组可在以后用来构建曲面的曲线。

> **注意：**
> 偏移特征同样用于曲线特征操作，曲线偏移操作相对较为简单。

在主菜单中选择【编辑】|【偏移】命令，系统将打开如图 6-12 所示的【偏移】特征操控板。

图 6-12 【偏移】特征操控板

【偏移】特征操控板中提供了各种选项，使操作者可以创建多种偏移类型。

- 标准偏移：偏移一个面组、曲面或实体面。此为默认偏移类型，所选曲面以平行于参照曲面的方式进行偏移，如图 6-13 所示。
- 拔模偏移：偏移包括在草绘内部的面组或曲面区域，并拔模侧曲面，拔模角度范围为 0°～60°，还可使用此选项来创建直的或相切侧曲面轮廓。拔模偏移效果如图 6-14 所示。

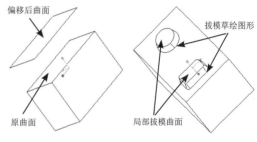

图 6-13 标准偏移　　　6-14 拔模偏移

- 展开：在封闭面组或实体草绘的选定面之间创建一个连续体积块，当使用【草绘区域】选项时，将在开放面组或实体曲面的选定面之间创建连续的体积块。偏移后曲面与周边的曲面相连，偏移效果如图 6-15 所示

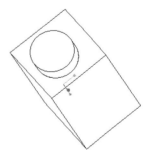

图 6-15 展开曲面偏移

- 替换曲面：用面组或基准平面替换实体面，常用于切除超过边界的多余特征，偏移效果如图 6-16 所示

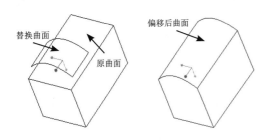

图 6-16　替换曲面偏移

6.2.2　延伸

延伸操作同样主要用于曲面的延伸，延伸曲面可以将曲面所有或特定的边延伸指定的距离，或者延伸到所选参照。当所创建的曲面的边界不够长时，通过延伸曲面的边界，让曲面的边界更长。如在两个需要合并的曲面中两个边界都没有超出对方边界时，就需要将边界延长。

要延伸曲面，必须先选取要延伸的边界边，然后在菜单栏中选择【编辑】|【偏移】命令，系统弹出【曲面延伸】特征操控板，如图 6-17 所示。

图 6-17　【曲面延伸】特征操控板

系统提供了两种延伸曲面的方法。

● （沿曲面）：沿原始曲面延伸曲面边界边链。
● （到平面）：在与指定平面垂直的方向延伸边界边链至指定平面。

使用 （沿曲面）创建延伸特征时，可以选取的延伸选项有如下 3 种：

● 相同：（默认）创建相同类型的延伸作为原始曲面（例如，平面、圆柱、圆锥或样条曲面）。通过其选定边界边链延伸原始曲面。
● 相切：创建延伸作为与原始曲面相切

的直纹曲面。
● 逼近：创建延伸作为原始曲面的边界边与延伸的边之间的边界混合。当将曲面延伸至不在一条直边上的顶点时，此方法是很有用的。

延伸面组时，主要应考虑以下情况：

● 可表明是要沿延伸曲面还是沿选定基准平面测量延伸距离。
● 可将测量点添加到选定边，从而更改沿边界边的不同点处的延伸距离。
● 延伸距离可输入正值或负值。如果将配置选项 show_dim_sign 设置为 no，则输入负值会反转延伸的方向。否则，输入负值会使延伸方向指向边界边链的内侧。
● 输入负值会导致曲面被修剪。

曲面的延伸操作步骤如下：

（1）选择要进行延伸的曲面的边。

（2）在菜单栏中选择【编辑】|【偏移】命令，系统弹出【曲面延伸】特征操控板。

（3）根据需要选择延伸类型为【沿曲面】或【到平面】。

（4）在图形区中拖动尺寸手柄设置延伸距离，或在【曲面延伸】特征操控板的数值文本框中输入延伸距离值。如果选择【到平面】方式进行延伸，则应选择一平面，使曲面延伸至该平面。

（5）预览创建的延伸特征，完成曲面延伸特征的创建。

两种不同曲面延伸方式的效果分别如图 6-18 和图 6-19 所示。

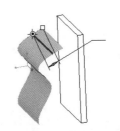
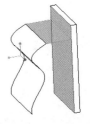

图 6-18　沿曲面延伸　　图 6-19　延伸到平面

6.2.3 修剪

使用修剪工具可以完成对曲面的剪切或分割，可通过在曲线与曲面、其他曲线或基准平面相交处修剪或分割曲线来修剪该曲线。可通过以下方式修剪面组：

- 在与其他面组或基准平面相交处进行修剪。
- 使用面组上的基准曲线修剪。

要修剪面组或曲线，可选取要修剪的面组或曲线，单击按钮或在菜单栏中选择【编辑】|【修剪】命令，弹出【修剪】特征操控板，激活【修剪】工具，如图 6-20 所示。然后指定修剪对象，并可在创建或重定义期间指定和更改修剪对象。在修剪过程中，可指定被修剪曲面或曲线中要保留的部分。另外，在使用其他面组修剪面组时，可使用【薄修剪】，允许指定修剪厚度尺寸及控制曲面拟合要求。

图 6-20　【修剪】特征操控板

利用 TOP 基准平面对曲面进行修剪的例子如图 6-21 所示。

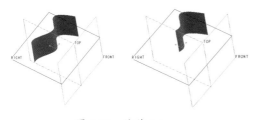

图 6-21　修剪曲面

6.2.4 投影

使用投影工具可在实体和非实体曲面、面组或基准平面上创建投影基准曲线，所创建的投影基准曲线可用于修剪曲面、作为扫描轨迹等。

投影曲线的方法有以下两种：

- 投影草绘：创建草绘或将现有草绘复制到模型中以进行投影。
- 投影链：选取要投影的曲线或链。

要修剪面组或曲线，可选取要修剪的面组或曲线，单击按钮或在选择【编辑】|【投影】命令，弹出【投影】特征操控板，如图 6-22 所示。在该操控板中，主要可以选取投影曲面、指定或绘制投影曲线并指定投影方向，即可完成曲线在曲面上的投影。

图 6-22　【投影】特征操控板

曲面上进行曲线投影操作的主要步骤如下：

（1）打开模型后，选择【编辑】|【投影】命令，弹出【投影】特征操控板。

（2）在【参照】面板中，选择投影类型为【投影草绘】或【投影链】。

（3）然后在图形区中选取草绘曲线或绘制投影草绘曲线。

（4）选取要向其中投影曲线的投影曲面。

（5）指定投影方式及投影方向参照。

（6）预览投影曲线，完成投影特征创建。

在曲面上投影曲线的效果如图 6-23 所示。

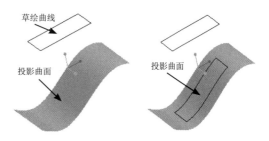

图 6-23　投影曲线

6.2.5 加厚

曲面在理论上是没有厚度的，曲面加厚就

是以曲面作为参照,生成薄壁实体的过程。在Pro/E 中,不仅可以利用曲面加厚生成薄壁实体,还可以通过该命令切除实体。

加厚特征使用预定的曲面特征或面组几何将薄材料部分添加到设计中,或从其中移除薄材料部分。设计时,曲面特征或面组几何可提供非常大的灵活性,并允许对该几何进行变换,以更好地满足设计需求。通常,加厚特征被用来创建复杂的薄几何,如果可能,使用常规的实体特征创建这些几何会更为困难。要使用加厚工具,必须已选取了一个曲面特征或面组,并且只能选取有效的几何。使用该工具时,系统会检查曲面特征选取。设计加厚特征要求执行以下操作:

- 选取一个开放的或闭合的面组作为参照。
- 确定使用参照几何的方法:添加或移除薄材料部分。
- 定义加厚特征几何的厚度方向。

首先选择曲面,再通过单击工具栏中的 按钮或选择【编辑】|【加厚】命令,打开【加厚】特征操控板,如图 6-24 所示。在该操控板中可以选择加厚方式,调节加厚生成实体的方向、设定加厚厚度。

图 6-24 【加厚】特征操控板

加厚特征操作的主要步骤如下:

(1) 选取要加厚的面组和曲面几何。

(2) 选择【编辑】|【加厚】命令,打开【加厚】特征操控板,在图形区中出现默认预览几何。

(3) 定义要创建的几何类型。默认选项是添加实体材料的薄部分。如果要去除材料的薄部分,可单击操控板中的 按钮。

(4) 定义要加厚的面组或曲面几何:一侧或两侧对称。要改变材料侧,可在预览几何上单击鼠标右键,然后单击【反向方向】按钮,将会从一侧循环到对称,然后到另一侧。

(5) 通过拖动厚度控制滑块来设置加厚特征的厚度。也可在操控板的尺寸框中或直接在图形区中输入厚度。

(6) 检查参照,并修改相关属性,完成加厚特征。

利用加厚方式创建实体及剪切实体的效果如图 6-25 和图 6-26 所示。

图 6-25 创建加厚实体特征

图 6-26 创建加厚剪切实体特征

6.2.6 实体化

实体化特征使用预定的曲面特征或面组几何并将其转换为实体几何。在设计中,可使用实体化特征添加、移除或替换实体材料。设计时,面组几何可提供更大的灵活性,而实体化特征允许对几何进行转换以满足设计需求。

通常,实体化特征被用来创建复杂的几何,如果可能,使用常规的实体特征创建这些几何会比较困难。曲面实体化包括用封闭曲面模型转化成实体和用曲面裁剪切割实体两种功能。转化成实体的曲面必须封闭,用来修剪实体的曲面必须相交。

设计实体化特征主要执行以下操作:

- 选取一个曲面特征或面组作为参照。
- 确定使用参照几何的方法:添加实体

材料，移除实体材料或修补曲面。
- 定义几何的材料方向。

可使用的实体化特征类型主要包括以下几种：
- 使用曲面特征或面组几何作为边界来添加实体材料（始终可用），如图6-27所示。

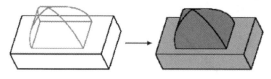

图6-27 创建加厚剪切实体特征

- 使用曲面特征或面组几何作为边界来移除实体材料（始终可用），如图6-28所示。

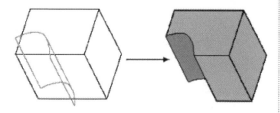

图6-28 创建加厚剪切实体特征

- 使用曲面特征或面组几何替换指定的曲面部分（只有当选定的曲面或面组边界位于实体几何上时才可用），如图6-29所示。

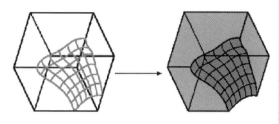

图6-29 创建加厚剪切实体特征

选择某一曲面，单击工具栏中的按钮或选择【编辑】|【实体化】命令，打开【实体化】特征操控板，如图6-30所示。在该操控板中，可以选取实体化曲面、实体化方式等。曲面转化成实体要求曲面必须为封闭的，该曲面不能有任何缺口，否则不能通过该命令来生成实体。

图6-30 【实体化】特征操控板

创建实体化特征操作的主要步骤如下：

（1）选取要用来创建实体化的面组或曲面几何。

（2）单击工具栏中的按钮或选择【编辑】|【实体化】命令，打开【实体化】特征操控板，此时在图形窗口中默认预览几何加亮显示。

（3）选择实体化选项，其中【伸出项】选项为默认选项。

（4）确定要创建几何的面组或曲面材料侧。要改变材料侧，可单击预览几何上的方向箭头。

（5）检查参照，并使用相应的选项卡中的参数修改属性，完成实体化特征。

如图6-31所示，选中曲面，在菜单栏中选择【编辑】|【实体化】命令，打开【实体化】操控板，单击按钮，即可以创建实体化特征。

图6-31 曲面实体化

利用曲面实体化可以对实体进行修剪，如图6-32所示，选中曲面，在菜单栏中选择【编辑】|【实体化】命令，弹出【实体化】特征操控板，单击按钮（去除材料），并利用按钮调节切减材料方向，最后创建实体化特征，可见凸台上半部分被修剪掉了。

图 6-32　曲面实体化修剪实体

6.2.7　移除

移除特征可以移除一些特征，而无须改变特征的历史记录，也不需要重定参照或重新定义一些其他特征。移除几何特征时，会延伸或修剪邻近的曲面，以收敛和封闭空白区域。

创建移除特征的一般规则：
- 欲延伸或修剪的所有曲面必须与参照所定义的边界相邻。
- 欲延伸的曲面必须是可延伸的。
- 延伸后的曲面必须收敛才能构成定义的体积块。
- 延伸曲面时不会创建新的曲面片。

移除曲面工具可创建通过延伸一组相邻曲面而定义的几何，主要可以完成从实体或面组中移除曲面及移除封闭面组中的间隙等任务。首先选择曲面，再通过单击工具栏中的 按钮或选择菜单栏中的【编辑】|【移除】命令，打开【移除】命令特征操控板，如图 6-33 所示。

图 6-33　【移除】特征操控板

创建移除特征的主要步骤如下：

（1）在图形区中选取曲面、曲面集、目的曲面或单个封闭环链。

（2）单击工具栏中的 按钮或选择菜单栏中的【编辑】|【移除】命令，打开【移除】特征操控板。

（3）编辑、调整要移除的曲面或曲面集。

（4）使用相应的选项卡中的参数修改属性，预览移除特征并完成特征。

移除实体上曲面的效果如图 6-34 所示。

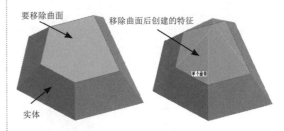

图 6-34　移除实体上曲面

6.2.8　包络

使用包络工具可在目标上创建成形的基准曲线。然后，可使用这些成形的基准曲线模拟一些项目，如标签或螺纹。成形的基准曲线将在可能的情况下保留原草绘曲线的长度。包络基准曲线的原点是参照点，在其周围草绘被包络到目标上。此点必须能够被投影到目标上。否则，包络特征失败。可选取草绘的几何中心或草绘中的任意坐标系作为原点。包络曲线的目标必须是可展开的，即直纹曲面的某些类型。

要访问包络特征工具，可单击工具栏中的 按钮或选择菜单栏中的【编辑】|【包络】命令，打开【包络】特征操控板，如图 6-35 所示。

图 6-35　【包络】特征操控板

创建包络基准曲线的主要步骤如下：

（1）选取要包络到另一曲面上的草绘基准曲线。

（2）单击工具栏中的 按钮或选择菜单中栏的【编辑】|【包络】命令，打开【包络】特征操控板。

（3）预览几何将显示该工具在默认包络方向找到的第一个实体或面组上的包络基准曲线（可以选取不同的曲面）。

（4）预览生成的包络特征，草绘基准曲线被包络到选定的曲面上，完成包络特征的创建。

创建包络曲线的效果如图6-36所示。

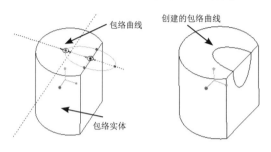

图6-36 创建包络曲线

6.3 高级编辑特征

灵活运用前面所述的常用编辑特征及复杂编辑特征，可以创建较为复杂的模型，但在一些工业设计中，有时需要为模型增加一些艺术效果，则会用到一些高级编辑特征。下面对几种高级编辑征进行介绍。

6.3.1 扭曲

使用扭曲特征，可改变实体、面组、小平面和曲线的形式和形状。此特征为参数化特征，并会记录应用于模型的扭曲操作历史。通常情况下，此类操作集中在一个编辑框中，可以从整体上调整编辑框，对整个实体进行调整，极大地增强了集合建模的灵活性，从而使设计者可以按照自己的思想任意修改和变换实体造型。

可在零件模式下使用扭曲特征执行以下操作：
- 在概念性设计阶段研究模型的设计变化。
- 使从其他造型应用程序导入的数据适合特定工程需要。
- 使用扭曲操作可对Pro/E中的几何进行变换、缩放、旋转、拉伸、扭曲、折弯、扭转、骨架变形或雕刻等操作，不需与其他应用程序进行数据交换就能使用其扭曲工具。

在菜单栏中选择【插入】|【扭曲】命令，打开【扭曲】特征操控板。此时面板处于未激活状态，打开【参照】选项卡，并选取要扭曲的实体，并确定。单击【方向】收集器，然后选择一个平面或基准坐标系，可以全部激活【扭曲】操控面板，如图6-37所示。

图6-37 【扭曲】特征操控板

在【扭曲】操控面板中，同时提供了多种变形工具。

- （变换工具）：平移、旋转和缩放特征。
- （扭曲工具）：使用扭曲操作可进行多种形状改变操作。其中包括：使对象的顶部或底部成为锥形；将对象的重心向对象的底部或顶部移动；将对象的拐角或边背向中心或朝向中心拖动。
- （骨架工具）：选择曲线作为骨架线，通过调整骨架线上的点(可以拖动、增加和删除)，来使对象做相应变动。
- （拉伸工具）：可以对特征进行拉伸操作。
- （折弯工具）：可以对特征进行折弯操作。
- （扭转工具）：可以对特征进行扭转操作。
- （雕刻工具）：通过调整网络上的

点来对对象进行调整。

对于以上变形工具，在操作中一次只能选择一个工具，选择后操控面板下方会出现与该变形工具相对应的控制选项。对于同一个特征，可使用多种变换工具进行操作。

创建扭曲特征的主要步骤如下：

（1）打开一个模型，以改变几何的形式和形状。

（2）在菜单栏中选择【插入】|【扭曲】命令，打开【扭曲】特征操控板，此时【几何】收集器默认情况下处于活动状态。

（3）选择扭曲特征。选择要执行扭曲操作的实体、小平面、一组面组或者一组曲线。在图形区中单击任意位置并拖动，在需要选取的几何周围画一个边界框，将选取边界框里的几何。

（4）设定扭曲方向。在操控板的【参照】选项卡中单击【方向】收集器。也可以单击鼠标右键，并选取【方向】收集器。

（5）选取扭曲参照，并设定扭曲参照选项。选取坐标系或基准平面作为扭曲操作的参照，并设定参照选项。在操控板的【参照】选项卡中指定下列一个或多个选项。

- 【几何】：显示已选取要进行扭曲操作的实体或曲线组、面组或小平面。通过单击收集器，然后使用标准选取工具来选取其他图元，可以更改选取内容。
- 【隐藏原件】：隐藏为扭曲操作所选的原始图元的几何。
- 【复制原件】：在完成了扭曲操作后，复制为此操作所选的原始图元。此选项对实体不可用。
- 【小平面预览】：显示特征内部扭曲几何的预览。
- 【方向】：显示选定作为扭曲操作的参照坐标系或参照平面。

（6）选取扭曲特征工具。选取相应的【扭曲】特征操控板上的扭曲工具，在【选项】和【选取框】中为所选扭曲工具指定一项或多项可用设置。

（7）设置扭曲边界属性。要在边界保持紧密的相切控制，单击鼠标右键并选择【使用边界相切】命令。

（8）编辑并完成扭曲操作。在列表框中，对所选图元执行的扭曲操作会以其执行的顺序显示。同时，可以在列表框中选择一项操作并对其进行编辑。

> 注意：
>
> 要最大限度地提高建模灵活性并减小扭曲特征更改所造成的影响，请使用通过目的参照创建的几何。并非所有特征都执行替代参照。不执行替代参照的特征将保留在其原始位置，并不会受到扭曲操作的影响。

创建扭曲特征的效果如图 6-38 所示。

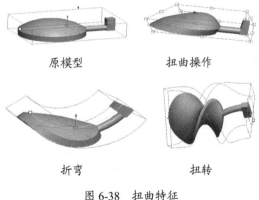

图 6-38　扭曲特征

6.3.2　折弯实体

在生产中，有时需要将曲面展平，同时还需要按照展平的曲面来弯曲实体，如在钣金的排料计算中。因此通常展平曲面与折弯实体配合使用。

使用实体折弯主要可以完成平整（展平）曲线、折弯实体，可将展平面组附近的实体

第 6 章 特征操作与编辑

变换为源面组,也可使用【平整曲线】选项,将基准曲线从源面组变换到展平面组。考虑如下限制条件:

- 所选曲线必须参照展平面组特征的源面组曲面。
- 该实体应位于展平面组的附近,而不应与此面组边界交叉。

在创建折弯实体特征前,必须先创建展平面组特征,然后在菜单栏中选择【插入】|【高级】|【折弯实体】命令,打开【折弯实体】对话框,如图 6-39 所示。在该对话框中,可以选取展平面组并指定折弯选项为【扁平曲线】或【折弯实体】。

图 6-39　【折弯实体】对话框

在创建了展平面组后,可使用实体折弯展平曲线和折弯实体,其主要步骤如下:

（1）在展平平面上建立要在源曲面上弯曲的实体。

（2）选择【插入】|【高级】|【折弯实体】命令,打开【折弯实体】对话框。

（3）选取已创建的曲面展平特征,选取【展平面组】特征。

（4）设定折弯选项。通过选择下列选项之一,指定【折弯选项】:

- 【平整曲线】:由原始面组到展平面组转换基准曲线。
- 【折弯实体】:从展平面组到原始面组转换实体。

（5）选取展平曲线。如果正在展平曲线,

在平整面组上选取要转换的曲线。

（6）完成特征创建。浏览创建的折弯特征,完成特征创建。

利用已有展平面组创建实体折弯特征的效果如图 6-40 所示。

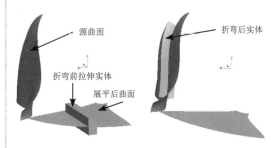

图 6-40　折弯实体

6.3.3　实体自由形状

在创建实体后,实体自由形状编辑特征可以通过对实体上的曲面或面组进行"推"或"拉",交互地更改其形状,可创建新曲面特征或修改实体或面组。只要底层曲面改变形状,自由形状特征也会相应地改变形状。对于自由形状曲面,可使用底层基本曲面的边界。另外,可草绘自由形状曲面的边界,然后系统将它们投影到底层基本曲面上。网格边界可能延伸到底层基本曲面之外。在创建自由形状曲面时,可对其进行修剪或延伸,以适应底层曲面边界。

在菜单栏中选择【插入】|【高级】|【实体自由形状】命令,在弹出的菜单中选择【选出曲面】命令,打开曲面自由形状对话框,如图 6-41 所示。

图 6-41　曲面自由形状对话框

该对话框中有3个选项，各选项意义如下：
- 基准曲面：选择进行自由构建曲面的基本曲面。
- 网格：控制基本曲面上经纬方向的网格数。
- 操作：进行一系列的自由构建曲面操作，如移动曲面、限定曲面自由构建区域等。

创建实体自由形状的主要步骤如下：

（1）打开要创建实体自由特征的模型。

（2）在菜单栏中选择【插入】|【高级】|【实体自由形状】命令，在弹出的菜单中选择【选出曲面】命令，打开曲面自由形状对话框。

（3）选择要进行自由构建的基本曲面。选取现有曲面，为自由形状曲面的定义提供实体或面组参照（基本）曲面。系统在第一方向显示红色等值线栅格。

（4）输入经纬方向的曲线数。在弹出的对话框中，输入相应的曲线数。

（5）设定变形属性。根据设计要求，选择在第一方向、第二方向及垂直方向对曲面进行整体或局部拉伸。

（6）调整曲面形状。可以在【滑块】面板中，拖动滑块动态调整曲面形状。

（7）对曲面进行诊断分析。分析曲面的相关属性，如高斯曲率分析、斜率分析等。

创建实体自由形状的效果如图6-42所示。

> 提示：
> 创建实体自由形状的主要过程即通过控制网格点创建自由形状曲面，其操作方法基本相同，只是前者构建的结果是实体而非曲面，而后者创建的为曲面。

6.4 综合案例

本节包括4个实例，分别为椅子、花键轴及支架的建模。通过这些实例进一步熟悉建模过程的一般流程及常用的特征建模、编辑特征指令的应用。

6.4.1 椅子设计

椅子是常用的家具产品，外形多样，本例讲述其中一种椅子的创建过程。在建模过程中，首先创建椅子曲面的边界曲线，利用所创建的边界曲线通过边界混合的方式创建椅子曲面，最后完成椅子腿的创建，在建模过程中主要涉及截面混合、曲面合并及加厚、实体化、特征镜像等操作，椅子设计的最后结果如图6-43所示。

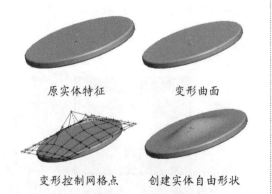

图6-42 实体自由形状

图6-43 椅子模型

操作步骤：

step 01 新建零件文件。单击工具栏中的【新

第6章 特征操作与编辑

建】按钮，建立一个新文件。在【新建】对话框的【类型】选项组中选择【零件】单选按钮，在【子类型】选项组中默认选择【实体】单选按钮，在【名称】文本框中输入文件名"yizi"，并取消选中【使用默认模板】复选框。单击 确定 按钮，在弹出的【新文件选项】对话框中选取模板为【mmns_part_solid】，其各项操作如图6-44和图6-45所示，单击 确定 按钮后，进入系统的零件模块。

图6-44 新建文件

图6-45 "新文件选项"对话框

step 02 创建基准平面。单击右工具栏中的【创建基准平面】按钮，打开【基准平面】对话框，选取TOP平面作为参照平面，采用平面偏移的方式，偏距值分别为40、45和50，并调整平面的偏移方向，使3个基准平面在TOP平面的同侧，完成后单击 确定 按钮，

最后生成图6-46所示的DTM1~DTM3基准平面。

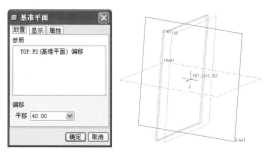

图6-46 创建基准平面

step 03 草绘椅子第一条轮廓线。单击右工具栏中的【草绘基准曲线】按钮，进入草绘环境，绘制基准曲线。选择基准平面DTM1作为草绘平面，绘制如图6-47所示的草绘曲线。

step 04 草绘椅子第二条轮廓线。单击右工具栏中的【草绘基准曲线】按钮，进入草绘环境，绘制基准曲线。选择基准平面DTM2作为草绘平面，绘制如图6-48所示的草绘曲线。

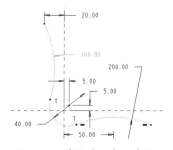

图6-47 草绘第一条轮廓线

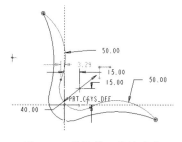

图6-48 草绘第二条轮廓线

step 05 草绘椅子第三条轮廓线。单击右工具栏中的【草绘基准曲线】按钮,进入草绘环境,绘制基准曲线。选择基准平面 DTM3 作为草绘平面,绘制如图 6-49 所示的草绘曲线。

图 6-49　草绘第三条轮廓线

技巧点拨:

在草绘过程中,涉及圆弧绘制时,尽量采用整圆绘制指令,并通过添加各种约束关系来限制图元的相互位置关系。在绘制过程中,为了保证后续草图的绘制能够捕捉到正确位置,应该采用设置草绘参照的方式来完成草图绘制(在菜单栏中选中【草绘】|【参照】命令,设置相应草绘参照)。

step 06 镜像椅子轮廓线。按住 Ctrl 键,在左侧模型树中选取以上绘制的 3 条轮廓线,单击右工具栏中的【镜像】工具按钮,选取 TOP 平面作为镜像平面,完成轮廓线的镜像,如图 6-50 所示。

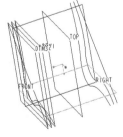

图 6-50　镜像椅子轮廓线

step 07 创建椅子左侧边界曲面。单击右工具栏中的【边界混合】按钮,在弹出的【边界混合】特征操控板中,按住 Ctrl 键,依次选取边界曲线,创建混合曲面,如图 6-51 所示。

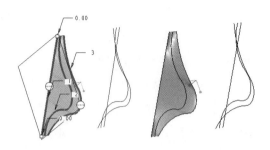

图 6-51　创建椅子左侧边界曲面

step 08 创建椅子右侧边界曲面。操作步骤与上一步相同,单击右工具栏中的【边界混合】按钮,在弹出的【边界混合】特征操控板中,按住 Ctrl 键,依次选取边界曲线,创建混合曲面,如图 6-52 所示。

step 09 创建椅子中部边界曲面。操作步骤与上一步相同,单击右工具栏中的【边界混合】按钮,在弹出的【边界混合】特征操控板中,按住 Ctrl 键,依次选取边界曲线,创建混合曲面如图 6-53 所示。

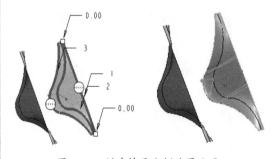

图 6-52　创建椅子右侧边界曲面

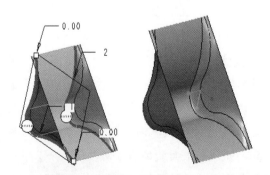

图 6-53　创建椅子中部边界曲面

step 10 合并边界曲面。按住 Ctrl 键,选取如图 6-54 所示的椅子左侧与中部边界曲面,在右工具栏中单击【合并】按钮,完成曲面合并。按同样步骤完成上述合并后曲面与椅子右侧曲面的合并,如图 6-55 所示。

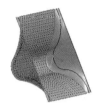
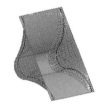

图 6-54　合并椅子左侧与中部曲面　　图 6-55　与右侧曲面合并

step 11 加厚曲面。在左侧模型树中,选取"合并 2",即上一步所完成的整个合并后曲面,在菜单栏中,选择【编辑】|【加厚】命令,将曲面加厚以实现实体化,如图 6-56 所示。

step 12 创建椅子腿。利用旋转方式创建椅子腿,在右工具栏中单击【旋转】按钮,以 TOP 平面作为草绘平面,绘制草绘截面,最后创建的旋转特征如图 6-57 所示。

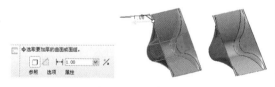

图 6-56　加厚曲面

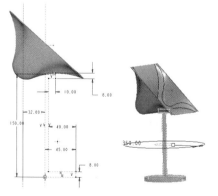

图 6-57　创建椅子腿

step 13 创建倒圆角特征。单击右工具栏中的按钮,选择边线,并输入相应的圆角半径数值,分别为 20、20、5,创建相应的倒圆角特征,如图 6-58 所示。

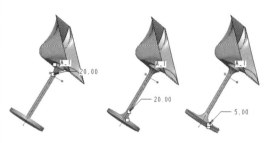

图 6-58　创建倒圆角特征

step 14 完成椅子模型的创建。完成椅子模型的创建,单击按钮,保存设计结果,关闭窗口。

6.4.2　花键轴设计

通常将具有花键结构的轴零件称为花键轴,花键轴上零件与轴的对中性好,适用于定心精度要求高、载荷大或经常滑移的连接。在花键轴的建模过程中,首先通过旋转特征操作建立轴的基体部分,然后通过切除拉伸创建键槽,通过扫描切除及特征阵列操作创建花键槽,最后创建倒圆角和孔特征,最终创建的花键轴如图 6-59 所示。

图 6-59　花键轴模型

操作步骤:

step 01 新建零件文件。单击工具栏中的【新建】按钮,建立一个新零件。在【新建】对话框的【类型】选项组中选择【零件】单选按钮,在【子类型】选项组中默认选中【实体】单选按钮，在【名称】文本框中输入文件名"huajianzhou"，并取消选中【使用默认模板】复选框。单击 确定 按钮，在弹出的【新文件选项】对话框中选取模板为【mmns_part_solid】，其各项操作如图 6-60 和图 6-61 所示，单击 确定 按钮后，进入系统的零件模块。

图 6-60 "新建"对话框   图 6-61 "新文件选项"对话框

step 02 以旋转方式建立轴基体。单击绘图区右侧的【旋转工具】按钮，打开【旋转】特征操控板，单击其中的【放置】菜单，打开【草绘】对话框，选择基准平面 FRONT 作为草绘平面，其他设置接受系统默认参数，最后单击 草绘 按钮进入草绘模式。绘制如图 6-62 所示的旋转剖面图，完成后单击 ✓ 按钮退出草绘模式。生成如图 6-63 所示旋转实体特征。

图 6-62 旋转剖面图

图 6-63 创建旋转实体特征

step 03 创建倒角特征。单击绘图区右侧的【倒角】按钮，打开【倒角】特征操控板，操作过程如图 6-64 所示。

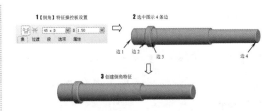

图 6-64 创建旋转实体特征

step 04 创建基准平面。单击 按钮，打开【基准平面】对话框。选取 TOP 平面作为作为参照，采用平面偏移的方式，偏距为 17，并调整平面的偏移方向，按照图 3-65 所示设置【基准平面】对话框。完成后单击 确定 按钮，最后生成图 6-65 所示的 DTM1 基准平面。

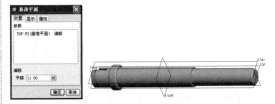

图 6-65 新建基准平面 DTM1

step 05 创建键槽结构。运用拉伸命令的去除材料功能，创建键槽结构，其中草绘平面选取上一步所建立基准面 DTM1，主要操作过程如图 6-66 所示。

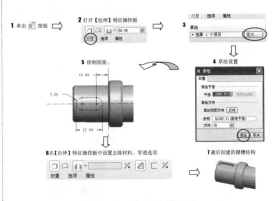

图 6-66 建立键槽结构

step 06 创建其中一个花键槽。主要利用扫描切除命令，其中包括定义扫描轨迹、设置扫描属性及扫描截面的定义等，主要操作过程如图 6-67 所示。

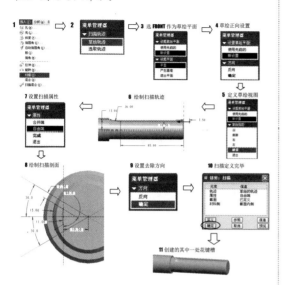

图 6-67 创建一处花键槽

step 07 以阵列方式创建其余花键槽。单击 按钮，打开【阵列】特征操控板，采用轴向阵列的方式，选取轴的基体轴线作为阵列轴线，沿圆周方向阵列个数为 6，参数设置如图 6-68 所示，阵列结果如图 6-69 所示。

图 6-68 阵列参数设置

图 6-69 完成花键结构

step 08 创建标准螺纹孔。单击 按钮，打开【孔】特征操控板，选择孔类型为 ，创建标准螺纹孔，螺钉尺寸及钻孔深度如图 6-70 所示。定位孔时，单击放置菜单，在模型中选择特征轴 A_1 作为第一个放置参照，同时按住 Ctrl 键选择端面作为另一放置参照，最后创建的花键轴如图 6-71 所示。

图 6-70 创建螺纹孔

图 6-71 最终创建的花键轴

step 09 完成花键轴零件模型设计。单击 按钮，保存设计结果，关闭窗口。

6.4.3 支架零件设计

支架通常作为轴类零件的支撑件，并可以作为小型底座使用。在支架模型的创建过程中，首先利用拉伸实体特征创建支架基体、底座部分，然后利用拉伸去除材料的方式创建支撑部分，最后创建筋及孔特征，在建模过程中，主要涉及特征镜像、阵列等操作。最后创建的支架模型如图 6-72 所示。

图 6-72 支架模型

操作步骤：

step 01 新建零件文件。单击工具栏中的【新建】按钮 ，建立一个新零件。在【新建】对话框的【名称】文本框中输入文件名"zhijia"，单击 按钮，进入系统的零件模块。

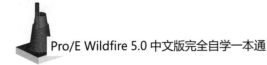

step 02 以拉伸方式建立支架支撑孔。单击绘图区右侧的【拉伸工具】按钮，打开【拉伸】特征操控板，主要操作过程如图6-73所示，注意拉伸方式设置为对称拉伸。最后生成拉伸实体特征。

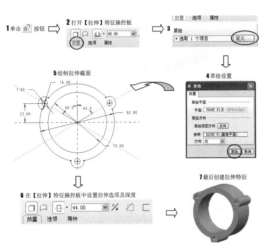

图 6-73 创建支撑孔

step 03 创建基准平面。单击按钮，打开【基准平面】对话框。选取TOP平面作为作为参照，采用平面偏移的方式，偏距为52，按照图6-74所示设置【基准平面】对话框中的参数。完成后单击【确定】按钮，最后生成DTM1基准平面。

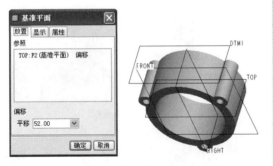

图 6-74 创建基准平面 DTM1

step 04 以拉伸方式创建支架顶部凸台。主要操作过程如图6-75所示，其中在拉伸草绘设置中，利用上一步创建的基准平面作为草

绘平面，采用拉伸到选定曲面的方式，最后创建出拉伸凸台。

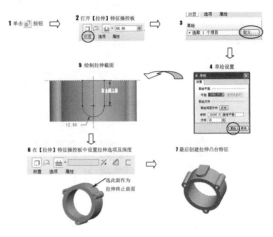

图 6-75 创建顶部凸台

step 05 创建凸台上的孔特征。单击按钮，主要操作过程如图6-76所示，注意在选取放置参照时，按住Ctrl键选择两个侧面作为孔的放置参照，最后创建孔特征。

step 06 创建基准平面。单击按钮，打开【基准平面】对话框，创建基准平面DTM2，主要操作过程如图6-77所示。

step 07 以拉伸方式创建底座部分。以上一步所创建的基准平面DTM2作为草绘平面，创建底座特征，如图6-78所示。

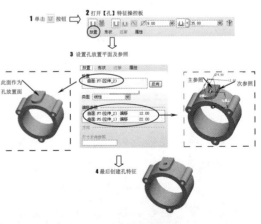

图 6-76 创建孔特征

图 6-77 创建基准平面 DTM2

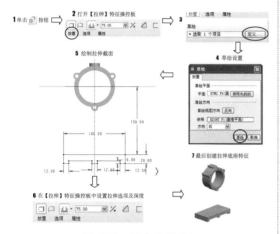

图 6-78 创建底座特征

step 08 以拉伸去除材料方式创建底座缺口部分。主要操作过程如图 6-79 所示。

step 09 创建中间支撑实体部分。主要操作过程如图 6-80 所示。其中在绘制拉伸截面时，选用 TOP 和 RIGHT 基准面作为草绘参照，并利用草绘工具 创建上部轮廓部分。

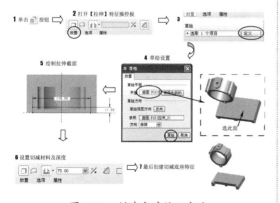

图 6-79 创建底座缺口部分

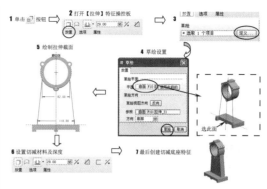

图 6-80 创建中间支撑实体部分

step 10 创建中间支撑实体切除部分。主要操作过程如图 6-81 所示。在绘制截面时，综合运用草绘工具中的 与 创建拉伸截面。

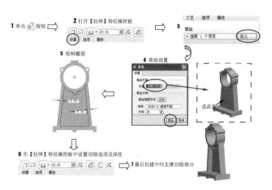

图 6-81 创建中间支撑实体切除部分

step 11 创建筋部分。单击 按钮，主要操作过程如图 6-82 所示。

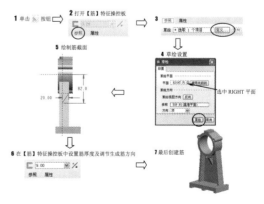

图 6-82 创建筋

step 12
以拉伸切除方式创建底座安装槽部分。主要操作过程如图 6-83 所示。

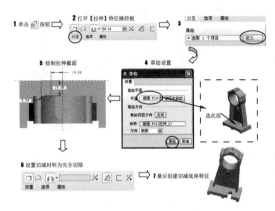

图 6-83 创建底部安装槽

step 13
镜像生成另一底座安装槽。选中上一步所创建的槽特征，单击右工具栏中的按钮，主要操作过程如图 6-84 所示。

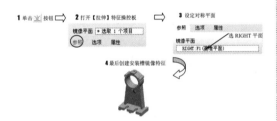

图 6-84 创建底部安装槽镜像特征

step 14
创建倒圆角特征，完成支架模型创建。单击右工具栏中的按钮，选择如图 6-85 所示的边线，并输入圆角半径数值 5。最后创建的支架模型如图 6-85 所示。

图 6-85 选取倒圆角边线

step 15
完成支架模型创建，单击按钮保存设计结果，关闭窗口。

6.4.4 电话设计

电话模型主要包括两部分：听筒部分和电话线部分。在听筒的建模过程中，主要涉及曲面合并、加厚、偏移及阵列等特征操作；而对于电话线部分采用扫描特征建立即可。创建的电话模型如图 6-86 所示。

图 6-86 电话模型

操作步骤：

step 01
新建零件文件。单击工具栏中的【新建】按钮，建立一个新零件。在【新建】对话框的【类型】选项组中选择【零件】单选按钮，在【子类型】选项组中默认选中【实体】单选按钮，在【名称】文本框中输入文件名 "dianhua"，并取消选中【使用默认模板】复选框。单击 确定 按钮，在弹出的【新文件选项】对话框中选取模板为【mmns_part_solid】，其各项操作如图 6-87 和图 6-88 所示，单击 确定 按钮后，进入系统的零件模块。

图 6-87 "新文件"　　图 6-88 "新文件选项"
　　　对话框　　　　　　　对话框

step 02
创建电话听筒第一组外形轮廓曲线。听筒外形轮廓由两组曲线组成，需分别创建。

单击右工具栏中的【草绘基准曲线】按钮，进入草绘环境，选择RIGHT基准平面作为草绘平面，利用【椭圆】绘制工具，并利用【修剪】工具进行编辑，标注相应的尺寸，绘制如图6-89所示的包括草绘曲线。

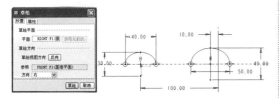

图6-89 草绘听筒第一组轮廓曲线

step 03 创建电话听筒第二组外形轮廓曲线。基本过程与上一步相同，需要选择TOP基准平面作为草绘平面，绘制两条椭圆曲线并进行编辑，标注相应的尺寸，绘制如图6-90所示的草绘曲线。

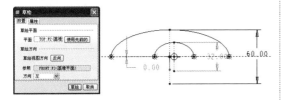

图6-90 草绘听筒第二组轮廓曲线

技巧点拨：

绘制第二组轮廓曲线时，应该通过设定约束使第二组曲线分别捕捉到第一组轮廓曲线的端点，以保证在后续创建曲面时不易出错。

step 04 建立边界混合曲面。利用上述创建的草绘曲线作为边界曲线，分别作为两个方向的边界链，创建边界混合曲面，主要过程如图6-91所示。

step 05 镜像曲面。选中上一步创建的边界混合曲面，单击右工具栏中的【镜像】工具按钮，选取TOP平面作为镜像平面，完成曲面的镜像，如图6-92所示。

step 06 合并曲面。按住Ctrl键，选取以上两步创建的曲面，在右工具栏中单击【合并】按钮，完成曲面合并，如图6-93所示。

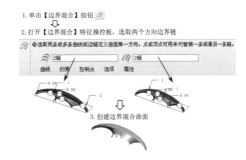

图6-91 创建边界混合曲面

图6-92 镜像曲面

图6-93 合并曲面

step 07 加厚曲面。在左侧模型树中，选取上一步创建的合并曲面"合并1"，在菜单栏中，选择【编辑】|【加厚】命令，将曲面加厚以实现实体化，如图6-94所示。

图6-94 加厚曲面

step 08 创建拉伸特征。在听筒的大椭圆截面处创建拉伸实体特征，主要创建过程及结果如图6-95所示。

step 09 创建倒圆角特征。单击右工具栏中的按钮，选择如图6-96所示的边线，并输入相应的圆角半径数值5，创建倒圆角特征，如图6-96所示。

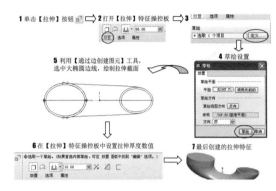

图6-95　创建拉伸特征

图6-96　创建倒圆角特征

step 10　创建曲面偏移特征。对拉伸特征端面进行偏移操作，偏移类型为【具有拔模特征偏移】，创建过程及结果如图6-97所示。

step 11　使用拉伸特征创建切割孔。单击右工具栏中的【拉伸】工具按钮，打开【拉伸】特征操控板，单击【去除材料选项】按钮，以上一步偏移后椭圆端面作为草绘平面，绘制直径为4的小圆作为草绘图形，创建的切割孔特征如图6-98所示。

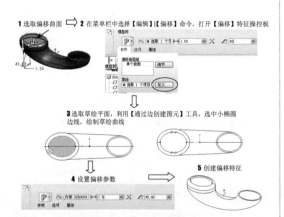

图6-97　创建曲面偏移特征

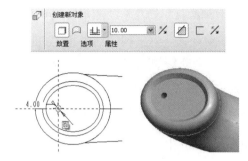

图6-98　创建切割孔

step 12　阵列复制孔特征。选取上一步创建的孔特征，采用填充阵列的方式，绘制阵列曲线，创建孔的阵列特征，如图6-99所示。

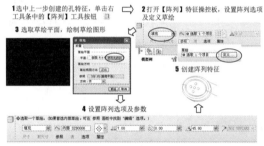

图6-99　阵列孔特征

step 13　创建拉伸特征。在听筒的小椭圆截面处创建拉伸实体特征，主要创建过程及结果如图6-100所示。

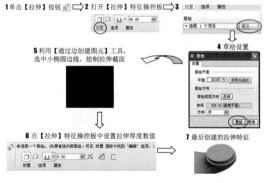

图6-100　创建拉伸特征

step 14　使用拉伸特征创建切割孔。在上一步创建的拉伸特征的基础上，创建切割孔，创建步骤与步骤11相同，如图6-101所示。

图 6-101 创建切割孔

step 15 建立倒圆角特征。单击右工具栏中的 按钮，选择如图 6-102 所示的边线，并输入相应的圆角半径数值分别为 5，创建倒圆角特征。

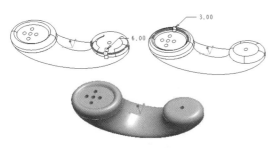

图 6-102 创建倒圆角特征

step 16 创建扫描特征。利用【扫描】特征工具绘制电话线，其中利用样条曲线绘制功能绘制扫描轨迹，并通过修改曲线点的坐标创建三维空间曲线。创建扫描特征的主要过程及结果如图 6-103 所示。

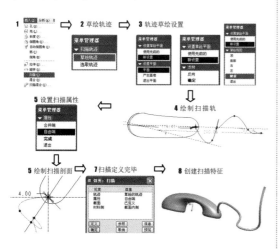

图 6-103 创建扫描特征

step 17 完成电话模型创建，单击 按钮保存设计结果，关闭窗口。

6.5 习题训练

一、思考题

（1）常用的编辑特征有哪些？

（2）常用的编辑特征命令中，哪些命令仅用于实体特征操作？

（3）常用的编辑特征命令中，哪些命令仅用于曲面特征操作？

二、操作题

（1）创建如图 6-104 所示的天线罩。

（2）创建如图 6-105 所示的饮料瓶模型。

图 6-104 天线罩模型　　图 6-105 饮料瓶模型

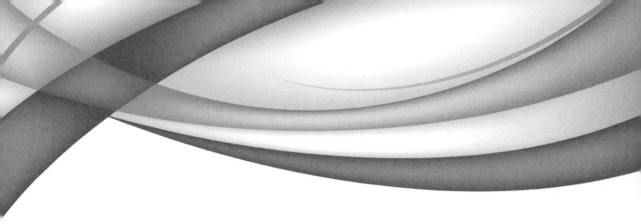

第 7 章
模型参数化设计

本章内容

模型参数化设计是 Pro/E 重点强调的设计理念。参数是参数化设计中的核心概念,在一个模型中,参数是通过"尺寸"的形式来体现的。参数化设计的突出优点在于可以通过变更参数的方法来方便地修改设计意图,从而修改设计结果。关系式是参数化设计中的另外一项重要内容,它体现了参数之间相互制约的"父子"关系。本章将全面介绍参数化设计的基本方法和设计过程。

知识要点

- ☑ 关系式及其应用
- ☑ 参数及其应用
- ☑ 插入 2D 基准图形
- ☑ 特征再生失败及其处理

7.1 关系

关系是参数化设计的另一个重要元素，通过定义关系可以在参数和对应模型之间引入特定的"父子"关系。当参数值变更后，通过这些关系来规范模型再生后的形状和大小。

7.1.1 【关系】对话框

在菜单栏中选择【工具】|【关系】命令，可以打开如图 7-1 所示的【关系】对话框。

图 7-1 【关系】对话框

如果单击对话框底部的【局部参数】按钮，可以在对话框底部显示【局部参数】面板，用于显示模型上已经创建的参数，如图 7-2 所示。

图 7-2 【局部参数】面板

7.1.2 将参数与模型尺寸相关联

在参数化设计中，通常需要将参数和模型上的尺寸相关联，这主要是通过在【参数】对话框中编辑关系式来实现的。

下面介绍基本设计步骤。

1. 创建模型

按照前面的介绍，在为长方体模型创建了 L、W 和 H 这 3 个参数后，再使用拉伸的方法创建如图 7-3 所示的模型。

图 7-3 长方体模型

2. 显示模型尺寸

要在参数和模型上的尺寸之间建立关系，首先必须显示模型尺寸。比较简单快捷地显示模型尺寸的方法是在模型树窗口相应的特征上单击鼠标右键，然后在弹出的快捷菜单中选择【编辑】命令，如图 7-4 所示。

如图 7-5 所示是显示模型尺寸后的结果。

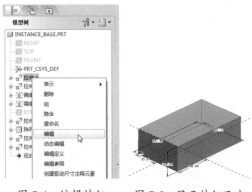

图 7-4 编辑特征　　图 7-5 显示特征尺寸

3. 在特征尺寸和参数之间建立关系

按照下列步骤在特征尺寸和参数之间建

立关系。

（1）打开【关系】对话框。

当模型上显示特征尺寸后，可以按照前述方法，在菜单栏中选择【工具】|【关系】命令，可以打开【关系】对话框。

> **技巧点拨：**
> 此时模型上的尺寸将以代号形式显示。

（2）编辑关系。

接下来就可以编辑关系了。设计者可以直接在键盘上输入关系，也可以单击模型上的尺寸代号并配合【关系】对话框左侧的运算符号按钮来编辑关系。按照如图 7-6 所示在长方体的长、宽、高 3 个尺寸与 L、W 和 H 等 3 个参数之间建立关系。编辑完后，单击对话框中的【确定】按钮保存关系。

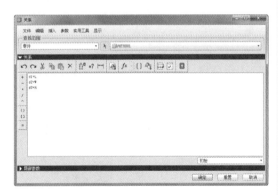

图 7-6　编辑关系

（3）再生模型。

在【编辑】菜单中选择【再生】命令或在上工具栏中单击按钮再生模型。系统将使用新的参数值（$L = 30$、$W = 40$ 和 $H = 50$）更新模型，结果如图 7-7 所示。

图 7-7　再生后的模型

（4）增加关系。

如果希望将该长方体模型改为正方体模型，可以再次打开该对话框，继续添加如图 7-8 所示的关系。如图 7-9 所示是再生后的模型。

图 7-8　添加关系

图 7-9　再生后的模型

> **技巧点拨：**
> 注意关系"$W = L$"与关系"$L = W$"的区别，前者用参数 L 的值更新参数 W 的值，建立该关系后，参数 W 的值被锁定，只能随参数 L 的改变而改变，如图 7-10 所示。后者的情况刚好相反。

图 7-10　【关系】对话框

7.1.3 利用关系进行建模训练

学习了"关系"的理论知识，下面通过几个小案例来熟悉利用关系来设计特殊形状模型的方法。

动手操练——利用关系式设计麻花绳子

step 01 新建 shengzi 模型文件。

step 02 以 TOP 作为草图平面，利用【曲线】工具，在平面上绘制如图 7-11 所示的封闭样条曲线。

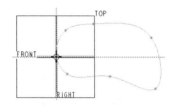

图 7-11 绘制样条曲线

step 03 单击【可变截面扫描】按钮，打开操控板。选择曲线作为扫描轨迹，然后单击【创建或编辑扫描剖面】按钮进入草绘模式。绘制出如图 7-12 所示的等边三角形截面。

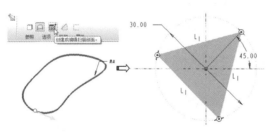

图 7-12 绘制等边三角形截面

技巧点拨：
注意标注角度的参考斜线不要用中心线绘制，用直线绘制后单击鼠标右键选择【构建】命令即可。

step 04 在草绘模式下，选择菜单栏的【工具】|【关系】命令，为角度尺寸为 45° 的曲线添加关系式，如图 7-13 所示。

step 05 退出草绘模式，查看特征预览，然后单击【应用】按钮，完成可变截面扫描曲面特征的创建。结果如图 7-14 所示。

step 06 再利用【可变截面扫描】，选择扫描曲面的一条边线折弯扫描轨迹，如图 7-15 所示，选择扫描轨迹。然后进入草绘模式，绘制如图 7-16 所示的截面。

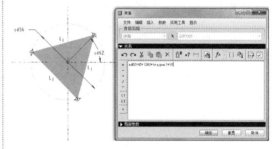

图 7-13 添加关系式

图 7-14 创建可变截面扫描曲面特征

图 7-15 选择扫描轨迹　　图 7-16 绘制截面

step 07 退出草绘模式后，单击【应用】按钮，完成扫描实体特征的创建。如图 7-17 所示。

step 08 同理，在可变扫描曲面特征的另外两条边线上，也分别创建出扫描实体特征。最终结果如图 7-18 所示。

图 7-17 完成扫描实体　　图 7-18 完成的麻花绳
特征的创建

7.2 参数

参数用于提供关于设计对象的附加信息，是参数化设计的重要元素之一。参数与模型一起存储，参数可以标明不同模型的属性，例如在一个"族表"中创建参数"成本"后，对于该族表中的不同实例可以为其设置不同的值，以示区别。

参数的另一个重要用法就是配合关系的使用来创建参数化模型，通过变更参数的数值来变更模型的形状和大小。

7.2.1 参数概述

通过前面的建模过程中，读者已经初步掌握了通过尺寸来约束特征形状和位置的一般方法，并且理解了"尺寸驱动"的含义，也进一步体会了通过"尺寸驱动"方法来创建模型的优势和特点。

在实际设计中，常常会遇到这样的问题：有时候需要创建一种系列产品，这些产品在结构特点和建模方法上都有极大的相似之处，例如一组不同齿数的齿轮、一组不同直径的螺钉等。如果能够对一个已经设计完成的模型做最简单的修改，就可以获得另外一种设计结果（例如将一个具有 30 个轮齿的齿轮改变为具有 40 个轮齿的齿轮），将大大节约设计时间，增加模型的利用率。要实现这种设计方法，可以借助"参数"来实现。

> **技巧点拨：**
> 要完全确定一个长方形模型的形状和大小需要怎么样的尺寸？当创建完成一个长方体模型后，怎样更改其形状和大小呢？

不难知道，只要给出一个长方体模型的长、宽和高 3 个尺寸就可以完全确定该模型的形状和大小。而要更改其形状和大小则需要使用编辑或重定义模型的方法通过修改相关尺寸来实现。那么是否还有更加简便的方法呢？

在 Pro/E 中，可以将长方体模型的长、宽和高等 3 个数据设置为参数，将这些参数与图形中的尺寸建立关联关系后，只要变更参数的具体数值，就可以轻松改变模型的形状和大小，这就是参数在设计中的用途。

7.2.2 参数的设置

在 Pro/E 中，可以方便地在模型中添加一组参数，通过变更参数值来实现对设计意图的修改。新建零件文件后，在菜单栏中选择【工具】|【参数】命令，将打开如图 7-19 所示【参数】对话框，使用该对话框在模型中创建或编辑用户定义的参数。

图 7-19 【参数】对话框

1. 添加参数

进行参数化设计的第一个步骤就是添加参数。在【参数】对话框左下角单击 按钮，或者在对话框中的【参数】菜单中选取【添加参数】命令，在【参数】对话框中都将新增一行内容，依次为参数设置以下属性项目。

（1）名称。

参数的名称和标识，用于区分不同的参数，是引用参数的根据。注意，Pro/E 的参数不区分大小写，例如参数"D"和参数"d"是同一个参数。参数名不能包含非字母数字字符，如！、"、@ 和 # 等。

技巧点拨：

用于关系的参数必须以字母开头，而且一旦设定了用户参数的名称，就不能对其进行更改。

（2）类型。

为参数指定类型时，可以选用的类型如下：
- 【整数】：整型数据，例如齿轮的齿数等。
- 【实数】：实数数据，例如长度、半径等。
- 【字符串】：符号型数据，例如标识等。
- 【是否】：二值型数据，例如条件是否满足等。

（3）值。

为参数设置一个初始值，该值可以在随后的设计中修改，从而变更设计结果。

（4）指定。

选中列表中的复选框可以使参数在产品数据管理（Product Data Management，PDM）系统中可见。

（5）访问。

该选项用于为参数设置访问权限。可以选用的访问权限如下：
- 【完全】：无限制的访问权限，用户可以随意访问参数。
- 【限制】：具有限制权限的参数。
- 【锁定】：锁定的参数，这些参数不能随意更改，通常由关系决定其值。

（6）源。

该选项用于指明参数的来源，常用的来源如下：
- 【用户定义的】：用户定义的参数，其值可以自由修改。
- 【关系】：由关系驱动的参数，其值不能自由修改，只能由关系来确定。

技巧点拨：

在参数之间建立关系后可以将由用户定义的参数变为由关系驱动的参数。

2．增删参数的属性项目

前面介绍的参数包含上述属性项目，设计者在使用时可以根据个人爱好删除以上9项中除"名称"之外的其他属性项目，具体操作步骤如下：

（1）单击"参数表列"按钮打开【参数表列】对话框。

（2）在【参数表列】对话框选取不显示的项目，如图9-20所示。

图 7-20　选取不显示的项目

7.2.3　编辑属性参数项目

增加新的参数后，可以在参数列表中直接编辑该参数，为各个属性项目设置不同的值。也可以在【参数】对话框右下角单击【属性】按钮，打开如图7-21所示的【参数属性】对话框进行编辑。

图 7-21　【参数属性】对话框

7.2.4 向特定对象中添加参数

在【参数】对话框中的【查找范围】下拉列表框中,选择想要对其添加参数的对象类型。这些对象主要有以下内容。

- 【组件】:在组件中设置参数。
- 【骨架】:在骨架中设置参数。
- 【元件】:在元件中设置参数。
- 【零件】:在零件中设置参数。
- 【特征】:在特征中设置参数。
- 【继承】:在继承关系中设置参数。
- 【面组】:在面组中设置参数。
- 【曲面】:在曲面中设置参数。
- 【边】:在边中设置参数。
- 【曲线】:在曲线中设置参数。
- 【复合曲线】:在复合曲线中设置参数。
- 【注释元素】:存取为注释特征元素定义的参数。

如果在特征上创建参数,可以在模型树窗口中选定的特征上单击鼠标右键,然后在右键快捷菜单中选取【编辑参数】命令,如图 7-22 所示,也可以打开【参数】对话框在其中进行参数设置。如果选取多个对象,则可以编辑所有选取对象中的公用参数。

图 7-22　编辑特征参数

7.2.5 删除参数

如果要删除某一个参数,可以首先在【参数】对话框的参数列表中选中该参数,然后在对话框底部单击 — 按钮删除该参数。但是不能删除由关系驱动的或在关系中使用的用户参数。对于这些参数,必须先删除其中使用参数的关系,然后再删除参数。

动手操练——利用参数定义机械零件

step 01 新建名称为 lingjian 的模型文件。

step 02 利用【旋转】工具,在 FRONT 基准平面上绘制草图,并完成旋转特征的创建,如图 7-23 所示。

> **技巧点拨:**
> 建立参数之前,先任意绘制旋转截面。

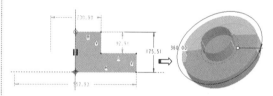

图 7-23　创建旋转特征

step 03 利用【孔】工具,打开【孔】操控板。选择模型上表面作为孔的放置面,然再选择偏移参照,最后单击【应用】按钮✓完成孔 1 的创建(孔直径取任意值),如图 7-24 所示。

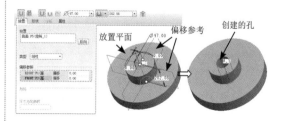

图 7-24　创建孔 1

step 04 同理,再利用【孔】工具,在模型台阶面上创建孔特征 2,偏移参照为 RIGHT 基准平面与 FRONT 基准平面,结果如图 7-25 所示。

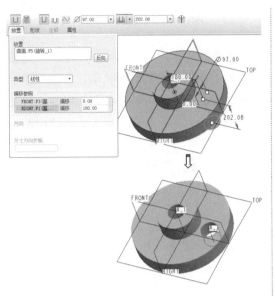

图 7-25 创建孔特征 2

step 05 利用【阵列】工具,选择孔特征 2 进行轴阵列,阵列设置及结果如图 7-26 所示。

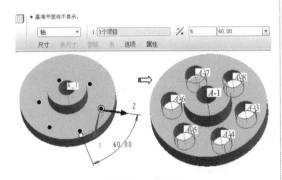

图 7-26 阵列孔

step 06 设置参数。在菜单栏中选择【工具】|【参数】命令,打开【参数】对话框。然后输入模型整体直径 $D=300$,高度 $H=100$;阵列小孔直径 $DL=50$,阵列成员数 $N=6$,阵列中心距 $DM=112.5$;中心孔直径 $DZ=100$,中心孔高度 $DH=100$;凸台直径 $DT=150$,高度 $DTH=50$,如图 7-27 所示。

step 07 设置参数后,还要建立参数与图形尺寸之间的关系,即创建尺寸驱动。在菜单栏中选择【工具】|【关系】命令,打开【关系】

对话框。首先在对话框中输入旋转特征中如图 7-28 所示的尺寸关系。

图 7-27 输入参数

图 7-28 输入旋转特征的尺寸关系

技巧点拨:

要想显示尺寸,须在模型树中选中该特征,并选择右键菜单中的【编辑】命令。

step 08 接着输入中心孔直径和高度的尺寸关系,如图 7-29 所示。

图 7-29 添加中心孔的尺寸关系

step 09 最后再输入阵列孔的直径和阵列个数的尺寸关系,如图 7-30 所示。

第 7 章 模型参数化设计

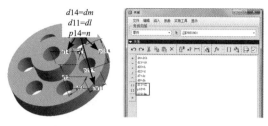

图 7-30 输入阵列小孔的尺寸关系

step 10 创建尺寸关系后,还要设置程序,便于用户通过输入新尺寸来再生零件。在菜单栏中选择【工具】|【程序】命令,打开【程序】菜单管理器。选择【编辑设计】命令,打开记事本,如图 7-31 所示。

step 11 在记事本中的 INPUT 和 END INPUT 之间插入如图 7-32 所示的字符。

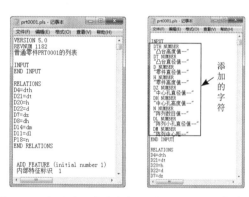

图 7-31 打开的记事本文档　图 7-32 插入字符

step 12 完成后关闭记事本,然后单击【确认】对话框中的【是】按钮,再选择菜单中的【当前值】命令,零件模型随即自动更新至参数化后的尺寸,如图 7-33 所示。

图 7-33 完成程序的指定

step 13 在模型树的顶层部件上单击鼠标右键,并选择快捷菜单中的【再生】命令,打开菜单管理器。选择【输入】命令,可以勾

选相应的选项,进行参数设置,以此创建新的零件,如图 7-34 所示。

图 7-34 如何使用参数化设置命令

step 14 如图 7-35 所示为更改阵列小圆直径 *DL* 和中心孔直径 *DZ* 参数后重新再生的零件模型。

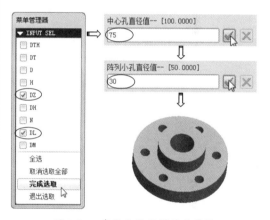

图 7-35 参数化设置并再生零件

7.3 插入 2D 基准图形关系

利用 Pro/E 创建具有变化截面的特征,通常会利用 2D 基准图形的功能,创建可变的截面。前面所讲解的"关系"应用,在没有插入 2D 基准图形前,仅仅是创建可变的轨迹。

7.3.1 什么是 2D 基准图形关系

"2D 基准图形"实际上是一个函数。主要是用来补充非线性变化的。"2D 基准图形

（Graph）"主要是利用函数的概念来控制截面变化的。

> **技巧点拨：**
> 注意通过 Graph 所绘制的函数一定不能是多值（即：坐标平面上的每一个 x 值只能有唯一的 y 值与之对应）。

另外，在 Graph 里面所绘制的函数不一定是标准函数，大部分都是我们自己根据实际所创建的：需要怎样的形状、需要形状在什么范围内变化是绘制 Graph 的目的。而关系就实现就在 Graph 上面。

"2D 基准图形"通常与"可变截面扫描"工具结合使用。

7.3.2　2D 基准图形的应用

在菜单栏中选择【插入】|【模型基准】|【图形】命令，Pro/E 会提示用户需要为创建特征输入一个名字，如图 7-36 所示。命名的规则必须是英文名称，也可以输入 G1，G2，G3 等。

图 7-36　为 2D 基准图形命名

> **技巧点拨：**
> 由于在用于创建特征时的函数关系式中不能出现中文名称，所以必须是英文命名或代码命名。

单击【应用】按钮，将会弹出新的草绘窗口，如图 7-37 所示。

> **技巧点拨：**
> 要关闭窗口，必须在草绘窗口中选择【文件】|【关闭窗口】命令，或者选择【窗口】|【关闭】命令。

在草绘窗口下，绘制图形前必先创建草绘模式中的坐标系作为参考。否则，将不能为函数添加关系式，甚至不能退出草绘窗口。

正确的 2D 基准图形须包括以下几个要素（如图 7-37 所示）：

- 必先创建草绘坐标系（非几何坐标系）。
- 创建坐标系后需绘制用于标注参考的中心线（非几何中心线）。
- 截面必须是开放的，不能封闭。

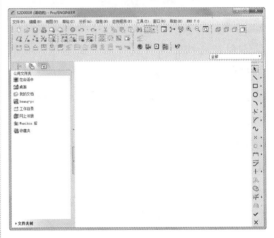

图 7-36　新的草绘窗口

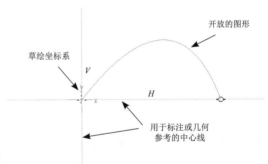

图 7-37　2D 基准图形的 3 个要素

为了更好地表达出"2D 基准图形"的应用方法，下面通过实例来说明操作过程。

动手操练——利用 2D 基准图形设计"田螺"造型

本例是用田螺的外壳造型来说明"2D 基准图形"与"可变截面扫描"工具巧妙结合应用的方法的，如图 7-38 所示。

step 01　新建名称为 tianluo 的模型文件。

step 02　在菜单栏中选择【插入】|【模型基准】

|【图形】命令，然后输入图形的名称G1，然后在新的草绘窗口中绘制如图7-39所示的图形。

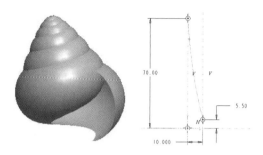

图7-38 田螺外壳造型　　图7-39 绘制草图

step 03 在菜单栏中选择【插入】|【螺旋扫描】|【曲面】命令，然后选择如图7-40所示的系列命令，进入草绘模式。

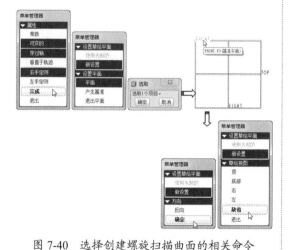

图7-40 选择创建螺旋扫描曲面的相关命令

step 04 进入草绘模式后绘制如图7-41所示的扫描轨迹。

图7-41 绘制扫描轨迹

技巧点拨：

绘制开放的轨迹时，还需要绘制中心线，否则截面不完整。

step 05 退出草绘模式后，输入起点的螺距值和终点的螺距值，输入后弹出【图形】菜单管理器，然后提示添加扫描轨迹线上的点，以此设置此点的螺距值，如图7-42所示。

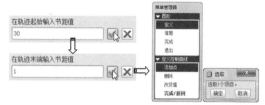

图7-42 设置起点和终点的螺距值

step 06 在轨迹线上依次选取节点作为参考点，然后输入该点的螺距值，同时将添加的点和螺距值显示在打开的基准图形窗口中。如图7-43所示。

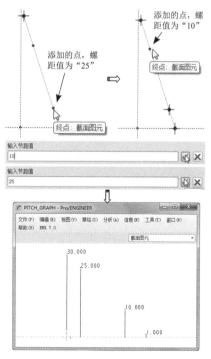

图7-43 添加点设置螺距

7.4 特征再生失败及其处理

在使用 Pro/E 进行三维建模时,每当设置完特征参数或更新特征参数后,系统都会按特征创建顺序,并根据特征间父子关系的层次逐个重新创建模型特征。但是,并不是随意指定参数都可以获得正确的设计结果的,不合适的参数或操作可能导致特征失败。这时就需要对失败的特征进行解决以获得正确的结果。

step 07 选择【图形】菜单中的【完成】命令,再绘制如图 7-44 所示的开放的扫描截面。

step 08 利用【关系】命令,将尺寸添加到关系式中,如图 7-45 所示。

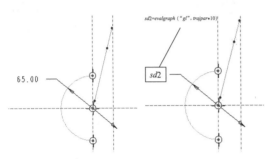

图 7-44 绘制扫描截面　　图 7-45 添加关系式

技巧点拨:

截面的尺寸为任意,此尺寸由驱动尺寸控制。

关于 "sd2=evalgraph("g1", trajpar*10)" 关系式

此关系式表达了这样一个意思:将基准图形 g1 特定范围内的每一个横坐标对应的纵坐标的值赋给 sd2(尺寸代号)。"trajpar*10" 的含义为在 g1 图形中取 "X=0" 与 "X=100" 之间所对应的纵坐标作为取值范围。trajpar 取值范围是 [0, 1],开始取 0,结束取 1。

"trajpar*10" 中的 "10" 为变量值,实际上控制 sd1 可取值的范围。

step 09 退出草绘模式,在【曲面:螺旋扫描】对话框中单击【确定】按钮,完成螺旋曲面的创建,如图 7-46 所示。

图 7-46 创建完成的田螺

7.4.1 特征再生失败的原因

导致特征再生失败的原因有很多,归纳起来主要有以下几种情况:

- 在创建实体模型时,指定了不合适的尺寸参数。例如,在创建扫描实体(曲面)特征时,如果扫描轨迹线的转折过急,而剖面尺寸较大,将导致特征生成失败。
- 在创建实体模型时,指定了不合适的方向参数。例如,创建筋特征时指定了不合理的材料填充方向、创建减材料特征时指定了不正确的特征生成方向。
- 设计者删除或隐含了特征。如果设计者删除或隐含了特征,却并未为该特征的子特征重新设定父特征,也将导致特征再生失败。
- 设计参照缺失。在变更模型设计意图的过程中,如果对其他特征的修改操作而导致某一特征的设计参照丢失,也将导致该特征再生失败。

特征再生失败后,Pro/E 首先弹出警示对话框,随后自动进入"解决"环境(也称"修复模型模式")。"解决"环境具有以下特点:

- 【文件】|【保存】功能不再可用。
- 失败的特征和所有随后的特征均不会再生。当前模型只显示再生特征在其最后一次成功再生时的状态。
- 如果当前正在使用特征设计工具创建特征,此时系统会打开【故障排除器】对话框,以便给出特征再生失败的相关信息。通过显示的注解,可以找出问题的解决方法,如图7-47所示。

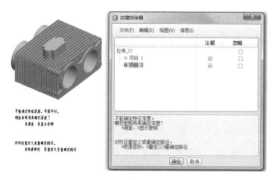

图7-47 【故障排除器】对话框

- 如果当前并未使用特征设计工具创建特征,系统将直接打开【特征诊断】对话框和【求解特征】菜单解决再生失败问题。

对于再生失败的模型,可以通过模型诊断来发现问题所在,然后再根据问题的特点采用适当的方法来修复模型,下面将介绍具体的解决方法。

7.4.2 【故障排除器】对话框

当特征再生失败后,可以打开【故障排除器】对话框,查看再生过程中遇到的警告及错误信息,加亮这些项目还可以在模型中为错误信息定位。

1. 打开【故障排除器】对话框的方法

在特征工具中工作时,可使用下列方法之一来访问【故障排除器】对话框:

- 对于某些特征,完成参数设置后单击【确定】按钮创建特征时,如果使用当前参数不能够创建特征,【故障排除器】对话框会自动打开。
- 在为特征设置参数时,如果参数收集中包含红点(错误的参数)或黄点(警告参数),则在其上单击鼠标右键,然后从快捷菜单中选取【错误内容】命令,也将打开【故障排除器】对话框。

2. 【故障排除器】对话框的使用

在【故障排除器】对话框中将列出再生失败的特征,其下跟有包含错误的项目。每一项目前面均带有"◎"(警告信息)或"●"(错误信息),如图7-48所示。

图7-48 【故障排除器】对话框

3. 查看错误项目

在【故障排除器】对话框中选中错误项目,在其下的列表框中将显示一条描述该问题的消息。如果几何体存在,便会在模型中加亮显示,如图7-49所示。

4. 处理错误项目

查看错误信息后,可以在该项目右侧的

对应复选框中选取处理方法,选中【注解】复选框将在模型上为该错误项目添加注释,选中【忽略】复选项将忽略该错误。

使用【故障排除器】对话框查看完相关信息后,单击关闭按钮。如果此时尚在使用设计工具进行设计,可以单击相应按钮进一步修改设计参数。

图 7-49 显示故障位置

7.5 拓展训练

本节用圆柱直齿轮和蜗轮蜗杆传动的参数化建模作为案例,目的是让读者熟练掌握参数化设计的技巧。

7.5.1 圆柱直齿轮参数化设计

在创建参数化的齿轮模型时,首先创建参数,然后创建组成齿轮的基本曲线,最后创建齿轮模型,设计通过在参数间引入关系的方法使模型具有参数化的特点。其基本建模过程如图 7-50 所示。

在本例建模过程中,注意把握以下要点:
- 参数化建模的基本原理。
- 创建参数的方法。
- 创建关系的方法。
- 通过参数变更模型的方法。

图 7-50 基本建模过程

1. 创建齿轮模型

操作步骤:

step 01 单击【新建】按钮,打开【新建】对话框,在【类型】选项组中选择【零件】单选按钮,在【子类型】选项组中选择【实体】单选按钮,在【名称】文本框中输入 chilun。

step 02 取消选中【使用默认模板】复选框。单击【确定】按钮打开【新文件选项】对话框,选中其中的【mmns_part_solid】选项,如图 7-51 所示,单击【确定】按钮,进入三维实体建模环境。

图 7-51 创建新文件

step 03 在菜单栏中选择【工具】|【参数】命令,打开【参数】对话框。

step 04 在对话框中单击 + 按钮,然后将齿轮的各参数依次添加到参数列表框中,添加的具体内容如表 7-1 所示。添加完参数的【参数】对话框如图 7-52 所示。完成齿轮参数添加后,单击【确定】按钮关闭对话框保存参数设置。

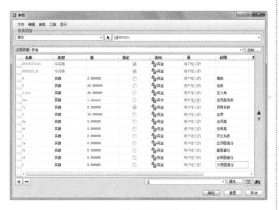

图 7-52 【参数】对话框

> **技巧点拨：**
>
> 在设计标准齿轮时，只需确定齿轮的模数 M 和齿数 Z 这两个参数，分度圆上的压力角 Alpha 为标准值 20，齿顶高系数 Hax 和顶隙系数 Cx 国家标准明确规定分别为 1 和 0.25。而齿根圆直径 Df、基圆直径 Db、分度圆直径 D 及齿顶圆直径 Da 可以根据关系式计算得到。

step 05 在右工具栏中单击【草绘】按钮，打开【草绘】对话框。然后在草绘平面中选取 FRONT 基准平面作为草绘平面，接受其他参照设置，进入草绘模式，如图 7-53 所示。

表 7-1 增加的参数

序号	名称	类型	数值	说明
1	M	实数	2	模数
2	Z	实数	25	齿数
3	alpha	实数	20	压力角
4	Hax	实数	1	齿顶高系数
5	Cx	实数	0.25	顶隙系数
6	B	实数	30	齿宽
7	Ha	实数		齿顶高
8	Hf	实数		齿根高
9	X	实数		变位系数
10	Da	实数		齿顶圆直径
11	Db	实数		基圆直径
12	Df	实数		齿根圆直径
13	D	实数		分度圆直径

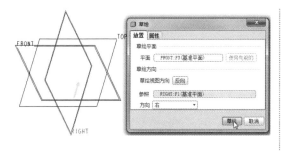

图 7-53 选择草绘平面

step 06 在草绘平面内绘制任意尺寸的 4 个

同心圆，如图 7-54 所示。

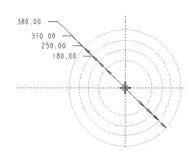

图 7-54 绘制任意尺寸的 4 个同心圆

技巧点拨：

绘制草图后，暂时不要退出草绘环境。接下来创建函数关系式。

step 07 在菜单栏中选择【工具】|【关系】命令，打开【关系】对话框。按照如图 7-55 所示在【关系】对话框中分别添加齿轮的分度圆直径、基圆直径、齿根圆直径及齿顶圆直径的关系式，通过这些关系式及已知的参数来确定上述参数的数值。

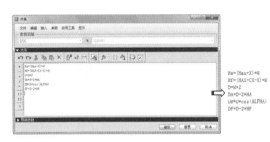

图 7-55　设置关系

技巧点拨：

可以单击符号栏中的【从列表中插入参数名称】按钮，选择参数插入到关系式中，避免手工书写。如果是函数式，可单击【从列表中插入函数】按钮，打开【插入函数】对话框，选择要插入的函数，如图 7-56 所示。

图 7-56　【插入函数】对话框

step 08 创建关系后单击符号栏中的【执行】按钮，此时图形上的尺寸将以代号的形式显示，如图 7-57 所示。

step 09 接下来将参数与图形上的尺寸相关联。在图形上单击选择尺寸代号，将其添加

到【关系】对话框中，再编辑关系式，添加完毕后的【关系】对话框如图 7-58 所示，其中为尺寸 sd0、sd1、sd2 和 sd3 新添加了关系，将这 4 个圆依次指定为基圆、齿根圆、分度圆和齿顶圆。

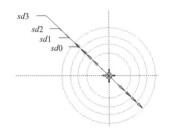

图 7-57　显示代号尺寸

图 7-58　添加函数关系

step 10 在【关系】对话框中单击【确定】按钮，系统自动根据设定的参数和关系式再生模型并生成新的基本尺寸。最终生成如图 7-59 所示的标准齿轮基本圆。在右工具栏中单击【完成】按钮，创建的基准曲线如图 7-60 所示。

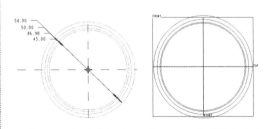

图 7-59　标准齿轮基本圆　　图 7-60　最后创建的基准曲线

step 11 在右工具栏中单击 按钮打开【曲线选项】菜单，在该菜单中选择【从方程】命令，

然后选取【完成】命令。系统提示选取坐标系，在模型树窗口中选择当前的坐标系，如图7-61所示。

step 12 然后在【设置坐标类型】菜单中选择【笛卡儿】命令，系统打开一个记事本编辑器。在记事本中添加如图7-62所示的渐开线方程式，完成后依次选取【文件】|【保存】命令保存方程式，然后关闭记事本窗口。

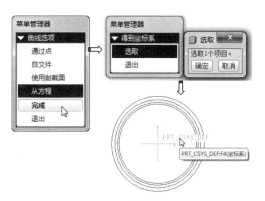

图7-61 选择参考坐标系

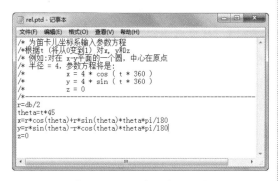

图7-62 添加渐开线方程式

技巧点拨：

若选择其他类型的坐标系生成渐开线，则此方程不再适用。

step 13 单击【曲线：从方程】对话框中的【确定】按钮，生成如图7-63所示的齿廓曲线——齿轮单侧渐开线。

step 14 创建基准点PNT0。在右工具栏中

单击【点】工具按钮，打开【基准点】对话框，选择两条曲线作为基准点的放置参照（选择时按住Ctrl键），创建的基准点PNT0，如图7-64所示。

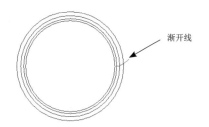

图7-63 创建渐开线

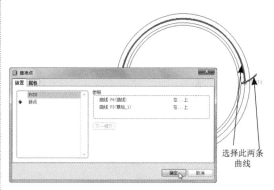

图7-64 新建基准点

step 15 创建基准轴A_1。在右工具栏中单击【轴】按钮，打开【基准轴】对话框，选取TOP和RIGHT基准平面作为参照（选择时按住Ctrl键），创建的基准轴线A_1如图7-65所示。

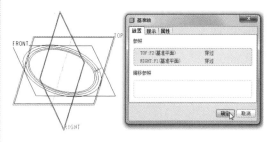

图7-65 新建基准轴

step 16 创建基准平面DTM1。在右工具栏中单击【平面】按钮，打开【基准平面】对话框。选取前面已经创建的基准点PNT0和基准轴A_1作为参照（选择时按住Ctrl键），

创建的基准平面如图 7-66 所示。

step 17 创建基准平面 DTM2。单击【平面】按钮 ⬜，打开【基准平面】对话框。在参照中选择基准平面 DTM1 和基准轴 A_1 作为参照，然后在【旋转】文本框中输入"-360/(4*Z)"，创建的基准平面，如图 7-67 所示。

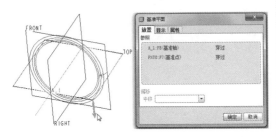

图 7-66 创建基准平面

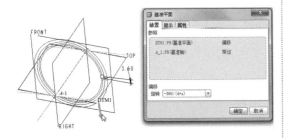

图 7-67 创建 DTM2 基准平面

step 18 在模型树中右键选中基准平面 DTM2 单击鼠标右键，并在弹出的右键快捷菜单中选择【编辑】命令，显示创建该平面时的角度参数（DTM1 与 DTM2 的夹角），如图 7-68 所示。

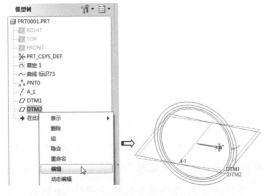

图 7-68 编辑 DTM2 基准平面

step 19 在菜单栏中选择【工具】|【关系】命令，打开【关系】对话框，此时图 7-68 中显示的角度参数将以符号形式显示（本实例中为 $d6$），为该参数添加关系式 "$d6=360/(4*Z)$"，如图 7-69 所示。然后关闭【关系】对话框。

图 7-69 添加关系

技巧点拨：

添加这些关系式的目的在于，当改变齿数 Z 时，DTM2 与 DTM1 的旋转角度会自动根据此关系式做出调整，从而保证齿廓曲线的标准性，这也是参数化设计思想的重要体现。

step 20 镜像渐开线。在工作区中选取已创建的渐开线齿廓曲线，然后单击右工具栏中的【镜像】按钮 ⬜，选择基准平面 DTM2 作为镜像平面，镜像渐开线后的结果如图 7-70 所示。

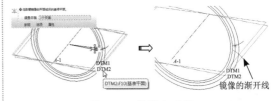

图 7-70 镜像渐开线

step 21 单击【拉伸】按钮 ⬜，打开【拉伸】操控板。在操控板的【放置】选项卡中单击【定义】按钮，打开【草绘】对话框。然后选择基准平面 FRONT 作为草绘平面，其他设置接受系统默认参数，最后单击【草绘】按钮进入二维草绘模式，如图 7-71 所示。

step 22 在右工具栏中单击【使用】按钮 ▢，打开【类型】对话框，选择其中的【环】单选按钮，然后在工作区中选择图 7-72 所示的曲线作为草绘剖面，最后在右工具栏中单击【完成】按钮，退出草绘模式。

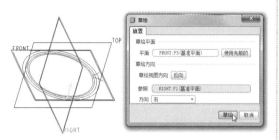

图 7-71 选择草绘平面

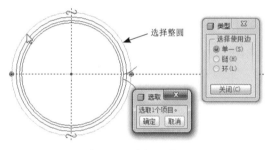

图 7-72 选择曲线环

step 23 在操控板中设置拉伸深度为 B，系统弹出询问对话框，单击【是】按钮确认引入关系式。单击操控板中的【应用】按钮，完成齿顶圆实体的创建，如图 7-73 所示。

图 7-73 创建齿顶圆实体特征

step 24 同理，在模型树中选中拉伸实体特征，单击鼠标右键，并选择右键快捷菜单中的【编辑】命令，此时将在图形上显示特征的深度参数。在菜单栏中选择【工具】|【关系】命令，打开【关系】对话框，拉伸深度参数将以符号形式显示（本实例中为 *d7*）。

step 25 仿照前面介绍的方法将拉伸深度参数添加到【关系】对话框中，并编辑关系式"d7=B"，如图 7-74 所示。单击【确定】按钮关闭对话框。

图 7-74 创建关系

step 26 单击【草绘】按钮 ，打开【草绘】对话框。选取基准平面 FRONT 作为草绘平面，单击【反向】按钮，确保草绘视图方向指向实体特征，接受其他系统默认参照后进入草绘模式。

step 27 在草绘模式中单击【使用】按钮 ▢，打开【类型】对话框，选择其中的【单个】单选按钮，使用 和 按钮并结合绘图工具绘制如图 7-75 所示的二维图形（在两个圆角处添加等半径约束）。单击右工具栏中的【完成】按钮，退出二维草绘模式。

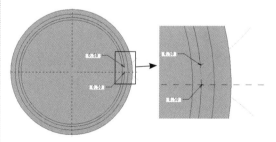

图 7-75 草绘曲线

step 28 同理，为上步骤绘制的草绘曲线创建关系，如图 7-76 所示。

step 29 单击【拉伸】按钮，打开【拉伸】操控板。在【放置】选项卡中激活【草绘】收集器，然后选择上一步骤所创建的草绘曲线作为拉伸特征的截面。最后按照如图7-77所示设置特征参数，单击【完成】按钮，创建第一个齿槽。

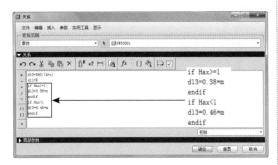

图 7-76 为草绘曲线创建关系

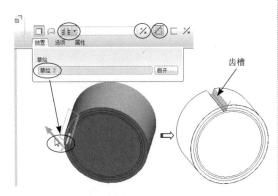

图 7-77 创建齿槽

step 30 在菜单栏中选择【编辑】|【特征操作】命令，打开【特征】菜单，选择其中的【复制】选项，在随后弹出的菜单中分别选择【移动】、【选取】、【独立】和【完成】命令，然后在【选取特征】中选择【选取】命令，在模型树窗口中选取刚才创建的齿槽后，在【选取特征】菜单中选取【完成】命令，如图7-78所示。

step 31 在【移动特征】菜单中选取【旋转】命令，在弹出的【一般选取方向】菜单中选取【曲线/边/轴】选项，随后在模型树窗口中选取轴A_1，在弹出的【方向】菜单中选取【确

定】命令，在图标板中输入旋转角度"360/Z"，然后再单击【完成】按钮，如图7-79所示。

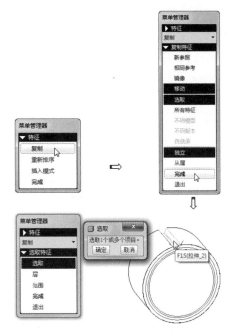

图 7-78 选择要操作的特征

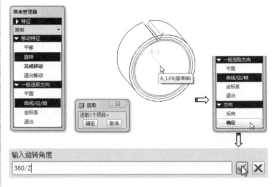

图 7-79 选择操作选项

step 32 在【移动特征】菜单中选取【完成移动】命令，在【菜单管理器】菜单中选取【完成】命令，单击【组元素】对话框中的【确定】按钮，在菜单管理器中选取【完成】命令。生成如图7-80所示的第二个齿槽。

step 33 在模型树中选择刚创建的组特征（复制后的齿槽），在其上单击鼠标右键，并在弹出的右键快捷菜单中选择【编辑】命令，

此时在模型上将显示创建复制特征时的基本参数，如图7-81所示。

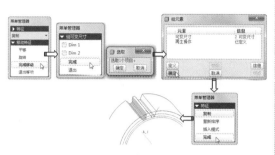

图7-80　创建第二个齿槽

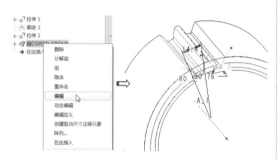

图7-81　编辑第二个齿槽

step 34　在菜单栏中选择【工具】|【关系】命令打开【关系】对话框，此时复制特征时的旋转角度参数以符号形式显示（此处代号为"$d19$"），将其添加到【关系】对话框中，然后编辑关系式"$d19=360/Z$"，如图7-82所示。

图7-82　创建关系

step 35　在模型树中选中组，然后单击【阵列】按钮 ，打开【阵列】操控板。在工作区中单击选中复制特征时的旋转角度参数作为驱动尺寸，如图7-83所示。

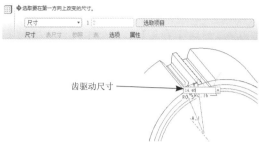

图7-83　选择驱动尺寸

step 36　在【尺寸】选项卡中设置第一个方向上阵列驱动尺寸增量为"14.4"，在操控板上输入阵列特征总数"24"，单击【完成】按钮后生成齿轮模型。如图7-84所示。

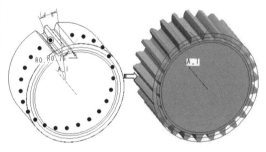

图7-84　阵列后的齿轮

step 37　在模型树窗口中选择刚创建的阵列特征，在其上单击鼠标右键，并在弹出的右键快捷菜单中选择【编辑】命令。在菜单栏中选择【工具】|【关系】命令打开【关系】对话框，将旋转角度参数（代号为$d29$）添加到【关系】对话框中，然后输入关系式"$d29=360/Z$"，如图7-85所示。

图7-85　创建关系

step 38 继续将阵列特征总数（代号为 p30）添加到【关系】对话框中，然后输入关系式："p30=Z-1"，如图 7-86 所示。至此齿轮创建完毕。

> **技巧点拨：**
> 此处如果采用轴阵列方法阵列齿槽结构，可以省去复制齿槽的操作，操作更加简便，读者可以自行练习。

征，单击鼠标右键，在右键快捷菜单中选取【编辑】命令，再在菜单栏中选择【工具】|【关系】命令打开【关系】对话框，为拉伸实体特征的两个尺寸输入关系，如图 7-89 所示。

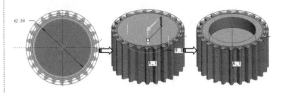

图 7-88 在齿轮上创建切减材料特征

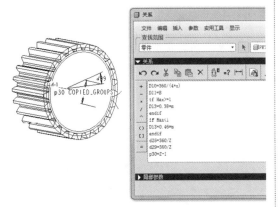

图 7-86 创建关系

图 7-89 创建关系

step 42 单击【平面】按钮打开【基准平面】对话框，选取基准平面 FRONT 作为参照，在【平移】文本框中输入"B/2"，创建新的基准平面 DTM3，如图 7-90 所示。

step 39 在右工具栏中单击按钮打开设计图标板，在图标板中单击【放置】按钮打开【草绘】面板，选择齿轮表面作为草绘平面。如图 7-87 所示。

图 7-87 指定草绘平面

图 7-90 创建基准平面 DTM3

step 40 在草绘平面中绘制直径为"42"的圆，创建减材料拉伸实体特征，拉伸深度为"9"，生成如图 7-88 所示的结构。

step 41 在模型树窗口中选中刚刚创建的特

step 43 选取前面创建的减材料拉伸特征，然后在【编辑】主菜单中选取【镜像】命令，然后选取新建基准平面 DTM3 作为镜像平面，在齿轮另一侧创建相同的减材料特征，如图 7-91 所示。

step 44 单击【拉伸】按钮打开【拉伸】

操控板。选择如图7-92所示平面作为草绘平面。

step 45 在草绘平面内绘制图形。退出草绘模式后设置拉伸深度为"穿透",创建如图7-93所示的减材料特征。

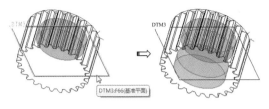

图7-91 镜像特征

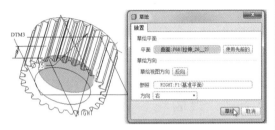

图7-92 选取草绘平面

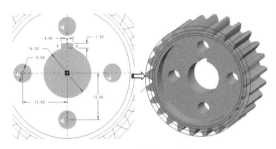

图7-93 创建减材料特征

技巧点拨:

为了减少关系数量,在绘制4个小圆时要在半径之间加入相等约束条件。另外,在绘制左方和下方两个圆后,再使用镜像复制的方法创建另外两个圆。

step 46 在模型树窗口中选中刚刚创建的特征,单击鼠标右键,在右键快捷菜单中选取【编辑】命令,再在菜单栏中选择【工具】|【关系】命令打开【关系】对话框,为拉伸实体特征的下列尺寸编辑关系,如图7-94所示。

- 中心圆孔直径: $d66=0.32*M*Z$。
- 键槽高度: $d68=0.03*M*Z$。
- 键槽宽度: $d67=0.08*M*Z$。
- 小圆直径: $d63=0.12*M*Z$。
- 小圆圆心到大圆圆心的距离: $d64=0.3*M*Z$, $d65=0.3*M*Z$。

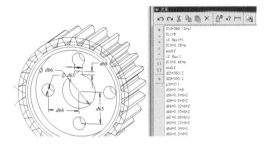

图7-94 创建关系

step 48 在模型树单击工具栏中的 按钮,打开层树,如图7-95所示。

图7-95 打开层树

step 48 在模型树窗口中分别选中03_PRT_ALL_CURVES 和 04_PRT_ALL_DTM_PNT(按住Ctrl键)两个图层,在其上单击鼠标右键,在弹出的右键快捷菜单中选取【隐藏】命令,隐藏这些基准,如图7-96所示。

图7-96 选择隐藏的层

step 49 关闭某些图层后,返回模型树窗口中。

2. 更改齿轮参数

下面进行齿轮的参数修改。

操作步骤:

step 01 更改齿数 Z。在菜单栏中选择【工具】|【参数】命令,打开【参数】对话框。将与齿轮齿数相对应的参数 Z 的值更改为"40",然后单击【确定】按钮,关闭对话框。

step 02 在【编辑】主菜单中选取【再生】命令或者在上工具栏中单击 按钮,按照修改后的齿数再生模型,结果对比如图 7-97 和图 7-98 所示。

图 7-97 更改齿数前的齿轮　　图 7-98 更改齿数后的齿轮

step 03 更改齿轮模数 M。在主菜单中依次选择【工具】|【参数】命令,打开【参数】对话框。将与齿轮模数相对应的参数 M 的值更改为"3"。再生后可以看到齿轮变大了(通过与齿厚的对比可以看出),结果对比如图 7-99 和图 7-100 所示。

图 7-99 更改模数前的齿轮　　图 7-100 更改模数后的齿轮

step 04 更改齿宽。在菜单栏中选择【工具】|【参数】命令,打开【参数】对话框。将与齿宽相对应的参数 B 的值更改为"20",结果对比如图 7-101 和图 7-1022 所示。

图 7-101 更改齿宽前的齿轮　　图 7-102 更改齿宽后的齿轮

7.5.2 锥齿轮参数化设计

锥齿轮的建模方法基本上与直齿轮的建模方法相同,不同的是锥齿轮有两个端面,因此参数也会不同。本例要完成设计的锥齿轮模型如图 7-103 所示。

图 7-103 锥齿轮

直齿圆锥齿轮相交两轴间定传动比的传动,在理论上由两圆锥的摩擦传动来实现。圆锥齿轮除了有节圆锥之外,还有齿顶锥、齿根锥及产生齿廓球面渐开线的基圆锥等。圆锥齿轮的齿廓曲线为球面渐开线,但是由于球面无法展开成为平面,以致在设计甚至在制造及齿形的检查方面均存在很多困难,本文采用背锥作为辅助圆锥(背锥与球面相切于圆锥齿轮大端的分度圆上,并且与分度圆锥相接成直角,球面渐开线齿廓与其在背锥上的投影相差很小)。基于背锥可以展成平面,本节相关参量的计算均建立在背锥展成平面的当量齿轮上进行。如图7-104所示为圆锥齿轮的结构与尺寸关系图。

step 02 在菜单栏中选择【工具】|【参数】命令,打开【参数】对话框。

step 03 在对话框中单击 + 按钮,然后将齿轮的各参数依次添加到参数列表中,添加的具体内容如表7-2所示。添加完参数的【参数】对话框如图7-105所示。完成齿轮参数添加后,单击【确定】按钮关闭对话框保存参数设置。

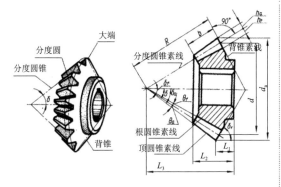

图7-104 圆锥齿轮的结构与尺寸关系

被框选的参数是可以通过中间部分"完全"参数公式进行计算的,因此在即将设定齿轮的关系式后这些参数将被锁定,而不能进行更改

基于以上的分析和简化确定建立该模型所需的参数:

(1)分度圆锥角 δ:分度圆锥锥角的 $1/2$ 即为分度圆锥角。

(2)外锥距 R:圆锥齿轮节锥的大端至锥顶的长度。

(3)大端端面模数 m。

(4)分度圆直径 d:在圆锥齿轮大端背锥上的这个圆周上,齿间的圆弧长与齿厚的弧长正好相等,这一特点在后面建模过程中得到利用。

(5)齿高系数 h^*、径向间隙系数 c^*、齿高 h。

(6)压力角:圆锥齿轮的压力角是指圆锥齿轮的分度圆位置上,球面渐开线尺廓面上的受力方向与运动方向所夹的角,按照我国的标准一般取该值为20°。

1. 建立锥齿轮的参数曲线

操作步骤:

step 01 新建名称为zhuichilun的模型文件。而后设置工作目录。

图7-105 【新文件夹选项】对话框

> **技巧点拨:**
>
> 锥齿轮参数化建模需已知锥齿轮齿数Z、模数M、与之啮合的齿轮齿数Z_ASM、齿宽B等参数,可通过参数直接输入数值;直齿锥齿轮渐开线的标准化的参数也需要输入数值,例如,压力角alpha为20、齿顶高系数Hax为1.0、顶隙系数Cx为0.25等。其他参数如分锥角、分度圆直径等可通过关系表达式计算,为非输入性参数,详见表7-2所示。

对于需输入的参数，本例以参数 Z=20、Z_ASM=30、B=20、alpha=20、Hax=1.0、Cx=0.25 为例进行参数化建模。

表 7-2 参数关系表

名称	类型	数值	说明	关系表达式
Ha	实数		齿顶高	$M*Hax$
Hf	实数		齿根高	$M*(Hax+Cx)$
H	实数		齿全高	$(2*Hax+Cx)*M$
delta	实数		分度圆锥角	$atan(Z/Z\_ASM)$
D	实数		分度圆直径	$M*Z$
Db	实数		基圆直径	$D*\cos(alpha)$
Da	实数		齿顶圆直径	$D+2*Ha*\cos(delta)$
Df	实数		齿根圆直径	$D-2*Hf*\cos(delta)$
M	实数	3	模数	
Z	实数	20	已知齿轮齿数	
Z_ASM	实数	30	与之啮合齿轮齿数	
alpha	实数	20	压力角	
beta	实数	0	螺旋角	
B	实数	20	齿宽	
Hax	实数	1	齿顶高系数	
Cx	实数	0.25	顶隙系数	
X	实数	0	变位系数	
Hb	实数		齿基高	$(D-Db)/2/\cos(delta)$
Rx	实数		锥距	$D/\sin(delta)$
theta_A	实数		齿顶角	$atan(Ha/Rx)$
theta_B	实数		齿基角	$atan(Hb/Rx)$
theta_F	实数		齿根角	$atan(Hf/Rx)$
delta_A	实数		顶锥角	$delta+theta\_A$
delta_B	实数		根锥角	$delta-theta\_F$
delta_F	实数		基锥角	$delta-theta\_B$
Ba	实数		齿顶宽	$B/\cos(theta\_A)$
Bb	实数		齿基宽	$B/\cos(theta\_B)$
Bf	实数		齿根宽	$B/\cos(theta\_F)$

step 04 设置锥齿轮参数后，还需要定义关系式。以此自动计算并生成表 7-2 中没有填写的数值。在菜单栏中选择【工具】|【关系】命令，打开【关系】对话框。然后把表 7-2 中列出的关系表达式全部输入到【关系】对话框中，如图 7-106 所示。

第7章 模型参数化设计

图7-106 添加关系式

step 05 在右工具栏中单击【草绘】按钮，打开【草绘】对话框。在草绘平面中选取TOP基准平面作为草绘平面，接受其他参照设置，进入草绘模式，如图7-107所示。

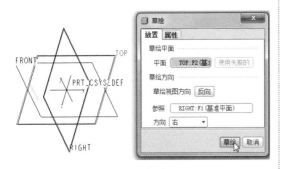

图7-107 选择草绘平面

step 06 在草绘平面内绘制任意尺寸的4个同心圆，如图7-108所示。完成后直接退出草绘模式。

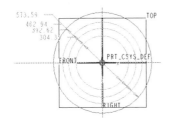

图7-108 绘制任意尺寸的4个同心圆

step 07 在模型树中选中草绘的特征单击鼠标右键，然后选择【编辑】命令，曲线上显示标注的尺寸，如图7-109所示。

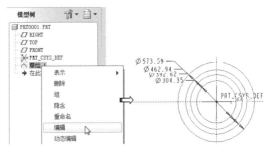

图7-109 编辑曲线

step 08 然后在菜单栏中选择【工具】|【关系】命令，打开【关系】对话框。按照如图7-110所示在【关系】对话框中分别添加齿轮的分度圆直径、基圆直径、齿根圆直径及齿顶圆直径的关系式。

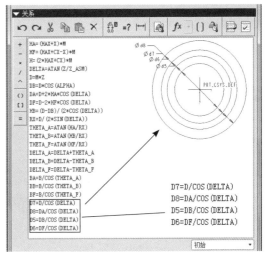

图7-110 添加关系

step 09 添加关系式后，在模型树中再生整个零件，绘制的曲线尺寸即发生变化（按关系式进行自动计算的），如图7-111所示。

step 10 再利用【草绘】工具，在FRONT基准平面上绘制如图7-112所示的曲线。

193

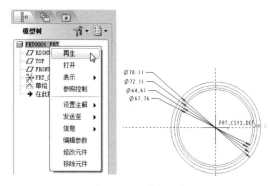

图 7-111 再生尺寸

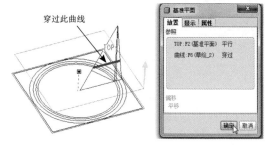

step 12 利用【平面】工具，新建一个基准平面，如图 7-114 所示。

图 7-114 创建参考平面

step 13 利用【草绘】命令，在新建的基准平面上绘制如图 7-115 所示的圆曲线（不管尺寸大小）。完成后退出草绘模式。

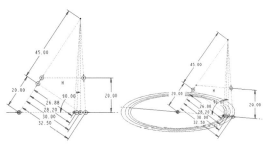

图 7-112 绘制曲线

技巧点拨：

草图中的尺寸必须按照上图的样式给标注出来，否则添加关系式时找不到尺寸。

step 11 退出草绘模式后，再选择【工具】|【关系式】命令，打开【关系式】对话框，然后添加如图 7-113 所示的关系式。

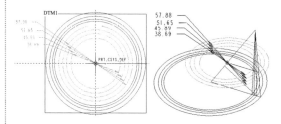

图 7-115 绘制圆曲线

step 14 打开【关系】对话框，添加完毕后的【关系】对话框如图 7-116 所示。

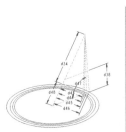

图 7-113 添加关系

技巧点拨：

尺寸序号跟用户标注尺寸的先后顺序有关。所以并非每次设计齿轮都是这些编号，如"D35"。

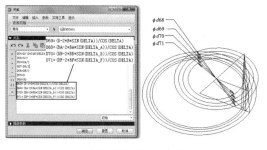

图 7-116 添加关系

step 15 在新建的基准平面 DTM1 上绘制如图 7-117 所示的曲线。然后在 TOP 基准平面上绘制如图 7-118 所示的曲线。

step 16 将绘制的两条曲线中的角度尺寸添加到关系式表中，如图 7-119 所示。

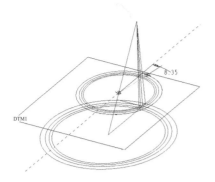

图 7-117　绘制小端曲线

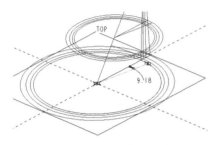

图 7-118　绘制大端曲线

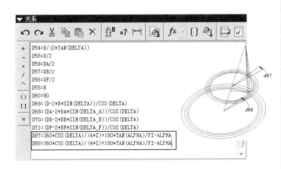

图 7-119　添加关系式

step 17　单击【坐标系】按钮，然后创建如图 7-120 所示的参考坐标系。

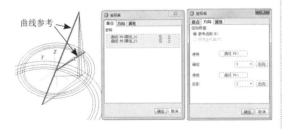

图 7-120　创建参考坐标系 CS0

step 18　同理，再创建如图 7-121 所示的坐标系。

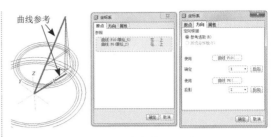

图 7-121　创建参考坐标系 CS1

step 19　在右工具栏中单击 按钮打开【曲线选项】菜单管理器，在该菜单中选择【从方程】选项，然后选取【完成】命令。系统提示选取坐标系，在模型树窗口中选择坐标系 CS1，如图 7-122 所示。

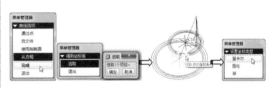

图 7-122　选择参考坐标系

step 20　然后在【设置坐标类型】菜单中选择【笛卡儿】命令，系统打开一个记事本窗口。在记事本中添加如图 7-123 所示的渐开线方程式。

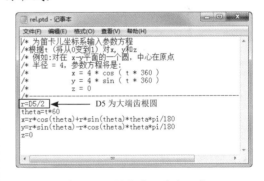

图 7-123　添加渐开线方程式

step 21　完成后选取【文件】|【保存】命令保存方程式，然后关闭记事本窗口。创建完成的渐开线如图 7-124 所示。

step 22　同理，再选择 CS0 坐标系来创建另一渐开线，结果如图 7-125 所示。

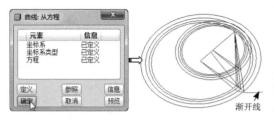

图 7-124 创建完成的渐开线

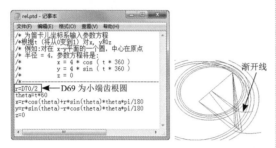

图 7-125 创建另一渐开线

step 23 利用【轴】工具,选择 CS1 坐标系的 Z 轴为参考,创建如图 7-126 所示的轴。

图 7-126 创建参考轴

step 24 利用【点】工具,创建如图 7-127 所示的基准点。

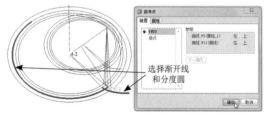

图 7-127 创建基准点

step 25 再利用【平面】工具,选择参考轴和上步的基准点,然后创建基准平面。如图 7-128 所示。

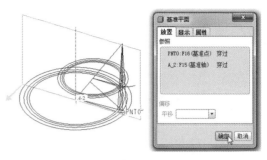

图 7-128 创建基准平面 DTM2

step 26 接着以此基准平面和参考轴作为组合参考,再创建出如图 7-129 所示的基准平面。

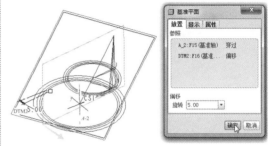

图 7-129 创建基准平面 DTM3

技巧点拨:

DTM2 与 FRONT 基准平面是重合的,那么为什么不直接利用参考轴和 FRONT 来创建 DTM3 呢?因为 FRONT 是固定平面,其他平面如果参照它,将不会出现旋转的选项,只有"法向"和"平行"选项。那么 DTM2 也是不能参照 FRONT 来创建的,否则 DTM3 也不能创建旋转。这个旋转的尺寸就是齿厚的关系式尺寸。

step 27 将 DTM3 的旋转角度添加到关系式列表中,如图 7-130 所示。

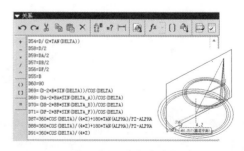

图 7-130 添加关系式

第 7 章 模型参数化设计

step 28 在模型树选中曲线特征（两条渐开线），然后单击【镜像】按钮，创建镜像的渐开线。如图 7-131 所示。

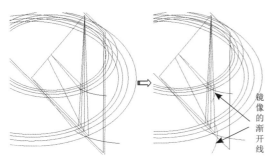

图 7-131 创建镜像的渐开线

2. 齿轮建模

step 01 利用【旋转】工具，选择 FRONT 基准平面作为草图平面，绘制如图 7-132 所示的草图，退出草绘模式后保留默认设置，单击【应用】按钮完成旋转特征的创建。

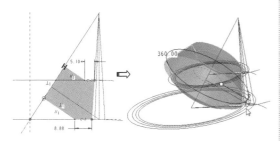

图 7-132 创建草图并完成旋转特征的创建

step 02 将草图中的尺寸添加到关系式列表中，效果如图 7-133 所示。

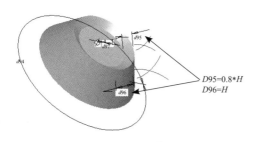

图 7-133 添加关系

step 03 利用【草绘】轨迹，在 TOP 基准平面上绘制如图 7-134 所示的曲线（在大端）。

step 04 同理，在 DTM1 平面上绘制如图 7-135 所示的曲线（在小端）。

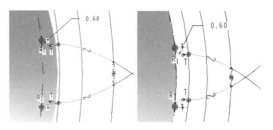

图 7-134 绘制大端的曲线　　图 7-135 绘制小端的曲线

step 05 将两个草绘曲线的尺寸添加到关系式中，如图 7-136 所示。

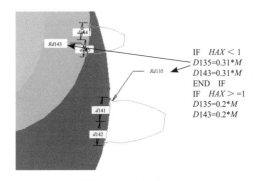

图 7-136 添加关系式

step 06 利用复制、粘贴命令，复制如图 7-137 所示的曲面。

图 7-137 复制曲面

step 07 将复制的曲面分别进行延伸，如图 7-138 和图 7-139 所示。

图 7-138 延伸小端曲面　图 7-139 延伸大端曲面

step 08 将前面绘制的大端曲线和小端曲线分别投影到大端和小端各自的延伸曲面上,如图 7-140 所示。

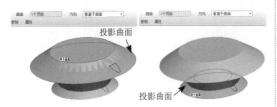

图 7-140 将曲线投影到延伸曲面上

step 09 利用【扫描混合】工具,选择大端和小端的投影曲线作为截面链,再单击【应用】按钮完成曲面的创建,如图 7-141 所示。

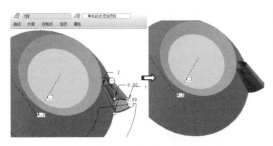

图 7-141 选择第一方向链

step 10 选中延伸曲面和扫描混合的曲面,然后选择【合并】命令,进行合并与修剪,结果如图 7-142 所示。

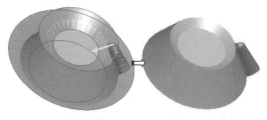

图 7-142 合并曲面

step 11 选中合并的曲面,然后在菜单栏中选择【编辑】|【实体化】命令,将曲面转换成实体,此实体就是锥齿轮的单个齿。

step 12 选中实体化的特征,然后单击【复制】按钮和【选择性粘贴】按钮,打开【选择性粘贴】对话框,选中【对副本应用移动/旋转变换】复选框,单击【确定】按钮。

step 13 在随后弹出的【复制】操控板中单击【相对选定参照旋转特征】按钮,然后选择旋转轴,输入旋转角度值18,最后单击【应用】按钮完成复制,如图 7-143 所示。

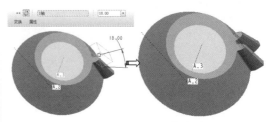

图 7-143 创建复制特征

step 14 选中复制的单齿特征,然后进行阵列。【阵列】操控板的设置与阵列结果如图 7-144 所示。

图 7-144 阵列齿

step 15 阵列后,将尺寸添加到关系式列表中,如图 7-145 所示。

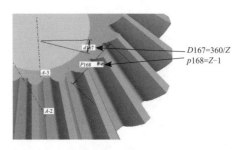

$D167=360/Z$
$p168=Z-1$

图 7-145 添加关系式

step 16 利用【孔】工具,创建直径为 15 的孔,如图 7-146 所示。

第 7 章 模型参数化设计

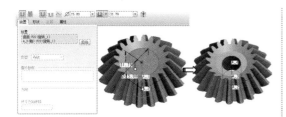

图 7-146 创建孔

step 17 利用【拉伸】工具，创建如图 7-147 所示的拉伸去除材料特征。

step 18 至此，本例的锥齿轮参数化设计完成，最后将结果保存。

7.6 课后习题

1．简答题

（1）简述参数化建模的基本原理。

（2）是否可以随意删除一个模型上的参数？

（3）简述编辑关系式的基本步骤。

2．操作题

自己动手创建一个蜗轮蜗杆参数化模型，如图 7-148 所示。

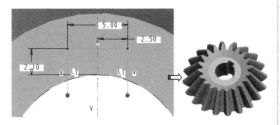

图 7-147 创建拉伸去除材料特征

图 7-148 蜗轮蜗杆参数化模型

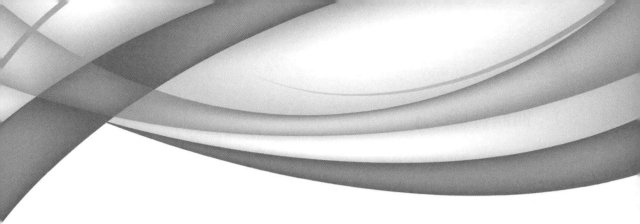

第 8 章
基本曲面设计

本章内容

仅使用前面讲到的实体造型技巧进行产品设计还远远不够，在现代设计中，越来越强调细致而复杂的外观造型，因此必须引入大量的曲面特征，以满足丰富多彩的产品造型。在曲面功能这一点上，Pro/E 5.0 与以往版本的最大区别就在于操作的简便性，让用户可以将更多的精力放在设计上而非软件的操作。

知识要点

- ☑ 曲面特征综述
- ☑ 创建基本曲面
- ☑ 创建混合曲面
- ☑ 创建扫描曲面

8.1 曲面特征综述

实体建模的设计思想非常清晰，便于广大设计者理解和接受。但是实体建模本身也存在不可克服的缺点，实体建模的建模手段相对单一，不能创建形状复杂的表面轮廓。这时曲面建模的设计优势就逐渐体现出来了。

8.1.1 曲面建模的优势

在现代设计中，很多实际问题的解决加快了曲面建模技术的成熟和完善，例如飞机、汽车、导弹等高技术含量产品的外观设计必须符合一定的曲面形状才能兼顾美观和性能两个重点。自20世纪60年代以来，曲线与曲面技术在船体放样设计、汽车外形设计、飞机内外形设计中得到了极其广泛的应用，并且逐渐建立了一套相对完整的设计理论与方法。到了20世纪80年代，随着图形工作站和微型计算机的普及应用，曲线与曲面的应用更加广泛，现在已经普及到家用电器、日用商品及服装等设计领域中。

曲面建模的方法具有更大的设计弹性，其中最常见的设计思想是首先使用多种手段建立一组曲面，然后通过曲面编辑手段将其集成整合为一个完整且没有缝隙的表面，最后使用该表面构建模型的外轮廓，将其实体化后，可以获得更加美观、实用的实体模型。使用曲面建模方法创建的模型具有更加丰富的变化。

当今的建模技术已经与人工智能、计算机网络和工业设计结合起来，并运用抽象、联想、分析、综合等手段来研制开发出含有新概念、新形状、新功能和新技术的产品。

在计划经济时期，制造产品的基本目标是"能做出来，能用得上"，到了今天的市场经济时期，也必须做"用户最需要、市场更欢迎"的产品。这就要求产品不但具有漂亮的外观，还应该具有优良的使用性能和最优的性价比。

曲面建模时，还可以通过基准点、基准曲线等基准特征进行全面而细致的设计，对模型精雕细琢，既体现了设计的自由性，又保证了设计思路的发散性，这将有助于对一些传统设计的创新。如图8-1所示是使用曲面构建的汽车模型示例。

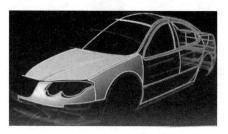

图 8-1　使用曲面构建的汽车模型

8.1.2 曲面建模的步骤

曲面特征是一种几何特征，没有质量和厚度等物理属性，这是与实体特征最大的差别。但是从创建原理来讲，曲面特征和实体特征却具有极大的相似性。在介绍各类基础实体特征的创建方法时，我们曾强调过，构建基础实体特征的原理和方法都适合于曲面特征。例如，打开系统提供的拉伸设计工具，既可以创建拉伸实体特征，也可以创建拉伸曲面特征，还可以使用拉伸方法修剪曲面。系统在【拉伸】操控板上同时集成了实体设计工具和曲面设计工具，为三维建模提供了更多的方法。

曲面建模的基本步骤如下：

（1）使用各种曲面建模方法构建一组曲面特征。

（2）使用曲面编辑手段编辑曲面特征。

（3）对曲面进行实体化操作。

（4）进一步编辑实体特征。

8.2 创建基本曲面特征

创建曲面特征的方法和创建实体特征的方法具有较大的相似之处，与实体建模方法相比，曲面建模手段更为丰富。

基本曲面特征是指使用拉伸、旋转、扫描和混合等常用三维建模方法创建的曲面特征。这些特征的创建原理和实体特征类似。从零开始创建第一个曲面特征时，应该首先选取【文件】|【新建】命令，打开【新建】对话框，然后在【新建】对话框中选取【零件】类型和【实体】子类型。此外也可以在已有实体特征和曲面特征的基础上创建曲面特征。

8.2.1 创建拉伸曲面特征

使用拉伸方法创建曲面特征的基本步骤和使用拉伸方法创建实体特征类似。在右工具栏单击【拉伸】按钮 ，打开【拉伸】设计操控板，然后单击【曲面设计】按钮 ，如图 8-2 所示。

创建拉伸曲面特征也要经历以下主要步骤：

（1）选取并正确放置草绘平面。
（2）绘制截面图。
（3）指定曲面生长方向。
（4）指定曲面深度。

图 8-2 【拉伸】设计操控板

对拉伸曲面特征截面的要求不像对拉伸实体特征那样严格，既可以使用开放截面创建曲面特征，也可以使用闭合截面创建曲面特征，如图 8-3 和图 8-4 所示。

若采用闭合截面创建曲面特征，还可以指定是否创建两端封闭的曲面特征，方法是在操控板上打开【选项】选项卡，选中【封闭端】复选框，这样可以创建两端闭合的曲面特征，如图 8-5 所示。

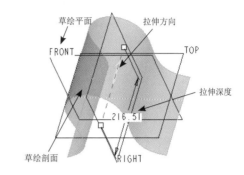

图 8-3 使用开放截面创建曲面特征

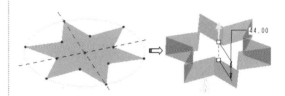

图 8-4 使用闭合截面创建曲面特征

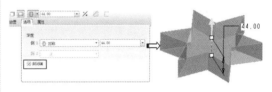

图 8-5 创建闭合曲面特征

8.2.2 创建旋转曲面特征

使用旋转方法创建曲面特征的基本步骤和使用旋转方法创建实体特征类似。在右工具栏单击【旋转】按钮后 ，打开【旋转】设计操控板，然后单击【作为曲面旋转】按钮 ，如图 8-6 所示。

图 8-6 【旋转】曲面设计操控板

正确选取并放置草绘平面后，可以绘制开放截面或闭合截面创建旋转曲面特征。在绘制截面图时，注意绘制旋转中心轴线。如图 8-7 所示是使用开放截面创建旋转曲面的示例。

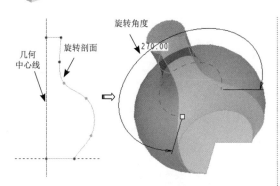

图 8-7 使用开放截面创建旋转曲面特征

技巧点拨：

在草绘旋转截面时，可以绘制几何中心线作为旋转轴，但不能绘制"中心线"作为旋转轴。若没有绘制几何中心线，退出草绘模式后可以选择坐标轴或其他实体边作为旋转轴。

如果使用闭合截面创建旋转曲面特征，当旋转角度小于 360°时，可以创建两端闭合的曲面特征，方法与创建闭合的拉伸曲面特征类似，如图 8-8 所示。当旋转角度为 360°时，由于曲面的两个端面已经闭合，实际上已经是闭合曲面了。

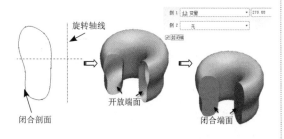

图 8-8 使用闭合截面创建旋转曲面特征

8.2.3 创建扫描曲面特征

在菜单栏中选择【插入】|【扫描】|【曲面】命令，可以使用扫描工具创建曲面特征，如图 8-9 所示。

与创建扫描实体特征相似，创建扫描曲面特征也主要包括草绘或选取扫描轨迹线及草绘截面图两个基本步骤。草绘扫描轨迹线可以在二维平面内创建二维轨迹线，而选取轨迹线可以选取空间三维曲线作为轨迹线。

在创建扫描曲面特征时，系统会弹出如图 8-10 所示的【属性】菜单管理器来确定曲面创建完成后端面是否闭合。如果设置属性为【开放端点】，则曲面的两端面开放；如果属性为【封闭端】，则两端面封闭。如图 8-11 所示是扫描曲面特征的示例。

图 8-9 选择【曲面】命令　　图 8-10 【属性】菜单管理器

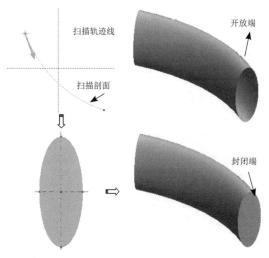

图 8-11 扫描曲面特征示例

8.2.4 创建混合曲面特征

在菜单栏中选取【插入】|【混合】|【曲面】命令，可以使用混合工具创建混合曲面特征，如图 8-12 所示。

与创建混合实体特征相似，可以创建平行混合曲面特征、旋转混合曲面特征和一般混合曲面特征等 3 种曲面类型。

混合曲面特征的创建原理也是将多个不

同形状和大小的截面按照一定顺序依次相连，各截面之间也必须满足顶点数相同的条件。同样，可以使用混合顶点及插入截断点等方法使原本不满足要求的截面满足混合条件。

混合曲面特征的属性除了【开放端】和【封闭端】外，还有【直的】和【光滑】两种属性，主要用于设置各截面之间是否光滑过渡。如图 8-13 所示是平行混合曲面特征的示例。

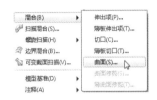

图 8-12　混合曲面设计工具

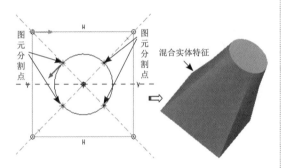

图 8-13　平行混合曲面特征设计示例

动手操练——基本曲面特征设计

本例将综合使用几种基本曲面设计方法创建一个曲面特征，设计过程如图 8-14 所示。

在本实例中，读者应注意掌握以下设计要点：

- 基本曲面的创建方法。
- 曲面特征和实体特征的差异。

图 8-14　基本建模过程

1. 创建旋转曲面特征

step 01　新建名称为 basic_surface 的零件文件。

step 02　单击【旋转】按钮，打开【旋转】操控板，在操控板上单击按钮创建曲面特征。在【放置】选项卡中单击【定义】按钮，弹出【草绘】对话框，选取基准平面 FRONT 作为草绘平面，接受系统所有默认参照放置草绘平面后进入二维草绘模式。

step 03　在草绘平面内使用【圆弧中心点】工具绘制一段圆弧，如图 8-15 所示。完成后退出草绘模式。

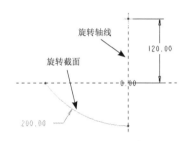

图 8-15　绘制旋转截面

step 04　按照如图 8-16 所示设置旋转曲面的其他参数，设计结果如图 8-17 所示。

图 8-16　特征参数设置

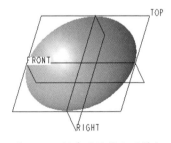

图 8-17　创建的旋转曲面特征

2. 创建拉伸曲面特征

step 01　单击【拉伸】按钮，打开【拉伸】操控板，在操控板上单击【曲面设计】按钮创建曲面特征。选取基准平面 TOP 作为草绘平面，接受系统所有默认参照放置草绘平面后，进入二维草绘模式。

step 02 单击【使用】按钮，使用【边】工具来选取上一步创建的旋转曲面的边线来围成拉伸截面，按住 Ctrl 键分两次选中整个圆弧边界，如图 8-18 所示。

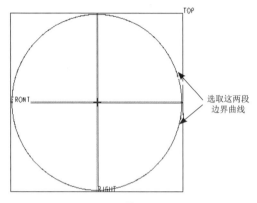

图 8-18 草绘截面图

step 03 按照如图 8-19 所示设置曲面的其他参数，设计结果如图 8-20 所示。

图 8-19 特征参数设置　　图 8-20 创建的拉伸曲面特征

3. 创建扫描曲面特征

step 01 在菜单栏中选择【插入】|【扫描】|【曲面】命令。

step 02 在弹出的【扫描轨迹】菜单管理器中选择【选取轨迹】命令。

step 03 在【链】菜单中选择【相切链】命令，然后按照如图 8-21 所示，选择上一步创建的拉伸曲面特征的边界作为扫描轨迹线。在【链】菜单中选择【完成】命令，在弹出的【方向】菜单中选择【确定】命令，在【曲面连接】菜单中选择【连接】命令后，进入二维草绘

模式。如图 8-22 所示是依次选择的菜单命令。

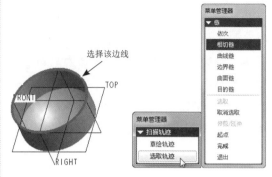

图 8-21 选取轨迹线

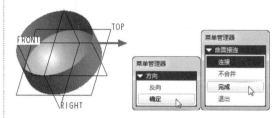

图 8-22 依次选择的菜单命令

step 04 在草绘截面中绘制如图 8-23 所示的扫描截面，完成后退出草绘模式。

step 05 在模型对话框中单击【确定】按钮，设计结果如图 8-24 所示。

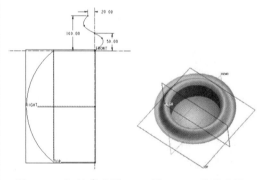

图 8-23 扫描截面图　　图 8-24 设计结果

8.3 创建填充曲面特征

顾名思义，填充曲面特征就是对由封闭曲线围成的区域填充后生成的平整曲面。创建填充曲面特征的方法非常简单，首先绘制

或选取封闭的曲面边界,然后使用填充曲面设计工具来创建曲面特征。

动手操练——创建填充曲面

下面结合实例讲述填充曲面特征的设计过程。

step 01 新建名称为 fill 的零件文件。

step 02 在菜单栏中选择【编辑】|【填充】命令,打开如图 8-25 所示的设计操控板。

图 8-25　设计操控板

step 03 在操控板左上角单击【参照】按钮,打开【参照】选项卡,再单击【定义】按钮,打开【草绘】对话框。选取基准平面 TOP 作为草绘平面,接受系统所有默认参照放置草绘平面后,进入二维草绘模式。

step 04 绘制如图 8-26 所示的二维平面图,完成后退出草绘模式。

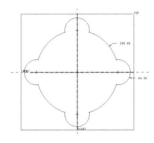

图 8-26　绘制二维平面图

step 05 单击操控板上的 ✓ 按钮,生成的填充曲面如图 8-27 所示。

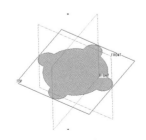

图 8-27　生成的填充曲面

8.4　创建边界混合曲面特征

除了使用拉伸、旋转、扫描和混合等方法创建曲面特征之外,系统还提供了其他的曲面创建方法。例如使用扫描混合的方法、螺旋扫描的方法、边界混合的方法及可变截面扫描的方法创建曲面特征。

下面首先介绍在设计中应用较为广泛的边界混合曲面特征的设计方法。在创建边界混合曲面特征时,首先定义构成曲面的边界曲线,然后由这些边界曲线围成曲面特征。如果需要创建更加完整和准确的曲面形状,可以在设计过程中使用更多的参照图元,例如控制点、边界条件及附加曲线等。

8.4.1　边界混合曲面特征概述

新建零件文件后,在菜单栏中选择【插入】|【边界混合】命令,或在右工具栏中单击 按钮,都可以打开【边界混合】曲面设计工具,如图 8-28 所示。

图 8-28　【边界混合】曲面设计工具

此时将在设计界面底部打开如图 8-29 所示的操控板。

图 8-29　【边界混合】操控板

创建边界混合曲面特征时,需要依次指明围成曲面的边界曲线。可以在一个方向上指定边界曲线,也可以在两个方向上指定边界曲线。此外,为了获得理想的曲面特征,还可以指定控制曲线来调节曲面的形状。

在创建边界混合曲面特征时，最重要的是选取适当的参照图元来确定曲面的形状。选取参照图元时要注意以下要点：

- 曲线、实体边、基准点、基准曲线或实体边的端点等均可作为参照图元使用。
- 在每个方向上，都必须按连续的顺序选择参照图元。不过，在选定参照图元后还可以对其重新进行排序。
- 对于在两个方向上定义的混合曲面来说，其外部边界必须形成一个封闭的环，这意味着外部边界必须相交。若边界不终止于相交点，系统将自动修剪这些边界。
- 如果要使用连续边或一条以上的基准曲线作为边界，可按住 Shift 键来选取曲线链。

8.4.2 创建单一方向上的边界混合曲面特征

单一方向的边界混合曲面特征的创建方法比较简单，只需依次指定曲面经过的曲线，系统将这些曲线顺次连成光滑过渡的曲面。

1. 参照的设置

单击操控板上的【曲线】按钮，弹出如图 8-30 所示参照设置选项卡。

图 8-30　参照设置选项卡

首先激活【第一方向】的参数列表框，配合 Ctrl 键依次选取参照图元来构建边界混合曲面。在图 8-31 中，依次选取曲线 1、曲线 2 和曲线 3，最后创建的边界混合曲面如图 8-32 所示。

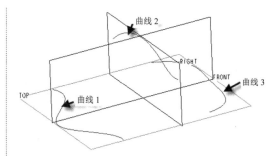

图 8-31　使用曲线作为参照图元

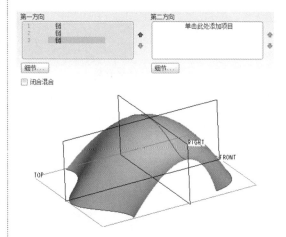

图 8-32　最后创建的边界混合曲面

2. 参照顺序的调整

在创建边界混合曲面时，不同的参照顺序将影响最后创建的曲面形状。要调整参照顺序，首先在参照列表中选中某一参照图元，然后单击列表右侧的 按钮或 按钮即可。如图 8-33 所示是调整参照顺序后的结果。

> **提示：**
> 在参照列表中，当用鼠标指向某一参照图元时，在模型上对应的图元将以蓝色加亮显示。

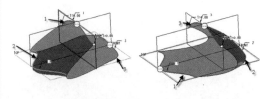

图 8-33　调整参照顺序

3．闭合混合

如果在参照选项卡中选中【闭合混合】复选框，此时系统将第一条曲线和最后一条曲线混合生成封闭曲面，如图 8-34 所示。

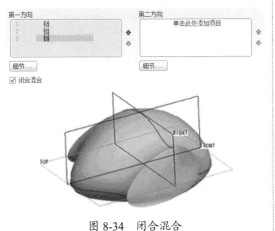

图 8-34　闭合混合

4．使用影响曲线来创建边界混合曲面特征

影响曲线用来调节曲面形状。当一条曲线被选作影响曲线后，曲面不一定完全经过该曲线，而是根据设定的平滑度值的大小逼近该曲线。单击操控板上的【选项】选项卡，打开如图 8-35 所示的选项卡。

图 8-35　设置影响曲线

下面介绍【选项】选项卡中的基本选项。

- 【影响曲线】列表框：激活该列表框，选取曲线作为影响曲线。选取多条影响曲线时按住 Ctrl 键。
- 【平滑度】下的【因子】：是一个在 0～1 的实数。数值越小，边界混合曲面越逼近选定的影响曲线。
- 【在方向上的曲面片】：控制边界混合曲面沿两个方向的曲面片数。曲面片数量越大，曲面越逼近影响曲线。若使用一种曲面片数构建曲面失败，则可以修改曲面片数量重新构建曲面。曲面片数量的范围是 1～29。

在图 8-36 中，选取图示的边界曲线和影响曲线，读者可以对比平滑度数值不同时曲面形状有何差异。

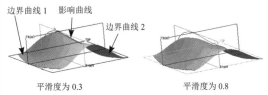

图 8-36　影响曲线的应用

8.4.3　创建双方向上的边界混合曲面

创建两个方向上的边界混合曲面时，除了指定第一个方向的边界曲线外，还必须指定第二个方向上的边界曲线。创建曲面时，首先在【曲线】选项卡中激活【第一方向】参照列表框，选取符合要求的图元后；接着激活右侧的【第二方向】参照列表框，继续选取参照图元。

在图 8-37 中，选取曲线 1 和曲线 2 作为第一方向上的边界曲线；选取曲线 3 和曲线 4 作为第二方向的边界曲线，最后创建的边界混合曲面特征如图 8-38 所示。

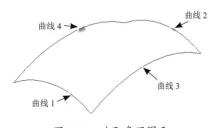

图 8-37　选取参照图元

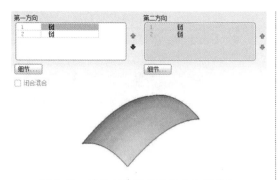

图 8-38　最后创建的边界混合曲面特征

> **提示：**
> 在创建两个方向的边界混合曲面时，使用的基准曲线必须首尾相连构成封闭曲线，而且线段之间不允许有交叉。因此，在创建这些基准曲线时，必须使用对齐约束工具严格限制曲线端点的位置关系，使之两两完全对齐。

8.4.4　使用约束创建边界混合曲面

如果要创建精确形状的曲面特征，可以使用系统提供的特殊设计工具实现。下面先简要介绍约束工具的使用。

在操控板左上角单击【约束】选项卡，打开如图 8-39 所示【约束】选项卡，使用该选项卡可以以边界曲线为对象通过为其添加约束的方法来规范曲面的形状。

对于每一条边界曲线，可以为其指定以下 4 种约束条件之一：

- 【自由】：没有沿边界设置相切条件。
- 【相切】：混合曲面沿边界与参照曲面相切，参照曲面在【约束】选项卡下部的列表中指定。
- 【曲率】：混合曲面沿边界具有曲率连续性。
- 【垂直】：混合曲面与参照曲面或基准平面垂直。

图 8-39　【约束】选项卡

下面介绍边界混合曲面特征的设计过程。

动手操练——创建三棱锥曲面

本例将综合使用填充和边界混合曲面的方法创建一个正四面体曲面，设计过程如图 8-40 所示。

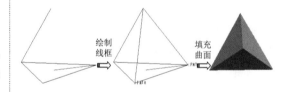

图 8-40　基本建模过程

在本实例中，注意掌握以下设计要点：

- 填充曲面的设计方法。
- 基本曲线的设计技巧。
- 边界混合曲面的设计技巧。

1. 创建填充曲面

step 01　新建一个名为 4f_surface 的零件文件。

step 02　在菜单栏中选择【编辑】|【填充】命令打开设计操控板。在操控板的【参照】选项卡单击【定义】按钮，打开【草绘】对话框，选择基准平面 TOP 作为草绘平面，接受其他所有默认参照后，进入草绘模式。

step 03 在草绘平面内绘制边长为"100"的正三角形，如图8-41所示，完成后退出草绘模式。在操控板上单击【应用】按钮☑，生成的填充曲面如图8-42所示。

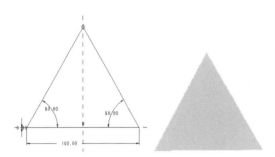

图8-41 草绘正三角形截面　　图8-42 填充曲面

2．创建基准曲线

step 01 在右工具栏中单击【草绘】按钮，打开【草绘】对话框，选取基准平面TOP为草绘平面进入草绘模式。

step 02 在右工具栏中使用【几何中心线】工具创建一条辅助线（三角形的角平分线），接着使用【线】工具绘制如图8-43所示的直线，完成后退出草绘模式。

step 03 再单击【草绘】按钮，打开【草绘】对话框，选取基准平面FRONT作为草绘平面，按照如图8-44所示增加标注和约束参照。完成参数设置后的【参照】对话框如图8-45所示。

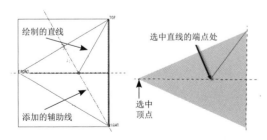

图8-43 绘制曲线　　图8-44 选取参照

step 04 绘制如图8-46所示的垂直中心线。

接着绘制一长度为"100"的直线，直线起点在三角形顶点上，另一端点在垂直中心线上，如图8-47所示，完成后退出草绘模式。

图8-45 【参照】对话框

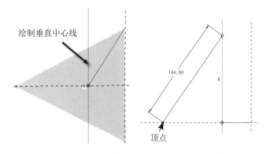

图8-46 绘制中心线　　图8-47 绘制直线

step 05 在右工具栏中单击【点】按钮，打开【基准点】对话框，依次选取正三角形的其余两个顶点作为参照，创建基准点PNT0和PNT1，如图8-48所示。

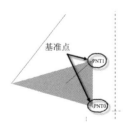

图8-48 创建基准点

step 06 单击【曲线】按钮，在弹出的【曲线选项】菜单管理器中选择【经过点】和【完成】命令，在【连接类型】菜单中依次选择【样条】、【整个阵列】和【添加点】命令，接着选中基准点PNT0和草绘曲线的上端点，最后在【连接类型】菜单中选择【完成】命令，在模型对话框中单击【确定】按钮，完成基准曲线的创建。使用类似的方法经过基准点PNT1和草绘曲线的上端点创建另一条基准曲线，结果如图8-49所示。

3. 创建边界混合曲面

step 01 在右工具栏中单击【边界混合】按钮，打开【边界混合】曲面设计操控板，单击左上角的【曲线】选项卡打开参照选项卡，激活【第一方向】边界曲线收集器，如图8-50所示。

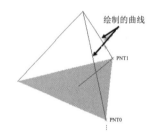

图 8-49 创建基准曲线

图 8-50 参照选项卡

step 02 按照如图8-51所示选择两条边，单击操控板上的【应用】按钮，边界曲面如图8-52所示。

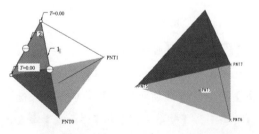

图 8-51 选择边线　　图 8-52 边界混合曲面

step 03 使用同样的方法创建另外两个边界混合曲面，设计结果如图8-53所示。

step 04 在模型树窗口中选中所有基准曲线，在其上单击鼠标右键，在弹出的右键快捷菜单中选择【隐藏】命令，隐藏这些曲线。最终设计结果如图8-54所示。

 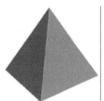

图 8-53 另外两个边界　图 8-54 最终设计结果
混合曲面的创建

8.5 创建螺旋扫描曲面特征

使用螺旋扫描的方法可以创建螺旋状的曲面特征。

动手操练——创建螺旋扫描曲面

下面结合操作实例介绍螺旋扫描曲面特征的设计过程。

step 01 新建名称为helix的零件文件。

step 02 在菜单栏中选择【插入】|【螺旋扫描】|【曲面】命令，在弹出的【属性】菜单管理器中接受系统的默认选项，如图8-55所示，然后选择【完成】命令。

图 8-55 【属性】菜单管理器

第 8 章　基本曲面设计

step 03　选取基准平面 TOP 作为草绘平面，接受系统所有默认参照放置草绘平面，进入二维草绘模式。

step 04　使用 按钮绘制如图 8-56 所示的扫描轨迹线，完成后退出草绘模式。

8.6　创建扫描混合曲面特征

扫描混合曲面综合了扫描特征和混合特征的特点，在建模时首先选取扫描轨迹线，然后在轨迹线上设置一组参考点，在各个参考点处绘制一组截面，将这些截面扫描混合后创建扫描混合曲面。

动手操练——创建混合扫描曲面

下面结合操作实例介绍扫描混合曲面特征的设计过程。

step 01　新建名称为 sweep_blend 的零件文件。

step 02　在菜单栏中选择【插入】|【扫描混合】命令，弹出【扫描混合】操控板。接受默认选项【草绘截面】和【垂直于原始轨迹】。

step 03　单击右工具栏中的【草绘】按钮，选取基准平面 TOP 作为草绘平面，接受系统所有默认参照进入二维草绘模式，如图 8-59 所示。

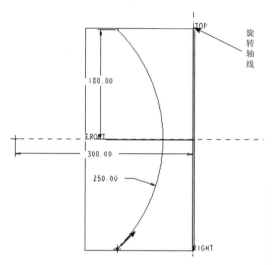

图 8-56　绘制扫描轨迹线

step 05　根据系统提示输入节距数值"50.00"，再单击【接受值】按钮。

step 06　在图中的十字交叉线处绘制如图 8-57 所示的圆，完成后退出草绘模式。

step 07　在模型对话框中单击【确定】按钮，最后生成的螺旋扫描曲面如图 8-58 所示。

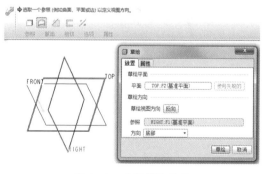

图 8-59　选择草绘平面

step 04　使用样条曲线工具绘制如图 8-60 所示的扫描轨迹线，完成后退出草绘模式。注意，该曲线上共有 6 个控制点。

step 05　单击操控板中的【退出暂停模式】按钮，激活操控板。在【截面】选项卡中激活【截面位置】收集器，然后选择扫描轨迹的起点作为参考，如图 8-61 所示。

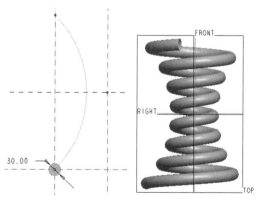

图 8-57　绘制圆形截面　　图 8-58　最后生成的螺旋扫描曲面

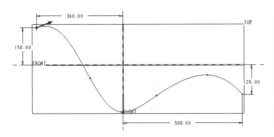

图 8-60　绘制扫描轨迹线

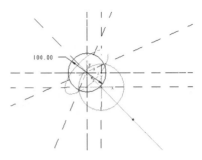

图 8-63　绘制第二个扫描截面

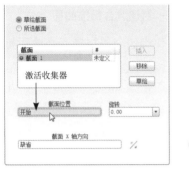

图 8-61　选择截面位置

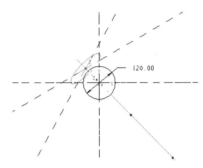

图 8-64　绘制第三个扫描截面

step 06　输入旋转角度"45°",然后单击【草绘】按钮,进入草绘模式绘制第一个截面,如图 8-62 所示,完成后退出草绘模式。

step 09　以此类推,重复截面绘制操作,继续绘制如图 8-65 至 8-67 所示的 3 个扫描截面。

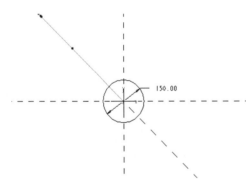

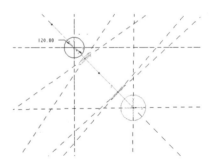

图 8-65　绘制第四个扫描截面

图 8-62　绘制第一个扫描截面

step 07　在【截面】选项卡中单击【插入】按钮,然后指定第二个截面的位置,并输入旋转角度"45°",随后单击【草绘】按钮进入草绘模式,绘制如图 8-63 所示的第二个扫描截面。

step 08　同理,再绘制截面平面旋转角度为 45° 的第三个截面,如图 8-64 所示。

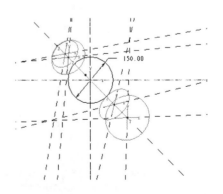

图 8-66　绘制第五个扫描截面

第 8 章 基本曲面设计

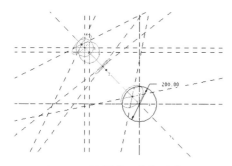

图 8-67 绘制第六个扫描截面

step 10 最后在操控板中单击【应用】按钮创建扫描曲面特征。如图 8-68 所示。

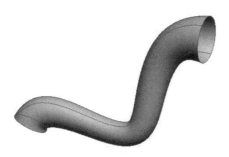

图 8-68 创建的扫描混合曲面特征

8.7 创建可变截面扫描曲面特征

在 Pro/E 中，扫描设计方法具有多种形式。在基本扫描方法中，将一个扫描截面沿一定的轨迹线扫描运动后生成曲面特征，虽然轨迹线的形式多样，但由于扫描截面是固定不变的，所以最后创建的曲面相对比较单一。扫描混合综合了扫描和混合两种建模方法的特点，设计结果更加富于变化。下面将介绍使用可变截面扫描方法创建曲面的基本过程，使用这种方法创建的曲面变化更加丰富。

8.7.1 可变截面扫描的原理

顾名思义，可变截面扫描就是使用可以变化的截面创建扫描特征。因此从原理上讲，可变截面扫描应该具有扫描的一般特点：截面沿着轨迹线作扫描运动。

1. 可变截面的含义

可变截面扫描的核心是截面"可变"，截面的变化主要包括以下几个方面：

- 方向：可以使用不同的参照确定截面扫描运动时的方向。
- 旋转：扫描时可以绕指定轴线适当旋转截面。
- 几何参数：扫描时可以改变截面的尺寸参数。

2. 两种截面类型

在可变截面扫描中通过对多个参数进行综合控制，从而获得不同的设计效果。在创建可变截面扫描时，可以使用以下两种截面形式，其建模原理有一定的差别。

- 可变截面：通过在草绘截面图元与其扫描轨迹之间添加约束，或使用由参数控制的截面关系式使草绘截面在扫描运动过程中可变。
- 恒定截面：在沿轨迹扫描的过程中，草绘截面的形状不发生改变，而唯一发生变化的是截面所在框架的方向。

总结可变截面扫描的创建原理（如图 8-69 所示）：将草绘的扫描截面放置在草绘平面上，再将草绘平面附加到作为主元件的扫描轨迹上并沿轨迹长度方向移动来创建扫描特征。扫描轨迹包括原始轨迹及指定的其他轨迹，设计者可以使用这些轨迹和其他参照（如平面、轴、边或坐标系）来定义截面的扫描方向。

提示：
在可变剖面扫描中，框架的作用不可小视，因为它决定着草绘沿原始轨迹移动时的方向。

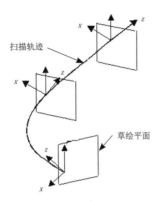

图 8-69 可变截面扫描的基本要素

3．可变截面扫描的一般步骤

可变截面扫描主要设计步骤如下：

（1）创建并选取原始轨迹。

（2）打开【可变截面扫描】工具。

（3）根据需要添加其他轨迹。

（4）指定截面及水平/垂直方向控制参照。

（5）草绘截面。

（6）预览设计结果并创建特征。

如图 8-70 所示为可变截面扫描曲面特征的设计示例。

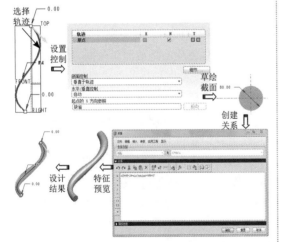

图 8-70 可变截面扫描曲面设计示例

4．设计工具介绍

如图 8-71 所示，在菜单栏中选择【插入】|【可变截面扫描】命令，或在右工具栏单击【可变截面扫描】按钮，打开如图 8-72 所示的设计操控板。

图 8-71 选择【可变截面扫描】命令

图 8-72 设计操控板

8.7.2 可变截面扫描设计过程

在操控板上的【参照】选项卡，用来选择扫描轨迹、设置截面的控制、起点的 X 向参照等操作，如图 8-73 所示。

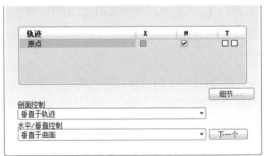

图 8-73 【参照】选项卡

1．选取轨迹

首先向顶部的轨迹列表中添加扫描轨迹。在添加轨迹时，如果同时按住 Ctrl 键可以添加任意多个轨迹。

可变截面扫描时可以使用以下几种轨迹类型：

● 【原点轨迹】：在打开设计工具之前

选取的轨迹,即基础轨迹线,具备引导截面扫描移动与控制截面外形变化的作用。

- 【法向轨迹】：需要选取两条轨迹线来决定截面的位置和方向,其中原始轨迹用于决定截面中心的位置,在扫描过程中的截面始终保持与法向轨迹垂直。
- 【X轨迹】：沿x坐标方向的轨迹线。

如图8-74和图8-75所示是各种扫描轨迹的示例。

> 提示：
> 将原始轨迹始终保持为法向轨迹是一个值得推荐的做法。在某些情况下,如果选定的法向轨迹与沿原始轨迹的扫描运动发生冲突,则会导致特征创建失败。

对于除原始轨迹外的所有其他轨迹,在选中T、N或X复选框前,默认情况下都是辅助轨迹。注意只能选取一个轨迹作为X轨迹或法向轨迹。不能删除原始轨迹,但可以替换原始轨迹。

2. 对截面进行方向控制

在【截面控制】下拉列表中为扫描截面选择定向方法,进行方向控制。此时系统给设计者提供了如下3个选项：

- 【垂直于轨迹】：移动框架总是垂直于指定的法向轨迹。
- 【垂直于投影】：移动框架的Y轴平行于指定方向,Z轴沿指定方向与原始轨迹的投影相切。
- 【恒定的法向】：移动框架的Z轴平行于指定方向。

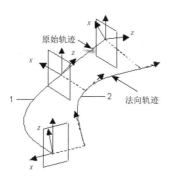

图 8-74　扫描轨迹的示例 1

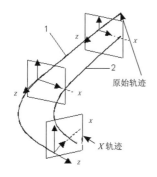

图 8-75　扫描轨迹的示例 2

3. 对截面进行旋转控制

在【水平/垂直控制】下拉列表中设置如何控制框架绕草绘平面法向的旋转运动。主要选项有以下3项：

- 【自动】：截面的旋转控制由XY方向自动定向。由于系统能计算X向量的方向,这种方法能够最大限度地降低扫描几何的扭曲。对于没有参照任何曲面的原始轨迹,该选项为默认值。
- 【垂直于曲面】：截面的Y轴垂直于原始轨迹所在的曲面。如果原点轨迹参照为曲面上的曲线、曲面的单侧边、曲面的双侧边或实体边、由曲面相交创建的曲线或两条投影曲线,该选项为默认值。

可按以下方法更改选定轨迹的类型：

- 单击轨迹旁的X复选框使该轨迹成为X轨迹,但是第一个选取的轨迹不能是X轨迹。
- 单击轨迹旁的N复选框使该轨迹成为法向轨迹。
- 如果轨迹存在一个或多个相切曲面,则选中T复选框。

- 【X轨迹】：截面的 X 轴过指定的 X 轨迹和沿扫描截面的交点。

4．绘制截面

设置完参照后，操控板上的按钮被激活，单击【创建或编辑扫描剖面】 按钮进入二维草绘模式绘制截面图，如图 8-76 所示。

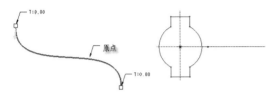

图 8-76　绘制截面图

绘制完成草绘截面后如果马上退出草绘器，此时创建的曲面为普通扫描曲面，如图 8-77 所示。此时显然没有达到预期的可变截面的效果。

图 8-77　扫描曲面特征

接下来可以通过使用关系式的方法来获得可变截面。在菜单栏中选择【工具】|【关系】命令，打开【关系】对话框。然后在模型上拾取需要添加关系的尺寸代号，例如 sd6，再为此尺寸添加关系式："sd6=40+10*cos（10*360*trajpar）"，使该尺寸在扫描过程中按照余弦关系变化。最后创建的可变截面扫描曲面如图 8-78 所示。

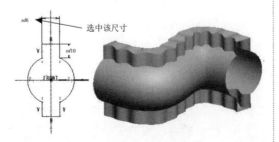

图 8-78　可变截面扫描曲面

如图 8-79 所示是添加了关系式的【关系】对话框。

图 8-79　【关系】对话框

技术拓展

trajpar 参数的应用

在前面的关系式中出现了参数 trajpar，下面简要介绍其用途。trajpar 是 Pro/E 提供的一个轨迹参数，该参数是一个从 0 到 1 的变量，在生成特征的过程中，此变量呈线性变化，它代表着扫描特征创建长度百分比。在开始扫描时，trajpar 的值是 0，而完成扫描时，该值为 1。例如，若有关系式 sd1=40+20*trajpar，尺寸 sd1 受到关系 "40+20*trajpar" 控制。在开始扫描时，trajpar 的值为 0，sd1 的值为 40，在结束扫描时，trajpar 的值为 1，sd1 的值为 60。

5．【选项】选项卡

在【可变截面】对话框中单击按钮，打开如图 8-80 所示的【选项】选项卡，在该选项卡中可以对如下参数进行设置：

- 【可变截面】：将草绘截面约束到其他轨迹（中心平面或现有几何曲线），或使用由 trajpar 参数设置的截面关系来获得变化的草绘截面。
- 【恒定剖面】：在沿轨迹扫描的过程中，草绘截面的形状不变，仅截面所在框架的方向发生变化。
- 【封面端点】：选中该选项后，扫描的截面首末两端将会是封闭的，而非开放的，效果如图 8-81 所示。

第 8 章　基本曲面设计

图 8-80　【选项】选项卡

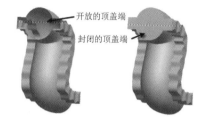

图 8-81　顶盖端封闭示例

- 【草绘放置点】：指定【原始轨迹】上想要草绘截面的点，不影响扫描的起始点。【可变截面扫描】工具是一项非常有用的设计工具，应用广泛，由于本书的篇幅所限，在这里不作深入全面的介绍。

动手操练——创建水果盘

下面以可变截面扫描为基础并结合前面介绍的其他曲面设计方法综合说明曲面设计的一般方法和过程，同时将引出曲面的编辑方法和实体化方法的应用，为稍后介绍曲面的编辑方法和实体化方法打下基础。

在本例中将运用多种创建曲面的方法，基本建模过程如图 8-82 所示。

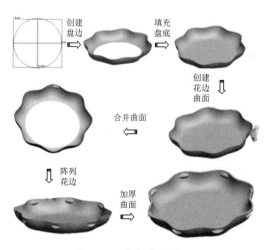

图 8-82　基本建模过程

在本例建模过程中，注意把握以下要点：
- 控制可变截面扫描参照。
- 给尺寸添加关系式的方法。
- 创建混合扫描的方法。
- 用尺寸参照驱动阵列。

1. 建盘沿曲面

step 01　新建一个名称为 dish 的零件文件。

step 02　在右工具栏中单击【草绘】按钮 ，打开【草绘】对话框，选取基准平面 FRONT 作为草绘平面，接受其他默认的参照设置，进入二维草绘模式。使用【圆心和点】工具绘制一个直径为"100"的轨迹圆，创建如图 8-83 所示的基准曲线。

step 03　在菜单栏中选择【插入】|【可变截面扫描】命令，打开设计操控板。选取基准曲线作为轨迹线，如图 8-84 所示，将其添加到【参照】选项卡中，如图 8-85 所示。

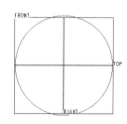 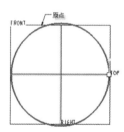

图 8-83　新建基准曲线　　图 8-84　选取轨迹

图 8-85　【参照】选项卡

step 04　单击操控板上的【创建或编辑扫描

219

剖面】按钮，打开二维草绘截面，绘制如图 8-86 所示的扫描截面，注意在图中标记的地方添加约束条件。

step 05 在菜单栏中选择【工具】|【关系】命令，打开【关系】对话框。为如图 8-87 所示尺寸 "sd5" 添加关系式 sd5=18-4*sin（trajpar*360*8），如图 8-88 所示。

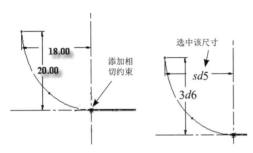

图 8-86　绘制扫描截面　　图 8-87　选中尺寸

图 8-88　创建关系

step 06 预览设计效果，确认后生成的结果如图 8-89 所示。

图 8-89　创建的曲面特征

step 07 在菜单栏中选择【编辑】|【填充】命令，打开设计操控板，选取前面创建的圆形基准曲线作为填充区域的边界，创建的填充曲面如图 8-90 所示。

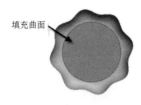

图 8-90　创建填充曲面

2. 使用扫描混合方法创建曲面。

step 01 在右工具栏中单击【轴】按钮，打开【基准轴】对话框，按照图 8-91 所示设置参照，创建经过两基准平面交线的基准轴线。

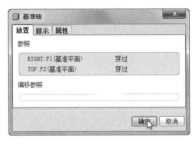

图 8-91　【基准轴】对话框

step 02 再单击右工具栏中的【平面】按钮，打开【基准平面】对话框，按照如图 8-92 所示选中 TOP 平面和 A_1 轴作为参照，按照如图 8-93 所示设置参数，新建基准平面 DTM1，结果如图 8-94 所示。

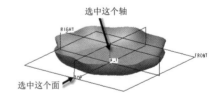

图 8-92　选取设计参照

图 8-93　【基准平面】对话框　图 8-94　新建基准平面

第 8 章 基本曲面设计

step 03 在菜单栏中选择【插入】|【扫描混合】命令,打开【扫描混合】操控板。在右工具栏中单击【草绘】按钮,弹出【草绘】对话框。选择基准平面 DTM1 作为草绘平面,按照默认方式放置草绘平面后进入二维模式。

step 04 在右工具栏中单击工具,在草绘平面内绘制如图 8-95 所示的扫描轨迹线,完成后退出草绘模式。

单击【草绘】按钮进入草绘模式后,使用【样条】工具绘制如图 8-98 所示的截面 1。

step 08 同理,再选取第三控制点作为结束截面的位置参考,并单击【草绘】按钮进入草绘模式。接着绘制如图 8-99 所示的截面 2。

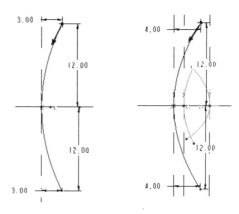

图 8-98　绘制截面 1　　图 8-99　绘制截面 2

step 09 最后在操控板中单击【应用】按钮,完成曲面特征的创建,如图 8-100 所示。

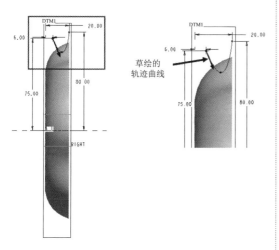

图 8-95　绘制扫描轨迹线

step 05 在操控板的【选项】选项卡中取消选中【封闭端点】复选框,如图 8-96 所示。

step 06 如图 8-97 所示,系统用"✦"标记出轨迹上的 3 个控制点。

图 8-100　创建扫描混合曲面特征

技巧点拨:

为了便于观察,在绘制剖面时隐藏了前面创建的曲面特征。

3. 阵列曲面特征

step 01 如图 8-101 所示,选取上一步创建的曲面特征,然后单击右工具栏中的【阵列】按钮,打开【阵列】操控板。

step 02 选取阵列方式为【轴】,然后选取如图 8-102 所示的轴 A_1 作为阵列参照。

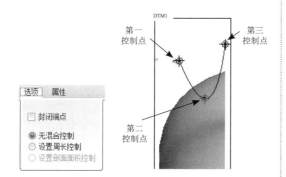

图 8-96　选择选项　　图 8-97　选取参考点

step 07 首先选取第一控制点作为开始截面的位置参考,并输入截面的旋转角度"0°"。

图 8-101　选中曲面　　图 8-102　设置阵列参照

step 03　按照图 8-103 所示设置阵列参数，这时系统会用黑点表示放置每个阵列特征的位置，设计结果如图 8-104 所示。

图 8-103　设置阵列参数

图 8-104　阵列结果

4．合并曲面特征

step 01　按住 Ctrl 键，选中盘沿曲面和前面创建的混合扫描曲面特征，然后在右工具栏中单击【合并】按钮，打开曲面【合并】操控板。通过单击操控板上的两个按钮调整曲面上箭头的指向，如图 8-105 所示。

> **技巧点拨：**
> 箭头指向为曲面合并时保留的一侧。

step 02　单击操控板上的【应用】按钮，最后的合并结果图 8-106 所示。

图 8-105　选择保留的曲面　　图 8-106　盘沿曲面
　　　　　　　　　　　　　　　与混合扫描曲面合并

step 03　重复上述合并操作，依次选取阵列后的每一个曲面与前面合并后的曲面再次进行合并，结果如图 8-107 所示。

step 04　再次将前面合并的曲面和盘底合并，结果如图 8-108 所示。

图 8-107　阵列后曲面与合　　图 8-108　前面的曲
并后的曲面再次合并　　　　　面和盘底的合并

step 05　加厚盘壁。选中合并后的曲面，然后在【编辑】主菜单中选择【加厚】命令打开设计操控板，按照如图 8-109 所示设置加厚厚度，将曲面实体化。适当渲染模型后，结果如图 8-110 所示。

图 8-109　设置加厚厚度

图 8-110　最终设计结果

8.8　综合案例——香蕉造型

本例的香蕉造型主要采用了扫描混合的方法进行设计。造型逼真但设计步骤简单，极易掌握其设计要领。香蕉造型如图 8-111 所示。

第 8 章 基本曲面设计

图 8-111 香蕉造型

操作步骤：

step 01 新建名称为 xiangjiao 的模型文件。

step 02 单击【草绘】按钮，打开【草绘】对话框。选择 TOP 基准平面进入草绘模式中，如图 8-112 所示。

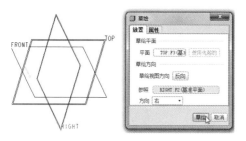

图 8-112 选择草绘平面

step 03 在草绘模式下利用【样条】曲线命令绘制如图 8-113 所示的样条曲线，完成后退出草绘模式。

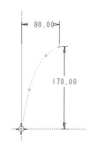

图 8-113 绘制草图

step 04 单击【点】按钮，打开【基准点】对话框。在曲线上选取基准点 PNT0 的位置，然后设置位置参数，如图 8-114 所示。

step 05 在对话框没有关闭的情况下，依次单击【新点】命令，然后陆续创建出基准点 PNT1 ~ PNT6，如图 8-115 所示。

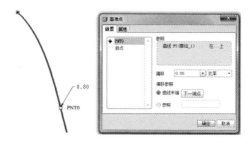

图 8-114 创建基准点 PNT0

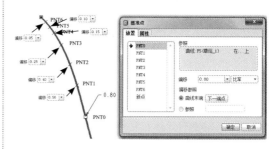

图 8-115 创建其余基准点

step 06 在菜单栏中选择【插入】|【扫描混合】命令，打开操控板。首先选择草绘曲线作为扫描的轨迹线，如图 8-116 所示。

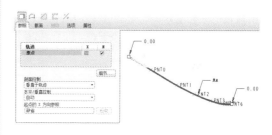

图 8-116 选择扫描轨迹线

step 07 在操控板的【截面】选项卡中，激活【截面位置】下方的收集器，然后选择截面 1 的参考点，如图 8-117 所示。

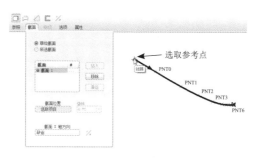

图 8-117 选取参考点

223

step 08 选取参考点后,单击随后亮显的【草绘】按钮,进入草绘模式中,绘制截面1,如图8-118所示。

step 09 退出草绘模式后,在【截面】选项卡中单击【插入】按钮,然后为第二个截面选取参考点(选取PNT0),再单击【草绘】按钮进入草绘模式,绘制第二个截面,如图8-119所示。

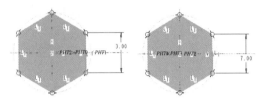

图 8-118 绘制的截面 1　　图 8-119 绘制的截面 2

step 10 同理,按相同方法在PNT1、PNT2上依次绘制出截面3,如图8-120所示。绘制的截面4如图8-121所示。

技巧点拨:
前面图中着色显示的才是当前草绘模式下绘制的截面。其余为前面绘制的截面。

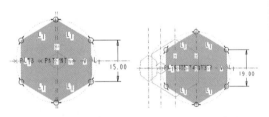

图 8-120 绘制截面 3　　图 8-121 绘制截面 4

step 11 依次绘制的截面5如图8-122所示,截面6如图8-123所示。

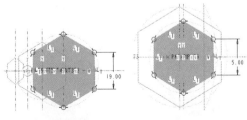

图 8-122 截面 5　　图 8-123 截面 6

step 12 依次绘制的截面7如图8-124所示,截面8如图8-125所示。

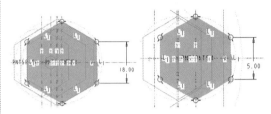

图 8-124 截面 7　　图 8-125 截面 8

step 13 最后绘制的截面9如图8-126所示。退出草绘模式后自动生成扫描混合的预览,如图8-127所示。

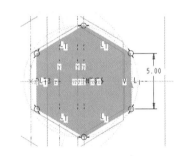

图 8-126 绘制的截面 9

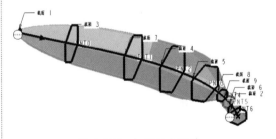

图 8-127 扫描混合预览

step 14 保留操控板上型芯的默认设置,单击【应用】按钮完成扫描混合特征的创建,结果如图8-128所示。

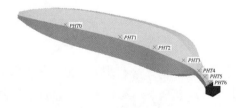

图 8-128 创建的扫描混合特征

第 8 章　基本曲面设计

step 15　单击【倒圆角】按钮，打开操控板。选取扫描混合特征的边创建圆角特征，如图 8-129 所示。

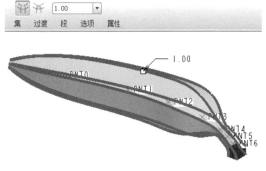

图 8-129　创建圆角特征

step 16　至此，完成香蕉的造型。最后将结果保存。

8.9　课后习题

1. 蝴蝶造型

本练习为绘制蝴蝶造型，主要采用扫描混合、复制、镜像等工具，效果如图 8-130 所示。

图 8-130　蝴蝶造型

2. 手电钻造型

本练习为手电钻的曲面造型练习，主要采用拉伸、边界混合、偏移、复制、造型曲面等工具，效果如图 8-131 所示。

图 8-131　手电钻造型

225

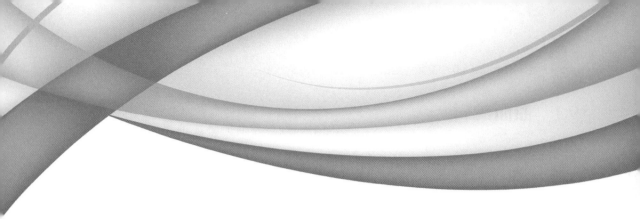

第 9 章
曲面编辑与操作

本章内容

使用 Pro/E 的曲面功能进行造型时，有时需要一些编辑工具进行适当的操作，顺利完成造型工作。这些曲面编辑功能包括前面的修剪、延伸、合并、加厚等。

知识要点

- ☑ 修剪曲面
- ☑ 延伸曲面
- ☑ 合并曲面
- ☑ 曲面实体化
- ☑ 加厚操作

9.1 曲面编辑

在三维实体建模中，曲面特征是一种优良的设计"材料"，用来构建实体特征的外轮廓。但是使用各种方法创建的曲面特征并不一定正好满足设计要求，这时可以采用多种曲面编辑方法来完善曲面。就像裁剪布料制作服装一样，可以将多个曲面进行编辑后拼装为一个单一曲面，最后由该曲面创建实体特征。下面主要介绍曲面特征的各种常用操作方法。

9.1.1 修剪曲面特征

修剪曲面特征是指裁去指定曲面上多余的部分，以获得理想大小和形状的曲面。曲面的修剪方法较多，既可以使用已有基准平面、基准曲线或曲面等修剪对象来修剪曲面特征，也可以使用拉伸、旋转等三维建模方法来修剪曲面特征。

1. 使用修剪对象修剪曲面特征

首先选取需要修剪的曲面特征，然后单击【修剪】按钮，打开【修剪】操控板，如图9-1所示。

图9-1 【修剪】操控板

在如图9-2所示的【参照】选项卡中，需要指定两个对象。

图9-2 【参照】选项卡

- 【修剪的面组】：在这里指定被修剪的曲面特征。
- 【修剪对象】：在这里指定作为修剪

工具的对象，如基准平面、基准曲线及曲面特征等都可以用来修剪一个曲面。

2. 使用基准平面裁剪曲面

如图9-3所示，选取曲面特征作为被修剪的面组，选取基准平面RIGHT作为修剪工具。确定这两项内容后，系统使用一个黄色箭头指示修剪后保留的曲面侧，另一侧将会被裁去。单击操控板上的【反向】按钮，可以调整箭头的指向以改变保留的曲面侧，单击时可以保留曲面的任意一侧，也可以两侧都保留。

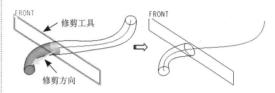

曲面修剪结果一

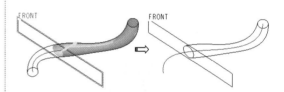

曲面修剪结果二

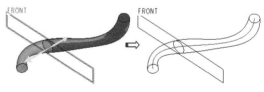

曲面修剪结果三

图9-3 曲面修剪的3种结果

3. 使用一个曲面裁剪另一个曲面

除使用基准平面修剪曲面外，还可以使用一个曲面修剪另一个曲面，这时要求被修剪的曲面能够被作为修剪工具的曲面严格分割开。

如图9-4和图9-5所示的两个曲面，可以使用圆形曲面修剪矩形曲面，但不能使用矩形曲面修剪圆形曲面，这是因为矩形曲面的边界全部落在圆形曲面内，不能够将其严格分割开。在进行曲面修剪时，同样可以调整保留曲面侧以获得不同的结果。

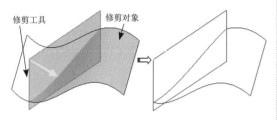

图 9-4　曲面修剪结果 1

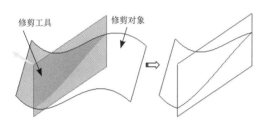

图 9-5　曲面修剪结果 2

4．薄修剪

在操控板上单击【选项】选项卡，可以打开如图 9-6 所示的选项卡，可以设置薄修剪来修剪曲面。这时需要在选项卡中指定曲面的修剪厚度尺寸和控制拟合要求等参数。

下面简要介绍选项卡中各选项的含义。

- 【保留修剪曲面】复选框：用来确定在完成修剪操作后是否保留作为修剪工具的曲面特征，选中该复选框则会保留该曲面。该选项仅在使用曲面作为修剪工具时有效。
- 【薄修剪】复选框：选取该复选框后，并不会裁去指定曲面侧的所有曲面部分，而仅仅裁去指定宽度的曲面。可以在右侧的文本框中输入修剪宽度值。
- 下拉列表框中的 3 个选项用来指定在薄修剪时确定修剪宽度的方法。
  - 【垂直于曲面】：沿修剪曲面的法线方向来度量修剪宽度。此时可以在选项卡最下方指定在修剪曲面组中需要排除哪些曲面。
  - 【自动拟合】：系统使用给定的修剪宽度参数自动确定修剪区域的范围。
  - 【控制拟合】：使用控制参数指定修剪区域的范围。首先选取一个坐标系，然后指定 1～3 个坐标轴确定该方向上的控制参数。

如图 9-7 所示是薄修剪的示例。

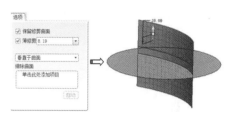

图 9-6　【选项】选项卡

图 9-7　薄修剪示例

动手操练——创建扫描修剪曲面

使用拉伸、旋转、扫描和混合等三维建模方法都可以修剪曲面特征，其基本原理是首先使用这些特征创建方法创建一个不可见的三维模型，然后使用该模型作为修剪工具来修剪指定曲面。

step 01　新建文件。新建名称为 surface_trim 的零件文件。

step 02　单击【旋转】按钮，打开旋转操控板，单击按钮可以创建曲面特征。

step 03　单击【放置】选项卡中的【定义】按钮打开【草绘】对话框，选取基准平面 FRONT 作为草绘平面，使用其他系统默认参照放置草绘平面后，进入二维草绘模式。

step 04 在草绘平面内绘制如图9-8所示的截面图和中心线，完成后退出草绘模式。

step 05 在操控板中设置旋转角度为"180°"，曲面特征预览如图9-9所示。单击【应用】按钮完成曲面的创建。

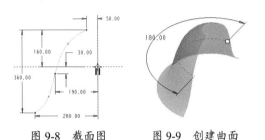

图9-8 截面图　　图9-9 创建曲面

step 06 单击【草绘】按钮，打开【草绘】对话框。

step 07 选取基准平面FRONT作为草绘平面，接受系统其他默认参照放置草绘平面后，进入二维草绘模式。

step 08 在草绘平面内绘制如图9-10所示的截面图，完成后退出二维草绘模式。创建的基准曲线如图9-11所示。

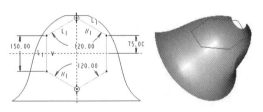

图9-10 绘制截面图　　图9-11 创建的基准曲线

step 09 先选中创建的草绘曲线，然后在菜单栏中选择【编辑】|【投影】命令，打开【投影】操控板。

step 10 激活【曲面】列表框，选中前面创建的旋转曲面特征，并更改投影方向，如图9-12所示。

step 11 单击操控板上的【应用】按钮，

创建的投影曲线如图9-13所示。

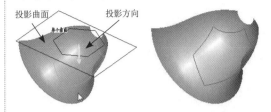

图9-12 投影参照设置　图9-13 创建的投影曲线

step 12 在菜单栏中选择【插入】|【扫描】|【曲面修剪】命令，打开【曲面裁剪：扫描】对话框和【选取】对话框。

step 13 按如图9-14所示的操作步骤，完成曲面的修剪。

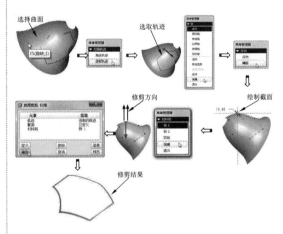

图9-14 裁剪曲面的过程与结果

9.1.2 延伸曲面特征

延伸曲面特征是指修改曲面的边界，适当扩大或缩小曲面的伸展范围，以获得新的曲面特征的曲面操作方法。要延伸某一曲面特征，首先选中该曲面的一段边界曲线，然后在菜单栏中选择【编辑】|【延伸】命令。此时将在设计界面底部打开如图9-15所示的【延伸】操控板。

图9-15 【延伸】操控板

1．延伸曲面的方法

系统提供以下两种方式来延伸曲面特征。
- 沿原始曲面延伸：沿被延伸曲面的原始生长方向延伸曲面的边界链，此时在设计操控板上单击按钮，这是系统默认的曲面延伸模式。
- 延伸至参照：将曲面延伸到指定参照，此时在设计操控板上单击按钮。

如果使用【沿原始曲面延伸】方式延伸曲面特征，还可以从以下 3 种方法中选取一种来实现延伸过程。
- 相同：创建与原始曲面类型相同的曲面作为延伸曲面。例如对于平面、圆柱、圆锥或样条曲面等，延伸后曲面的类型不变。延伸曲面时，需要选定曲面的边界链作为参照，这是系统默认的曲面延伸模式。
- 相切：创建与原始曲面相切的直纹曲面作为延伸曲面。
- 逼近：在原始曲面的边界与延伸边界之间创建边界混合曲面作为延伸曲面。当将曲面延伸至不在一条直边上的顶点时，此方法很实用。

2．创建相同曲面延伸

相同曲面延伸是应用最为广泛的曲面延伸方式，下面详细介绍其基本设计步骤。

方法一：指定延伸类型

如前所述，可以选取【沿原始曲面延伸】和【延伸至参照】两种延伸类型之一，如果要使用后者延伸曲面，在设计操控板上单击按钮。

方法二：指定延伸参照

如果使用【沿原始曲面延伸】方式延伸曲面，需要指定曲面上的边链作为参照，如果使用【延伸至参照】方式延伸曲面，除了需要指定边链作为延伸参照外，还需要指定参照平面来确定延伸尺寸。这时可以单击操控板左上角的【参照】按钮打开【参照】选项卡进行设置。如图 9-16 所示是使用【延伸至参照】方式延伸曲面时的【参照】选项卡。

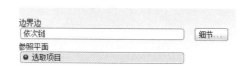

图 9-16　【参照】选项卡

在选取曲面上的边线作为参照时，单击鼠标可以选中曲面上的一条边线作为延伸参照，如图 9-17 所示。选中一条边线后按住 Shift 键再选另一条边线，则可以选中整个曲面的所有边界曲线作为延伸参照，如图 9-18 所示。

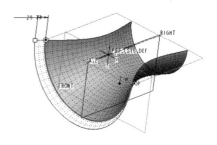

图 9-17　选取单一边线作为参照

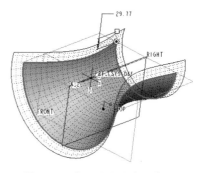

图 9-18　选取边界链作为参照

3．设置延伸距离

根据延伸曲面方法的差异，设置延伸距离的方法也有所不同。如果使用【延伸至参照】方式延伸曲面，在指定作为参照的曲面边线后，在指定确定曲面延伸终止位置的参照平面后,曲面将延伸至该平面为止,如图 9-19 和图 9-20 所示。

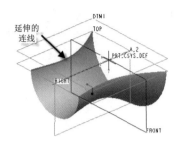

图 9-19　选取边线作为延伸参照

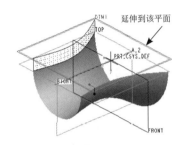

图 9-20　选取基准平面作为终止参照

如果使用【沿原始曲面延伸】方式延伸曲面,在操控板左上角单击【沿原始曲面延伸】按钮,打开【量度】选项卡,在该选项卡中可以通过多种方法设置延伸距离,如图 9-21 所示。

图 9-21　【量度】选项卡

在【量度】选项卡中,首先在参照边线上设置参照点,然后为每一个参照点设置延伸距离。如果要在延伸边线上添加参照点,可以按照如图 9-22 所示进行操作。

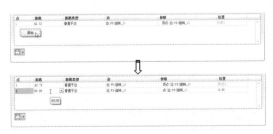

图 9-22　添加参照点

提示:

输入负值会导致曲面被裁剪。

在【量度】选项卡的第三列可以指定测量延伸距离的方法,单击其中的选项可以打开一个包含 4 个列表项的下拉列表,如图 9-23 所示。

图 9-23　【量度】选项卡

其中 4 个选项的含义如下:
- 【垂直于边】:垂直于参照边线来测量延伸距离。
- 【沿边】:沿着与参照边相邻的侧边测量延伸距离。
- 【至顶点平行】:延伸曲面至下一个顶点处,延伸后曲面边界与原来参照边线平行。
- 【至顶点相切】:延伸曲面至下一个顶点处,延伸后曲面边界与顶点处的下一个单侧边相切。以上两种方法常用于使用延伸方法裁剪曲面。

如图 9-24 所示是 4 种指定距离方法的示例。

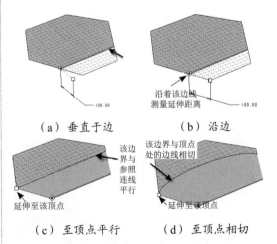

图 9-24　4 种距离设置方法

最后说明选项卡中左下角下拉列表中两个按钮的用途。

- ▣：在选定基准平面中测量延伸距离。
- ▣：沿延伸曲面测量延伸距离。

4．创建相切曲面延伸

创建相切曲面延伸的基本步骤与创建相同曲面延伸类似，在设计时需要单击操控板左上角的按钮，打开【选项】选项卡，在选项卡中的【方法】下拉列表框中选择【相切】选项，如图 9-25 所示。

图 9-25　选择曲面的相切方法

创建相切曲面延伸时，延伸后的曲面在参照边线处与原曲面相切，延伸曲面的形状与原始曲面的形状没有太直接的关系，如图 9-26 和图 9-27 是相切延伸与相同延伸的对比。

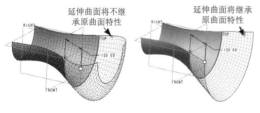

图 9-26　相同延伸　　图 9-27　相切延伸

提示：

由于相同延伸要继承原曲面的形状特性，因此当设计参数不合理时，可能导致特征创建失败。

5．创建逼近曲面延伸

与相同曲面延伸和相切曲面延伸相比，逼近曲面延伸使用近似的算法来延伸曲面特征。逼近曲面延伸通过在原始曲面与终止参照之间创建边界混合曲面来延伸曲面，其基本设计过程与相切曲面延伸类似。

动手操练——创建花纹切边曲面

step 01　新建名称为 yanshenqumian 的零件文件。

step 02　单击【旋转】按钮，打开【旋转】操控板，单击【作为曲面旋转】按钮创建曲面特征。

step 03　选取基准平面 TOP 作为草绘平面，使用其他系统默认参照放置草绘平面后，进入二维草绘模式。

step 04　在草绘平面内绘制如图 9-28 所示的截面和几何中心线，完成后退出草绘模式。

step 05　保留操控板中其余选项的默认设置，单击【应用】按钮完成曲面特征的创建，如图 9-29 所示。

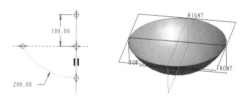

图 9-28　绘制旋转截　图 9-29　创建的曲面特征面图

step 06　选中曲面的边界曲线，然后在菜单栏中选择【编辑】|【延伸】命令，打开【延伸】操控板。

技巧点拨：

需要连续选择曲面边时，首先选中半个圆周曲线，按住 Shift 键再选中另外半个圆周曲线。

step 07　单击操控板上的【量度】按钮，打开选项卡，首先在左半个圆周曲线上设置 11 个参照点。这些参照点在边上的长度比例值（位置）依次为："0.00" "0.10" "0.20" "0.30" "0.40" "0.50" "0.60" "0.70"

"0.80""0.90"和"1.00",每个参照点的延伸距离值(距离)依次为"0.00""50.00""0.00""50.00""0.00""50.00""0.00""50.00""0.00""50.00""0.00"。如图 9-30 所示。

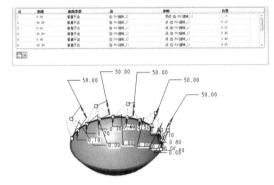

图 9-30 设置延伸参考点

step 08 继续在曲面的另外半个圆周曲线上创建 9 个参照点,这些参照点在边上的长度比例值(位置)依次为"0.90""0.80""0.70""0.60""0.50""0.40""0.30""0.20"和"0.10",每个参照点的延伸距离值依次为"50.00""0.00""50.00""0.00""50.00""0.00""50.00""0.00""50.00",如图 9-31 所示。

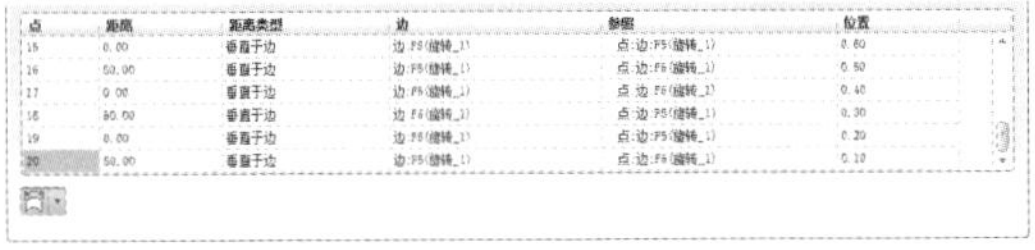

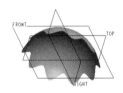

图 9-31 设置延伸参照

技巧点拨:

在设置另外半个圆的参考点时,即编号为"12"的点,需要手动拖动该点到另外半个圆上,否则将继续在已创建点的半圆内创建参考点,如图 9-32 所示。

step 09 设置完成参照和延伸距离参数后的曲面如图 9-33 所示。

step 10 单击操控板上的【应用】✓按钮,

设计结果如图 9-34 所示。

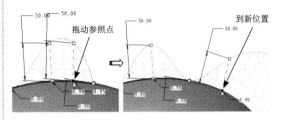

图 9-32 拖动参考点

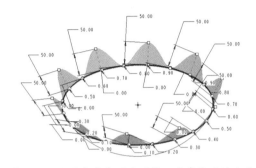

图 9-33 设置完成参照和延伸距离参数后的曲面

图 9-34 设计结果

9.1.3 合并曲面特征

使用合并曲面的方法可以把多个曲面合并生成单一曲面特征,这是曲面设计中的一个重要操作。当模型上具有多于一个独立曲面特征时,首先选取参与合并的两个曲面特征(在模型树窗口中选取时,依次单击两曲面的标识即可;在模型上选取时,选取一个曲面后,按住 Ctrl 键再选取另一个曲面),然后单击【合并】按钮 ,打开如图 9-35 所示的曲面【合并】操控板。

图 9-35 曲面【合并】操控板

打开如图 9-36 所示【参照】选项卡，在这里指定参与合并的两个曲面。如果需要重新选取参与合并的曲面，可以在选项卡的列表框中单击鼠标右键，在快捷菜单中选择【移除】或【移除全部】命令删除项目，然后重新选择合并的曲面。

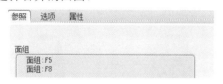

图 9-36　【参照】选项卡

在操控板上有两个【反向】按钮，分别用来确定在合并曲面时每一曲面上最后保留的曲面侧。保留的曲面侧将由一个黄色箭头指示。

如图 9-37 至图 9-40 所示为曲面合并的示例。

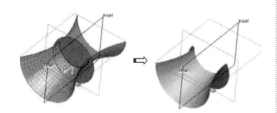

图 9-37　曲面合并结果 1

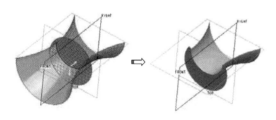

图 9-38　曲面合并结果 2

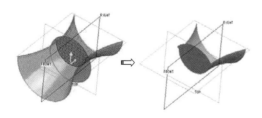

图 9-39　曲面合并结果 3

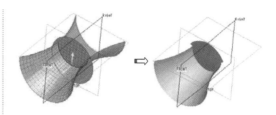

图 9-40　曲面合并结果 4

当有多个曲面需要合并时，首先选取两个曲面进行合并，然后再将合并生成的曲面与第三个曲面进行合并，按此操作继续合并其他曲面，直到所有曲面合并完毕。也可以将曲面两两合并，然后再把合并的结果继续两两合并，直至所有曲面合并完毕。

动手操练——组合曲面

step 01　新建名称为 join 的零件文件。

step 02　单击【旋转】按钮，打开【旋转】操控板，单击按钮创建曲面特征。

step 03　选取基准平面 TOP 作为草绘平面，使用其他系统默认参照放置草绘平面后，进入二维草绘模式。

step 04　在草绘平面内绘制如图 9-41 所示的截面图，完成后退出草绘模式。

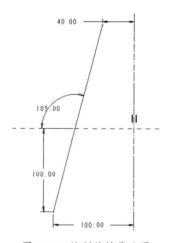

图 9-41　绘制旋转截面图

step 05　保留操控板中其他参数的默认设置，创建的曲面特征如图 9-42 所示。

step 06 单击【旋转】按钮，打开设计操控板，单击按钮创建曲面特征，单击【放置】按钮打开【参照】选项卡，单击【定义】按钮打开【草绘】对话框，单击【使用先前的】按钮使用上一步骤中设置的草绘平面，直接进入二维草绘模式。

step 07 在草绘平面内绘制如图 9-43 所示的截面图，完成后退出草绘模式。

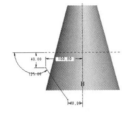

图 9-42 创建的第一个曲面特征　　图 9-43 绘制截面图

step 08 保留操控板中其他参数的默认设置，创建的曲面特征如图 9-44 所示。

图 9-44 创建第二个曲面特征后的结果

step 09 使用类似的方法创建第三个旋转曲面特征，草绘截面如图 9-45 所示，旋转角度为 360°，设计结果如图 9-46 所示。

图 9-45 绘制草绘截面　　图 9-46 创建第三个曲面特征后的结果

step 10 按住 Ctrl 键，选中第一个和第二个旋转曲面特征，然后单击【合并】按钮，打开设计操控板。

step 11 通过单击操控板上的【反向】按钮，调整两个曲面的保留侧，如图 9-47 中的箭头所示，合并结果如图 9-48 所示。

图 9-47 调整合并方向　　图 9-48 合并后的结果

step 12 按住 Ctrl 键，选中合并后的曲面和第三个旋转曲面特征，然后单击【合并】按钮，打开设计操控板。

step 13 通过单击操控板上的按钮，调整两个曲面的保留侧，如图 9-49 中的箭头所示。最后的合并结果如图 9-50 所示。

图 9-49 调整合并方向　　图 9-50 最后的合并结果

9.2 曲面操作

曲面特征的重要用途之一就是由曲面围成实体特征的表面，然后将曲面实体化，这也是现代设计中对复杂外观结构的产品进行造型设计的重要手段。在将曲面特征实体化时，既可以创建实体特征，也可以创建薄板特征。

使用曲面构建实体特征时有两种基本情况：
- 使用封闭曲面构建实体特征。
- 使用开放曲面构建实体特征。

9.2.1 曲面的实体化

曲面的实体化就是将合并的封闭曲面，转换成实体特征。

选中曲面后，在菜单栏中选择【编辑】|【实体化】命令，系统弹出如图 9-51 所示的【合并】操控板。

图 9-51 【合并】操控板

1. 封闭曲面的实体化

通常情况下，系统会选中默认的实体化设计工具 □。因为将该曲面实体化生成的结果唯一，因此可以直接单击操控板上的 ✓ 按钮生成最后的结果，如图 9-52 所示。

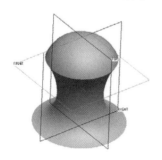

图 9-52 实体化后的结果

> **技巧点拨：**
> 注意这种将曲面实体化的方法只适合封闭曲面。另外，虽然曲面实体化后的结果和实体化前的曲面在外形上没有多大区别，但是在实体化操作

后已经彻底变为实体特征，这个变化是质变，这样就可以使用所有实体特征的基本操作对其进行编辑。如图 9-53 所示是剖切后的模型，可以看到实体效果。

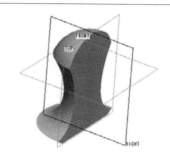

图 9-53 剖切后的模型

2. 使用曲面切减实体材料

如果曲面特征能把实体模型严格分成两个部分，可以使用曲面作为参照来切除实体模型上的材料，此时单击操控板上的 ⊿ 按钮进行设计。

如图 9-54 所示，在齿轮毛坯上创建了一个与齿廓匹配的曲面特征，选中该曲面特征后，在菜单栏中选择【编辑】|【实体化】命令，打开设计操控板，单击操控板上的 ⊿ 按钮，使用曲面来去除材料。此时系统用黄色箭头指示去除的材料侧，单击 ╱ 按钮可以调整材料侧的指向。

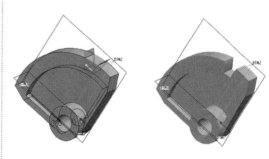

图 9-54 使用曲面剪切实体特征

3. 使用曲面替换实体表面

如果一个曲面特征的所有边界都位于实体表面上，此时整个实体表面被曲面边界分

为两部分，可以根据需要使用曲面替换指定的那部分实体表面，单击操控板上的按钮即可完成曲面的替换操作。在设计过程中，系统用箭头指示的区域是最后保留的实体表面，另一部分实体表面将由曲面替换。如图9-55所示是设计示例。

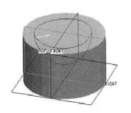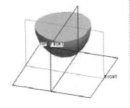

图9-55　使用曲面替换实体表面

9.2.2　曲面的加厚操作

除了使用曲面构建实体特征外，还可以使用曲面构建薄板特征。在构建薄板特征时，对曲面的要求相对宽松许多，可以使用任意曲面来构建薄板特征。当然对于特定曲面来说，不合理的薄板厚度也可能导致构建薄板特征失败。

选取曲面特征后，在菜单栏中选择【编辑】|【加厚】命令，此时弹出如图9-56所示的【加厚】操控板。

图9-56　【加厚】操控板

使用操控板上的按钮，可以加厚任意曲面特征。此时在操控板上的文本框中输入加厚厚度，系统使用黄色箭头指示加厚方向，确定在曲面哪一侧加厚材料，单击按钮可以调整加厚方向。

打开【选项】选项卡，在顶部的下拉列表中选取一种确定加厚厚度的方法。

- 【垂至于曲面】：沿曲面法线方向使用指定厚度加厚曲面，这是默认选项。
- 【自动拟合】：系统自动确定最佳加

厚方向，无须人工干预。
- 【控制拟合】：指定坐标系，选取1～3个坐标轴作为参照控制加厚方法。

如图9-57所示是曲面薄板化示例。

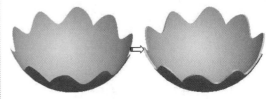

图9-57　曲面薄板化的结果

9.3　综合案例

前面介绍了曲面的编辑操作，由于小实例不能达到快速消化、全面掌握的效果，下面再用几个曲面造型再加以辅助练习。

9.3.1　案例一：U盘设计

U盘是最常用的移动存储设备，其外观漂亮，造型精致。本实例讲述U盘主体的设计过程。U盘主体设计综合运用了扫描曲面的创建、边界曲面的创建、曲面的合并和曲面实体化等建模方法，U盘主体的设计结果如图9-58所示。

图9-58　U盘模型

操作步骤：

step 01　新建名称为upan的零件文件。

step 02　绘制基准曲线。单击右工具栏中的【草绘】按钮，选取TOP平面作为草绘平面，其他设置接受系统默认选项，绘制U盘外形轮廓曲线，完成后单击☑按钮退出草绘模式，创建曲线如图 9-59 所示。

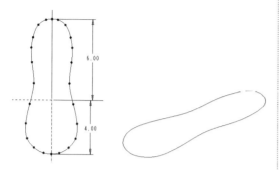

图 9-59 创建基准曲线

step 03 创建扫描曲面特征。在【插入】主菜单中选择【扫描】|【曲面】命令，扫描轨迹选取上一步所创建的基准曲线，主要操作过程如图 9-60 所示。

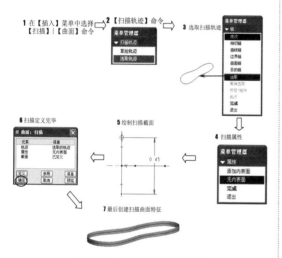

图 9-60 创建扫描曲面特征

step 04 创建基准曲线特征。单击右工具栏【草绘】按钮，选取 RIGHT 平面作为草绘平面，其他设置接受系统默认选项，绘制上部轮廓曲线，完成后单击☑按钮退出草绘模式，创建的曲线如图 9-61 所示。

step 05 创建边界曲面。单击右工具栏中的【边界混合】按钮，弹出边界曲面设计操控板。按住 Ctrl 键依次选取如图 9-62 所示的 3

条边作为参照，最后创建的边界曲面如图 9-28 所示。

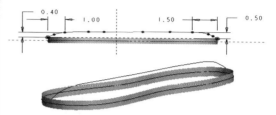

图 9-61 创建基准曲线

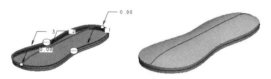

图 9-62 创建边界混合曲面

step 06 镜像边界曲面。选中上一步创建的边界混合曲面，单击右工具栏中的【镜像】按钮，选择 TOP 基准平面作为镜像平面，创建的镜像边界曲面如图 9-63 所示。

图 9-63 镜像边界曲面

step 07 创建曲面合并特征。打开操控板中的 面组 下拉列表，选取所有曲面特征，单击右工具栏中的曲面【合并】按钮，创建曲面合并特征，如图 9-64 所示。

图 9-64 曲面合并

step 08 创建曲面实体化特征。选中上一步创建的曲面合并特征，在菜单栏中选择【编辑】|【实体化】命令，打开【实体化】操控板，将曲面实体化，实体化结果如图 9-65 所示。

图 9-65 曲面实体化

step 09 创建倒圆角特征。选中如图 9-66 所示的边线,单击右工具栏中的【倒圆角】按钮,设定圆角半径值为 0.2,最后创建的倒圆角特征如图 9-67 所示。

图 9-66 选择要倒圆角的边　　图 9-67 倒圆角结果

step 10 创建拉伸曲面特征。单击右工具栏中的【拉伸】按钮,弹出【拉伸】特征操作操控板,单击【拉伸为曲面】按钮,以 TOP 基准平面为草绘平面,绘制如图 9-68 所示的拉伸剖面图,【拉伸】操控板中的设置及最后创建的拉伸曲面如图 9-69 所示。

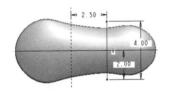

图 9-68 绘制草图

图 9-69 创建拉伸曲面特征

step 11 创建实体化特征。选中上一步所创建的拉伸曲面特征,然后在菜单栏中选择【编辑】|【实体化】命令,打开【实体化】操控板。单击【去除材料】按钮,并利用按钮调节方向,最后单击按钮,创建的实体化特征如图 9-70 所示。

图 9-70 创建实体化特征

step 12 创建拉伸实体特征。单击右工具栏中的【拉伸】按钮,选取如图 9-71 所示平面作为草绘平面,绘制拉伸剖面图,拉伸深度为 1.2,主要操作过程如图 9-71 所示。

图 9-71 创建拉伸实体特征

step 13 创建去除材料特征。单击右工具栏中的【拉伸】按钮,选取如图 9-72 所示平面作为草绘平面,绘制拉伸剖面,单击【去除材料】按钮,拉伸深度为 1,如图 9-72 所示。

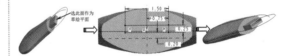

图 9-72 创建去除材料特征

step 14 创建去除材料特征。单击右工具栏中的【拉伸】按钮,选取如图 9-73 所示平面作为草绘平面,绘制拉伸剖面,单击【去除材料】按钮,拉伸深度为 1,如图 9-73 所示。

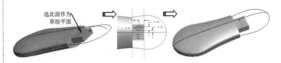

图 9-73 创建去除材料特征

step 15 隐藏曲线。在模型树中选中草绘曲线,单击鼠标右键,在弹出的快捷菜单中选择【隐藏】命令,最后创建的 U 盘如图 9-74 所示。

step 16 单击【保存】按钮保存设计结果。

图 9-74 最后创建的 U 盘模型

9.3.2 案例二：饮料瓶设计

本例将创建如图 9-75 所示的饮料瓶模型，建模过程中会用到各种基础特征建模，以及以相交曲线特征作为拔模特征的拔模枢轴和作为扫描混合特征的轨迹线，在制作瓶底的过程中将用到曲面自由形状特征。

图 9-75 饮料瓶

操作步骤：

step 01 新建名称为 yinliaoping 零件文件。

step 02 创建拉伸实体特征。单击右工具栏中的【拉伸】按钮，选取 FRONT 平面作为草绘平面，绘制拉伸剖面图，拉伸深度为 160，如图 9-76 所示。

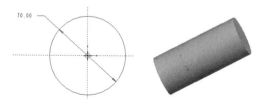

图 9-76 创建拉伸实体特征

step 03 创建混合实体特征。在菜单栏中选择【插入】|【混合】|【伸出项】命令，通过草绘 4 个混合截面图形，并指定截面间的距离

创建混合实体特征，主要过程如图 9-77 所示。

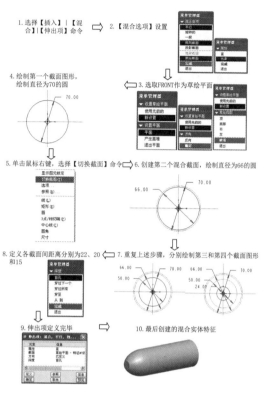

图 9-77 创建混合实体特征

step 04 创建基准平面。单击【平面】按钮，打开【基准平面】对话框。选取拉伸实体底部平面作为参照，采用平面偏移的方式，设置【平移】为 15，按照图 9-78 所示设置【基准平面】对话框，最后生成基准平面。

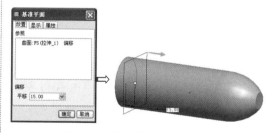

图 9-78 创建基准平面 DTM1

step 05 创建交截曲线。选取上一步创建的基准平面 DTM1 和圆柱面，在菜单栏中选择【编辑】|【相交】命令，得到交截曲线，如图 9-79 所示。

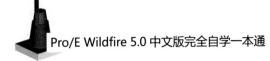

图 9-79 创建交截曲线

step 06 创建拔模特征。以上一步创建的交截曲线作为拔模枢轴，在上下侧分别创建 15°与 0°拔模曲面，主要过程如图 9-80 所示。

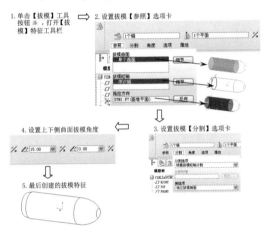

图 9-80 创建拔模特征

step 07 创建旋转切除特征。单击【旋转】按钮，打开【旋转】特征操控板，单击【去除材料】按钮，选择 RIGHT 基准平面作为草绘平面，绘制旋转剖面，创建的旋转切除特征如图 9-81 所示。

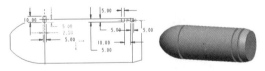

图 9-81 创建旋转切除特征

step 08 创建拉伸实体特征。以 RIGHT 平面作为草绘平面，利用【通过边创建图元】工具，绘制拉伸截面，创建瓶口拉伸实体部分，如图 9-82 所示。

图 9-82 创建拉伸实体部分

step 09 创建旋转切除特征。单击【旋转】按钮，打开【旋转】特征操控板，单击【去除材料选项】按钮，选择 TOP 基准平面作为草绘平面，绘制旋转剖面，创建的旋转切除特征如图 9-83 所示。

图 9-83 创建旋转切除特征

step 10 创建基准平面。单击【平面】按钮，打开【基准平面】对话框。选取 RIGHT 基准平面作为参照，采用平面偏移的方式，设置【平移】为 50，按照图 9-84 所示设置【基准平面】对话框，最后生成 DTM2 基准平面。

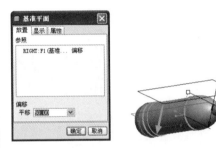

图 9-84 创建基准平面 DTM2

step 11 创建拉伸切除实体特征。单击右工具栏中的按钮，选取 DTM2 平面作为草绘平面，绘制拉伸剖面图，拉伸深度为 22，单击【去除材料】按钮，如图 9-85 所示。

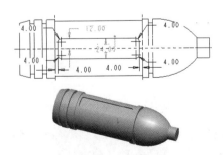

图 9-85 创建拉伸切除实体特征

step 12 创建倒圆角特征。选中如图 9-86 所示的边线，单击右工具栏中的【倒圆角】按钮，设定圆角半径为2.0，完成倒圆角特征的创建。

图9-86 倒圆角

step 13 创建组特征。选取以上两步创建的拉伸切除实体特征和倒圆角特征，单击鼠标右键，在弹出的快捷菜单中选择【组】命令，创建组特征，如图9-87所示。

图9-87 创建组特征

step 14 创建阵列特征。选取上一步创建的组特征，单击右工具栏中的【阵列】按钮，打开【阵列】特征操控板，采用轴向阵列的方式，选取轴的基体轴线作为阵列轴线，沿圆周方向阵列，个数为6，参数设置及阵列结果如图9-88所示。

图9-88 创建阵列特征

step 15 创建倒圆角特征。单击右工具栏中的【倒圆角】按钮，选中要倒圆角的边线，设定圆角半径为2.0，最后创建的倒圆角特征如图9-89所示。

step 16 创建曲面自由形状特征。选取瓶底面，设定变形区域网格及通过控制点设置曲面变形量，创建瓶底面的自由形状特征，如图9-90所示。

图9-89 创建倒圆角特征

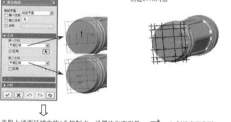

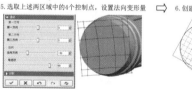

图9-90 创建曲面自由形状特征

step 17 创建实体化特征。选中上一步所创建的自由形状曲面特征，然后选择【编辑】|【实体化】命令，打开【实体化】操控板。单击【去除材料】按钮，并利用按钮调节方向，创建的实体化特征如图9-91所示。

图9-91 实体化特征

step 18 创建倒圆角特征。选中自由形状曲面的边线，单击右工具栏中的【倒圆角】按钮，设定圆角半径为4.0，创建的倒圆角特征如图9-92所示。

图 9-92 创建倒圆角特征

step 19 复制曲面。选取瓶底面的自由形状曲面,然后按住 Shift 键,选取瓶口曲面作为边界面,释放 Shift 键后,系统会选取种子组面至边界曲面间的所有曲面,按快捷键 Ctrl+C 复制曲面,按快捷键 Ctrl+V 粘贴曲面。如图 9-93 所示。

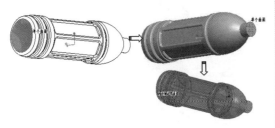

图 9-93 复制曲面

step 20 偏移曲面。选取上一步粘贴得到的曲面,在菜单栏中选择【编辑】|【偏移】命令,设置偏移数值为 0.55,设定偏移方向,创建的曲面偏移特征如图 9-94 所示。

图 9-94 创建偏移曲面

step 21 创建实体化特征。选中上一步偏移得到的曲面,然后在菜单栏中选择【编辑】|【实体化】命令,打开【实体化】操控板,单击【替换曲面】按钮,并利用按钮调节方向,创建的实体化特征如图 9-95 所示。

step 22 创建旋转特征。单击【旋转】按钮,打开【旋转】特征操控板,选择 RIGHT 基准平面作为草绘平面,绘制旋转剖面,创建的旋转切除特征如图 9-96 所示。

图 9-95 创建实体化特征

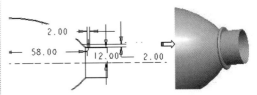

图 9-96 创建旋转特征

step 23 创建螺旋扫描特征。利用螺旋扫描特征工具创建瓶口的螺纹部分,主要过程及结果如图 9-97 所示。

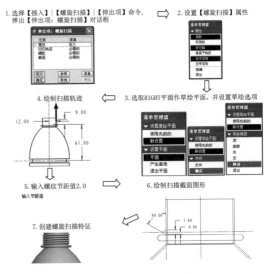

图 9-97 创建螺旋扫描特征

step 24 隐藏曲线。在模型树中选中草绘曲线,单击鼠标右键,在弹出的快捷菜单中选择【隐藏】命令,最后创建的饮料瓶模型如图 9-98 所示。

图 9-98 最后创建的饮料瓶模型

step 25 单击 按钮保存设计结果，关闭窗口。

9.3.3 案例三：鼠标外壳设计

本例将创建如图9-99所示的鼠标外壳模型，该鼠标外壳主要由顶部曲面和底部平面部分组成，对于顶部曲面的建模，首先创建边界曲线在平面上的投影曲线，利用投影曲线创建空间曲线，然后利用边界曲线创建曲面，并对曲面进行修剪、合并及实体化等操作。

图9-99 鼠标外壳

操作步骤：

step 01 新建名称为 shubiao 的零件文件。

step 02 创建鼠标底面草绘曲线。单击右工具栏中的【草绘】按钮，进入草绘环境，选择 RIGHT 基准平面作为草绘平面，绘制如图9-100所示的草绘曲线。

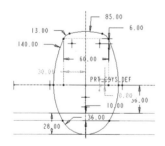

图9-100 绘制草绘曲线

step 03 创建基准平面。单击【平面】按钮，打开【基准平面】对话框。选取 RIGHT 基准平面作为参照，采用平面偏移的方式，设置【平移】为60，生成图9-101所示的DTM1基准平面。

 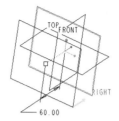

图9-101 创建基准平面

step 04 创建鼠标侧面草绘曲线。单击右工具栏中的【草绘】按钮，进入草绘环境，选择上一步创建的DTM1平面作为草绘平面，绘制如图9-102所示的草绘曲线。

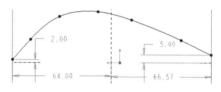

图9-102 草绘曲线

step 05 创建相交曲线。选取以上创建鼠标底面、侧面的曲线，在菜单栏中选择【编辑】|【相交】命令，打开【相交】操控板，创建相交曲线，如图9-103所示。

图9-103 创建相交曲线

step 06 创建基准点。单击右工具栏中的【点】按钮，选取上一步创建的相交曲线的两个端点，创建基准点 PNT0、PNT1，如图9-104所示。

图9-104 创建基准点

step 07 创建基准平面。单击【平面】按钮 ▢，打开【基准平面】对话框。按住 Ctrl 键，选取上一步创建的两个基准点和 TOP 基准面作为参照，创建基准平面 DTM2，如图 9-105 所示。

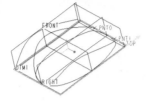

图 9-105 创建基准平面

step 08 创建鼠标前部圆弧曲线。单击右工具栏中的【草绘】按钮，进入草绘环境，选择上一步创建的 DTM2 平面作为草绘平面，以前面步骤创建的两个基准点 PNT0、PNT1 为参照，绘制半径为 120 的圆弧，如图 9-106 所示。

图 9-106 创建前部圆弧曲线

step 09 创建相交曲线。选取上一步创建的前部圆弧曲线，在菜单栏中选择【编辑】|【相交】命令，打开【相交】操控板，分别选取第一、第二草绘作为曲线在不同投影面上的投影曲线，创建相交曲线，如图 9-107 所示。

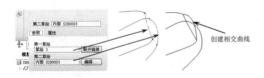

图 9-107 创建相交曲线

技巧点拨:

在第二草绘的创建中，需要单击【草绘】按钮，进入草绘状态，选取 TOP 平面作为草绘平面，利用【利用边创建图元】工具，创建相关曲线。

step 10 创建基准点。单击右工具栏中的【点】按钮，按住 Ctrl 键，选取上一步创建的相交曲线与 RIGHT 基准平面，创建基准点 PNT2，如图 9-108 所示。按相同的方法，选取第 5 步创建的相交曲线与 RIGHT 基准平面，创建基准点 PNT3，如图 9-109 所示。

图 9-108 创建基准点 PNT2

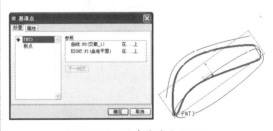

图 9-109 创建基准点 PNT3

step 11 创建鼠标顶部草绘曲线。单击右工具栏中的【草绘】按钮，进入草绘环境，选择 RIGHT 平面作为草绘平面，以前面步骤创建的两个基准点 PNT2、PNT3 为参照，绘制样条曲线，如图 9-110 所示。

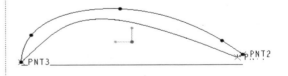

图 9-110 创建顶部草绘曲线

step 12 创建基准平面。单击 ▢ 按钮，打开【基准平面】对话框。选取 FRONT 基准面作为参照，设置【平移】值分别为 30、22，并调整平面位置，创建基准平面 DTM3、DTM4，如图 9-111 所示。

第 9 章 曲面编辑与操作

图 9-111 创建基准平面

step 13 创建基准点。单击右工具栏中的【点】按钮，按住 Ctrl 键，选取上一步创建基准平面 DTM4 和相应曲线，创建基准点 PNT4～PNT6，如图 9-112 所示。按照同样的步骤，选取基准平面 DTM3 和相应曲线，创建基准点 PNT9～PNT9，如图 9-113 所示。

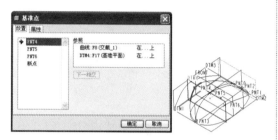

图 9-112 创建基准点

图 9-113 创建基准点

step 14 创建基准曲线。单击右工具栏中的【绘制基准曲线】按钮，选择【通过点】，创建基准曲线，选取 PNT4～PNT6 作为参照点，创建的基准曲线如图 9-114 所示。按照同样的步骤，选取基准点 PNT9～PNT9 作为参照创建另一条基准曲线，如图 9-115 所示。

step 15 修剪曲线。选取第 5 步所创建的相交曲线，单击右工具栏中的【修剪】按钮，弹出【修剪】特征操控板，选取 PNT3 作为修剪对象，并利用 ✗ 按钮，调整出现两个箭头后，完成曲线的修剪，将曲线分割成两部分，如图 9-116 所示。

图 9-114 创建基准曲线

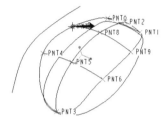

图 9-115 创建基准曲线

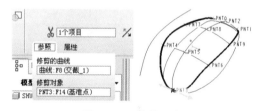

图 9-116 修剪曲线

step 16 创建鼠标顶部边界曲面。单击右工具栏中的【边界混合】按钮，在弹出的【边界混合】特征操控板中，按住 Ctrl 键，依次分别在两个方向选取边界曲线，作为两个方向的边界链，创建混合曲面，如图 9-117 所示。

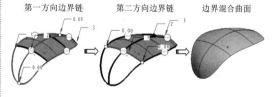

图 9-117 创建顶部边界混合曲面

step 17 创建底部填充曲面。选取第 2 步所创建的草绘曲线，在菜单栏中选择【编辑】|【填充】命令，创建的填充曲面如图 9-118 所示。

图 9-118　创建底部填充曲面

step 18　创建拉伸曲面特征。单击右工具栏中的【拉伸】按钮，并选中【拉伸为曲面】按钮，以 TOP 平面为草绘平面，利用【通过偏移边创建图元】工具，设置类型为【环】，选取上一步创建的填充曲面创建拉伸截面图形，创建瓶口拉伸实体部分，如图 9-119 所示。

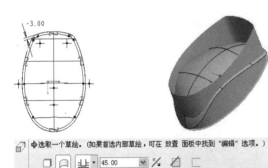

图 9-119　创建拉伸曲面

step 19　合并拉伸曲面与顶部边界混合曲面。选取上一步创建的拉伸曲面，按住 Ctrl 键，选取第 16 步创建的顶部边界混合曲面，单击右工具栏中的【合并】按钮，单击操控板中的按钮，调整合并曲面方向，创建合并曲面，如图 9-120 所示。

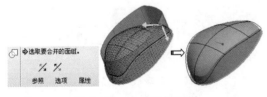

图 9-120　合并顶部曲面

step 20　合并填充曲面。选取上一步创建的合并曲面，按住 Ctrl 键，选取第 17 步创建的填充曲面，单击右工具栏中的【曲面合并】按钮，单击操控板中的按钮，调整合并曲面方向，创建的合并曲面如图 9-121 所示。

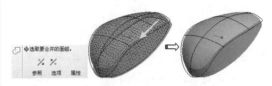

图 9-121　合并填充曲面

step 21　创建倒圆角特征。选中上一步创建的合并曲面的上下边线，单击右工具栏中的【倒圆角】按钮，设定圆角半径值为 2.0，创建的倒圆角特征如图 9-122 所示。

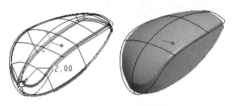

图 9-122　创建倒圆角特征

step 22　加厚曲面。选取以上创建的整个曲面，在菜单栏中选择【编辑】|【加厚】命令，将曲面加厚以实现实体化，如图 9-123 所示。

图 9-123　加厚曲面

step 23　创建拉伸切除实体特征。单击右工具栏中的【拉伸】按钮，选取 RIGHT 平面作为草绘平面，绘制拉伸剖面，单击【去除材料】按钮，创建的切除实体特征如图 9-124 所示。

图 9-124　创建拉伸切除实体特征

step 24　隐藏曲线。切换至层树，选中曲线，单击鼠标右键，在弹出的快捷菜单中选择【隐藏】

命令，隐藏曲线，最后的模型如图9-125所示。

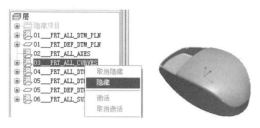

图9-125 隐藏曲线

step 25 单击 按钮保存设计结果，关闭窗口。

9.3.4 案例四：电吹风模型设计

要创建的电吹风模型如图9-126所示。

图9-126 电吹风模型

操作步骤：

step 01 新建名称为dianchuifeng的零件文件。

step 02 创建风筒草绘曲线1。单击【草绘】按钮，进入草绘环境，选择TOP基准平面作为草绘平面，绘制如图9-127所示的草绘曲线。

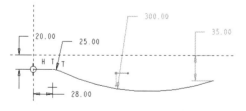

图9-127 创建风筒草绘曲线1

step 03 创建草绘曲线2。选取上一步创建的草绘曲线，单击右侧工具栏中的【镜像】按钮，选择FRONT基准平面作为镜像平面，

创建的镜像曲线2如图9-128所示。

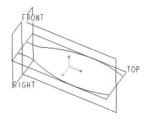

图9-128 镜像曲线

step 04 创建风筒草绘曲线3。单击【草绘】按钮，进入草绘环境，选择RIGHT平面作为草绘平面，绘制如图9-129所示的圆弧作为草绘曲线。

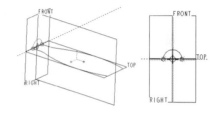

图9-129 创建风筒草绘曲线3

> **技巧点拨：**
>
> 通过设置草绘参照，使圆弧的两端点捕捉到上两步绘制的曲线的端点。

step 05 创建基准平面DTM1。单击【平面】按钮，打开【基准平面】对话框。按住Ctrl键，选取RIGHT基准面作为参照，输入偏移值，创建基准平面DTM1，如图9-130示。

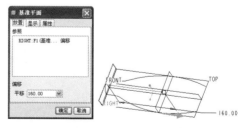

图9-130 创建基准平面

step 06 创建基准点PNT0和PNT1。单击【点】按钮，按住Ctrl键，选取上一步创

建基准平面 DTM1 和草绘曲线 1，创建基准点 PNT0，按照同样的步骤，选取基准平面 DTM1 和草绘曲线 2，创建基准点 PNT1，如图 9-131 所示。

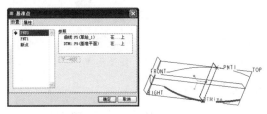

图 9-131　创建基准点

step 07　创建风筒草绘曲线 4。单击右工具栏中的【草绘】按钮，进入草绘环境，选择 DTM1 平面作为草绘平面，以上一步创建的基准点 PNT0 和 PNT1 作为草绘参照，捕捉到这两点，绘制圆弧，创建草绘曲线 4，如图 9-132 所示。

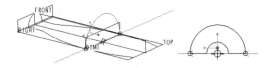

图 9-132　创建风筒草绘曲线 4

step 08　创建基准平面 DTM2。单击【平面】按钮，打开【基准平面】对话框。选取以上创建的草绘曲线 2 的端点，并按住 Ctrl 键选取 RIGHT 基准面作为参照，创建基准平面 DTM2，如图 9-133 所示。

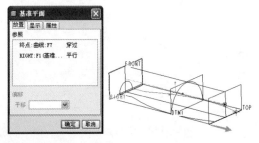

图 9-133　创建基准平面 DTM2

step 09　创建风筒草绘曲线 5。单击【草绘】按钮，进入草绘环境，选择 DTM2 平面作为草绘平面，利用以上创建的草绘曲线 1、草绘曲线 2 的端点作为草绘参照，捕捉到这两点，绘制圆弧，创建草绘曲线 5，如图 9-134 所示。

图 9-134　创建风筒草绘曲线 5

step 10　创建风筒草绘曲线 6。单击【草绘】按钮，选择 TOP 平面作为草绘平面，利用以上创建的草绘曲线 1、草绘曲线 2 的端点作为草绘参照，捕捉到这两点，绘制圆弧，创建草绘曲线 6，如图 9-135 所示。

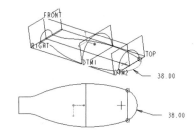

图 9-135　创建风筒草绘曲线 6

step 11　创建手柄草绘曲线 7。单击【草绘】按钮，选择 TOP 平面作为草绘平面，创建草绘曲线 7，如图 9-136 所示。

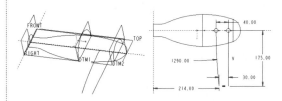

图 9-136　创建手柄草绘曲线 7

step 12　创建手柄草绘曲线 8。单击【草绘】按钮，选择 FRONT 平面作为草绘平面，利用以上创建的手柄草绘曲线 7 的两个端点作为草绘参照，捕捉到这两点，创建草绘曲线 8，如图 9-137 所示。

线作为边界链，创建混合曲面，其中设定与上一步创建的边界曲面1的约束关系。

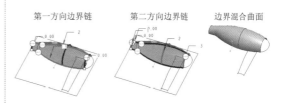

图 9-140　创建风筒边界混合曲面 1

图 9-137　创建手柄草绘曲线 8

step 13　创建基准平面DTM3。单击【平面】按钮☐，打开【基准平面】对话框。选取以上创建的手柄草绘曲线7的端点，并按住Ctrl键选取FRONT基准面作为参照，创建基准平面DTM3，如图9-138示。

图 9-141　创建风筒边界混合曲面 2

step 17　创建手柄边界曲面3。单击右工具栏中的【边界混合】按钮，在弹出的【边界混合】特征操控板中，按住Ctrl键，依次分别在两个方向选取图9-142所示的边界曲线，作为两个方向的边界链，创建混合曲面。

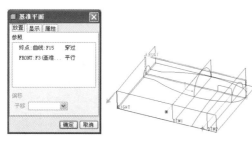

图 9-138　创建基准平面 DTM3

step 14　创建手柄草绘曲线9。单击右工具栏中的【草绘】按钮，选择DTM3平面作为草绘平面，利用以上创建的手柄草绘曲线7的两个端点作为草绘参照，捕捉到这两点，创建草绘曲线9，如图9-139所示。

图 9-142　创建手柄边界混合曲面 3

step 18　合并风筒边界曲面1与边界曲面2。按住Ctrl键，选取以上创建的边界混合曲面，单击右工具栏的【曲面合并】按钮，单击操控板中的 ✗ 按钮，调整合并曲面方向，创建的合并曲面如图9-143所示。

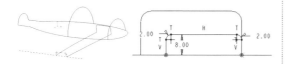

图 9-139　创建手柄草绘曲线 9

step 15　创建风筒边界曲面1。单击【边界混合】按钮，在弹出的【边界混合】特征操控板中，按住Ctrl键，依次分别在两个方向选取图9-140所示的边界曲线，作为两个方向的边界链，创建混合曲面。

step 16　创建风筒边界曲面2。单击【边界混合】按钮，在【边界混合】特征操控板中，按住Ctrl键，依次选取图9-114所示的边界曲

图 9-143　合并曲面

step 19　合并风筒边界曲面与手柄边界曲面。

按住 Ctrl 键，选取上一步合并创建的曲面和手柄边界曲面 3，单击右工具栏中的【曲面合并】按钮，单击操控板中的 按钮，调整合并曲面方向，创建的合并曲面如图 9-144 所示。

图 9-144 合并风筒边界曲面与手柄边界曲面

step 20 创建手柄底部平整平面。主要过程与结果如图 9-145 所示。

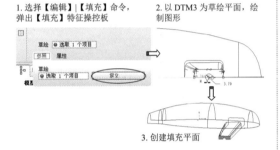

图 9-145 创建手柄底部平整平面

step 21 合并手柄底部平面。选取上一步创建的手柄底部平整平面和前面创建的合并曲面，单击右工具栏中的【曲面合并】按钮，单击操控板中的 按钮，调整合并曲面方向，创建的合并曲面如图 9-146 所示。

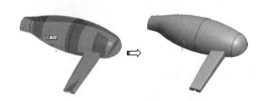

图 9-146 合并手柄底部曲面

step 22 创建偏移特征。选取上一步创建的合并曲面，主要过程及结果如图 9-147 所示。

step 23 创建拉切除特征。单击【拉伸】按钮，选取 TOP 平面作为草绘平面，绘制拉伸截面，单击【去除材料】按钮，创建切

除实体特征，如图 9-148 所示。

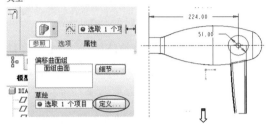

图 9-147 创建偏移特征

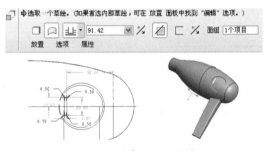

图 9-148 创建拉伸切除特征

step 24 创建阵列特征。选取上一步创建的拉伸切除特征，单击右工具栏中的【阵列】按钮，打开【阵列】特征操控板。采用【尺寸】阵列的方式，将阵列间距设为 -5.5、阵列数量为 8，创建的阵列特征如图 9-149 所示。

图 9-149 创建阵列特征

step 25 创建倒圆角特征。选中上一步创建的合并曲面的上下边线，单击右工具栏中的【倒圆角】按钮，设定圆角半径，创建倒

圆角特征，如图9-150所示。

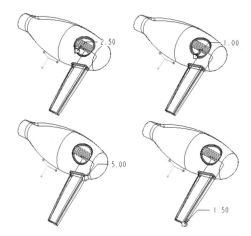

图 9-150　创建倒圆角特征

step 26　加厚曲面。选取以上创建的曲面，在菜单栏中选择【编辑】|【加厚】命令，将曲面加厚以实现实体化，如图9-150所示。

图 9-150　加厚曲面

step 27　镜像实体特征。在模型树中，选取根节点，单击右工具栏中的【镜像】按钮，选取TOP面作为对称平面，创建镜像实体特征，如图9-151所示。

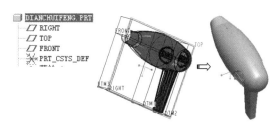

图 9-151　镜像实体特征

step 28　隐藏曲线。切换至层树，选中曲线，单击鼠标右键，在弹出的快捷菜单中选择【隐藏】命令，隐藏曲线，最后的模型如图9-152所示。

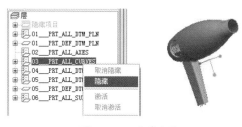

图 9-152　隐藏曲线

step 29　单击【保存】按钮保存设计结果。

9.4　课后习题

1．漂亮的花盘模型

利用曲面造型工具、基本曲面、曲面编辑工具，设计如图9-153所示的漂亮花盘模型。

图 9-153　花盘模型

2．巧妙的雀巢模型

利用拉伸、旋转、阵列等工具，创建如图9-154所示的雀巢模型。

图 9-154　雀巢模型

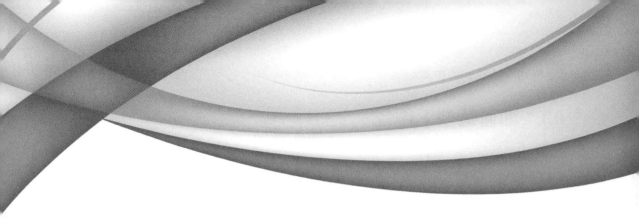

第 10 章
曲面造型工具

本章内容

前面介绍的基本曲面知识属于业界常说的专业曲面范畴,另外还有一种概念性极强、艺术性和技术性相对完美结合的曲面特征——造型曲面,也称自由形式曲面,简称 ISDX。造型曲面特别适合设计曲面特别复杂的曲面,如汽车车身曲面、摩托艇或其他船体曲面等。巧用造型曲面,可以灵活地解决外观设计与零部件结构设计之间可能存在的脱节问题。
交互式曲面设计扩展包(Interactive Surface Design eXtension,ISDX),也称"交互式曲面设计",其指令名称为造型。本章将着重讲解 ISDX 曲面的基本功能及产品设计应用。

知识要点

- ☑ 曲面造型工作台
- ☑ 活动平面与内部平面
- ☑ 创建曲线
- ☑ 编辑造型曲线
- ☑ 创建造型曲面

10.1 曲面造型工作台

在 Pro/E 零件设计模式下,集成了一个功能强大、建模直观的造型环境。在该设计环境中,可以非常直观地创建具有高度弹性化的造型曲线和曲面。在造型环境中创建的各种特征,可以统称为造型特征,它没有节点数目和曲线数目的特别限制,并且可以具有自身内部的父子关系,还可以与其他 Pro/E 特征具有参照关系或关联。

10.1.1 进入造型工作台

造型曲面模块完全并入了 Pro/E 的零件设计模块,在零件设计模块的主菜单中选择【插入】|【造型】命令,也可单击【基础特征】工具栏上的【造型工具】按钮,即可进入造型曲面设计的模块,界面如图 10-1 所示。

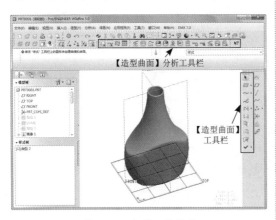

图 10-1　造型环境界面

造型曲面设计的界面与零件设计的界面大致相同,只是在菜单栏中增加了一个【造型】菜单,【基础特征】工具栏转换成了【造型曲面】工具栏,另外增加了一个【造型曲面】分析工具栏。因为菜单栏中其他菜单与零件设计中的菜单内容大致类似,在这里只介绍有区别的菜单,其他不再赘述。【造型】菜单是新增的菜单,选择【造型】菜单命令,弹出如图 10-2 所示下拉菜单,菜单中各命令含义如图 10-2 所示。命令中的 cos 为英文 Curve On Surface 的简写,表示曲线位于曲面上。

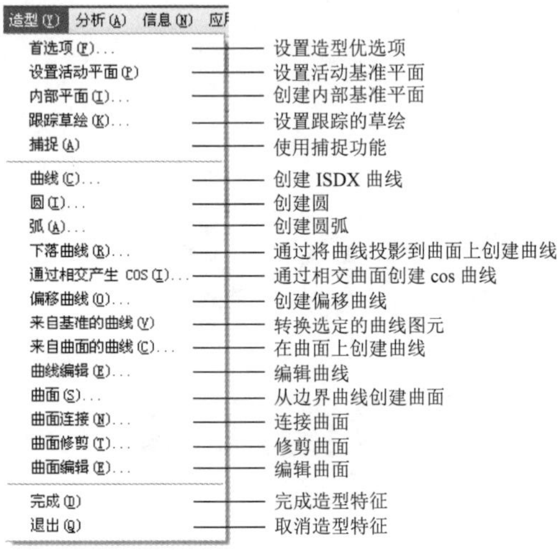

图 10-2　【造型】菜单

在默认状态下,系统全屏显示一个视图,单击【视图切换】按钮,则可以切换到显示所有视图(四视图布局)的操作界面,如图 10-3 所示。在采用四视图布局时,允许用户适当调整各窗格大小。若再次单击【视图切换】按钮,则切换回单视图界面。

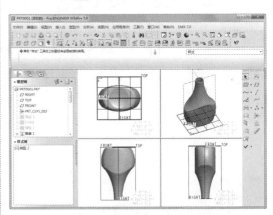

图 10-3　多视图显示模式

退出造型环境的操作方法主要有以下两种:
- 方法一:在右侧竖排的工具栏中单击 ✓ 按钮,或从主菜单中选择【造型】|【完成】命令,完成造型特征并退出造型环境。

- 方法二：在右侧竖排的工具栏中单击 ╳ 按钮，或从主菜单中选择【造型】|【退出】命令，取消对造型特征的所有更改，并退出造型环境。

10.1.2 造型环境设置

在主菜单中，选择【造型】|【首选项】命令，打开【造型首选项】对话框，如图 10-4 所示。利用该对话框，可以设置【曲面】、【自动再生】、【栅格】、【曲面网格】等项目的优先选项。

图 10-4 【造型首选项】对话框

【造型首选项】对话框中各选项的功能如下：

- 【曲面】：选中【默认连接】复选框，表示在创建曲面时自动建立连接。
- 【栅格】：可切换栅格的打开和关闭状态，其中【间距】选项用于定义栅格间距。
- 【自动再生】：选中相应的复选框时，自动再生曲线、曲面和着色曲面。
- 【曲面网格】：有3个显示选项。【开】表示始终显示曲面网格；【关】表示从不显示曲面网格；【着色时关闭】表示当选择着色显示模式时，曲面网格不可见。

- 【质量】：根据滑块位置定义曲面网格的精细度。

10.1.3 工具栏介绍

创建造型曲面特征时，默认情况下 Pro/E 向界面添加两个【造型曲面】工具栏，分别在窗口顶部添加快捷工具栏，如图 10-5 所示。在窗口的右侧添加竖排工具栏，如图 10-6 所示。这些工具栏中的常用工具按钮含义如下：

图 10-5 顶部工具栏

- 曲面显示：控制样式曲面的打开/关闭。
- 显示曲线：控制样式曲线的打开/关闭。
- 跟踪草绘：设置跟踪的草绘。
- 视图显示：在一个全屏视图显示与4个视图显示之间切换。
- 曲率：曲率分析，包括曲线的曲率、半径、相切选项；曲面的曲率、垂直选项。
- 截面：横截面分析，包括界面的曲率、半径、相切、位置选项和加亮位置。
- 偏移：显示曲面或曲线的偏移量。
- 着色曲率：为曲面上的点计算并显示最小和最大法向曲率值。
- 反射：显示直线光源照射时曲面所反射的曲线。
- 拔模：分析确定曲面的拔模角度。
- 斜率：用色彩显示零件上曲面相对于参照平面的倾斜程度。
- 曲面节点：曲面节点分析。
- 保存的分析：显示已保存的集合信息。
- 隐藏全部：隐藏所有已保存的分析。
- 删除全部曲率：删除所有已保存的

曲率分析。
- 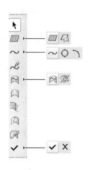删除全部截面：删除所有已保存的截面分析。
- 删除全部曲面节点：删除所有已保存的曲面节点分析。

图 10-6

竖排工具栏中各选项含义如下：
- 选取：选取造型中的特征。
- 设定活动平面：用来设置活动基准平面，以创建和编辑几何对象。
- 创建内部基准平面：创建造型特征的内部基准平面。
- 创建曲线：显示使用插值点或控制点来创建造型曲线的选项。
- 创建圆：显示创建圆的各选项。
- 创建圆弧：显示创建圆弧的各选项。
- 编辑曲线：通过拖动点或切线等方式来编辑曲线。
- 下落曲线：使曲线投影到曲面上以创建曲线。
- 相交产生曲线：通过与一个或多个曲面相交来创建位于曲面上的曲线。
- 曲面：利用边界曲线创建曲面。
- 曲面连接：定义曲面间连接。
- 曲面修剪：修剪所选面组。
- 曲面编辑：使用直接操作编辑曲面形状。
- 完成：完成造型特征并退出造型环境。
- 退出：取消对造型特征的所有更改。

10.2 设置活动平面和内部平面

活动平面是造型环境中一个非常重要的参考平面，在许多情况下，造型曲线的创建和编辑必须考虑到当前所设置的活动平面。在造型环境中，以网格形式表示的平面便是活动平面，如图 10-7 所示。允许用户根据设计意图，重新设置活动平面。

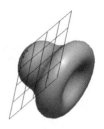

图 10-7　活动平面

动手操练——设置活动平面

step 01 打开本例模型文件。

step 02 单击造型平台中的【设置活动平面】按钮，或者在主菜单中选择【造型】|【设置活动平面】命令，系统提示选取一个基准平面。

step 03 选择一个基准平面，或选择平整的零件表面，便完成了活动平面的设置。

step 04 有时，为了使创建和编辑造型特征更方便，在设置活动平面后，可以从主菜单中选择【视图】|【方向】|【活动平面方向】命令，从而使当前活动平面以平行于屏幕的形式显示，如图 10-8 所示。

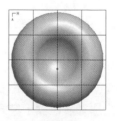

图 10-8　调整视图方向

10.3 创建曲线

在创建或定义造型特征时，可以创建合适的内部基准平面来辅助设计。使用内部基准平面的好处在于可以在当前的造型特征中含有其他图元的参照。创建内部基准平面的方法及步骤如下：

step 01 单击【造型曲面】工具栏上的【创建内部基准平面】按钮 ，或在主菜单中选择【造型】|【内部平面】命令，打开【基准平面】对话框，如图10-9所示。

step 02 利用【放置】选项卡，以通过参照现有平面、曲面、边、点、坐标系、轴、顶点或曲线的方式来放置新的基准平面，也可选取基准坐标系或非圆柱曲面作为创建基准平面的放置参照。必要时，利用【平移】选项，自选定参照的偏移位置放置新基准平面，如图10-10所示。

图10-9 【基准平面】对话框

图10-10 放置新基准平面

step 03 如果需要，可以进入【显示】选项卡和【属性】选项卡，进行相关设置操作。一般情况下，接受默认设置即可。

step 04 单击【确定】按钮，完成内部基准平面的创建。默认情况下，此基准平面处于活动状态，并且带有栅格显示，还会显示内部基准平面的水平和竖直方向。

造型曲面是由曲线来定义的，所以创建高质量的造型曲线是创建高质量造型曲面的关键。在这里，首先了解造型曲线的一些概念性基础知识。

造型曲线是通过两个以上的定义点光滑连接而成的。一组内部插值点和端点定义了曲线的几何结构。曲线上每一点都有自己的位置、切线和曲率，切线确定曲线穿过的点的方向。切线由造型创建和维护，不能人为改动，但可以调整端点切线的角度和长度。曲线可以被认为是由无数微小的圆弧合并而成的，每个圆弧半径就是曲线在该位置的曲率半径，曲线的曲率是曲线方向改变速度的度量。

在造型曲面中，创建和编辑曲线的模式有两种：插值点和控制点。

- **插值点**：默认情况下，在创建或编辑曲线的同时，造型曲面显示曲线的插值点，如图10-11所示。单击并拖动实际位于曲线上的点即可编辑曲线。
- **控制点**：在【造型曲面】操控板中选取【控制点】选项，显示曲线的控制点，如图10-12所示。可通过单击和拖动这些点来编辑曲线，只有曲线上的第一个和最后一个控制点可以成为软点。

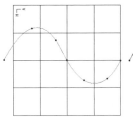 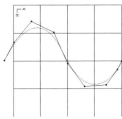

图10-11 曲线上的插值点　　图10-12 曲线上的控制点

点的种类如果按点的移动自由度来划分，则可分为自由点、软点和固定点3种类型。

- **自由点**：以鼠标左键在零件上任意取

点创建曲线时，所选的点会以小黑点（•）的形式显示在画面上。当创建完曲线后，再单击主窗口右侧的【编辑曲线】按钮，编辑此曲线时，该点可被移动到任意位置，此类点称为"自由点"。

- 软点：在现有的零件上选取点时，若希望所选的点落在现有零件的直线上或曲线上，则需按住 Shift 键，再以鼠标左键选取直线或曲线，则画面会以小圆点（○）显示出所选的点，此点被约束在直线上或曲线上，但仍可在此线上移动，此类点称为"软点"。
- 固定点：若按住 Shift 键，以鼠标左键选取基准点或线条的端点，则画面上会以"×"形式显示出所选的点，此点被固定在基准点或端点上，无法再移动，此类点称为"固定点"。

造型曲线的类型有 3 种，分别为自由曲线、平面曲线和 COS 曲线。

- 自由曲线：三维空间曲线，也称 3D 曲线，它可位于三维空间中的任何地方。通常绘制在活动工作平面上，并可以通过曲线编辑功能，拖动插值点使其成为 3D 曲线。
- 平面曲线：位于活动平面上的曲线。编辑平面曲线时不能将曲线点移出平面，也称为 2D 曲线。
- COS 曲线：自由曲面造型中的 COS（Curve On Surface）曲线指的是曲面上的曲线。COS 曲线永远置放于所选定的曲面上，如果曲面的形状发生了变化，曲线也随曲面的外形变化而变化。
- 下落曲线：是将指定的曲线投影到选定的曲面上所得到的曲线，投影方向是某个选定平面的法向。选定的曲线、选定的曲面及取其法向为投影方向的

平面都是父特征，最后得到的下落曲线为子特征，无论修改哪个父特征，都会导致下落曲线改变。从本质上来讲，下落曲线是一种特殊的 COS 曲线。

10.3.1 创建自由曲线

自由曲线是造型曲线中最常用的曲线，它可位于三维空间的任何地方，可以通过制定插值点或控制点的方式来建立自由曲线。

单击造型平台中的【创建曲线】按钮～，或者在主菜单中选择【造型】|【曲线】命令，打开如图 10-13 所示的【造型曲线】特征操控板。

图 10-13 【造型曲线】特征操控板

其中各选项含义如下：

- ～自由曲线：创建位于三维空间中的曲线，不受任何几何图元约束。
- 平面曲线：创建位于指定平面上的曲线。
- 曲面曲线：创建被约束于指定单一曲面上的曲线。
- 控制点：以控制点方式创建曲线。
- 【按比例更新】：选中该复选框，按比例更新的曲线允许曲线上的自由点与软点成比例移动。在曲线编辑过程中，曲线按比例保持其形状。没有按比例更新的曲线，在编辑过程中只能更改软点处的形状。

技巧点拨：

创建空间任意自由曲线时，可以借助于多视图方式，便于调整空间点的位置，以完成图形绘制。

单击其中的【参照】选项卡，弹出【参照】

面板，如图10-14所示，主要用来指定绘制曲线所选用的参照及径向平面。

图10-14 【参照】选项卡

动手操练——创建自由曲线

step 01 新建零件文件，并单击【造型】工具按钮，进入造型环境中。

step 02 单击造型平台中的【创建曲线】按钮，或者在主菜单中选择【造型】|【曲线】命令，打开【造型曲线】特征操控板。

step 03 指定要创建的曲线类型。可以选择自由曲线、平面曲线及曲面曲线。

step 04 定义曲线点。可以使用控制点和插值点来创建自由曲线。

step 05 如果需要，可选中【按比例更新】复选框，使曲线按比例更新。

step 06 完成自由曲线的创建。预览曲线，完成曲线的创建。创建自由曲线示例如图10-15所示。

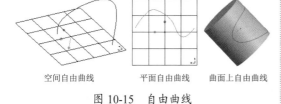

空间自由曲线　　平面自由曲线　　曲面上自由曲线

图10-15 自由曲线

10.3.2 创建圆

在造型环境中，创建圆的过程较为简单。在造型环境中，单击造型平台中的【创建圆】按钮，弹出【创建圆】特征操控板，如图

第10章 曲面造型工具

10-16所示。利用该操控板，可以创建自由曲线或平面曲线，单击一点为圆心，并指定圆半径。

图10-16 【创建圆】特征操控板

该特征操控板主要选项含义如下：

- 自由：该选项将被默认选中，可自由移动圆，而不受任何几何图元的约束。
- 平面：圆位于指定平面上。默认情况下，活动平面为参照平面。

动手操练——创建圆

step 01 在造型环境中，单击造型平台中【创建圆】按钮，弹出【创建圆】特征操控板。

step 02 选择造型圆的类型。在【创建圆】特征操控板中，单击按钮，创建自由形式圆；单击按钮，创建平面形式圆。

step 03 在图形窗口中单击任一位置来放置圆的圆心。

step 04 设定圆半径。拖动圆上所显示的控制滑块可更改其半径，或通过操控板中的【半径】选项指定新的半径值。

step 05 完成圆的创建。创建圆的示例如图10-17所示。

图10-17 创建圆

10.3.3 创建圆弧

在造型环境中，创建圆弧与创建圆的过

程基本相同，另外需要指定圆弧的起点及终点。在造型环境中，单击造型平台中的【创建圆弧】按钮，弹出【创建圆弧】特征操控板，如图10-18所示。在该操控板中，需要指定圆弧的起始及结束弧度。

图 10-18 【创建圆弧】特征操控板

动手操练——创建圆弧

step 01 在造型环境中，单击造型平台中的【创建圆弧】按钮，弹出【创建圆弧】特征操控板。

step 02 选择造型圆弧的类型。在【创建圆弧】特征操控板中，可设定创建自由形式或平面形式圆弧。

step 03 在图形窗口中单击任一位置来放置圆弧的圆心。

step 04 设定圆弧半径及起始、结束角度。拖动圆弧上所显示的控制滑块以更改圆弧的半径，以及起点和终点；或者通过操控板中的【半径】、【起点】和【终点】选项分别指定新的半径值、起点值和终点值。

step 05 完成圆弧的创建。创建圆弧的示例如图10-19所示。

图 10-19 创建圆弧

10.3.4 创建下落曲线

下落曲线是将指定的曲线投影到选定的曲面上所得到的曲线。在造型环境中，单击【创建下落曲线】按钮，弹出【创建下落曲线】特征操控板，如图10-20所示。在该操控板中，需要指定投影曲线、投影曲面等要素。

图 10-20 【创建下落曲线】特征操控板

动手操练——创建下落曲线

step 01 在造型环境中，单击【创建下落曲线】按钮，弹出【创建下落曲线】特征操控板。

step 02 选取投影曲线。选取一条或多条要投影的曲线。

step 03 选取投影曲面。选取一个或多个曲面。曲线即被放置在选定曲面上。默认情况下，将选取基准平面作为将曲线放到曲面上的参照。

step 04 设置曲线延伸选项。选中【起点】复选框，将下落曲线的起始点延伸到最接近的曲面边界；选中【终点】复选框，将下落曲线的终止点延伸到最接近的曲面边界。

step 05 完成投影曲线的创建。预览创建的投影曲线，完成投影曲线的创建。创建投影曲线的示例如图10-21所示。

图 10-21 投影曲线

技巧点拨：

通过投影创建的曲线与原始曲线是关联的，若改变原始曲线的形状，则投影曲线形状也随之改变。

10.3.5 创建 COS 曲线

COS 曲线指的是曲面上的曲线，通常可

以通过曲面相交创建。如果曲面的形状发生了变化，曲线也随曲面的外形变化而变化。在造型环境中，单击【创建 COS 曲线】按钮 ，弹出【创建 COS 曲线】特征操控板，如图 10-22 所示。在该特征操控板中，主要设定需要相交的曲面。

图 10-22 【创建 COS 曲线】特征操控板

动手操练——创建 COS 曲线

step 01 在造型环境中，单击【创建 COS 曲线】按钮 ，弹出【创建 COS 曲线】特征操控板。

step 02 分别选取两个曲面作为相交曲面。

step 03 创建 COS 曲线的示例如图 10-23 所示。

图 10-23 创建 COS 曲线

技巧点拨：

在定义 COS 点时，只要其他顶点或基准点都位于同一曲面上，就可使用捕捉功能捕捉到它们。在使用捕捉功能时，当选取的面在下方时，应避免从上方捕捉参考。此时应将模型特征旋转一个角度，在定义了第一点之后，即可从上方绘制所需的 COS 曲线。注意此时不能用查询选取方式选择曲面。

COS 曲线与选定曲面的父子关系可以通过在下拉菜单中选择【编辑（E）】|【断开链接（K）】命令来更改 COS 曲线为自由曲线状态，如图 10-24 所示。

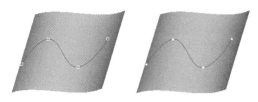

图 10-24 变更曲线类型

10.3.6 创建偏移曲线

偏移曲线通过选定曲线，并指定偏移参照方向来创建。在造型环境中，在主菜单中选择【造型】|【偏移曲线】命令，打开【偏移曲线】特征操控板，如图 10-25 所示。在该操控板中，主要指定偏移曲线、偏移参照及偏移距离。曲线所在的曲面或平面是指定默认偏移方向的参照。另外，可选中【法向】复选框，将垂直于曲线参照进行偏移。

图 10-25 【偏移曲线】特征操控板

动手操练——创建偏移曲线

step 01 在造型环境中，在主菜单中选择【造型】|【偏移曲线】命令，打开【偏移曲线】特征操控板。

step 02 选取要偏移的曲线。

step 03 选取偏移参照及方向。

step 04 设置曲线偏移选项。选中【起点】复选框，将下落曲线的起始点延伸到最接近的曲面边界；选中【终点】复选框，将下落曲线的终止点延伸到最接近的曲面边界。

step 05 设定偏移距离。拖动选定曲线上显示的控制滑块来更改偏移距离，或双击偏移的显示值，然后输入新偏移值。

step 06 创建偏移曲线的示例如图 10-26 所示。

图 10-26　偏移曲线

10.3.7　创建来自基准的曲线

创建来自基准的曲线可以复制外部曲线，并转化为自由曲线，这样大大方便了外形的修改和调整。在处理通过其他来源（例如 Illustrator）创建的曲线或通过 IGES 导入的曲线时，使用这种方式来导入曲线非常有用。所谓外部曲线是指不是当前造型特征内创建的曲线，它包括其他类型的曲线和边，主要包括以下种类：

- 导入到 Pro/E 中的基准曲线。例如，通过 IGES、Illustrator 等导入的基准曲线。
- 在 Pro/E 中创建的基准曲线。
- 在其他或当前"自由形式曲面"特征中创建的自由形式曲线或边。
- 任意 Pro/E 特征的边。

技巧点拨：

来自基准的曲线功能将外部曲线转为造型特征的自由曲线，这种复制是独立复制，即如果外部曲线发生变更并不会影响到新的自由曲线。

在造型环境中，在主菜单中选择【造型】|【来自基准的曲线】命令，打开【创建来自基准的曲线】特征操控板，如图 10-27 所示。

图 10-27　【创建来自基准的曲线】特征操控板

动手操练——创建来自基准的曲线

step 01　创建或重定义造型曲面特征。

step 02　在造型环境中，在主菜单中选择【造型】|【来自基准的曲线】命令，打开【创建来自基准的曲线】特征操控板。

step 03　选取基准曲线。可通过两种方式选取曲线，即单独选取一条或多条曲线或边，或选取多个曲线或边创建链。

step 04　调整曲线逼近质量。使用【质量】滑块提高或降低逼近质量，逼近质量可能会增加计算曲线所需点的数量。

step 05　完成曲线的创建。创建来自基准曲线的示例如图 10-28 所示。

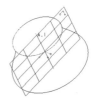

图 10-28　创建来自基准曲线

10.3.8　创建来自曲面的曲线

在主菜单中选择【造型】|【来自曲面的曲线】命令，打开【创建来自曲面的曲线】特征操控板，如图 10-29 所示。利用该功能可以在现有曲面的任意点沿着曲面的等参数线创建自由曲线或 COS 类型的曲线。

图 10-29　【创建来自曲面的曲线】特征操控板

动手操练——创建来自曲面的曲线

step 01　在主菜单中选择【造型】|【来自曲面的曲线】命令，打开【创建来自曲面的曲线】特征操控板。

step 02 选择创建的曲线类型。在特征操控板上选择自由曲线或 COS 类型曲线。

step 03 创建曲线。在曲面上选取曲线要穿过的点,创建一条具有默认方向的来自曲面的曲线。按住 Ctrl 键单击曲面以更改曲线方向。

step 04 定位曲线。拖动曲线滑过曲面并定位曲线,或单击【选项】选项卡,并在【值】文本框中输入一个大小介于 0 和 1 的值。在曲面的尾端,【值】为 0 和 1。当【值】为 0.5 时,曲线恰好位于曲面中间。

step 05 完成曲线的创建。创建来自基准曲线的示例如图 10-30 所示。

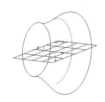

图 10-30 创建来自曲面的曲线

10.4 编辑造型曲线

创建造型曲线后,往往需要对其进行编辑和修改,才能得到高质量的曲线。造型曲线的编辑主要包括对造型曲线上点的编辑,以及曲线的延伸、分割、组合、复制、移动及删除等操作。在进行这些编辑操作时,应该使用曲线的曲率图随时查看曲线变化,以获得最佳曲线形状。

10.4.1 曲率图

曲率图是一种图形表示,显示沿曲线的一组点的曲率。曲率图用于分析曲线的光滑度,它是查看曲线质量的最好的工具。曲率图通过显示与曲线垂直的直线(法向),来表现曲线的平滑度和数学曲率。这些直线越长,曲率的值就越大。

在造型环境下,单击【曲率】按钮,弹出如图 10-31 所示的【曲率】对话框。利用该对话框,选取要查看曲率的曲线,即可显示曲率图,如图 10-32 所示。

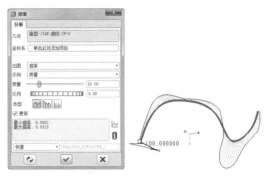

图 10-31 【曲率】对话框　　图 10-32 曲线曲率

10.4.2 编辑曲线点或控制点

对于创建的造型曲线,如果不符合用户的要求,往往需要对其进行编辑,通过对曲线的点或控制点的编辑可以修改造型曲线。

在造型环境中,单击造型平台中的【编辑曲线】按钮,弹出如图 10-33 所示的【编辑曲线】特征操控板。选中曲线,将会显示曲线上的点或控制点,如图 10-34 所示。使用鼠标左键拖动选定的曲线点或控制点,可以改变曲线的形状。

图 10-33 【编辑曲线】特征操控板

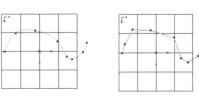

(a)曲线点显示　　(b)控制点显示

图 10-34 曲线点显示

利用【编辑曲线】操控板中的各选项卡，可以分别设定曲线的参照平面、点的位置及端点的约束情况，如图10-35所示。

图10-35　点设置选项

另外，利用【编辑曲线】操控板中的选项，选中造型曲线或曲线点，单击鼠标右键，利用弹出的快捷菜单中的相关指令，可以在曲线上增加或删除点，以对曲线进行分割、延伸等编辑操作，也可以完成对两条曲线的组合。

10.4.3　复制与移动曲线

在造型环境中，选择主菜单中的【编辑】|【复制】|【按比例复制】|【移动】命令，可以对曲线进行复制和移动。

- 【复制】：复制曲线。如果曲线上有软点，复制后系统不会断开曲线上软点的连接，操作时可以在操控板中输入坐标值以精确定位。
- 【按比例复制】：复制选定的曲线并按比例缩放。
- 【移动】：移动曲线。如果曲线上有软点，复制后系统不会断开曲线上软点的连接，操作时可以在操控板中输入坐标值以精确定位。

选择主菜单中的【编辑】|【复制】命令，弹出如图10-36所示的【复制】特征操控板。利用该操控板完成曲线的复制，如图10-37所示。

图10-36　【复制】特征操控板

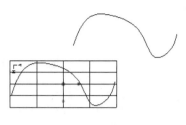

图10-37　曲线复制

10.5　创建造型曲面

在创建造型曲线后，即可利用这些曲线创建并编辑造型曲面。创建造型曲面的方法主要有3种，即边界曲面、放样曲面和混合曲面，其中最为常用的方法为边界曲面。

10.5.1　边界曲面

采用边界的方法创建造型曲面最为常用，其特点是要具有3条或4条造型曲线，这些曲线应当形成封闭的图形。在造型环境中，单击造型平台中的【从边界曲线创建曲面】按钮，弹出如图10-38所示的【曲面】特征操控板。

图10-38　【曲面】特征操控板

主要选项含义如下：

- 图标：主曲线收集器，用于选取主要边界曲线。
- 图标：内部曲线收集器，用于选择内部边线构建曲面。
- 按钮：显示已修改曲面的半透明或不透明预览。
- 按钮：显示曲面控制网格。
- 按钮：显示重新参数化曲线。
- 按钮：显示曲面连接图标。

动手操练——创建边界曲面

step 01 在造型环境中，单击造型平台中的【从边界曲线创建曲面】按钮，弹出【曲面】特征操控板。

step 02 选取边界曲线。选取 3 条链来创建三角曲面，或选取 4 条链来创建矩形曲面。显示预览曲面。

step 03 添加内部曲线。单击按钮，选取一条或多条内部曲线。曲面将调整为内部曲线的形状。

step 04 调整曲面参数化形式。要调整曲面的参数化形式，重新参数化曲线。

step 05 预览边界曲面，完成边界曲面的创建。

step 06 选取已创建的 3 条边界曲线，创建边界曲面的示例如图 10-39 所示。

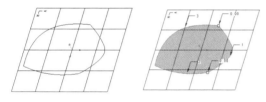

图 10-39　创建边界曲面

10.5.2　连接造型曲面

生成自由曲面之后，可以同其他曲面进行连接。曲面连接与曲线连接类似，都是基于父项和子项的概念。父曲面不改变其形状，而子曲面会改变形状以满足父曲面的连接要求。当曲面具有共同边界时，可设置 3 种连接类型，即几何连接、相切连接和曲率连接。

- 几何连接：也称匹配连接，它是指曲面共用一个公共边界（共同的坐标点），但是没有沿边界公用的切线或曲率，曲面之间用虚线表示几何连接。
- 相切连接：是指两个曲面具有一个公共边界，两个曲面在沿边界的每个点上彼此相切，即彼此的切线向量同方向。在相切连接的情况下，曲面约束遵循父项和子项的概念。子项曲面的箭头表示相切连接关系。
- 曲率连接：当两曲面在公共边界上的切线向量方向和大小都相同时，曲面之间成曲率连接。曲率连接由子项曲面的双箭头表示曲率连接关系。

另外，造型曲面还有两种常见的特殊方式，即法向连接和拔模连接。

- 法向连接：连接的边界曲线是平面曲线，而所有与该边界相交的曲线的切线都垂直于此边界的平面。从连接边界向外指，但不与边界相交的箭头表示法向连接。
- 拔模连接：所有相交边界曲线都具有相对于边界与参照平面或曲面成相同角度的拔模曲线连接，也就是说，拔模曲面连接可以使曲面边界与基准平面或另一曲面成指定角度。从公共边界向外指的虚线箭头表示拔模连接。

在造型环境中，单击造型平台中的【连接曲面】按钮，弹出如图 10-40 所示的【连接曲面】特征操控板。

图 10-40　【连接曲面】特征操控板

连接曲面的过程比较简单，打开【连接曲面】特征操控板，首先选取要连接的曲面，然后确定连接类型，即可完成曲面连接。

曲面连接的示例如图 10-41 所示。

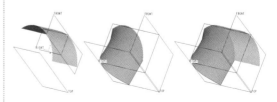

图 10-41　曲面连接

10.5.3 修剪造型曲面

在造型环境中，可以利用一组曲线来修剪曲面。在造型环境中，单击造型平台中的【曲面修剪】按钮，弹出如图10-42所示的【曲面修剪】特征操控板。在该特征操控板中，选取要修剪的曲面、修剪曲线及保留的曲面部分，即可完成造型曲面的修剪。

图10-42 【曲面修剪】特征操控板

曲面修剪的示例如图10-43所示。

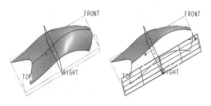

图10-43 曲面修剪

10.5.4 编辑造型曲面

在造型环境中，利用造型曲面编辑工具，可以使用直接操作、灵活编辑常规建模所用的曲面，并可进行微调使问题区域变得平滑。

在造型环境中，单击造型平台中的【曲面编辑】按钮，弹出如图10-44所示的【曲面编辑】特征操控板。

图10-44 【曲面编辑】特征操控板

其中主要选项含义如下：

- ：曲面收集器，用于选取要编辑曲面。
- 【最大行数】：用于设置网格或节点的行数。必须输入一个大于或等于4的值。
- 【列】：设置网格或节点的列数。
- 【移动】：约束网格点的运动。

- 【过滤器】：约束围绕活动点的选定点的运动。
- 【调整】输入一个值来设置移动增量，然后单击 、 、 或 按钮，以向上、向下、向左或向右轻推点。
- 【比较选项】：更改显示来比较经过编辑的曲面和原始曲面。

在【曲面编辑】特征操控板中设置相关选项及参数后，可以利用鼠标直接拖动控制点的方式编辑曲面形状，示例如图10-45所示。

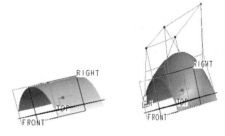

图10-45 曲面编辑

10.6 综合案例

Pro/E的造型曲面设计以边界曲线为曲面的基本元素，通过对边界曲线的编辑来改变曲面的外形，还可以通过编辑曲面，改变曲面的连接方式来改变曲面的光滑程度，以获得设计者需要的曲面。下面通过几个实例来了解造型曲面的创建及编辑过程。

10.6.1 案例一：指模设计

本案例主要完成一种指模的模型设计，在模型的创建过程中要使用实体拉伸特征、造型曲线及造型曲面特征的创建，以及圆角、加厚、实体化等建模方法，同时涉及多种曲面编辑特征的应用。指模设计的结果如图10-46所示。

图 10-46　指模模型

操作步骤：

step 01　新建名称为 zhimo 的零件文件。

step 02　创建拉伸实体特征。单击【拉伸】按钮，选取 FRONT 平面作为草绘平面，绘制拉伸截面图，拉伸深度为 300，拉伸选项及创建的拉伸特征如图 10-47 所示。

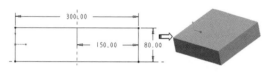

图 10-47　创建拉伸实体特征

step 03　创建倒圆角特征。选中如图 10-48 所示的边线，单击【倒圆角】按钮，设定圆角半径值为 10，并完成倒圆角特征的创建。

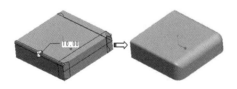

图 10-48　倒圆角

step 04　创建造型曲线。在菜单栏中选择【插入】|【造型】命令或单击【造型】按钮，进入造型环境，以拉伸实体上表面为活动平面绘制 4 条平面曲线，然后连接两条曲线的中点创建曲线，主要过程及结果如图 10-49 所示。

step 05　创建造型曲面。在造型环境中，单击【曲面】按钮，以上一步创建的造型曲线的 4 条边线为边界曲线，以连接中点的曲线为内部曲线，创建造型曲面，其过程及结果如图 10-50 所示。

1. 选择【插入】|【造型】命令或单击右侧工具栏中的【造型工具】按钮，进入造型工作界面

2. 单击右侧工具栏中的【设置活动平面】工具按钮，选取拉伸实体上表面为活动平面

4. 单击右侧工具栏中的【编辑曲线】工具按钮，依次选取 4 条平面曲线，在右键快捷菜单中选择【添加中点】命令，为各曲线添加中点并拖动到适当位置

3. 单击右侧工具栏中的【创建曲线】工具按钮，依次创建 4 条平面曲线

5. 单击右侧工具栏中的【创建曲线】工具按钮，连接左右曲线中点绘制曲线，在该曲线中点添加一点，并设定该点坐标

6. 完成造型曲线的创建

图 10-49　创建造型曲线

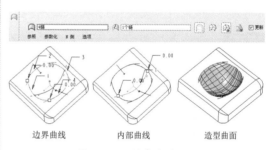

边界曲线　　内部曲线　　造型曲面

图 10-50　创建造型曲面

step 06　创建实体化特征。选中上一步所创建的造型特征，选择【编辑】|【实体化】命令，打开【实体化】操控板，单击【去除材料】按钮，并单击按钮调节方向，创建的实体化特征如图 10-51 所示。

技巧点拨：

创建实体化特征之前，应该退出造型环境，进入零件设计环境。

图 10-51　创建实体化特征

step 07 创建造型曲线。主要过程与第4步相同，选择【插入】|【造型】命令或单击【造型工具】按钮，进入造型环境，利用【创建曲线】工具及【编辑曲线】工具，创建3条自由曲线，如图10-52所示。

step 10 镜像实体特征。在模型树中，选取根节点，单击造型平台中的【镜像】工具按钮，选取实体的左侧面作为对称平面，创建镜像实体特征，如图10-55所示。

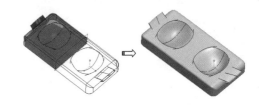

图10-55 镜像实体特征

图10-52 创建造型曲线

技巧点拨：

创建曲线时，按下Shift键，捕捉圆角的两条边线，分别作为曲线的起点和终点，然后利用曲线编辑工具，在曲线中点处添加一点，并通过改变其点坐标值的方式调整其位置。

step 08 创建造型曲面。在造型环境中，单击【曲面】工具按钮，创建造型曲面，基本步骤与第5步相同，创建的造型曲面如图10-53所示。

step 11 隐藏曲线。首先将模型树切换至层树，单击鼠标右键，在弹出的快捷菜单中选择【新建层】命令，创建新层。在选取过滤器时，选择【曲线】选项，并框选整个模型，完成新层的创建。在新创建的层上单击鼠标右键，在弹出的快捷菜单中选择【隐藏】命令，完成曲线的隐藏，得到最终创建的模型，如图10-56所示。

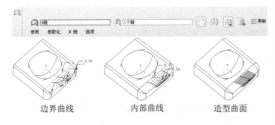

边界曲线　　内部曲线　　造型曲面

图10-53 创建造型曲面

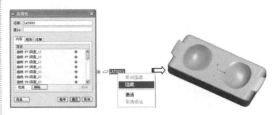

图10-56 隐藏曲线

step 09 加厚曲面。首先退出造型环境，回到零件设计环境，选取上一步创建的造型特征，在主菜单中选择【编辑】|【加厚】指令，将曲面加厚以实现实体化，如图10-54所示。

step 12 单击按钮保存设计结果，关闭窗口。

10.6.2 案例二：瓦砾设计

本案例主要完成一种瓦片的模型设计，在模型的创建过程中要使用实体旋转特征、造型曲线及造型曲面特征的创建，以及圆角、加厚、实体化等建模方法，同时涉及多种曲面编辑特征的应用。瓦片设计的结果如图10-57所示。

图10-54 加厚曲面

图 10-57 瓦片模型

操作步骤：

step 01 新建零件文件。单击工具栏中的【新建】按钮 ，在【新建】对话框的【类型】选项组中选择【零件】选项，在【子类型】选项组中默认选中【实体】选项，在【名称】文本框中输入文件名"wali"，并取消选中【使用默认模板】复选框。单击 确定 按钮，在弹出的【新文件选项】对话框中选取模板为【mmns_part_solid】，单击 确定 按钮后，进入系统的零件模块。

step 02 创建旋转曲面特征。单击绘图区右侧的【旋转工具】按钮 ，打开【旋转】特征操控板，单击【曲面】按钮 ，选择 TOP 基准平面作为草绘平面，绘制旋转截面，创建的旋转曲面特征如图 10-58 所示。

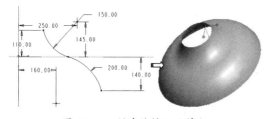

图 10-58 创建旋转曲面特征

step 03 创建基准平面。单击 按钮，打开【基准平面】对话框。选取 FRONT 平面作为参照，采用平面偏移的方式，设置【平移】为 150，创建 DTM1 基准平面。如图 10-59 所示。

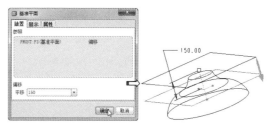

图 10-59 创建基准平面

step 04 创建草绘曲线。单击造型平台中的【草绘基准曲线】按钮，进入草绘环境，选择上一步创建的 DTM1 平面作为草绘平面，绘制如图 10-60 所示的草绘曲线。

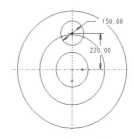

图 10-60 创建底部草绘曲线

step 05 创建投影造型曲线。选择【插入】|【造型】命令或单击【造型工具】按钮 ，进入造型环境，单击【创建下落曲线】按钮 ，弹出【创建下落曲线】特征操控板，选择上一步创建的草绘曲线作为投影曲线，选择旋转曲面作为投影曲面，创建的投影曲线如图 10-61 所示。

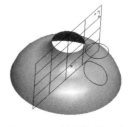

图 10-61 创建投影曲线

step 06 创建曲面上的造型曲线。在造型环境中，利用【创建曲线】工具 ，设定曲线类型为【曲面上曲线】 ，按住 Shift 键捕捉上一步创建的投影下落曲线，分别绘制两条造型曲线，并利用【编辑曲线】工具，为曲线添加中点，并调整中点位置，最后创建的两条曲面上的造型曲线如图10-62所示。

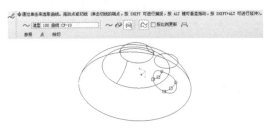

图 10-62　创建造型曲线

step 07　创建自由造型曲线。主要过程与上一步相同，在造型环境中，利用【创建曲线】工具，设定曲线类型为【自由曲线】，按住Shift键捕捉上一步创建的曲面上造型曲线的端点曲线，分别绘制两条自由造型曲线，利用【编辑曲线】工具，为曲线添加中点，并调整中点位置，创建的自由造型曲线如图10-63所示。

图 10-63　创建自由造型曲线

step 08　创建造型曲面。在造型环境中，单击造型平台中的【曲面】工具按钮，以上两步创建的造型曲线作为边界曲线，创建造型曲面，如图10-64所示。

step 09　合并曲面。选取上一步创建的造型曲面，按住Ctrl键，选取第2步创建的旋转曲面，单击【曲面合并】按钮，单击操控板中的按钮，调整合并曲面方向，创建的合并曲面如图10-65所示。

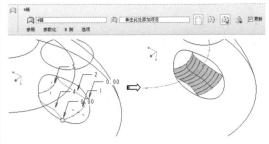

图 10-64　创建造型曲面

图 10-65　合并曲面

技巧点拨：

创建实体化特征之前，应该退出造型环境，进入零件设计环境。

step 10　加厚曲面。选取上一步创建的合并曲面特征，在主菜单中选择【编辑】|【加厚】命令，将曲面加厚以实现实体化，如图10-66所示。

图 10-66　加厚曲面

step 11　创建倒圆角特征。选中图示边线，单击【倒圆角】工具按钮，设定圆角半径值为5，最后创建的倒圆角特征如图10-67所示。

step 12　隐藏曲线。首先将模型树切换至层树，单击鼠标右键，在弹出的快捷菜单中选择【新建层】命令，创建新层。在选取过滤器中，选择【曲线】选项，并框选整个模型，完成新层的创建。在新创建的层上单击鼠标右键，在弹出的快捷菜单中选择【隐藏】命令，完成曲线的隐藏。得到最终创建的模型，如图 10-68 所示。

10.7 课后习题

1．小鸟造型

利用造型曲面、造型曲线及基本曲面工具等完成如图 10-69 所示的小鸟造型。

图 10-69　小鸟造型

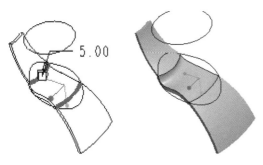

图 10-67　倒圆角

2．大班椅造型

利用造型曲面、造型曲线及基本曲面工具等完成如图 10-70 所示的大班椅造型。

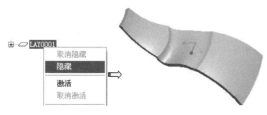

图 10-68　隐藏曲线

图 10-70　大班椅造型

step 13　单击 按钮保存设计结果，关闭窗口。

第 11 章

渲染

本章内容

渲染是三维制作的收尾阶段,在进行了建模、设计材质、添加灯光或制作一段动画后,需要进行渲染,才能生成丰富多彩的图像或动画。

在本章中,将详细介绍 Pro/E 的模型渲染设计功能。最后以典型实例来讲如何渲染,以及渲染的一些基本知识,通过学习本章内容希望大家能够基本掌握渲染的步骤和方法,并能做一些简单的渲染。

知识要点

- ☑ 渲染概述
- ☑ 关于实时渲染
- ☑ 创建外观
- ☑ 添加光源
- ☑ 房间
- ☑ 应用渲染

11.1 渲染概述

Pro/E 的"照片级逼真感渲染"允许用户通过调整各种样式来改进模型外观，增强细节部分，使员工和客户获得较好的视图效果。调整时模型将随之更新，可以不断移动模型，从不同角度观看渲染效果。

11.1.1 认识渲染

渲染（Render），也有的人把它称为着色，但工程师更习惯把 Shade 称为着色，把 Render 称为渲染。因为 Render 和 Shade 这两个词在三维软件中是截然不同的两个概念，虽然它们的功能很相似，但却有不同。

Shade 是一种显示方案，一般出现在三维软件的主要窗口中，和三维模型的线框图一样起辅助观察模型的作用。很明显，着色模式比线框模式更容易让设计人员理解模型的结构，但它只是简单地显示而已，数字图像中把它称为明暗着色法。如图 11-1 所示为模型的着色效果显示。

在 Pro/E 中，还可以用 Shade 显示出简单的灯光效果、阴影效果和表面纹理效果，当然，高质量的着色效果是需要专业三维图形显示卡来支持的，它可以加速和优化三维图形的显示。但无论怎样优化，它都无法把显示出来的三维图形变成高质量的图像，这是因为 Shade 采用的是一种实时显示技术，硬件的速度限制它无法实时地反馈出场景中的反射、折射等光线追踪效果。

Render 效果就不同了，它是基于一套完整的程序计算出来的，硬件对它的影响只是速度问题，而不会改变渲染的结果，影响结果的是看它是基于什么程序渲染的，比如是光影追踪还是光能传递，如图 11-2 所示。

图 11-1 模型的着色显示　　图 11-2 模型的渲染效果

11.1.2 Pro/E 外观设置与渲染

在创建零件和装配三维模型时，可以在前导工具栏中的【显示样式】按钮菜单中选择显示按钮，使模型显示为不同的线框状态和着色状态（如图 11-3 所示）。但在实际的产品设计中，这些显示状态是远远不够的，因为它们无法表达产品的颜色鱼、光泽和质感等外观特点，要表达产品的这些外观特点，还需要对模型进行必要的外观设置，然后再对模型进行进一步的渲染处理。

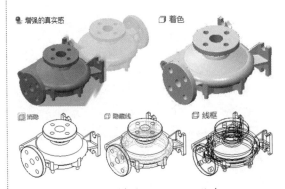

图 11-3 模型的不同显示状态

1. 模型的外观

在 Pro/E 中，可以为产品赋予各种不同的外观，以表达产品材料的颜色、表面纹理、粗糙度、反射、透明度、照明效果及表面图案等。

在实际的产品设计中，可以为产品装配模型中的各个零件设置不同的材料外观，其作用如下：

- 不同的零件用不同的颜色表示，更容易进行分辨。
- 对于内部结构复杂的产品，可以将产

品的外究设置为透明材质，这样便可查看产品的内部结构。
- 为模型赋予纹理外观，可以使产品的图像更加丰富，也使产品的立体感增强；
- 为模型的渲染做准备。

2．模型的渲染

"渲染"是一种高级的三维模型外观处理技术，就是使用专门的"渲染器"模拟出模型的真实外观效果。在渲染模型时，可以设置房间、多个光源、阴影、反射及添加背景等，这样渲染后的效果非常真实。

模型渲染时，由于系统需要进行大量的计算，并且在渲染后需要在屏幕上显示渲染效果，所以对计算机的显卡、CPU 和内存等硬件的性能要求比较高。

11.1.3 Pro/E 渲染术语

为了能更好地学习 Pro/E 高级渲染技术，有必要了解模型渲染的相关术语：

- Alpha：图像文件中可选的第四信道，通常用于处理图像，就是将图像中的某种颜色处理成透明效果。

> 提示：
> 注意只有 TIFF、TGA 格式的图像才能设置 Alpha 通道，常用的 JPG、BMP、GIF 格式的图像不能设置 Alpha 通道。

- 凹凸贴图：单信道材料纹理圈，用于建立曲面凹凸不平的效果。
- 凹凸高度：凹凸贴图的纹理高度或深度。
- 颜色纹理：三信道纹理贴圈，由红、绿和蓝的颜色值组成。贴花四信道纹理贴图，由标准颜色纹理贴图和透明度（如 Alpha）信道组成。
- 光源：所有渲染均需要光源，模型曲面对光的反射取决于它与光源的相对位置。光源具有位置、颜色和亮度，有些光源还具有方向性、扩散性和汇聚性。

> 提示：
> 光源的 4 种类型为环境光源、远光源（平行光源）、灯泡（点光源）和聚光灯。
> 环境光源：平均作用于渲染场景中所有对象各部分的光。
> 远光源（平行光）：远光源会投射平行光线，以同一个角度照亮所有曲面（无论曲面的方位是怎样的，此类光照模拟太阳光或其他远光源。
> 灯泡（点光源）：光源的一种类型，光从灯泡的中心辐射。
> 聚光灯：一种光源类型，其光线被限制在一个锥体中。

- 环境光反射：一种曲面属性，用于决定该曲面对环境光源光的反射量，而不考虑光源的位置或角度。
- RGB：红、绿、蓝的颜色值。
- 像素：图像的单个点，通过三原色（红、绿和蓝）的组合来显示。
- 颜色色调：颜色的基本阴影或色泽。
- 颜色饱和度：颜色中色调的纯度。不饱和的颜色以灰阶显示。
- 颜色亮度：颜色的明暗程度。
- Gamma：计算机显示器所固有的对光强度的非线性复制。
- Gamma 修正：修正图像数据，使图像数据中的线性变化在所显示图像中产生线性变化。
- PhotoRende：Pro/E 提供的一种默认的渲染程序——渲染器，专门用来建立场景的光感图像。
- Photolux：Pro/E 的另一种高级渲染程序，实际应用中建议采用这种渲染器。
- 房间：模型的渲染背景环绕。房间分为长方体和圆柱形两种类型。一个长方体房间具有 4 个壁、一个天花板和一个地饭。一个圆柱形房间具有一个壁、一个地板和一个天花板。可以对房间应用材质纹理。

11.1.4 Pro/E 渲染功能命令

在 Pro/E 建模环境中，在菜单栏中选择【视图】|【模型设置】命令，可展开如图 11-4 所示的模型渲染功能。

图 11-4 模型渲染功能

11.2 关于实时渲染

启用实时渲染功能可以增强所渲染照片的真实感，可实时显示模型的外观。启用或禁用实时渲染，一般是通过单击上工具栏中的【增强的真实感】按钮来实现的，如图 11-5 所示。

图 11-5 启用或禁用实时渲染

> **提示：**
> 默认情况下，实时渲染为禁用状态。要启用实时渲染，请选择【工具】|【选项】命令，随即打开【选项】对话框，然后设置实时渲染的配置选项即可。

通过设置 real_time_rendering_display 配置选项，可以改变实时渲染的默认选项——禁用的实时渲染。如图 11-6 所示为配置过程。

图 11-6 设置实时渲染配置选项

第 11 章　渲染

> **技巧点拨：**
> 设置配置选项后，请记住！一定要单击【添加/更改】按钮添加设置的选项。并且还要单击【保存】按钮，将设置的配置选项保存到 config.pro 配置文件中，如图 11-7 所示。配置后必须重新启动 Pro/E 才会生效。

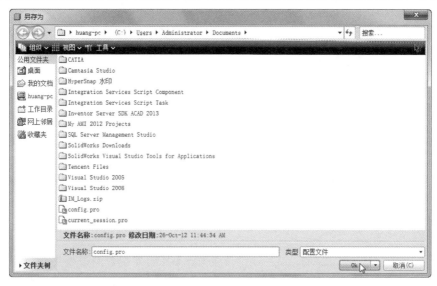

图 11-7　保存配置文件

real_time_rendering_display 配置选项包含 3 个值：

- disable：禁用实时渲染显示，此值为默认值。
- transparent_floor：允许使用启用了阴影的默认远光源，在透明地面上显示阴影和反射。如图 11-8 所示为启用和禁用此值的实时渲染效果。

将模型阴影和模型反射投影到透明地板上

不将模型阴影和模型反射投影到透明地板上

图 11-8　实时渲染

- room_display：允许通过活动场景实时显示墙壁上带有阴影和反射的房间。

11.3　创建外观

在渲染进程中，外观是渲染的几大构成（外观、光源、房间和场景）之一，也是渲染的第一步。模型的外观可以由纹理、贴图或颜色单独构成，或者组合而成。

11.3.1　外观库

外观库是 Pro/E 提供的模型外观标准选项，外观库可用于查看和搜索可用外观，以及将可用外观分配给模型。

外观库在上工具栏的【视图】工具栏中，如图 11-9 所示。外观库由以下元素构成：

外观过滤器、清除外观、视图选项、我的外观调色板、模型调色板、库调色板、以及访问【外观管理器】、【外观编辑器】和【模型外观编辑器】。

1．搜索

此过滤器用于查找用户所需的外观，例如输入关键字符串（Plastic），单击 按钮进行搜索，再单击 按钮将取消搜索。搜索后则所有调色板会显示其名称或关键字中带有 Plastic 字符串的外观，如图 11-10 所示。

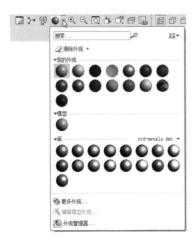

图 11-9　Pro/E 外观库

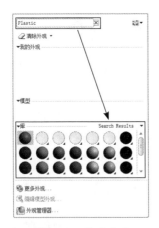

图 11-10　搜索外观

2．视图选项

单击【视图选项】按钮 可访问视图选项，通过这些选项可以设置外观缩略图的显示。

其中，【仅名称】、【小缩略图】、【大缩略图】和【名称和缩略图】选项可设置调色板中的缩略图显示。默认设置为【小缩略图】选项。

【渲染的示例】选项可对缩略图进行渲染，软件默认选择此选项。

【显示工具提示】选项可启用外观缩略图的工具提示。默认情况下会启用工具提示。

3．清除外观

外观库中的【清除外观】菜单中有 3 个选项：清除外观、清除装配外观和清除所有外观。

- 清除外观：选择此选项，仅在建模环境下清除图形窗口中应用的所有外观。
- 清除装配外观：仅在装配环境下清除图形窗口中应用的所有外观。
- 清除所有外观：无论是建模环境还是装配环境，都将清除应用的所有外观。

4．【我的外观】调色板

【我的外观】调色板显示用户创建并存储在启动目录或指定路径中的外观，该调色板显示缩略图颜色样本及外观名称。

在调色板中选择一种外观颜色，然后通过选择过滤器来过滤对象，单击【选择】对话框中的【确定】按钮即可完成外观的创建。如图 11-11 所示。

图 11-11　创建外观

5．【模型】调色板

【模型】调色板会显示在活动模型中存储和使用的外观。如果活动模型没有任何外观，则"模型"调色板显示默认外观。新外观应用到模型后，它会显示在【模型】调色板中。

6．【库】调色板

【库】调色板将 Photolux 库和系统库中的预定义外观显示为缩略图颜色样本。【系

第 11 章 渲染

统库】文件夹如图 11-12 所示。

图 11-12 【系统库】文件夹

11.3.2 外观编辑器

外观编辑器用来编辑调色板中的外观属性，包括名称、关键字、说明和基本属性等。在【外观库】菜单中单击【更多外观】按钮，弹出【外观编辑器】对话框。该对话框包含两个功能选项卡：【基本】和【图】，如图 11-13 所示。

1. 【基本】选项卡

【基本】选项卡用于设置模型的基本属性，该选项卡中包含【等级】和【子类】两个类别，如图 11-14 所示。

选择一个等级及子类，可在【属性】选项区域通过颜色编辑器或拖动滑块来更改外观的属性。单击【颜色】按钮即可打开【颜色编辑器】对话框，如图 11-15 所示。

> **提示：**
> 定义外观时最常见的一种错误是使外观变得太亮。在渲染中可使用醒目的颜色，但要确保颜色不能太亮。太亮的颜色使模型看起来不自然，或者像卡通。如果图像看起来不自然，可以使用【外观编辑器】对话框来降低外观的色调。在【基本】选项卡中降低突出显示区的光泽度和强度，并降低向标尺无光泽端的反射。也可以使用【图】选项卡中的纹理图来增加模型的真实感。

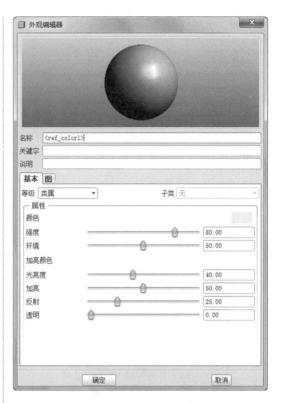

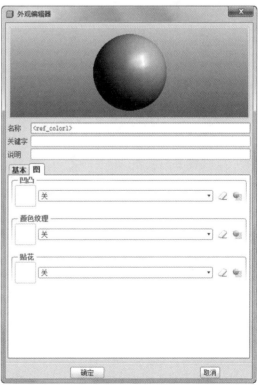

图 11-13 【基本】选项卡和【图】选项卡

281

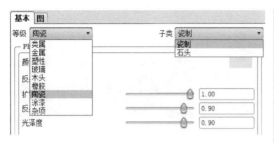

图 11-14 【等级】和【子类】类别

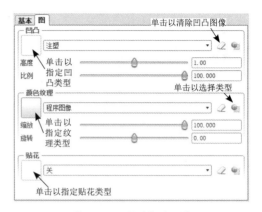

图 11-16 【图】选项卡

11.3.3 模型外观编辑器

模型外观编辑器仅针对已经使用外观的模型，也就是说如果没有应用外观，此命令也就不能使用。

在【外观库】菜单中单击【编辑模型外观】按钮，弹出【模型外观编辑器】对话框。此对话框比【外观编辑器】对话框增加了【模型】调色板。当用户对模型应用了外观（一种或多种）以后，则【模型】调色板中将会显示这些外观。选择要编辑的外观，即可对其进行操作。

除了在【模型】调色板中选择外观进行编辑外，用户还可以单击【选择对象】按钮来选择和修改活动模型中的外观，如图 11-17 所示。

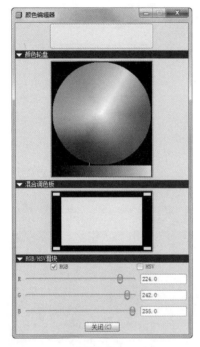

图 11-15 【颜色编辑器】对话框

2.【图】选项卡

【图】选项卡主要用来是编辑外观的【凹凸】、【颜色纹理】和【贴花】，如图 11-16 所示。【凹凸】表示粗糙度；【纹理】表示材质的图案，如大理石图案、树木剖面的纹路等；而【贴花】表示对模型外观以图像嵌入的方式来表达，也称贴图。

> **提示：**
> 只有对模型进行渲染后，才能观察到凹凸效果。仅在对模型应用外观后，【图】选项卡中的【凹凸】、【纹理】和【贴花】选项才可用。

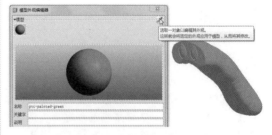

图 11-17 选择对象以编辑外观

修改过的外观即会应用于模型中选定的对象。在装配环境中，修改的外观随着使用该外观的模型一同储存。

11.3.4 外观过滤器

【外观管理器】对话框可用于创建、修改、删除和组织外观。【外观管理器】对话框中包含外观库和外观编辑器的所有内容，如图 11-18 所示。

11-20 所示的图中，手机屏幕就是利用了贴花。

图 11-19　颜色纹理　　　图 11-20　贴花

3．凹凸图

凹凸图是单通道纹理图，用于表示高度区域。在曲面着色时，法矢量受高度值的影响。得到的着色曲面有皱纹或不规则外观。仅在使用"渲染窗口"渲染图像时，才能显示出凹凸图纹理的效果。在交互式图形中，凹凸图在基本颜色或纹理上显示以模拟此效果。如图 11-21 所示，轮胎面模型示意如何用凸凹图模拟粗糙表面。

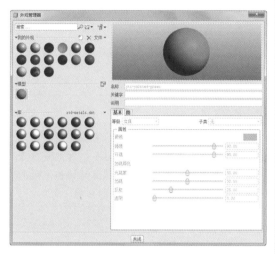

图 11-18　【外观编辑器】对话框

11.3.5 应用纹理

为了让模型渲染真实，常常应用纹理图像，特别是应用到只用颜色无法表示的曲面，诸如木纹或布纹。纹理图是一种特殊的图像文件，可以由数字图像创建这些文件。可对曲面或零件应用下述类型的纹理：

1．颜色纹理

这些纹理文件应用于整个曲面。纹理图表示曲面的颜色，通常是木纹、几何图案和图片等的扫描图像。如图 11-19 所示的图中，吊扇模型中的木纹纹理就是颜色纹理的一个示例。

2．贴花

贴花是特殊的纹理图，如公司徽标或应用于曲面的文本。其过程类似于将一个模板放置在曲面上，然后在模板上画上纹理。当抽去模板后，就将贴花留在了曲面上。如图

图 11-21　凹凸图

11.4 添加光源

使用光源，可以极大地提高渲染的效果。关于光源的位置，设计者可以将自己想象为一个摄影师，在 Pro/E 中设置光源与在实际照相过程中设置灯光效果的原理是相同的。

11.4.1 光源类型

Pro/E 中光源类型包括环境光源、灯泡、远光源、聚光灯和天空光源。如图 11-22 所示为其中 4 种光源类型的图示。

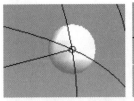
灯泡
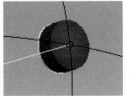
远光源

聚光灯

天空光源

图 11-22　光源类型

> **提示：**
>
> 环境光没有光源图标，因为它没有位置或方向。

- 环境光源：环境光源能均匀地照亮所有曲面。不管模型与光源之间的夹角如何，光源在房间中的位置对于渲染没有任何影响。环境光源默认存在，而且不能创建。
- 灯泡（点光源）：这种光源与房间中的灯泡发出的光相似，光从灯泡的中心向外辐射。根据曲面与光源的相对位置，曲面的反射光会有所不同。
- 远光源（平行光源）：定向光源投射平行光线，无论模型位于何处，均以相同角度照亮所有曲面。此类光源可模拟太阳光或其他远距离光源。
- 聚光灯：聚光灯与灯泡相似，但其光线被限制在一个圆锥体之内，称为聚光角。
- 天空光源：天空光源提供了一种使用包含许多光源点的半球来模拟天空的方法。要精确地渲染天空光源，则必须使用 Photolux 渲染器。如果将 Photorender 用作渲染程序，则该光源

将被处理为远距离类型的单个光源。

创建和编辑光源时，请注意下面几点：

- 开始时，好的光照位置是稍高于视点并偏向旁边（试一下 45°角）的，类似于一个位于肩膀上方的光源。
- 散布各个光源，不要使某个光源过强。
- 如果使用只从一边发出的光源，模型看起来太刺目。
- 太多的光源将使模型看起来像洗过一样。

> **提示：**
>
> 切记，纯白色光源只能在实验室条件下获得，在自然环境中根本不存在。但是，对大多数光源可使用少量的颜色。彩色光源可增强渲染的图像，但可改变已应用于零件的外观。

11.4.2　【光源】选项卡

若想应用光源的功能，可以在【场景】对话框的【光源】选项卡中进行。在菜单栏中选择【视图】|【模型显示】|【场景】命令，弹出【场景】对话框。在对话框中的【光源】选项卡中显示的各选项如图 11-23 所示。

图 11-23　【光源】选项卡

在光源列表中单击相应的光源按钮，即可添加新的光源。在【光源列表】中选择一种光源，即可在【一般】选项区域设置光源参数。

> **技巧点拨：**
> 单击各个光源左侧的 👁 按钮可以打开或关闭光源。如果关闭了 👁 按钮，则在着色或渲染过程中将不显示或不使用光源。

11.4.3 光源的修改、删除、打开和保存

当用户创建光源后，可以通过【场景】对话框中的【光源】选项卡来执行修改、删除、打开和保存操作。

- 修改：如果要修改光源，在【光源列表】中选中要修改的光源后，再在【一般】选项区域中进行参数的修改。
- 删除：若要删除光源，可在【光源列表】中选中要删除的光源，再单击右侧的【删除选定光源】按钮 ✕ 即可。
- 保存：也可以在【场景】对话框顶部单击【保存场景文件】按钮 💾，保存场景文件，其扩展名为 *.scn。
- 打开：再单击【将场景添加到调色板】按钮 📂，可以从用户保存的路径中打开光源文件。

11.5 房间

房间是渲染的背景，它为渲染设置舞台，是渲染图像的一个组成部分。房间具有天花板、墙壁和地板，这些元素的颜色纹理及大小、位置等的布置都会影响图像的质量。

创建房间的功能选项卡在如图 11-24 所示的【场景】对话框中。

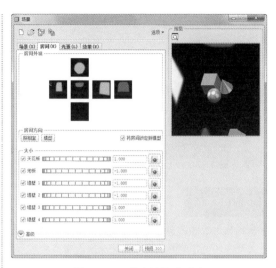

图 11-24 【房间】选项卡

11.5.1 创建房间

在对话框的顶部单击【选项】下拉按钮以展开菜单，可以看到创建房间的选项（如图 11-25 所示）。

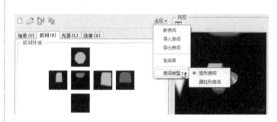

图 11-25 创建房间的选项

- 新房间：选择此选项，可以新建一个房间。可以在新建的房间中指定墙壁、天花板和地板的外观、位置和比例。
- 导入房间：选择此选项，可以导入用户自定义的房间。
- 导出房间：可以将创建的房间保存为 *.drm 房间文件。
- 房间库：可以从打开的【系统库】对话框中选择 Pro/E 提供的房间文件，如图 11-26 所示。
- 房间类型：房间的形状包括矩形和圆柱形，如图 11-27 所示。

图 11-26　【系统库】对话框　　　　图 11-27　房间类型

> **技巧点拨：**
> 房间的大小和方向，以及墙壁、天花板和地板上纹理的布置都会影响图像的质量。对于长方体房间，创建房间时，最困难的是要使房间的拐角看起来更真实。可以使用下面的方法来避免房间拐角的问题：创建一个圆柱体房间或创建足够大的房间，以使拐角不包含在图像中。将房间的壁从模型中移走，然后放大模型进行渲染。

11.5.2　修改房间

要修改房间，可以在【房间】选项卡下方的【房间外观】、【房间方向】、【大小】、【旋转】和【比例】等选项区中重新定义选项或参数。

在【房间外观】选项区，单击代表房间天花板、墙壁或地板的图形按钮，即可打开【房间外观编辑器】对话框，如图 11-28 所示。通过该对话框对房间的外观进行编辑。

> **技巧点拨：**
> 不能修改默认外观。但是，可以生成默认外观的一份副本，可更改副本的名称和属性。

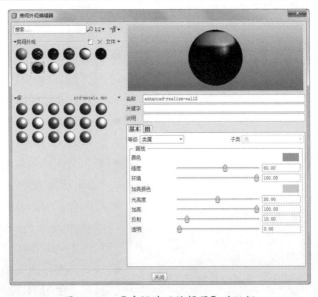

图 11-28　【房间外观编辑器】对话框

11.6 应用场景

场景是一个组合渲染设置,包括光源、房间和环境影响。有关场景的所有信息均存储在扩展名为 *.scn 的文件中。

> **技巧点拨:**
>
> 将配置选项 default_scene_filename<场景文件路径>设置为指向场景文件,其中已在场景文件中保存了光源、房间和效果设置。可将此文件用作默认场景文件。

场景的设置如图 11-29 所示。

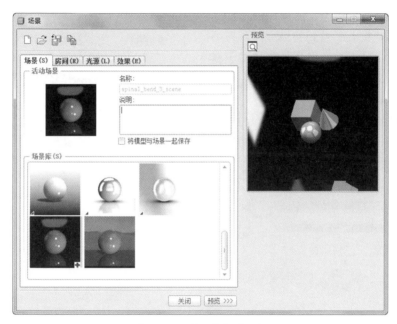

图 11-29 【场景】对话框

Pro/E 的场景库提供了多种场景文件。如果要应用场景,可以在【场景库】选项区域双击场景图标,如图 11-30 所示。

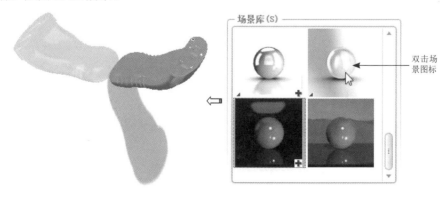

图 11-30 双击应用场景

11.7 渲染

当用户定义了外观、光源、房间及场景后，余下的工作就是渲染模型了。渲染就是一个执行命令的动作，但也可以通过渲染设置来提高渲染的效果，下面详细介绍。

11.7.1 设置透视图

透视图用来渲染模型、图像或图形的真实状态。透视是指人眼看到的模型，与模型的空间属性或尺寸有关，还与人眼相对于模型的位置有关。

在菜单栏中选择【视图】|【模型设置】|【透视图设置】命令，打开【透视图】对话框，如图 11-31 所示。通过此对话框可以调整透视图的特性。其特性如下：

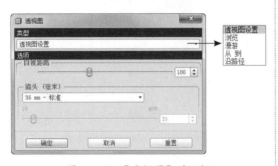

图 11-31 【透视图】对话框

- 透视图设置：可操控目视距离和焦距，以调整模型的透视量和观察角度，如图 11-32 所示。

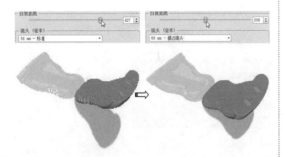

图 11-32 调节目视距离和焦距

> 提示：
> 在【透视图】模式下，可能会发现，如果视点离模型很近，则很难查看模型。如果眼睛距离模型非常近，并且视角大且缩放值很高，模型可能会扭曲，以致可能无法识别。如果模型很复杂，而且包含许多互相接近的曲面，则也可能会错误地渲染曲面。

- 浏览：此查看方法允许用户通过使用控件或采用鼠标控制在图形窗口中移动模型，从而操控视图。如图 11-33 所示。
- 漫游：此方法允许用户通过连续运动方式来查看模型。这是一种手动更改透视图的方法。模型的方向和位置通过类似于飞行模拟器的相互作用进行控制。如图 11-34 所示。

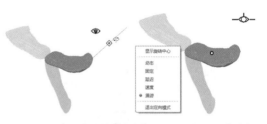

图 11-33 鼠标控制模型的旋转　　图 11-34 漫游的手动控制选项

- 从 到：沿对象查看路径由两个基准点或顶点定义，如图 11-35 所示。

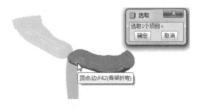

图 11-35 "起止"类型需要确定观察点

- 沿路径：查看路径由轴、边、曲线或轮廓定义，如图 11-36 所示。

> 提示：
> 在菜单栏中选择【视图】|【模型显示】|【透视图】命令，可以切换模型的透视视图。

图 11-36　沿路径查看模型

11.7.2　渲染设置

可以通过【渲染设置】对话框来设置渲染的效果。在菜单栏中选择【视图】|【模型设置】|【渲染设置】命令，弹出【渲染设置】对话框。如图 11-37 所示。

图 11-37　【渲染设置】对话框

1．渲染器

渲染器是进行渲染的"发动机"，要获得渲染图像，必须使用渲染器。【渲染设置】对话框中包含两种渲染器：Photolux 和 PhotoRender。

- Photolux 渲染器：选取此渲染器可进行高级渲染，这是一种使用光线跟踪并创建照片级逼真图像的渲染器。
- PhotoRender 渲染器：此渲染器可以进行一般的渲染，它是系统默认的渲染器。

2．PhotoRender 渲染器的选项设置

PhotoRender 渲染器有 4 个选项卡，各选项卡的选项设置如图 11-38 所示。

【选项】选项卡　　　　【高级】选项卡

【输出】选项卡　　　　【水印】选项卡

图 11-38　PhotoRender 渲染器的选项设置

3．Photolux 渲染器的选项设置

Photolux 渲染器的选项设置如图 11-39 所示，也包括 4 个选项卡，除【选项】、【高级】选项卡外，其余两个选项卡的选项含义与 Photo Render 的相同。

【选项】选项卡　　　　【高级】选项卡

图 11-39　Photolux 渲染器的选项设置

11.7.3　渲染窗口

当完成所有渲染的选项设置后，在菜单

栏中选择【渲染窗口】命令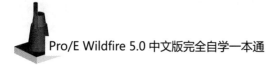，Pro/E 程序自动完成模型的渲染，如图 11-40 所示。

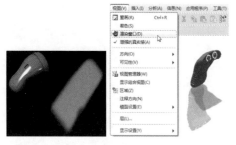

图 11-40　渲染模型至整个图形窗口

11.7.4　渲染区域

渲染整个窗口来查看应用到模型的效果，这一过程将花费大量的时间。在这种情况下，通过【渲染区域】功能可以查看模型上的效果，而无须渲染整个窗口。

在【渲染】面板中单击【渲染区域】按钮，然后在图形窗口中利用鼠标确定一个矩形框，随后程序自动渲染矩形框内的模型，如图 11-41 所示。

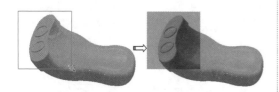

图 11-41　渲染区域

> 提示：
>
> 只有在满足以下条件时，渲染区域才可用：
> 将渲染类型设置为 Photolux。
> 在【渲染设置】对话框的【输出】选项卡中，设置【输出】为【全屏幕】。

11.8　综合案例

模型渲染是产品在设计阶段向客户展示的重要手段。本节中将详细介绍两个产品的渲染，让读者能从中掌握渲染过程及渲染方法。

一幅好的渲染作品，必须满足以下 4 点：
- 正确地选材进行质组合。
- 合理、适当的光源。
- 现实的环境。
- 细节的处理。

11.8.1　案例一：渲染灯泡

白炽灯的渲染，主要难点是环境的选择和房间外观的选择。其他的渲染参数按默认设置即可，本案例白炽灯的渲染效果如图 11-42 所示。

图 11-42　白炽灯渲染效果

操作步骤：

step 01　从光盘中打开本案例的素材文件 baichideng.prt，如图 11-43 所示。

step 02　在【视图】工具栏中，单击【外观库】下拉按钮，然后从展开的菜单中选择外观库中的铬金属，如图 11-44 所示。

step 03　在显示的铬金属中选择 adv-chrome（铬）外观材质，弹出【选择】对话框。在图形区域右下方的选择约束列表中选择【曲面】，然后将外观赋予所选的灯头曲面，如图 11-45 所示。

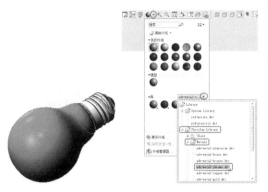

图 11-43　打开白炽灯模型　　图 11-44　选择外观库中的金属材质

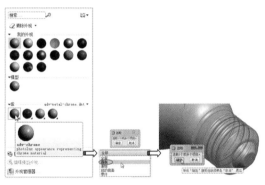

图 11-45　选择灯头曲面赋予外观

技巧点拨：

选择多个曲面时，必须按下 Ctrl 键依次选取。选择完成后请单击【选择】对话框中的【确定】按钮确认。

step 04　同理，继续在外观库中选择 glass 玻璃材质，并将 adv-galss-clear 外观赋予灯泡球形部和内部的灯丝支架，如图 11-46 所示。

技巧点拨：

灯泡球形部有两层曲面，赋予材质时须分多次进行曲面的拾取。如果有重合的曲面，可以单击鼠标右键以切换拾取曲面。

step 05　在"我的外观"中将 ref_color1 外观赋予白炽灯顶部的绝缘部，如图 11-47 所示。

step 06　赋予外观后，接下来编辑外观。在【外观】菜单中选择【编辑模型外观】命令，打开【模型外观编辑器】对话框。然后对 ref_color1 进行编辑，如图 11-48 所示。

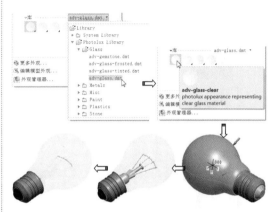

图 11-46　选择灯泡球形部及内部支架赋予外观

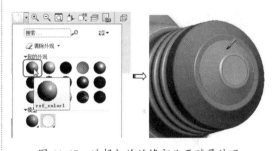

图 11-47　选择灯泡绝缘部曲面赋予外观

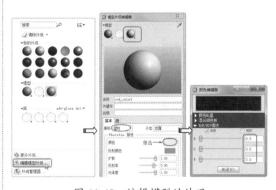

图 11-48　编辑模型的外观

step 07　在菜单栏中选择【视图】|【模型显示】|【场景】命令，打开【场景】对话框。在【场景】选项卡中选择 active_view_scene 场景作

为白炽灯渲染的主要背景,如图 11-49 所示。

step 08 在【房间】选项卡中,单击【墙壁1】图块按钮,然后在弹出的【房间外观编辑器】对话框中将外观颜色重新设置,如图 11-50 所示。

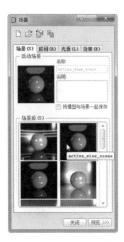

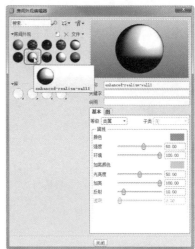

图 11-49　选择场景　　　　　　　　图 11-50　编辑房间【墙壁1】的外观

step 09 同理,将墙壁2、3、4 及天花板的外观也按上步骤的方法全部更换成相同的外观。

step 10 单击【地板】图块,然后将地板设置为"默认的地板外观",如图 11-51 所示。

step 11 在【房间】选项卡中,调节地板位置,尽量与灯泡接触,其余的选项保持默认。

step 12 在【光源】选项卡下,单击【添加新聚光灯】按钮，将聚光灯光源锁定到模型上,将聚光灯【强度】设为 2.5、【角度】设为 180,选中【启用阴影】复选框,其余参数保持默认,如图 11-52 所示。

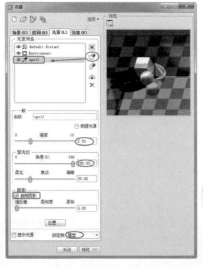

图 11-51　编辑地板外观　　　　　　图 11-52　添加聚光灯并设置参数

step 13 最后在【渲染窗口】中单击 按钮，完成白炽灯的渲染，结果如图 11-53 所示。

图 11-53 白炽灯渲染结果

11.8.2 案例二：渲染鸡蛋

渲染鸡蛋时，要想达到逼真的效果，主要难点是材质、光源和房间的外观设置。本案例的"裂开的鸡蛋"渲染效果如图 11-54 所示。

图 11-54 "裂开的鸡蛋"渲染效果

操作步骤：

step 01 从光盘中打开本案例的源文件 jidan.asm，如图 11-55 所示。

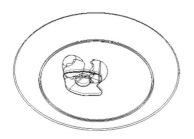

图 11-55 打开模型

step 02 在【视图】工具栏的【外观库】中，将【我的外观】下的 ptc-ceramic（陶瓷）外观赋予盘子，如图 11-56 所示。

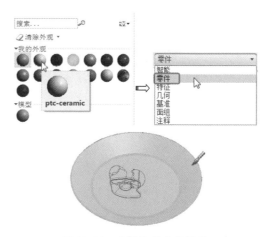

图 11-56 选择外观库的材质

step 03 同理，再创建出其他的外观，分别赋予盘子外围表面、盘子底面、鸡蛋壳外表面、鸡蛋壳内表面、鸡蛋黄和鸡蛋清，如图 11-57 所示。

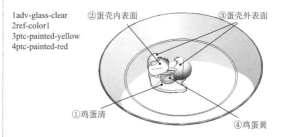

图 11-57 创建外观赋予其他表面

step 04 赋予外观后，接下来编辑外观。首先编辑 ptc-ceramic 的材质为【陶瓷】，如图 11-58 所示。

step 05 编辑鸡蛋清的外观，如图 11-59 所示。

step 06 编辑蛋壳内表面外观，如图 11-60 所示。

step 07 最后编辑鸡蛋外壳表面的外观，如图 11-61 所示。

step 08 编辑鸡蛋黄外观，如图 11-62 所示。

图 11-58 编辑陶瓷材质

图 11-59 编辑鸡蛋清的外观

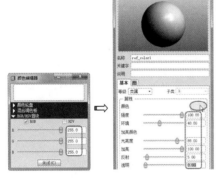

图 11-60 编辑蛋壳内表面外观

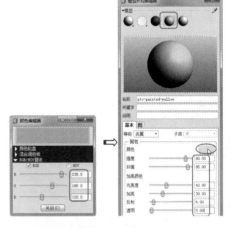

图 11-61 编辑鸡蛋壳外表面的外观

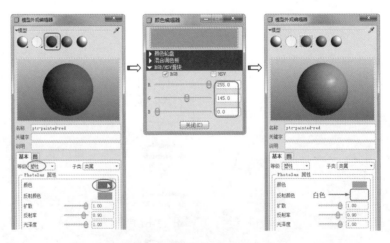

图 11-62 编辑鸡蛋黄外观

第 11 章　渲染

step 09 添加贴花到盘子底部表面。在外观库中单击【更多外观】按钮，然后在【外观编辑器】对话框中编辑外观，如图 11-63 所示。

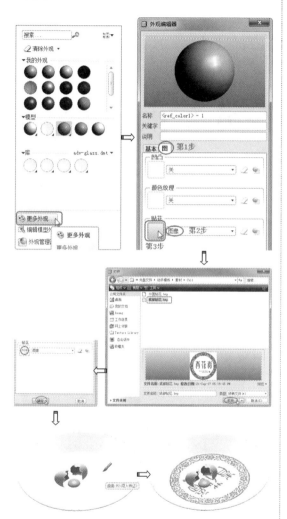

图 11-63　编辑盘子底部表面贴花

技巧点拨：

盘子底部共有两个曲面需要选取：一个是蛋清外的曲面和蛋清底部的曲面。

step 10 同样，在盘子的外围表面添加贴花外观——外围贴花.bmp，如图 11-64 所示。

step 11 在菜单栏中选择【视图】|【模型设置】|【场景】命令，打开【场景】对话框。然后在【场景】选项卡中选择 photolux-restaurant 作为当前渲染的主要场景，如图 11-65 所示。

step 12 在【房间】选项卡中，取消选中【天花板】、【墙壁1】~【墙壁4】复选框。然后单击调节地板的位置与比例，如图 11-66 所示。

图 11-64　添加盘子外围贴花

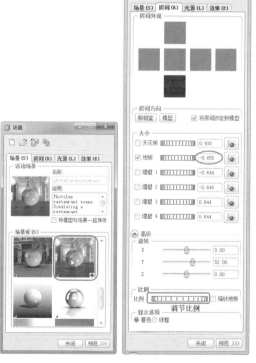

图 11-65　选择场景　　图 11-66　编辑地板位置与比例

step 13 在【光源】选项卡中，添加新聚光光源，如图 11-67 所示。

step 14 将环境光源的灯光【强度】设为 0，如图 11-68 所示。最后在菜单栏中选择【视图】|【模型显示】|【渲染窗口】命令，完成鸡蛋的渲染，效果如图 11-69 所示。

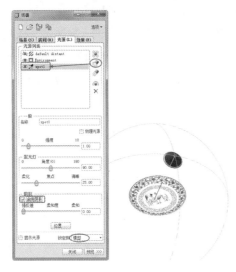

图 11-67　新建聚光源　　　　图 11-68　编辑环境光源　　　　图 11-69　鸡蛋的渲染结果

step 15 最后将渲染的图片效果另存为副本。

11.9　课后习题

打开"课后习题\Ch11\iphone4.asm"文件，利用 Pro/E 渲染功能渲染手机模型。渲染结果如图 11-70 所示。

练习要求与步骤：

（1）对手机所有零件使用材质。

（1）设置房间地板。

（2）使用默认光源。

图 11-70　渲染手机

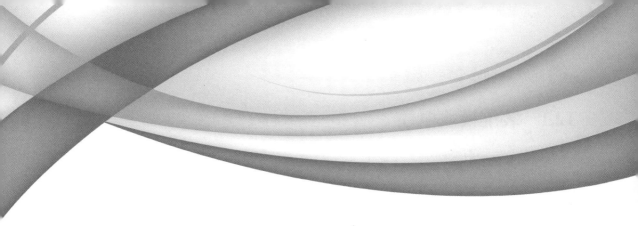

第 12 章

装配建模

本章内容

Pro/E 中零件装配是通过定义零件模型之间的装配约束来实现的，也就是在各零件之间建立一定的连接关系，并对其进行约束，从而确定各零件在空间的具体位置关系。一般情况下，在 Pro/E 中的零件装配过程与生产实际的装配过程相同。本章主要介绍装配模块、装配的约束设置、装配的设计修改、分解视图等内容。通过本章的学习，初学者可基本掌握装配设计的实用知识和应用技巧，为以后的学习应用打下扎实的基础。

知识要点

- ☑ 装配概述
- ☑ 无连接接口的装配约束
- ☑ 有连接接口的装配约束
- ☑ 重复元件装配
- ☑ 建立爆炸视图

12.1 装配模块概述

在 Pro/E 的装配模式下,不但可以实现对装配的操作,还可以对装配体进行修改、分析和分解。如图 12-1 所示为一个搅拌机总装配示意图。

图 12-1 搅拌机总装配示意图

下面就装配的模式、装配的约束形式、装配的设计环境及装配工具进行简要介绍。

12.1.1 两种装配模式

主要有两种装配模式:

1．自底向上装配

自底向上装配时,首先创建好组成装配体的各个元件,在装配模式下将已有的零件或子装配体按相互的配合关系直接放置在一起,组成一个新的装配体,也就是装配元件的过程。

2．自顶向下装配

自顶向下的装配设计与自底向上的设计方法正好相反。设计时,首先从整体上勾画出产品的整体结构关系或创建装配体的二维零件布局关系图,然后再根据这些关系或布局逐一设计出产品的零件模型。

> 提示：
> 前者常用于产品装配关系较为明确或零件造型较为规范的场合;后者多用于真正的产品设计,

即先要确定产品的外形轮廓,然后逐步对产品进行设计上的细化,直至细化到单个零件。

12.1.2 两种装配约束形式

约束是施加在各个零件间的一种空间位置限制关系,从而保证参与装配的各个零件之间具有确定的位置关系。主要有两种装配约束形式:无连接接口的装配约束和有连接接口的装配约束。

1．无连接接口的装配约束

使用无连接接口装配约束的装配体上各零件不具有自由度,零件之间不能做任何相对运动,装配后的产品成为具有层次结构且可以拆卸的整体,但是产品不具有"活动"零件。这种装配连接称为约束连接。

2．有连接接口的装配约束

这种装配连接称为机构连接,是使用 Pro/E 进行机械仿真设计的基础。

12.1.3 进入装配环境

零件装配是在装配模式下完成的,可通过以下方法进入装配环境。操作步骤如下:

（1）在功能区选择【文件】|【新建】命令,或者单击快速访问工具栏中的【新建】按钮 ,弹出【新建】对话框。

（2）选择【新建】对话框中【类型】选项组中的【装配】单选按钮。

（3）在【名称】文本框中输入装配文件的名称,并取消选中【使用默认模板】复选框,单击【确定】按钮,如图 12-2 所示。

（4）此时弹出【新文件选项】对话框,选中 mmns_asm_design 模板（公制模板）,如图 12-3 所示。

12.1.4 装配工具

在菜单栏中选择【插入】|【元件】命令,打开如图 12-5 所示的【元件】装配下拉菜单,其中有 5 个装配工具。

图 12-2 【新建】对话框

图 12-5 【元件】装配下拉菜单

1. 装配

单击窗口右侧工具栏中的【装配】按钮，弹出【打开】对话框,选择需要装配的零件并打开后,窗口将出现【装配】操控板,用来为元件指定放置约束,以确定其位置。

（1）【放置】选项卡

在【放置】选项卡中设置各项参数,可以为新装配元件指定约束类型和约束参照以实现装配过程,如图 12-6 所示。

图 12-3 选择公制模板

（5）单击【确定】按钮,即可进入装配环境,如图 12-4 所示。

图 12-6 【放置】选项卡

选项卡中左边区域用于收集装配约束的关系,每创建一组装配约束,将新建约束,直至操控板中的状态显示为"状态:完全约束"。在装配过程中,在选项卡右侧选择约束类型并设置约束参数。

（2）【移动】选项卡

在装配过程中,为了在模型上选取确定的约束参照,有时需要适当地对模型进行移动或旋转操作,这时可以打开如图 12-7 所示的【移动】选项卡,选取移动和旋转模型的

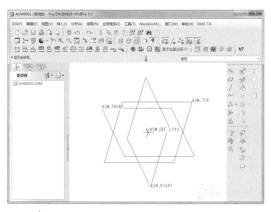

图 12-4 装配环境

参照后，即可将其重新放置。

图 12-7 【移动】选项卡

2．创建

【创建】装配方式就是【自顶向下】的装配模式。单击右侧工具栏中的【创建】按钮，弹出【元件创建】对话框，如图 12-8 所示。

图 12-8 【元件创建】对话框

3．包括

可以在活动的组件中包括未放置的元件。

4．封装

向组件添加元件时可能不知道将元件放置在哪里最好，或者也可能不希望相对于其他元件的几何进行定位。可以使这样的元件处于部分约束或不约束状态。此种元件被视为封装元件，它是一种非参数形式的元件装配。

5．挠性

挠性元件易于满足新的、不同的或不断变化的要求，可以在各种状态下将其添加到组件中。例如，弹簧在组件的不同位置可以具有不同的压缩条件。

12.2 无连接接口的装配约束

约束装配用于指定新载入的元件相对于装配体指定元件的放置方式，从而确定新载入的元件在装配体中的相对位置。在元件装配过程中，控制元件之间的相对位置时，通常需要设置多个约束条件。

载入元件后，单击【元件放置】操控板中的【放置】按钮，打开【放置】选项卡，其中包含匹配、对齐、插入等 11 种类型的放置约束，如图 12-9 所示。

图 12-9 装配约束类型

关于装配约束，请注意以下几点：

- 一般来说，建立一个装配约束时，应选取元件参照和组件参照。元件参照和组件参照是元件和装配体中用于约束定位和定向的点、线、面。例如，通过对齐（Align）约束将一根轴放入装配体的一个孔中，轴的中心线就是元件参照，而孔的中心线就是组件参照。
- 系统一次只添加一个约束。例如，不能用一个【对齐】约束将一个零件上两个不同的孔与装配体中的另一个零件上的两个不同的孔对齐，必须定义两个不同的对齐约束。
- 要使一个元件在装配体中完整地指定放置和定向（即完整约束），往往需要定义数个装配约束。
- 在 Pro/E 中装配元件时，可以将多于所需的约束添加到元件上。即使从数学的角来说,元件的位置已完全约束,还可能需要指定附加约束以确保装配件达到设计意图。建议将附加约束限制在 10 个以内,系统最多允许指定 50 个约束。

> **提示:**
> 在这 11 种约束类型中,如果使用【坐标系】类型进行元件的装配,则仅需要选择一个约束参照;如果使用【固定】或【默认】约束类型,则只需要选取对应列表项,而不需要选择约束参照。使用其他约束类型时,需要给定两个约束参照。

12.2.1 【配对】约束

【配对】约束是将两个曲面或基准平面贴合,且法线方向相反。另外,还可以对配对约束进行偏距、定向和重合的定义。

配对约束的 3 种偏移方式含义如下:
- 重合:两个平面重合,法线方向相反,如图 12-10(a)所示。
- 定向:两个平面的法线方向相反,互相平行,忽略二者之间的距离,如图 12-10(b)所示。
- 偏距:两个平面的法线方向相反,互相平行,通过输入的间距值控制平面之间距离,如图 12-10(c)所示。

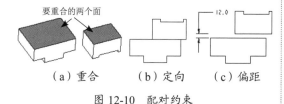

图 12-10　配对约束

12.2.2 【对齐】约束

【对齐】约束使两个平面共面重合,两条轴线同轴或使两个点重合。对齐约束可以选择面、线、点和回转面作为参照,但是两个参照的类型必须相同。对齐约束的参考面也有 3 种偏移方式,即重合、定向和偏距,其含义与配对约束相同。如图 12-11 所示为 3 种对齐约束的偏移方式。

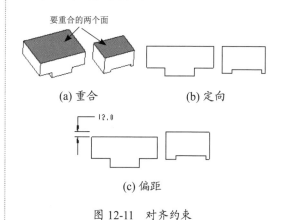

图 12-11　对齐约束

> **提示:**
> 使用【配对】和【对齐】约束时,两个参照必须为同一类型(例如,平面对平面、旋转对旋转、点对点、轴线对轴线)。旋转曲面指的是通过旋转一个截面,或者拉伸一个圆弧/圆而形成的一个曲面。只能在放置约束中使用下列曲面:平面、圆柱、圆锥、环面、球面。
> 使用【配对】和【对齐】并输入偏距值后,系统将显示偏距方向。对于反向偏距,要用负偏距值。

12.2.3 【插入】约束

当轴选取无效或选取不方便时可以用这个约束。使用【插入】约束可以将一个旋转曲面插入另一旋转曲面中,实现孔和轴的配合,且使它们的轴线重合。插入约束一般选择孔和轴的旋转曲面作为参照面,如图 12-12 所示。

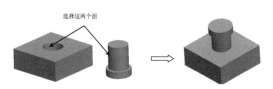

图 12-12　【插入】约束

12.2.4 【坐标系】约束

用【坐标系】约束,可将两个元件的坐标系对齐,或者将元件的坐标系与装配件的坐标系对齐,即一个坐标系中的 X 轴、Y 轴、Z 轴与另一个坐标系中的 X 轴、Y 轴、Z 轴分别对齐,如图 12-13 所示。

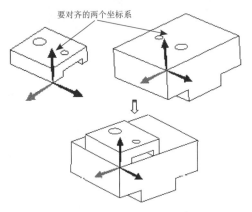

图 12-13 【坐标系】约束

> **提示:**
> 【坐标系】约束是比较常用的一种方法。特别是在数控加工中,装配模型时大都选择此种约束类型,即加工坐标系与零件坐标系重合/对齐。

12.2.5 【相切】约束

【相切】约束控制两个曲面在切点的接触。该约束的功能与【配对】约束的功能相似,但该约束只配对曲面,而不对齐曲面。该约束的一个应用实例为轴承的滚珠与其轴承内外套之间的接触点。【相切】约束需要选择两个面作为约束参照,如图 12-14 所示。

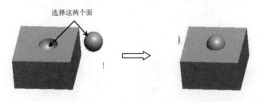

图 12-14 【相切】约束

12.2.6 【线上点】约束

用【线上点】约束可以控制边、轴或基准曲线与点之间的接触。点可以是基准点或顶点,线可以是边、轴、基准轴线。【线上点】约束如图 12-15 所示。

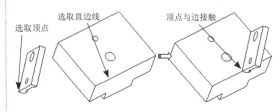

图 12-15 【线上点】约束

12.2.7 【曲面上的点】约束

用【曲面上的点】约束控制曲面与点之间的接触。点可以是基准点或顶点,面可以是基准面、零件的表面。【曲面上的点】约束如图 12-16 所示。

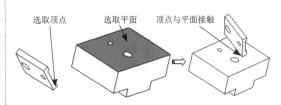

图 12-16 【曲面上的点】约束

12.2.8 【曲面上的边】约束

使用【曲面上的边】约束可控制曲面与平面边界之间的接触。面可以是基准面、零件的表面,边为零件或者组件的边线。【曲面的上边】约束如图 12-17 所示。

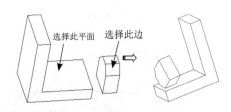

图 12-17 【曲面上的边】约束

12.2.9 其他约束

【固定】约束是将元件固定在当前位置。组件模型中的第一个元件常使用这种约束方式。

【默认】约束是将系统创建的元件的默认坐标系与系统创建的组件的默认坐标系对齐。

12.3 有连接接口的装配约束

传统的装配元件方法是给元件加入各种固定约束，将元件的自由度减少到 0，因为元件的位置被完全固定，这样装配的元件不能用于运动分析（基体除外）。另一种装配元件的方法是给元件加入各种组合约束，如【销钉】、【圆柱】、【刚性】、【球】等，使用这些组合约束装配的元件，因自由度没有完全消除（刚性、焊接、常规除外），元件可以自由移动或旋转，这样装配的元件可用于运动分析。这种装配方式称为连接装配。

在【元件放置】特征操控板中，打开【用户定义】下拉列表框，弹出系统定义的连接装配约束形式，如图 12-18 所示。对选定的连接类型进行约束设定时的操作与前面的约束装配操作相同，因此以下内容着重介绍各种连接的含义，以便在进行机构模型的装配时选择正确的连接类型。

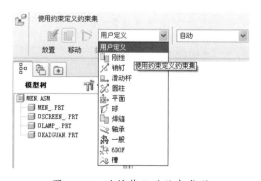

图 12-18 连接装配的约束类型

1. 【刚性】连接

【刚性】连接用于连接两个元件，使其无法相对移动，连接的两个元件之间自由度为 0。连接后，元件与组件成为一个主体，相互之间不再有自由度，如果【刚性】连接没有将自由度完全消除，则元件将在当前位置被"粘"在组件上。如果将一个子组件与组件用【刚性】连接，子组件内各零件也将一起被"粘"住，其原有自由度不起作用，总自由度为 0，如图 12-19 所示。

图 12-19 【刚性】连接类型

2. 【销钉】连接

【销钉】连接由一个轴对齐约束和一个与轴垂直的平移约束组成。元件可以绕轴旋转，具有一个旋转自由度，总自由度为 1。轴对齐约束可选择直边、轴线或圆柱面，可反向；平移约束可以是两个点对齐，也可以是两个平面的对齐/配对，平面对齐/配对时，可以设置偏移量，如图 12-20 所示。

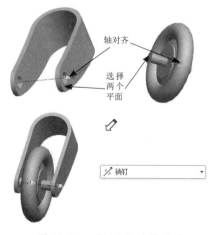

图 12-20 【销钉】连接类型

3.【滑动杆】连接

【滑动杆】连接即滑块连接形式，由一个轴对齐约束和一个旋转约束（实际上就是一个与轴平行的平移约束）组成。元件可滑轴平移，具有一个平移自由度，总自由度为1。轴对齐约束可选择直边、轴线或圆柱面，可反向；旋转约束选择两个平面，偏移量根据元件所处位置自动计算，可反向，如图12-21所示。

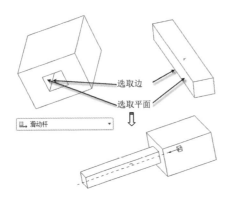

图12-21 【滑动杆】连接类型

4.【圆柱】连接

【圆柱】连接由一个轴对齐约束组成。比【销钉】连接少了一个平移约束，因此元件可绕轴旋转同时可沿轴向平移，具有一个旋转自由度和一个平移自由度，总自由度为2。轴对齐约束可选择直边或轴线或圆柱面，可反向，如图12-22所示。

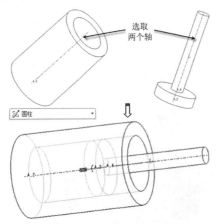

图12-22 【圆柱】连接类型

5.平面连接

【平面】连接由一个平面约束组成，也就是确定了元件上某平面与组件上某平面之间的距离（或重合）。元件可绕垂直于平面的轴旋转并在平行于平面的两个方向上平移，具有一个旋转自由度和两个平移自由度，总自由度为3。可指定偏移量，可反向，如图12-23所示。

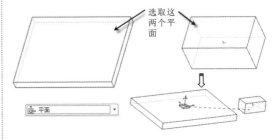

图12-23 【平面】连接类型

6.【球】连接

【球】连接由一个点对齐约束组成。元件上的一个点对齐到组件上的一个点，比【轴承】连接小了一个平移自由度，可以绕着对齐点任意旋转，具有3个入旋转自由度，总自由度为3，如图12-24所示。

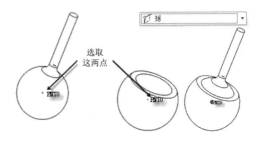

图12-24 【球】连接类型

7.【焊缝】连接

【焊缝】连接使两个坐标系对齐，元件自由度被完全消除，总自由度为0。连接后，元件与组件成为一个主体，相互之间不再有自由度。如果将一个子组件与组件用焊缝连接，子组件内各零件将参照组件坐标系发挥其原有自由度的作用，如图12-25所示。

第12章 装配建模

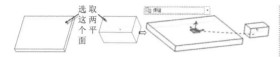

图 12-25 【焊缝】连接类型

8. 【轴承】连接

【轴承】连接由一个点对齐约束组成。它与机械上的"轴承"不同，它是指元件（或组件）上的一个点对齐到组件（或元件）上的一条直边或轴线上，因此元件可沿轴线平移并任意方向旋转，具有一个平移自由度和三个旋转自由度，总自由度为4，如图 12-26 所示。

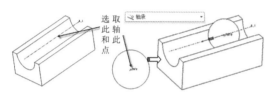

图 12-26 【轴承】连接类型

9. 【一般】连接

【一般】连接选取自动类型约束的任意参照以建立连接，有一个或两个可配置约束，这些约束和用户定义集中的约束相同。【相切】、【曲线上的点】和【非平面曲面上的点】不能用于此连接。

10. 【6DOF】连接

【6DOF】连接需满足【坐标系对齐】约束关系，不影响元件与组件相关的运动，因为未应用任何约束。元件的坐标系与组件中的坐标系对齐。X、Y和Z组件轴是允许旋转和平移的运动轴。

11. 槽连接

槽连接包含一个【点对齐】约束，允许沿一条非直的轨迹旋转。此连接有4个自由度，其中点在3个方向上遵循轨迹运动。对于第一个参照，在元件或组件上选取一点。所参照的点遵循非直参照轨迹。

动手操练——装配曲柄滑块机构

下面以曲柄滑块机构的装配设计为例介绍各种连接接口在组件装配中的应用，装配完成的曲柄滑块机构如图 12-27 所示。

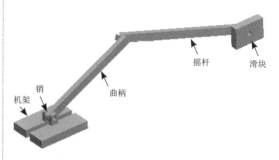

图 12-27 曲柄滑块机构的装配过程

> **提示：**
>
> 在进行曲柄滑块机构装配时须注意以下设计要点：
> ①熟练使用【销钉】连接。在有连接接口的装配设计中，【销钉】连接类型最常用。
> ②注意有连接接口装配和无连接接口装配在实质上的区别。在有连接接口装配中，连接的两个元组件之间有一定的运动关系，主要用于运动机构之间的连接；在无连接接口装配中，装配的两个元组件之间则没有运动关系，即装配的两个元组件间的相对位置是固定不变的。
> ③在进行装配设计之前，设计者首先应该了解该产品的运动状况，只有了解机构的运动情况，才能正确选择连接接口类型。

step 01 创建工作目录。

step 02 单击【新建】按钮，打开【新建】对话框。然后新建名称为 qubinghuakuai 的组件设计文件。选取公制模板 mmns_asm_design 并进入装配模式中。如图 12-28 所示。

step 03 单击右工具栏中的【装配】按钮，打开本例光盘中的曲柄滑块机构零件文件动手操练\素材\Ch12\qubinghuakuai\work.prt。

图 12-28 新建组件装配文件

step 04 在打开的【装配】操控板中,选择【无连接接口】的装配约束为【默认】,把曲柄滑块机构机架固定在系统默认的位置,再单击【应用】按钮✓,完成曲柄滑块机构机架的装配,如图 12-29 所示。

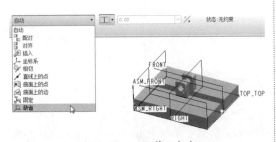

图 12-29 默认装配机架

step 05 再单击【装配】按钮,将 brace(曲柄)组件打开。

step 06 在操控板【有连接接口】的下拉列表中选择【销钉】连接类型,然后分别选取如图 12-30 所示的两轴作为轴对齐约束参照。

step 07 再选择曲柄上的侧面和机架轴孔侧面作为一组【平移】约束,进行重合装配,结果如图 12-31 所示。

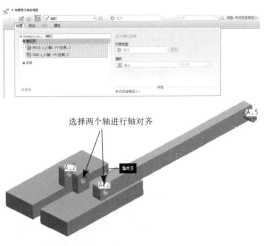

图 12-30 选取轴对齐约束参照

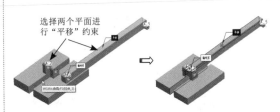

图 12-31 选择两个平面进行"平移"约束

step 08 两组约束后完成连接定义,可以通过定义【移动】选项卡中的【运动类型】为旋转,使曲柄绕机架旋转一定角度,如图 12-32 所示。

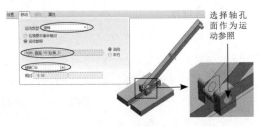

图 12-32 旋转曲柄

step 09 接下来装配销钉。单击【装配】按钮，打开 pin（销钉）组件文件。

step 10 同理，销钉的装配约束与曲柄的装配约束是相同的，也是【销钉】约束类型，并分别进行【轴对齐】约束（如图 12-33 所示）和【平移】约束（如图 12-34 所示）。

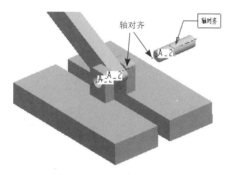

图 12-33 【轴对齐】约束

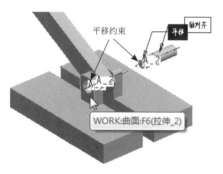

图 12-34 【平移】约束

step 11 设置【平移】约束时，将【重合】改为【偏移】，并设置【偏移】值为 2.5，最后单击【应用】按钮 ✔ 完成装配，结果如图 12-35 所示。

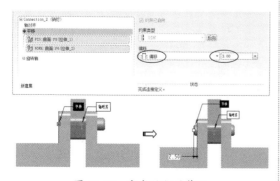

图 12-35 完成销钉的装配

step 12 下面装配摇杆。将 rocker（摇杆）组件文件打开。然后使用【销钉】装配约束类型，将其与曲柄进行【轴对齐】约束和【平移】约束，装配结果如图 12-36 所示。

图 12-36 为装配摇杆添加【轴对齐】和【平移】约束

step 13 在装配操控板的【移动】选项卡中，将摇杆绕曲柄旋转一定角度，并完成摇杆的装配，如图 12-37 所示

图 12-37 旋转摇杆并完成装配

技巧点拨：

如果两组件之间已经存在旋转轴（上图中可以看见旋转的箭头示意图）。可以按【在视图平面中相对】的方法来手动旋转组件。

step 14 最后装配滑块，打开组件文件 talc.prt。在操控板中选择【销钉】约束类型，然后对滑块与摇杆之间进行【轴对齐】约束和【平移】约束，如图 12-38 所示。

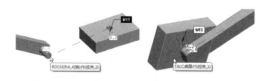

图 12-38 【轴对齐】约束和【平移】约束

step 15 最终装配完成后的结果如图 12-39 所示，最后将总的装配体文件保存在工作目录中。

图 12-39　最终的装配结果

12.4　重复元件装配

有些元件（如螺栓、螺母等）在产品的装配过程中不只使用一次，而且每次装配使用的约束类型和数量都相同，仅参照不同。为了方便这些元件的装配，系统为用户设计了重复装配功能，通过该功能就可以迅速地装配这类元件。在 Pro/E 中，如果需要同时多次装配同一零件，则没有必要每次都单独设置约束关系，利用系统提供的重复元件功能，可以比较方便地多次重复装配相同零件。

装配零件后，在"模型树"中选取该零件，单击鼠标右键，然后从快捷菜单中选择【重复】命令或在主菜单中选择【编辑】|【重复】命令，打开【重复元件】对话框，如图 12-40 所示。利用该对话框，可以多次重复装配相同零件。

其中各主要选项组的含义如下：

- 【元件】：选取需要重复装配的零件。
- 【可变组件参照】：选取需要重复的约束关系，并可对约束关系进行编辑。
- 【放置元件】：选取与重复装配零件匹配的零件。

图 12-40　【重复元件】对话框

动手操练——装配螺钉

下面通过简单的螺钉装配案例，详解如何进行重复装配。

step 01　新建工作目录。

step 02　新建一个命名为 repeat 的组件装配文件，并选择公制模板进入装配环境中。

step 03　单击【装配】按钮，将第一个组件 repeat1 打开，如图 12-41 所示。

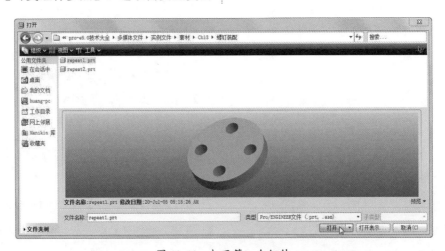

图 12-41　打开第一个组件

第 12 章 装配建模

step 04 在操控板中选择一般装配约束类型为【默认】，然后单击【应用】按钮☑完成装配定义，如图 12-42 所示。

> **技巧点拨：**
> 装配第一个组件大都采用默认的装配方式。第一个组件也是总装配体中的主组件，其余的组件均由此组件进行约束参考。

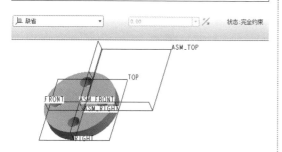

图 12-42 默认装配第一个组件

step 05 打开第二个组件 repeat2，在操控板中首先选择【对齐】约束，然后再选择螺钉的台阶端面和第一个组件平面进行对齐，并单击【反向】按钮更改装配方向，如图 12-43 所示。

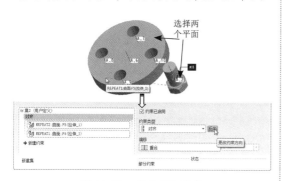

图 12-43 【对齐】约束

> **技巧点拨：**
> 当更改装配方向后，【对齐】约束自动转变为【配对】约束。因为螺钉台阶面不但与第一个组件对齐，而且还约束了装配方向。

step 06 更改的方向如图 12-44 所示。

step 07 接下来选择【配对】约束，并选择螺钉柱面和第一个组件上的内孔面进行配对，如图 12-45 所示。

 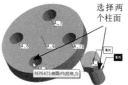

图 12-44 更改装配方向　　图 12-45 选择【配对】约束的条件

step 08 最后单击操控板上的【应用】按钮☑，完成螺钉的装配。如图 12-46 所示。

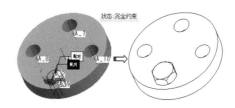

图 12-46 完成螺钉的装配

step 09 在模型树中选中螺钉，然后选择右键快捷菜单中的【重复】命令，打开【重复元件】对话框，如图 12-47 所示。

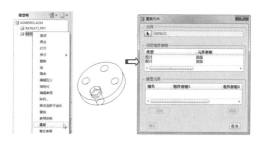

图 12-47 【重复】装配

step 10 在【重复元件】对话框中，按住 Ctrl 键选择【可变组件参照】选项组中的第二个【配对】约束，然后单击【添加】按钮，如图 12-48 所示。

> **技巧点拨：**
> 这里有两个约束可以选择，一个是对齐约束，另一个是配对约束。【对齐】约束无法保证第二个螺钉的具体位置，因此我们只能选择第二个约束——【配对】约束作为新元件的参考。

图 12-48 添加新事件

12.5 建立爆炸视图

装配好零件模型后，有时候需要分解组件来查看组件中各个零件的位置状态，称为分解图，又叫爆炸图，是将模型中的元件沿着直线或坐标轴旋转、移动得到的一种表示视图，如图 12-51 所示。

图 12-51 爆炸视图

step 11 然后为新元件指定匹配曲面，这里选择主装配部件中其余孔的柱面，选择后自动复制新元件到指定的位置，如图 12-49 所示。

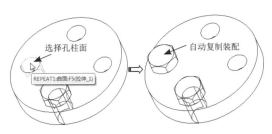

图 12-49 选择新元件的匹配曲面

step 12 同理，继续其余孔的柱面并完成所有螺钉的重复装配，结果如图 12-50 所示。最后单击【确定】按钮，关闭【重复元件】对话框。

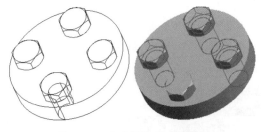

图 12-50 完成螺钉的重复装配

step 13 将装配的结果保存在工作目录中。

通过爆炸图可以清楚地表示装配体内各零件的位置和装配体的内部结构，爆炸图仅影响装配体的外观，并不改变装配体内零件的装配关系。对于每个组件，系统会根据使用的约束产生默认的分解视图，但是默认的分解图通常无法贴切地表现各元件的相对方位，必须通过编辑位置来修改分解位置，这样不仅可以为每个组件定义多个分解视图，以便随时使用任意一个已保存的视图，还可以为组件的每个绘图视图设置一个分解状态。

生成指定分解视图时，系统将按照默认方式执行分解操作。在创建或打开一个完整的装配体后，在主菜单中，选择【视图】|【分解】|【分解视图】命令，系统将执行自动分解操作，如图 12-52 所示。

系统根据使用的约束产生默认的分解视图后，通过自定义分解视图，可以把分解视图的各元件调整到合适的位置，从而清晰地

表现出各元件的相对方位。在主菜单中，选择【视图】|【分解】|【编辑位置】指令，打开【组件分解】对话框，如图12-53所示。

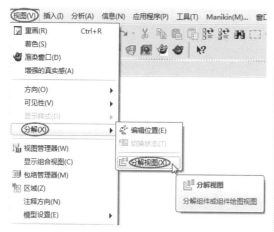

图12-52　执行【分解视图】命令

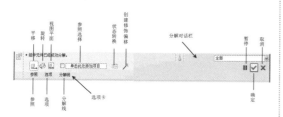

图12-53　【组件分解】操控板

利用该特征操控板，选定需要移动或旋转的零件及运动参照，适当调整各零件位置，得到新的组件分解视图，如图12-54所示。

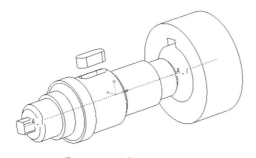

图12-54　编辑视图位置

在分解视图中建立零件的偏距线，可以清楚地表示零件之间的位置关系，利用此方法可以制作产品说明书中的插图，如图12-55所示为使用偏距线标注零件安装位置的示例。

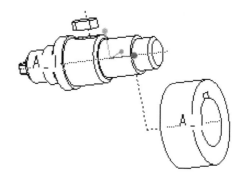

图12-55　分解视图偏距线

12.6　综合案例

自底向上装配的原理比较简单，重点是约束的选择和使用。下面以几个典型的机械装配实例来详解这种装配方式的方法与操作。

12.6.1　案例一：减速器装配设计

减速器装配过程：首先分别创建主动轴系、传动轴系和输出轴系组件，然后在组件模式下将减速器上盖、下箱体和轴系组件进行装配。通过减速器的装配，读者应该掌握在装配体中添加组件的方法。装配后的减速器如图12-56所示。

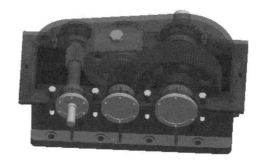

图12-56　减速器装配体

操作步骤：

step 01　设置工作目录及新建组件文件。

● 将光盘中实例\06目录下的jiansuqi文

件夹复制到E盘。选择【文件】|【设置工作目录】命令，将工作目录设置为【E:\jiansuqi】。

- 创建新的组件文件。选择【文件】|【新建】命令,打开【新建】对话框,在【名称】文本框中输入"zhudongzhou",取消选中"使用默认模板"复选框,单击 确定 按钮,进入【新文件选项】对话框。在【新文件选项】对话框中选择【mmns_asm_design】选项,单击 确定 按钮,进入组件工作模式。

step 02 装配主动轴系第一个元件。

- 单击 按钮,在【打开】对话框中选择【chilunzhou.prt】文件,单击 打开 按钮,元件出现在图形区域。
- 在【元件放置】操控板上单击【放置】选项卡,从【约束类型】下拉列表框中选择【默认】选项,单击 按钮完成第一个元件的装配。

step 03 装配主动轴系第二个元件。

- 单击 按钮,在【打开】对话框中选择【6028.prt】文件,单击 打开 按钮,元件出现在绘图区域。
- 在【元件放置】操控板上单击【放置】选项卡,在【约束类型】下拉列表框中选择【对齐】选项,然后选择轴承轴线和齿轮轴轴线作为【对齐】约束的参照,如图12-57所示。

图 12-57 【对齐】约束设置

- 单击【新建约束】选项,在【约束类型】下拉列表框中选择【配对】选项。选择如图12-58所示的两个平面作为参照面。

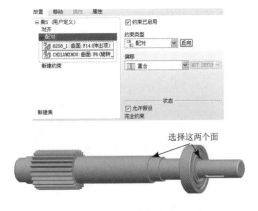

图 12-58 【配对】约束设置

- 单击 按钮完成第二个元件的装配,结果如图12-59所示。

图 12-59 装配结果

step 04 装配主动轴系第三个元件。

- 单击 按钮,在【打开】对话框中选择【6028.prt】文件,单击 打开 按钮,元件出现在图形区域。
- 在【元件放置】操控板上单击【放置】选项卡,在【约束类型】下拉列表框中选择【对齐】选项,选择轴承轴线和齿轮轴轴线作为对齐参照,如图12-60所示。

图 12-60 【对齐】约束设置

- 单击【新建约束】选项,在【约束类型】下拉列表框中选择【配对】选项。选择如图12-61所示两个平面作为参照面。单击 按钮完成第三个元件的装配，结果如图12-62所示。

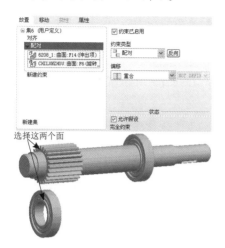

图 12-61 【配对】约束设置

图 12-62 装配结果

step 05 装配主动轴系其他元件。采用与上述步骤相同的方式装配另外4个元件【chilunzhou_dianpian.prt】、【chilunzhou_dianpian1.prt】、【chilunzhou_zhouchenggai1.prt】，【chilunzhou_zhouchenggai2.prt】。主动轴系零件装配结果如图12-63所示。

图 12-63 轴系零件装配结果

step 06 装配传动轴系。建立一个文件名为【chuandongzhou.asm】的组件文件，按照装配主动轴系的方式装配传动轴系零件，装配结果及零件之间的位置关系如图12-64所示。

技巧点拨：

图中未标出连接大齿轮与轴的键【zhudongzhou_jian20.prt】和连接小齿轮与轴的键【zhudongzhou_

jian18.prt】，读者可以参考文件夹中装配体模型【zhouxi3.asm】完成键的装配。

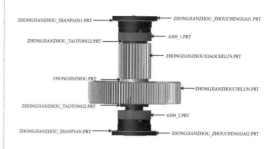

图 12-64 传动轴轴系装配

step 07 装配输出轴系。建立一个文件名为shuchuzhou.asm的组件文件，按照装配主动轴系的方式装配输出轴轴系，装配结果及零件之间的位置关系如图12-65所示。

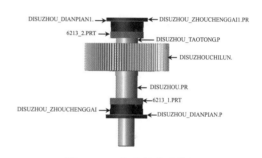

图 12-65 输出轴轴系装配

技巧点拨：

图中未标出连接齿轮与轴的键【disuzhou_jian20.prt】的位置，读者可以参考文件夹中装配体模型【zhouxi2.asm】完成键的装配。

step 08 装配减速器底座。

- 新建组件文件，文件名为jiansuqi.asm。
- 单击 按钮，在【打开】对话框中选取【xiangtixia.prt】文件，单击【打开】按钮元件出现在图形区域。
- 在【元件放置】操控板的【约束类型】下拉列表框中选择【默认】选项。
- 单击 按钮完成底座装配，如图12-66所示。

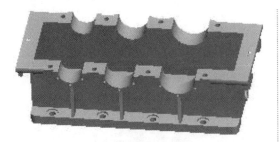

图 12-66 底座装配

step 09　装配主动轴轴系组件

- 单击 按钮，在【打开】对话框中选择【zhudongzhou.asm】文件，单击 打开 按钮，组件出现在图形区域。
- 打开【元件放置】操控板的【放置】选项卡，在【约束类型】下拉列表框中选择【对齐】选项，选择如图 12-67 所示的两个曲面作为参照。
- 单击【新建约束】选项，在【约束类型】下拉列表框中选择【配对】选项，选择如图 12-67 所示的两个平面作为参照。

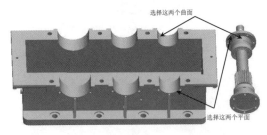

图 12-67 装配约束选择

- 单击 按钮，完成主动轴系的装配，如图 12-68 所示。

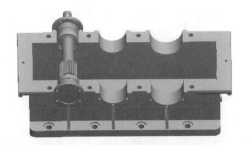

图 12-68 主动轴轴系装配结果

step 10　装配传动轴轴系组件。

- 单击 按钮，在【打开】对话框中选择【chuandongzhou.asm】文件，单击 打开 按钮，组件出现在图形区域。
- 打开【元件放置】操控板的【放置】选项卡，在【约束类型】下拉列表框中选择【对齐】选项，选择如图 12-69 所示的两个曲面作为参照。
- 单击【新建约束】选项，在【约束类型】下拉列表框中选择【配对】选项，选择如图 12-69 所示的两个平面作为参照。

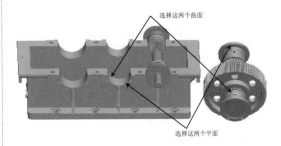

图 12-69 装配约束选择

- 单击 按钮，完成传动轴系的装配，如图 12-70 所示。

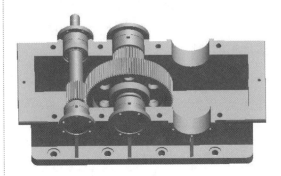

图 12-70 传动轴轴系装配结果

step 11　装配输出轴轴系组件。

- 单击 按钮，在【打开】对话框中选择【shuchuzhou.asm】文件，单击 打开 按钮，组件出现在图形区域。
- 打开【元件放置】操控板的【放置】选项卡，在【约束类型】下拉列表框中选择【对齐】选项，选择如图 12-71

第 12 章 装配建模

所示的两个曲面作为参照。

- 单击【新建约束】选项，在【约束类型】下拉列表框中选择【配对】选项，选择如图 12-71 所示的两个平面作为参照。

择如图 12-73 所示的两个平面作为参照。

图 12-73 装配约束选择

- 单击☑按钮，完成上端盖装配，如图 12-74 所示。

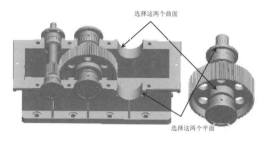

图 12-71 装配约束选择

- 单击☑按钮，完成输出轴系的装配，如图 12-72 所示。

图 12-72 输出轴轴系装配结果

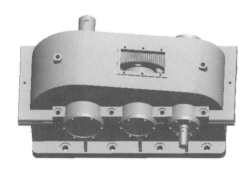

图 12-74 上盖装配结果

> **技巧点拨：**
>
> 选择上盖和底座的销钉孔作为参照时，要注意上盖在减速装配体中的位置要求，即不能与大齿轮干涉，否则应该重新设置上端盖与底座上销钉孔的约束关系。

step 12 装配减速器上盖。

- 单击 📂 按钮，在【打开】对话框中选择【xiangtishang.prt】文件，单击 打开 ▼ 按钮，组件出现在图形区域。
- 打开【元件放置】操控板的【放置】选项卡，在【约束类型】下拉列表框中选择【对齐】选项，选择上盖和底座上的销钉孔表面作为参照。
- 单击【新建约束】选项，在【约束类型】下拉列表框中选择【对齐】选项，选择上盖和底座上的两外两个销钉孔表面作为参照。
- 单击【新建约束】选项，在【约束类型】下拉列表框中选择【配对】选项，选

step 13 装配其他元件。减速器上还有油尺、端盖螺钉和吊环等零件，读者可以参考【jiansuqi/zhuangpeitu.asm】文件进行装配。装配完成后的减速器如图 12-75 所示。

图 12-75 减速器装配体

12.6.2 案例二：齿轮泵装配体设计

下面介绍齿轮泵整体装配的全过程。在装配元件时，对于具有运动自由度的元件要根据具体要求选择合适的连接接口，反之使用无连接接口的约束进行装配。

操作步骤：

step 01 新建组件文件并设置工作目录。单击工具栏中的【新建】按钮，建立新文件。在【新建】对话框的【类型】选项组中选择【组件】单选按钮，在【子类型】选项卡中默认选中【设计】单选按钮，在【名称】文本框中输入文件名"bengzujian"，并选中【使用默认模板】复选框。单击【确定】按钮，在弹出的【新文件选项】对话框中选取模板为【mmns_asm_design】，其各项操作如图12-76、12-77所示，单击【确定】按钮后，进入系统的组件设计环境。

图 12-76 新建组件文件

图 12-77 新建文件选项

step 02 在默认位置装配齿轮泵基座。

- 单击右侧工具栏中的【将原件添加到组件】工具按钮，打开【打开】对话框，使用浏览方式打开齿轮泵基座零件文件【jizuo】。
- 在系统打开的装配设计操控板上单击 放置 按钮，然后在【放置】选项卡中的【约束类型】下拉列表框中选取【默认】约束类型，完成后【放置】选项卡如图12-78所示，完成上述操作后，单击 ✓ 按钮完成第一个元件装配，结果如图12-79所示。

图 12-78 【放置】选项卡　　图 12-79 装配基座零件

step 03 向组件中装配前盖零件。

- 单击右侧工具栏中的【将原件添加到组件】工具按钮，打开【打开】对话框，使用浏览方式打开齿轮泵基座零件文件【qiangai】。
- 在系统打开的【装配设计】操控板上单击 放置 按钮，然后在【放置】选项卡中的【约束类型】下拉列表框中选择【插入】约束类型，然后分别选择图12-80所示的上部两个销孔面作为约束参照。
- 接下来在系统打开的装配设计操控板上单击 放置 按钮，然后在【放置】选项卡中的【约束类型】下拉列表框中选择【插入】约束类型，然后分别选择图12-81所示的下部两个销孔面作为约束参照。

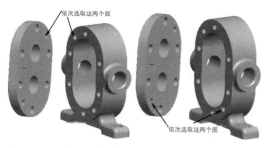

图 12-80 选取约束参照　图 12-81 选取约束参照

- 接下来在系统打开的【装配设计】操控板上单击 放置 按钮，然后在【放置】选项卡中的【约束类型】下拉列表框中选择【配对】约束类型，然后分别选择图 12-82 所示的端面作为约束参照。

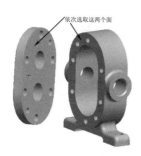

图 12-82 选取约束参照

- 完成后的【放置】选项卡如图 12-83 所示，完成上述操作后，单击 ✓ 按钮完成前盖零件的装配，装配的最后结果如图 12-84 所示。

图 12-83 前盖零件装配【放置】选项卡　图 12-84 装配前盖

step 04 向组件中装配齿轮轴零件。

- 单击右侧工具栏中的【将原件添加到组件】工具按钮，打开【打开】对

话框，使用浏览方式打开齿轮泵齿轮轴零件文件【chilunzhou】。

- 在系统打开的【装配设计】操控板上的【用户定义】下拉列表框中选择【销钉】连接类型，然后分别选择如图 12-85 所示的两轴作为轴线对齐参照，选择两平面作为平移约束参照。

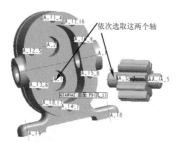

图 12-85 选取约束参照

- 完成后的【放置】选项卡如图 12-86 所示，完成上述操作后，单击 ✓ 按钮完成齿轮轴零件的装配，装配的最后结果如图 12-87 所示。

图 12-86 齿轮轴装配【放置】对话框　图 12-87 装配齿轮轴零件

step 05 向组件中装配传动轴组件。

- 单击右侧工具栏中的【将原件添加到组件】工具按钮，打开【打开】对话框，使用浏览方式打开齿轮泵传动轴组件文件【zhouzujian】。

- 在系统打开的装配设计操控板上的【用户定义】下拉列表框中选择【销钉】连接类型，然后分别选择如图 12-88 所示的两轴作为轴线对齐参照，选择两平面作为平移约束参照。

图 12-88　选取约束参照

- 调整齿轮位置，使其正确啮合。在【装配设计】操控板上单击移动按钮，打开【移动】选项卡。在该选项卡的【运动类型】下拉列表框中选择【旋转】选项，并选中【运动参照】单选按钮，如图 12-89 所示，选择传动轴的轴线作为旋转运动参照，如图 12-90 所示，然后在工作区旋转传动轴，使两齿轮正确啮合，最后啮合结果如图 12-91 所示。

图 12-89　【移动】选项卡　　图 12-90　选取运动参照　　图 12-91　最后齿轮啮合结果

- 完成后的【放置】选项卡如图 12-92 所示，完成上述操作后，单击 ✓ 按钮完成传动轴组件的装配，装配的最后结果如图 12-93 所示。

图 12-92　传动轴组件装配【放置】选项卡　　图 12-93　装配传动轴

step 06　向组件中装配后盖零件。

- 单击右侧工具栏中的【将原件添加到组件】工具按钮，打开【打开】对话框，使用浏览方式打开齿轮泵基座零件文件【hougai】。
- 在系统打开的【装配设计】操控板上单击 放置 按钮，然后在【放置】选项卡中的【约束类型】下拉列表框中选择【插入】约束类型，然后分别选择图 12-94 所示的上部两个销孔面作为约束参照。
- 接下来在系统打开的【装配设计】操控板上单击 放置 按钮，然后在【放置】选项卡中的【约束类型】下拉列表框中选择【插入】约束类型，然后分别选择图 12-95 所示的下部两个销孔面作为约束参照。

图 12-94　选取约束参照　　图 12-95　选取约束参照

- 接下来在系统打开的【装配设计】操控板上单击 放置 按钮，然后在【放置】选项卡中的【约束类型】下拉列表框中选择【配对】约束类型，然后分别选择图 12-96 所示的端面作为约束参照。
- 完成后的【放置】选项卡如图 12-97 所示，完成上述操作后，单击 ✓ 按钮完成后盖零件的装配，装配的最后结果如图 12-98 所示。

图 12-96　选取约束参照

第 12 章 装配建模

图 12-97 后盖装配【放置】 图 12-98 装
对话框　　　　　　　配后盖

中选择【插入】和【对齐】两种约束方式，然后在【放置元件】选项组中单击 添加 按钮，如图 12-103 所示。

图 12-101 定位销装配【放置】 图 12-102 装
选项卡　　　　　　　配定位销

step 07 向组件中装配定位销零件。

- 单击右侧工具栏中的【将原件添加到组件】工具按钮，打开【打开】对话框，使用浏览方式打开齿轮泵定位销零件文件【xiao】。

- 在系统打开的【装配设计】操控板上单击 放置 按钮，然后在【放置】选项卡中的【约束类型】下拉列表框中选择【插入】约束类型，然后分别选择图 12-99 所示的上部两个销孔面作为约束参照。

- 接下来在系统打开的【装配设计】操控板上单击 放置 按钮，然后在【放置】选项卡中的【约束类型】下拉列表框中选择【对齐】约束类型，然后分别选择图 12-100 所示的端面作为约束参照。

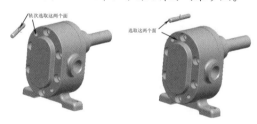

图 12-99 选取约束参照 图 12-100 选取约束参照

- 完成后的【放置】选项卡如图 12-101 所示，完成上述操作后，单击 ✓ 按钮完成定位销零件的装配，装配的最后结果如图 12-102 所示。

- 选中前面装配的定位销零件，然后在【编辑】主菜单中选择【重复】命令，打开【重复元件】对话框。

- 按住 Ctrl 键在【可变组件参照】选项组

图 12-103 【重复元件】对话框

step 08 重复装配定位销。

- 依次选择如图 12-104 所示的孔内表面和端面作为约束参照，定位销将被装配到该孔中，最后装配结果如图 12-105 所示。

图 12-104 选取约束 图 12-105 新装配的定
参照　　　　　　　位销

step 09 向组件中装配螺钉零件。

- 单击右侧工具栏中的【将原件添加到组件】工具按钮，打开【打开】对话框，使用浏览方式打开齿轮泵螺钉零件文件【luoding】。

- 在系统打开的【装配设计】操控板上单击 放置 按钮，然后在【放置】选项卡中的【约束类型】下拉列表框中选择【插入】约束类型，然后分别选择图12-106所示的内孔面和螺钉外圆面作为约束参照。

- 接下来在系统打开的【装配设计】操控板上单击 放置 按钮，然后在【放置】选项卡中的【约束类型】下拉列表框中选择【配对】约束类型，然后分别选择图12-107所示的端面和螺钉的端面作为约束参照。

图12-106 选择约束参照

图12-107 选择约束参照

- 完成后的【放置】选项卡如图12-108

所示，完成上述操作后，单击 ✓ 按钮完成螺钉零件的装配，装配的最后结果如图12-109所示。

图12-108 螺钉装配【放置】选项卡　　图12-109 装配螺钉

step 10 重复装配螺钉。

- 选中前面装配的螺钉零件，然后在【编辑】主菜单中选择【重复】命令，打开【重复元件】对话框。

- 按住Ctrl键在【可变组件参照】选项组中选中【插入】和【配对】两种约束方式，然后在【放置元件】选项组中单击 添加 按钮，如图12-110所示。

- 依次选择孔内表面和端盖的端面作为约束参照，螺钉将被装配到该孔中，同理完成其余螺钉的重复装配，螺钉最后装配结果如图12-111所示。

图12-110 【重复元件】对话框　　图12-111 重复装配螺钉

step 11 创建齿轮泵装配体分解视图。在【视图】主菜单中选择【分解】|【分解视图】命令，建立的分解视图如图12-112所示。

12.7 课后习题

本练习为对球阀组件进行总装配,总装配效果如图 12-13 所示。

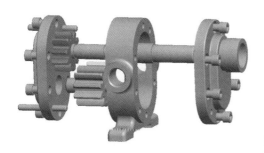

图 12-112 齿轮泵装配体分解视图

step 12 完成齿轮泵装配体组件模型设计。单击 按钮,保存设计结果。

图 12-13 球阀装配效果图

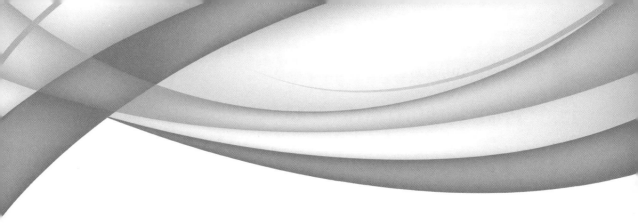

第 13 章
机构运动与仿真

本章内容

Pro/E 中的机构运动仿真模块 Mechanism 可以进行装配模型的运动学分析和仿真,使得原来在二维图纸上难以表达和设计的运动变得非常直观和易于修改,并且能够大大简化机构的设计开发过程,缩短开发周期,减少开发费用,同时提高产品质量。本章主要介绍基于 Pro/E 的机构运动仿真的工作流程,然后以机构设计及运动分析的基本知识为基础,用大量基本和复杂机构实例详尽地讲解 Pro/E Mechanism 模块的基本操作方法。

知识要点

- ☑ Pro/E 运动仿真概述
- ☑ Pro/E 机构运动仿真环境
- ☑ Pro/E Mechanism 基本操作与设置
- ☑ 连杆机构仿真与分析
- ☑ 凸轮机构仿真与分析
- ☑ 齿轮传动机构仿真与分析

13.1　Pro/E 运动仿真概述

在 Pro/E 中，运动仿真的结果不但可以以动画的形式表现出来，还可以以参数的形式输出，从而可以获知零件之间是否干涉，以及干涉的体积有多大等。根据仿真结果对所设计的零件进行修改，直到不产生干涉为止。

可以应用电动机来生成要进行研究的运动类型，并可使用凸轮和齿轮设计功能扩展设计。当准备好要分析的运动时，可观察并记录分析，或测量诸如位置、速度、加速度或力等量，然后以图形表示这些测量结果。也可以创建轨迹曲线和运动包络，用物理方法描述运动。

13.1.1　机构的定义

机构是由构件组合而成的，而每个构件都以一定的方式至少与另一个构件相连接。这种连接，既使两个构件直接接触，又使两个构件能产生一定的相对运动。如图 13-1 所示为某型号内燃机的机构运动视图与简图。

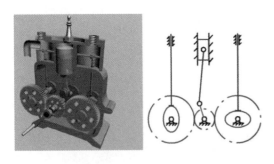

图 13-1　内燃机机构运动视图与简图

进行机构运动仿真的前提是创建机构。创建机构与零件装配都是将单个零部件组装成一个完整的机构模型，因此两者之间有很多相似之处。

13.1.2　Pro/E 机构运动仿真术语

为了便于理解，在介绍机构运动仿真之前，首先介绍在仿真中常用的基本术语。

- LCS：与主体相关联的局部坐标系。LCS 是与主体中定义的第一个零件相关的默认坐标系。
- UCS：用户坐标系。
- WCS：全局坐标系。组件的全局坐标系，它包括用于组件及该组件内所有主体的全局坐标系。
- 放置约束：组件中放置元件并限制该元件在组件中运动的图元。
- 环连接：添加后使连接主体链中形成环的连接。
- 自由度：确定一个系统的运动（或状态）所必需的独立参变量。连接的作用是约束主体之间的相对运动，减少系统可能的总自由度。
- 主体：机构模型的基本元件。主体是受严格控制的一组零件，在组内没有自由度。
- 基础：不运动的主体，即大地或者机架。其他主体相对于基础运动。在仿真时，可以定义多个基础。
- 预定义的连接集：预定义的连接集可以定义使用哪些放置约束在模型中放置元件、限制主体之间的相对运动、减少系统可能的总自由度及定义元件在机构中可能具有的运动类型。
- 拖动：在图形窗口上，用鼠标拾取并移动机构。
- 回放：记录并重放分析运行的操作的功能。
- 伺服电动机：定义一个主体相对于另一个主体运动的方式。
- 执行电动机：作用于旋转或平移运动轴上而引起运动的力。

13.1.3 机构连接装配方式

在 Pro/E 的装配模式中，装配分无连接接口装配和有连接接口的装配。本章所介绍的机构仿真所涉及的装配是有连接接口的装配，如图 13-2 所示。由于在本书第 13 章中已经详细介绍了装配约束方式，这里就不再重述。

图 13-2 有连接接口的装配约束

在确定采用何种连接装约束方式之前，可以先了解如何使用放置约束和自由度来定义运动，然后可以选择相应的连接使机构按照希望的运动方式运动。

13.2 Pro/E 机构运动仿真环境

机构运动仿真模块非单独建立文件才进入，是基于组件装配完成后，在菜单栏中选择【应用程序】|【机构】命令，方可进入机构仿真模式。

如图 13-3 所示，Pro/E 的机构运动仿真与分析环境包括菜单命令、工具栏命令、模型树、机构树、窗口界面等。

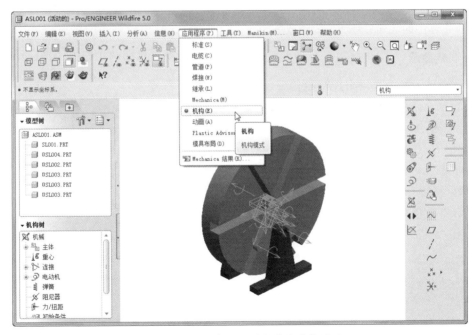

图 13-3 Pro/E 机构运动仿真与分析界面

13.3 Pro/E Mechanism 基本操作与设置

要利用 Pro/E Mechanism 进行仿真与分析，必须了解其基本操作和选项设置。

13.3.1 基本操作

要学习的基本操作内容包括加亮主体、机构显示、信息查看等。

1. 加亮主体

【加亮主体】工具用来高亮显示机构中的主体，特别是在大型机构中，以此快速找出并显示用户定义的机构运动主体。在上工具栏中单击【加亮主体】按钮，机构中的主体将高亮显示，如图 13-4 所示。

加亮前　　　　加亮后

图 13-4　加亮显示主体

其中主体中的基础总是加亮为浅蓝色。

2. 机构显示

【机构显示】工具用来控制机构中各组件单元的显示。在右工具栏中单击【机构显示】按钮，弹出【显示图元】对话框，如图 13-5 所示。在默认条件下，除 LCS 外所有图标均可见。

例如，通过对话框显示接头，勾选【接头】复选框后将在机构中显示所有的接头，如图 13-6 所示。

图 13-5　【显示图元】对话框　　图 13-6　显示接头

3. 查看信息

在菜单栏中选择【信息】|【机构】|【摘要】命令，可以查看机构运动仿真与分析过后的摘要情况，如图 13-7 所示。

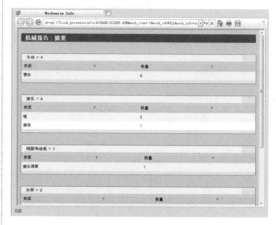

图 13-7　查看摘要

13.3.2 组件设置

组件设置包括两个内容：机构设置和碰撞检测设置。

1. 机构设置

在菜单栏中选择【工具】|【组件设置】|【机构设置】命令，弹出【机构设置】对话框。如图 13-8 所示。

图 13-8　打开【设置】对话框

- 重新连接：勾选【组件连接失败时发出警告】复选框，机构连接时若失败会发出警告信息，提示用户需要重新连接。
- 运行首选项：包括 3 个选项，在分析运行产生失败后提示的操作。
- 再生首选项：消除失败原因重新运行时提示的操作。
- 相对公差：单击【恢复默认值】按钮或者输入一个值。相对公差是一个乘数，乘以特征长度得到绝对公差。默认值是 0.001，即为模型特征长度的 0.1%。
- 特征长度：特征长度是所有零件长度的总和除以零件数后的结果。零件长度是指包含整个零件的边界框对角长度。

2．碰撞检测设置

在菜单栏中选择【工具】|【组件设置】|【碰撞检测设置】命令，弹出【碰撞检测设置】对话框，如图 13-9 所示。

图 13-9　【碰撞检测设置】对话框

用来指定结果集回放中是否包含冲突检测、包含多少、如何处理冲突，以及回放如何显示冲突检测。对话框中包含两个选项区域：一般设置和可选设置。

在【一般设置】选项区域，可以设置在回放期间冲突检测的数量。

- 无碰撞检测：执行无碰撞检测，即使发生碰撞也允许平滑拖动。
- 全局碰撞检测：检查整个组件中的各种碰撞，并根据所选择的选项将其选出。
- 部分碰撞检测：指定零件，在这些零件之间进行碰撞检测。
- 包括面组：将【highlight_interfering_volumes】选项设置为【是】时将曲面作为碰撞检测的组成部分。

在【可选设置】选项区域中，给出与各种碰撞检测类型相对应的选项，它们仅对【部分冲突检测】和【全局碰撞检测】才是活动的。

- 选中【发生碰撞时会响起消息铃声】复选框，则在发生冲突时会响起警告铃声。
- 选中【碰撞时停止动画回放】复选框，则发生碰撞时回放将停止。

13.4　连杆机构仿真与分析

机构有平面机构与空间机构之分。

- 平面机构：各构件的相对运动平面互相平行（常用的机构大多数为平面机构）。
- 空间机构：至少有两个构件能在三维空间中相对运动。

连杆机构常根据其所含构件数目的多少而命名，如四杆机构、五杆机构等。其中平面四杆机构不仅应用特别广泛，而且是多杆机构的基础，所以本节将重点讨论平面四杆机构的有关基本知识，并对其进行运动仿真研究。

13.4.1　常见的平面连杆机构

平面连杆机构就是用低副连接而成的平面机构。特点如下：

- 运动副为低副，面接触。
- 承载能力大。

- 便于润滑，寿命长。
- 几何形状简单——便于加工，成本低。

下面介绍几种常见的连杆机构。

1. 铰链四杆机构

铰链四杆机构是平面四杆机构的基本形式，其他形式的四杆机构均可以看作是此机构的演化。如图13-10所示为铰链四杆机构示意图。

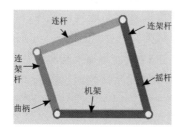

图 13-10　铰链四杆机构

铰链四杆机构根据其两连架杆的不同运动情况，可以分为以下3种类型：

- 曲柄摇杆机构：铰链四杆机构的两个连架杆中，若其中一个为曲柄，另一个为摇杆，则称其为曲柄摇杆机构。当以曲柄为原动件时，可将曲柄的连续转动转变为摇杆的往复摆动。如图13-11所示。
- 双摇杆机构：若铰链四杆机构中的两个连架杆都是摇杆，则称其为双摇杆机构，如图13-12所示。

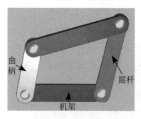 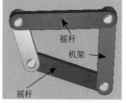

图 13-11　曲柄摇杆机构　　图 13-12　双摇杆机构

提示：

铰链四杆机构中，与机架相连的构件能否成为曲柄的条件如下：

（1）最短杆长度＋最长杆长度≤其他两杆长度之和（杆长条件）。
（2）（机架长度－被考察的连架杆长度）≥（连杆长度－另一连架杆长度）。

上述条件表明，如果铰链四杆机构满足杆长条件，则最短杆两端的转动副均为周转副。此时，若取最短杆为机架，则可得到双曲柄机构；若取最短杆相邻的构件为机架，则得到曲柄摇杆机构；若取最短杆的对边为机架，则得到双摇杆机构。
如果铰链四杆机构不满足杆长条件，则以任意杆为机架得到的都是双摇杆机构。

- 双曲柄机构：若铰链四杆机构中的两个连架杆均为曲柄，则称其为双曲柄机构。在双曲柄机构中，若相对两杆平行且长度相等，则称其为平行四边形机构。它的运动有两个显著特征：一是两曲柄以相同速度同向转动；二是连杆做平动。这两个特性在机械工程上都得到了广泛应用。如图13-13所示。

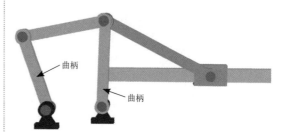

图 13-13　双曲柄机构

2. 其他演变机构

其他由铰链四杆机构演变而来的机构还包括常见的曲柄滑块机构、导杆机构、摇块机构和定块机构、双滑块机构、偏心轮机构、天平机构及牛头刨床机构等。

组成移动副的两个活动构件，画成杆状的构件称为导杆，画成块状的构件称为滑块。如图13-14所示为曲面滑块机构。

导杆机构、摇块机构和定块机构是在曲

柄滑块基础上分别固定不同的对象而演变的新机构。如图 13-15 所示。

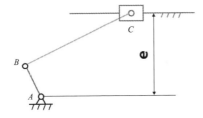

图 13-14　曲面滑块机构

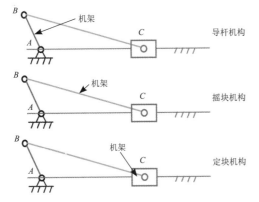

图 13-15　导杆机构、摇块机构和定块机构

13.4.2　空间连杆机构

在连杆机构中，若各构件不都在相互平行的平面内运动，则称其为空间连杆机构。

空间连杆机构，从动件的运动可以是空间的任意位置，机构紧凑、运动多样、灵活可靠。

1. 常用运动副

组成空间连杆机构的运动副除转动副 R 和移动副 P 外，还常有球面副 S、球销副 S'、圆柱副 C 及螺旋副 H 等。在科学研究和实际应用中，常以机构中所含运动副的代表符号来命名各种空间连杆机构，如图 13-16 所示。

2. 万向联轴节

万向联轴节：传递两相交轴的动力和运动，而且在传动过程中两轴之间的夹角可变。如图 13-17 所示为万向联轴节的结构示意图。

万向联轴节分单向和双向。

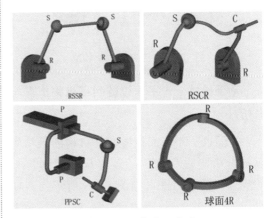

图 13-16　常见运动副

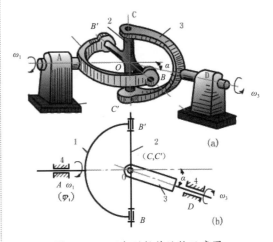

图 13-17　万向联轴节结构示意图

- 单向万向联轴节：输入输出轴之间的夹角 180-α，特殊的球面四杆机构。主动轴匀速转动，从动轴作变速转动。随着 α 的增大，从动轴的速度波动也增大，在传动中将引起附加的动载荷，使轴产生振动。为消除这一缺点，通常采用双万向联轴节。
- 双向万向联轴节：一个中间轴和两个单万向联轴节。中间轴采用滑键连接，允许轴向距离有变动。如图 13-18 所示。

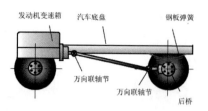

图 13-18 双向万向联轴节

动手操练——平面铰链四杆机构仿真与分析

下面以一个平面铰链四杆机构的机构仿真与分析全过程为例，详解从装配到仿真的操作步骤及方法。如图 13-19 所示为四杆机构。

图 13-19 平面铰链四杆机构

1. 装配过程

step 01 启动 Pro/E，然后在基本环境中新建命名为 crankrocker 的组件装配文件，如图 13-20 所示。进入组件装配环境后再设置工作目录。

图 13-20 创建组件装配文件

step 02 单击【装配】按钮，然后从光盘素材文件夹中打开第 1 个模型 ground.prt，此模型为固定的主模型。在【装配】操控板中以【默认】的装配方式装配此模型，如图 13-21 所示。

图 13-21 装配第 1 个模型

step 03 以主模型为基础，接下来装配第 2 个组件模型。第 2 个组件模型与第 1 个组件模型是相同的，装配第 2 个组件模型的过程如图 13-22 所示。

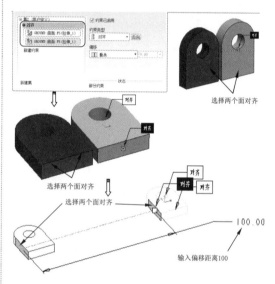

图 13-22 装配第 2 个组件模型

step 04 前面两个组件是采用无连接接口的装配约束方式进行装配的，第 3 个、第 4 个和第 5 个组件则是采用有连接接口的装配约束方式。装配第 3 的组件模型 crank.prt 的过程如图 13-23 所示。

step 05 装配第 4 个组件模型 connectingrod.prt 的过程与装配方式与装配第 3 个组件的相同，如图 13-24 所示。

step 06 装配第 4 个组件模型 connectingrod.

prt 的过程与装配方式与装配第 3 个组件的相同，如图 13-25 所示。装配第 5 个组件模型 rocker.prt，与第 2 个组件模型和第 4 个组件模型都存在装配约束关系。与第 2 个组件模型的装配约束关系如图 13-26 所示。

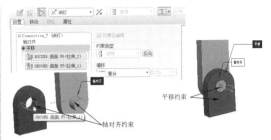

图 13-26 第 5 个组件与第 2 个组件的无连接接口的装配

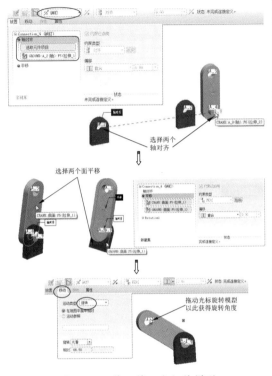

图 13-24 装配第 3 个组件模型

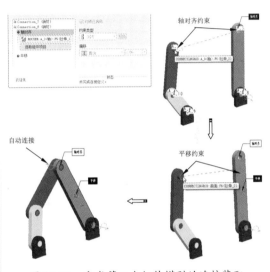

图 13-27 完成第 5 个组件模型的连接装配

2. 机构仿真与分析

step 01 在菜单栏中选择【应用程序】|【机构】命令，进入机构仿真分析模式。

step 02 在菜单栏中选择【编辑】|【重新连接】命令，打开【连接组件】对话框。单击【运行】按钮，会弹出【确认】对话框，检测各组件之间是否完全连接。如图 13-28 所示。

如图 13-28 检测装配连接

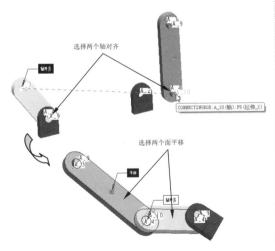

图 13-25 装配第 4 个组件模型

step 03 检测装配连接后，通过机构树查看装配连接中哪些属于基础、哪些是主体。如图 13-29 所示。

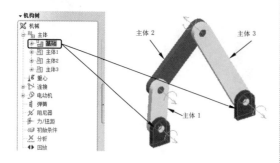

图 13-29　查看机构的基础与主体

step 04　在上工具栏中单击【拖动元件】按钮，打开【拖动】对话框和【选择】对话框。在机构中选择要拖动的主体元件，然后移动关闭，检查机构是否按照设计意图进行运动，如图 13-30 所示。

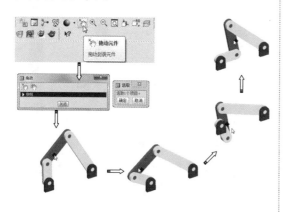

图 13-30　拖动元件

> 提示：
> 可以在几个主体元件中任意选取边、面。单击后即可拖动元件。这个过程与前面的重新连接检测是必需的，是完成机构仿真的必要前提。

step 05　定义伺服电动机。在机构树的【电动机】选项组中，在【伺服】选项上单击鼠标右键并选择【新建】命令，打开【伺服电动机定义】对话框。

> 提示：
> 使用伺服电动机可规定机构以特定方式运动。伺服电动机引起在两个主体之间、单个自由度内的特定类型的运动。

step 06　保留默认的名称，然后按信息提示选择从动图元——连接轴作为运动轴，如图 13-31 所示。

图 13-31　选择运动轴

step 07　在对话框的【轮廓】选项卡中，设置伺服电动机的转速常量 8000deg/sec。单击图标可以查看电动机的工作轮廓曲线。如图 13-32 所示。

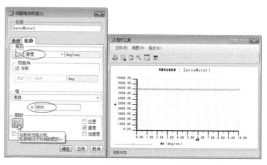

图 13-32　定义电动机的转速

step 08　最后单击【伺服电动机定义】对话框中的【应用】按钮，将电动机添加到机构中，如图 13-33 所示。

图 13-33　完成电动机的定义

电动机轮廓的类型

如图 12-34 所示,图中绘出了由电动机创建的不同类型的运动。

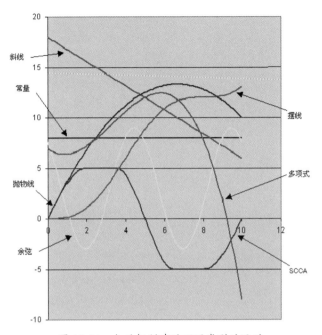

图 13-34　电动机创建的不同类型的运动

生成图 13-34 中的轮廓时所使用的公式值如下表:

恒定	线性	余弦	摆线	SCCA	抛物线	多项式
$A = 8$	$A = 18$	$A = 6$	$L = 12$	0.4	$A = 4$	$A = 7$
	$B = -1.2$	$B = 40$	$T = 8$	0.3	$B = -.6$	$B = -1.5$
		$C = 3$		5		$C = 1$
		$T = 5$		10		$D = -0.1$

step 09　在右工具栏中单击【机构分析】按钮,打开【分析定义】对话框。在【电动机】选项卡中查看是否存在先前定义的伺服电动机,如图 13-35 所示。如果没有,可以单击【添加所有电动机】按钮,重新定义电动机。

step 10　在【首选项】选项卡中,选择【运动学】类型,设置【终止时间】为 20,然后单击【运行】按钮,完成机构的仿真。如图 13-36 所示。

> **提示:**
> 默认的初始配置状态为组件装配完成时的状态。你可以定义初始配置,即创建快照。快照也就是使用相机将某个状态临时拍下来作为初始的配置。

图 13-35　查看定义的电动机

13.5.1 凸轮机构的组成

凸轮机构是由凸轮、从动件和机架构成的三杆高副机构，如图13-38所示。

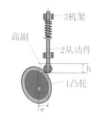

图13-38 凸轮的组成

凸轮机构的优点：只要适当地设计凸轮的轮廓曲线，便可使从动件获得任意预定的运动规律，且机构简单紧凑。

凸轮机构的缺点：凸轮与从动件是高副接触，比压较大，易于磨损，故这种机构一般仅用于传递动力不大的场合。

图13-36 运行仿真

step 11 最后将结构仿真分析的结果保存。

13.5 凸轮机构仿真与分析

凸轮传动是通过凸轮与从动件间的接触来传递运动和动力的，是一种常见的高副机构，结构简单，只要设计出适当的凸轮轮廓曲线，就可以使从动件实现任何预定的复杂运动规律。

如图13-37所示为常见的凸轮传动机构示意图。

13.5.2 凸轮机构的分类

凸轮机构的分类方法大致有4种，下面分别介绍。

1. 按从动件的运动分类

凸轮机构按从动件的运动进行分类，可以分为直动从动件凸轮机构和摆动从动件凹槽凸轮机构，如图13-39所示。

直动从动件凸轮机构　　摆动从动件凹槽凸轮机构

图13-39 按从动件的运动进行分类的凸轮机构

2. 按从动件的形状分类

凸轮机构按从动件的形状进行分类，可

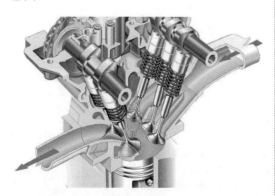

图13-37 凸轮传动机构

分为滚子从动件凸轮机构、尖顶从动件凸轮机构和平底从动件凸轮机构，如图13-40所示。

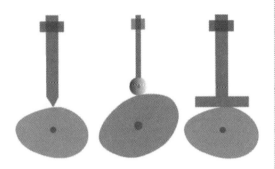

尖顶从动件　　滚子从动件　　平底从动件

图13-40　按从动件的形状进行分类的凸轮机构

3．按凸轮的形状分类

凸轮机构按其形状可以分为盘形凸轮机构、移动（板状）凸轮机构、圆柱凸轮机构和圆锥凸轮机构，如图13-41所示。

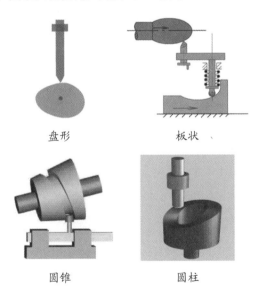

盘形　　　　　　板状

圆锥　　　　　　圆柱

图13-41　按凸轮形状分类的凸轮机构

4．按高副维持接触的方法分类

按高副维持接触的方法可以分成力封闭的凸轮机构和形封闭的凸轮机构。

力封闭的凸轮机构利用重力、弹簧力或其他外力使从动件始终与凸轮保持接触。如图13-42所示。

图13-42　力封闭的凸轮机构

形封闭的凸轮机构利用凸轮与从动件构成高副的特殊几何结构使凸轮与推杆始终保持接触。如图13-43所示为常见的几种形封闭的凸轮机构。

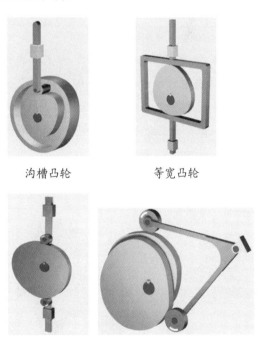

沟槽凸轮　　　　　等宽凸轮

等径凸轮　　　　　共轭凸轮

图13-43　形封闭的凸轮机构

动手操练——打孔机凸轮机构仿真与分析

本例主要使用销钉连接、滑动杆连接、凸轮从动机构连接、弹簧、阻尼器、伺服电动机、动态分析等工具完成打孔机凸轮机构的运动仿真，如图 13-44 所示为打孔机凸轮机构示意图。

图 13-44　打孔机凸轮机构

1. 连接装配过程

step 01　新建组件装配文件。进入组件装配环境后再设置工作目录。

step 02　单击【装配】按钮，然后从光盘素材文件夹中打开第 1 个模型 01.prt，此模型为固定的主模型。在【装配】操控板中以【默认】的装配方式装配此模型，如图 13-45 所示。

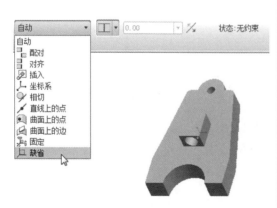

图 13-45　装配第 1 个模型

step 03　装配第 2 个组件模型。第 2 个组件用连接接口的装配约束方式。装配第 2 个组件模型 02.prt 的过程如图 13-46 所示。

step 04　装配第 3 个组件模型 03.prt 的过程与装配方式与装配第 2 个组件相同，如图 13-47 所示。

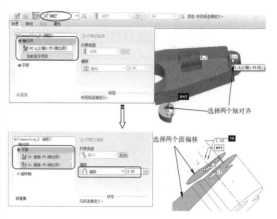

图 13-46　装配第 2 个组件模型

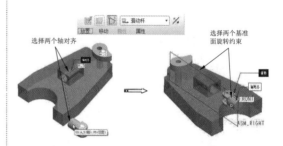

图 13-47　装配第 3 个组件模型

step 05　通过切换到操控板的【移动】选项卡，选中第 3 个组件模型平移至如图 13-48 所示的位置。

图 13-48　平移组件

step 06　以【销钉】装配方式，装配第 4 个组件模型 04.prt，过程如图 13-49 所示。

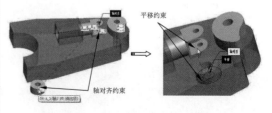

图 13-49　装配第 4 个组件

step 07　以【滑杆】装配约束方式装配第 5 个组件，如图 13-50 所示。

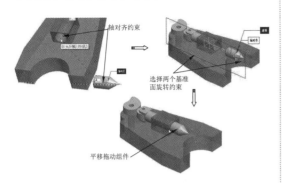

图 13-50　完成第 5 个组件模型的连接装配

2．机构仿真与分析

step 01　在菜单栏中选择【应用程序】|【机构】命令，进入机构仿真分析模式。

step 02　在菜单栏中选择【编辑】|【重新连接】命令，打开【连接组件】对话框。单击【运行】按钮，会弹出【确认】对话框，检测各组件之间是否完全连接。如图 13-51 所示。

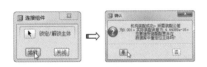

如图 13-51　检测装配连接

step 03　定义凸轮。单击【凸轮】按钮，打开【凸轮从动机构定义】对话框。在【凸轮1】选项卡中单击【选择凸轮曲线或曲面】按钮，然后选择组件 02 的圆弧曲面作为凸轮 1 的代表，如图 13-52 所示。

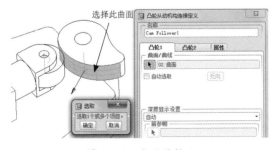

图 13-52　定义凸轮 1

提示：

可以选取组件上的边或者是曲面。若勾选【自动选取】复选框，选取边或曲面后，会自动拾取整个组件。

step 04　在【凸轮 2】选项卡中，再单击【选择凸轮曲线或曲面】按钮，然后选择组件 04 的圆弧曲面作为凸轮 2 的代表，如图 13-53 所示。

step 05　在【属性】选项卡中取消勾选【启用升离】复选框，然后单击对话框中的【确定】按钮，完成凸轮机构的连接定义。如图 13-54 所示。

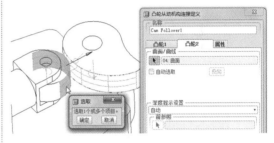

图 13-53　定义凸轮 2

图 13-54　完成凸轮机构的连接定义

step 06　定义弹簧。在右工具栏中单击【弹簧】按钮，打开【弹簧定义】操控板。按住 Ctrl 键选择组件 3 和组件 5 上的点作为弹簧长度参考，如图 13-55 所示。

step 07　在操控板中设置【刚度系数】K 值为 30，平衡位移的距离保持默认，单击【应用】按钮完成弹簧的定义，如图 13-56 所示。

337

图 13-55　选择弹簧长度参考点

图 13-56　定义弹簧刚度系数

step 08　定义阻尼器。单击【阻尼器】按钮，弹出阻尼器定义的操控板。然后按住 Ctrl 键选择组件 3 和组件 5 上的点作为参考，并设置阻尼系数 C 的值为 10，如图 13-57 所示。

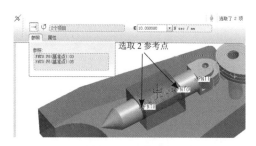

图 13-57　定义阻尼器

step 09　定义伺服电动机。在机构树的【电动机】选项组中，在【伺服】选项上单击鼠标右键并选择【新建】命令，打开【伺服电动机定义】对话框。

step 10　保留默认的名称，然后按信息提示选择从动图元——连接轴作为运动轴，如图 13-58 所示。

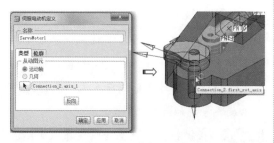

图 13-58　选择运动轴

step 11　在对话框中的【轮廓】选项卡中，设置伺服电动机的转速常量 100deg/sec。单击 图标可以查看电动机的工作轮廓曲线。

step 12　最后单击【伺服电动机定义】对话框中的【应用】按钮，将电动机添加到机构中，如图 13-59 所示。

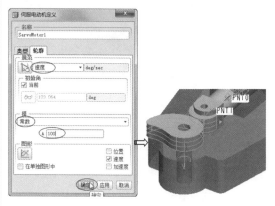

图 13-59　完成电动机的定义

step 13　在右工具栏中单击【机构分析】按钮 ，打开【分析定义】对话框。

step 14　在【首选项】选项卡中，选择【运动学】类型，设置【终止时间】为 20，然后单击【运行】按钮，完成机构的仿真。如图 13-60 所示。

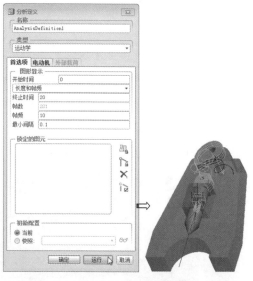

图 13-60　运行仿真

step 15　最后将结构仿真分析的结果保存。

13.6 齿轮传动机构仿真与分析

齿轮是机器中用于传递动力、改变旋向和改变转速的传动件。根据两啮合齿轮轴线在空间的相对位置不同，常见的齿轮传动可分为下列 3 种形式，如图 13-61 所示。其中，图 (a) 所示的圆柱齿轮用于两平行轴之间的传动；图 (b) 所示的圆锥齿轮用于垂直相交两轴之间的传动；图 (c) 所示的蜗杆蜗轮则用于交叉两轴之间的传动。

(a) 圆柱齿轮　　(b) 圆锥齿轮　　(c) 蜗杆蜗轮

图 13-61　常见齿轮的传动形式

13.6.1　齿轮机构

齿轮机构就是由在圆周上均匀分布着某种轮廓曲面的齿的轮子组成的传动机构。齿轮机构是各种机械设备中应用最广泛、最多的一种机构，因而是最重要的一种传动机构。比如机床中的主轴箱和进给箱、汽车中的变速箱等部件的动力传递和变速功能，都是由齿轮机构实现的。

齿轮机构之所以成为最重要的传动机构是因为其具有以下优点：
- 传动比恒定，这是最重要的特点。
- 传动效率高。
- 其圆周速度和所传递功率范围大。
- 使用寿命较长。
- 可以传递空间任意两轴之间的运动。
- 结构紧凑。

13.6.2　平面齿轮传动

平面齿轮传动形式一般分以下 3 种：平面直齿轮传动、平面斜齿轮传动和平面人字齿轮传动。

其中，平面直齿轮传动又分 3 种类型，如图 13-62 所示。

外啮合齿轮传动　　内啮合齿轮传动　　齿轮齿条传动

图 13-62　平面直齿轮传动

平面斜齿轮（轮齿与其轴线倾斜一个角度）传动如图 13-63 所示。

图 13-63　平面斜齿轮传动

平面人字齿轮（由两个螺旋角方向相反的斜齿轮组成）传动如图 13-64 所示。

图 13-64　平面人字齿轮传动

13.6.3　空间齿轮传动

常见的空间齿轮传动包括圆锥齿轮传动、交错轴斜齿轮传动和蜗杆蜗轮传动。

圆锥齿轮传动（用于两相交轴之间的传

动）如图 13-65 所示。

交错轴斜齿轮传动（用于传递两交错轴之间的运动）如图 13-66 所示。

涡轮蜗杆传动（用于传递两交错轴之间的运动，其两轴的交错角一般为 90º）如图 13-67 所示。

图 13-65 圆锥齿轮传动　图 13-66 交错轴斜齿轮传动　图 13-67 蜗杆蜗轮传动

动手操练——二级齿轮减速器运动仿真

本例主要使用销钉连接、平面连接、圆柱连接、齿轮副、伺服电动机、动态分析等工具完成二级齿轮减速机构的运动仿真。如图 13-68 所示为装配的二级齿轮减速机构。

图 13-68 二级齿轮减速机构

1．齿轮机构装配

step 01 新建命名为 chilunjigou.prt 的组件装配文件，然后设置工作目录。

step 02 单击【装配】按钮，然后从光盘素材文件夹中打开第 1 个模型 01.prt，此模型为固定的主模型。在【装配】操控板中以【默认】的装配方式装配此模型，如图 13-69 所示。

图 13-69 装配第 1 个模型

step 03 装配第 2 个组件模型。第 2 个组件使用有连接接口的装配约束方式。装配第 2 个组件模型 02.prt 的过程如图 13-70 所示。

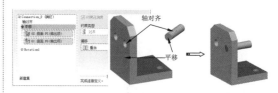

图 13-70 装配第 2 个组件模型

step 04 装配第 3 个组件模型 03.prt 的过程及装配方式与装配第 2 个组件的相同，如图 13-71 所示。

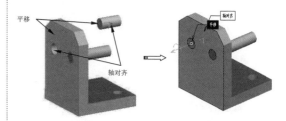

图 13-71 装配第 3 个组件模型

step 05 同理，再装配第 4 个组件模型（第 4 个组件与第 3 个组件为同一模型），如图 13-72 所示。

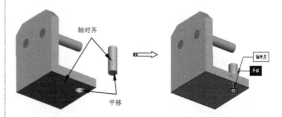

图 13-72 装配第 4 个组件查模型

step 06 先以【圆柱】装配约束方式装配第 5 个组件。然后在【放置】选项卡中单击【新建集】选项，再新建一个平面约束，如图 13-73 所示。

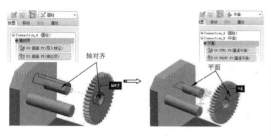

图 13-73　装配第 5 个组件

step 07　在【移动】选项卡中设置运动类型为【平移】，然后拖动第 5 个组件到第 3 个组件 3 的中间位置，如图 13-74 所示。

> **提示：**
> 当齿轮与轴装配在一起时，齿轮应该与轴一起旋转，并能沿轴滑动，而在"齿轮副"的定义中，所选的连接轴要求是旋转轴，故在装配中选取一个【圆柱】连接和一个【平面】连接。

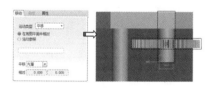

图 13-74　移动第 5 个组件

step 08　装配第 6 个组件。其装配方法与第 5 个组件的装配方法相同。如图 13-75 所示。

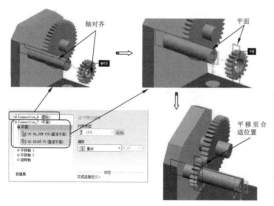

图 13-75　装配第 6 个组件

step 09　装配第 7 个组件。其装配方法也与第 5 个组件的装配方法相同。如图 13-76 所示。

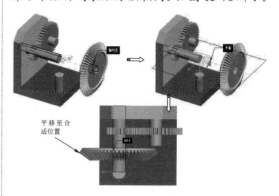

图 13-76　装配第 7 个组件

step 10　装配第 8 个组件，也是最后的组件。

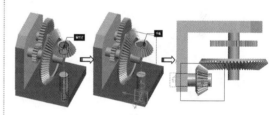

图 13-77　装配第 8 个组件

> **提示：**
> 若两个锥齿轮间存在接触间隙，可以适当平移两个锥齿轮，直至接触。

2．运动仿真

step 01　在菜单栏中选择【应用程序】|【机构】命令，进入机构仿真分析模式。

step 02　在菜单栏中选择【编辑】|【重新连接】命令，打开【连接组件】对话框。单击【运行】按钮，会弹出【确认】对话框，检测各组件之间是否完全连接。如图 13-78 所示。

图 13-78　检测装配连接

step 03 定义齿轮副。在右工具栏中单击【齿轮】按钮，打开【齿轮副定义】对话框。在【齿轮1】选项卡中定义组件7为齿轮副的齿轮1，如图13-79所示。

> **提示：**
> 由于组件7与组件1的运动轴重合，为了便于选取，可以单击鼠标右键切换选取，也可以在运动轴位置鼠标单击右键，并选择右键快捷菜单中的【通过列表拾取】命令，打开【从列中拾取】对话框，从中选择需要的运动轴即可。如图13-80所示。

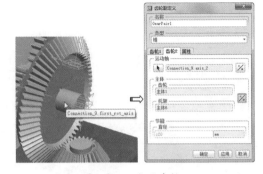

图 13-81　定义齿轮2

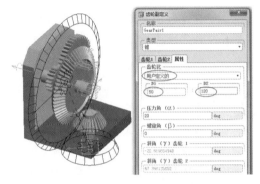

图 13-82　设定齿轮直径比

step 06 同理，需要定义第4个组件和第5个组件5为另一齿轮副。在【齿轮副定义】对话框中选择类型为【正】。所选的齿轮1的运动轴如图13-83所示，所选的齿轮2的运动轴如图13-84所示。

> **提示：**
> 齿轮1必须是齿轮副传动的主齿轮。

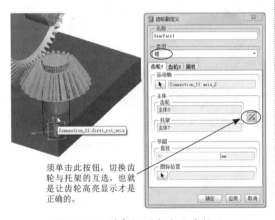

图 13-79　选择运动轴定义齿轮1

图 13-80　运动轴的选择方法

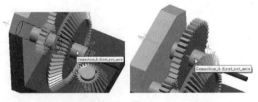

图 13-83　定义齿轮1　　图 13-84　定义齿轮2

step 04 在【齿轮2】选项卡中单击【选择一个运动轴】按钮，然后选择大锥齿轮的运动轴来定义齿轮2，如图13-81所示。

step 05 在【属性】选项卡中设置齿轮副的直径比，如图13-82所示。单击【齿轮副定义】对话框中的【确定】按钮，完成齿轮副的定义。

step 07 在【属性】选项卡中定义齿轮的直径比为36：80，最后单击【确定】按钮完成齿轮副的定义。如图13-85所示。

第 13 章 机构运动与仿真

图 13-85 设定齿轮直径比

step 08 定义伺服电动机。单击【伺服电动机】按钮，弹出【伺服电动机定义】对话框。然后指定电动机的运动轴，如图 13-86 所示。

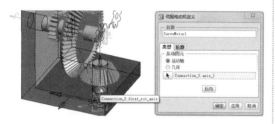

图 13-86 指定运动轴

step 09 在【轮廓】选项卡中设定电动机主轴速度为常量 200，单击【确定】按钮完成伺服电动机的定义，如图 13-87 所示。

图 13-87 定义电动机的速度

step 10 最后单击【机构分析】按钮，设置【终止时间】为 50，单击【运行】按钮，进行机构仿真。成功后单击【确定】按钮关闭对话框。

step 11 最后将机构装配与仿真的结构保存。

13.7 课后习题

1. 螺杆式坐标仪齿轮滑槽机构仿真

本练习的螺杆式坐标仪齿轮滑槽机构如图 13-88 所示。

图 13-88 螺杆式坐标仪齿轮滑槽机构

2. 凸轮机构仿真

本练习的凸轮机构如图 13-89 所示。

图 13-89 凸轮机构

第 14 章
工程图设计

本章内容

三维实体模型和真实事物一致，在表达零件时直观、明了，因此是表达复杂零件的有效方式。但是在实际生产中，有时需要使用一组二维图形来表达一个复杂的零件或装配组件，此种二维图形就是工程图。

在机械制造行业的生产第一线，常用工程图来指导生产过程。Pro/E 具有强大的工程图设计功能，在完成零件的三维建模后，使用工程图模块可以快速、方便地创建工程图。本章将介绍工程图设计的一般过程。

知识要点

- ☑ 工程图概述
- ☑ 工程图的组成
- ☑ 定义绘图视图
- ☑ 工程图的标注与注释

14.1 工程图概述

Pro/E 的工程图模块不仅大大简化了选择指令的流程，更重要的是加入了与 Windows 操作整合的【绘图视图】对话框，用户可以轻松地通过【绘制视图】对话框完成视图的创建，而不必为找不到指令伤透脑筋。

下面介绍 Pro/E 的工程图概论知识，便于大家认识与理解工程图。

14.1.1 进入工程图设计模式

与零件或组件设计相似，在使用工程图模块创建工程图时首先要新建工程图文件。

首先在菜单栏中选择【文件】|【新建】命令，或者在上工具栏中单击【新建】按钮，将弹出【新建】对话框，在【新建】对话框中选择【绘图】类型，如图 14-1 所示。

图 14-1　【新建】对话框　　图 14-2　【新建绘图】对话框

在【名称】文本框中输入文件名称，单击【确定】按钮，随后弹出如图 14-2 所示的【新建绘图】对话框。按照稍后的介绍完成【新建绘图】对话框中的相关设置后，单击【确定】按钮即可进入工程图设计环境。

> 提示：
> 如果勾选【使用默认模板】复选框，将使用 Pro/E 提供的工程图模板来设计工程图。

14.1.2 设置绘图格式

【新建绘图】对话框有【默认模型】、【指定模板】、【方向】和【大小】4 个选项组，下面介绍各个选项组的具体设置和功能。

1.【默认模型】选项组

该选项组显示的是用于创建工程图的三维模型名称。一般情况下，系统自动选择目前活动窗口中的模型作为默认工程图模型。也可以单击【浏览】按钮，以浏览的方式打开模型来创建工程图。

2.【指定模板】选项组

创建工程图的格式共有 3 种。

（1）使用模板

模板是系统经过格式优化后的设计样板。如果用户在【新建】对话框中勾选了【使用默认模版】复选框，那么将直接使用这些系统模板，如图 14-3 所示。

用户也可以单击【浏览】按钮导入自定义的模板文件。如图 14-4 所示为选择一个模板后进入工程图制图模式的界面环境。

图 14-3　【新建绘图】对话框

第 14 章　工程图设计

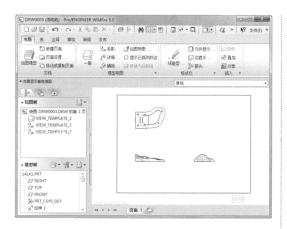

图 14-4　使用模板的制图环境界面

提示：

要新建绘图，必须先于创建工程制图前将模型加载到零件设计模型中，或者在【默认模型】选项组中单击【浏览】按钮，从文件路径中打开零件模型，否则不能创建工程图文件。

（2）格式为空

使用此选项无须先导入模型，可以打开 Pro/E 向用户提供的多种标准格式图框进行设计，如图 14-5 所示。如图 14-6 所示为使用格式的制图环境界面。

图 14-5　【新建绘图】对话框

技巧点拨：

使用模板与格式为空的区别在于前者必须先添加模型，然后进入制图模式中，系统会自动在模板中生成三视图。而后者仅仅是利用了 Pro/E 的标准制图格式（仅仅是图纸图框）进入制图模式中，需要用户手动添加模型并创建三视图。

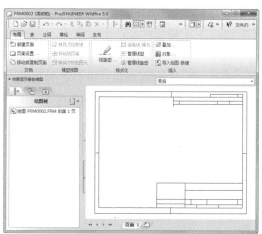

图 14-6　使用格式的制图环境界面

单击【浏览】按钮，可以搜索系统提供的图框文件（FRM），也可以导入自定义的图框文件，如图 14-7 所示。

图 14-7　系统提供的格式文件

技巧点拨：

当然，如果用户只是利用格式文件来设计工程图，那么可以从【新建】对话框中直接选择【格式】类型，以此创建格式文件并进行工程图模式中，如图 14-8 所示。

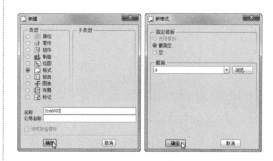

图 14-8　可以直接创建格式文件

(3）空选项

选择此选项后可以自定义图纸格式并创建工程图，此时【方向】和【大小】选项组将被激活，如图14-9所示。自定义的图纸格式包括选择模板、图幅、单位等内容。

图14-9 【新建绘图】对话框

下面简要介绍在其下面两个选项组中设置参数的方法。

- 【方向】选项组：用来设置图纸布置方向，此选项组有3个按钮，分别是纵向、横向和可变。单击前两个按钮可以使用纵向和横向布置的标准图纸；单击最后一个按钮可以自定义图纸的长度和宽度。
- 【大小】选项组：用来设置图纸的大小，当在【方向】选项组中单击【纵向】或【横向】按钮时，仅能选择系统提供的标准图纸，分为A0～A4（公制）与A～F（英制）等类型。单击【可变】按钮后，可以自由设置图纸的大小和单位，如图14-10所示。

图14-10 【新建绘图】对话框

14.1.3 工程图的相关配置

在工程图中，通常有两个非常重要的配置文件，其配置合理与否直接关系到最后创建的工程图的效果。通常使用工程图模块进行设计之前，都要对这两个配置文件的相关参数进行设置，以便使用户创建出更符合行业标准的工程图。下面介绍这两个文件。

- 配置文件Config.pro：用来配置整个Pro/E的工作环境。
- 工程图配置文件：该文件以扩展名.dtl进行存储。

用户可以根据自己的需要来配置这两个文件。工程图配置文件主要用来设置工程图模块下的具体选项，例如剖面线样式、箭头样式及其文件高度等。

1. 配置文件 Config.pro

文件Config.pro的配置和使用方法相信读者不会感到不陌生，Config.pro文件用于配置整个设计环境，当然工程图模块也不例外。首先要打开配置对话框，方法为在【工具】主菜单中选择【选项】命令，系统将打开Config.pro文件配置环境，即【选项】对话框。

Config.pro文件配置好后，以扩展名.pro保存在Pro/E软件的启动位置，以后打开Pro/E软件时，系统会自动加载相关配置，无须重复配置。当然，Config.pro文件对工程图模块的配置有限，要做一张符合国家标准的工程图，设计者应该花费大量的时间进行工程图配置文件的配置，下面将详细讲述工程图配置文件的配置方法。

2. 工程图配置文件

下面介绍工程图配置文件的用法。

首先按照以下步骤打开该文件：在工程图环境中，在菜单栏中选择【文件】|【绘图选项】命令，打开【选项】对话框，如图14-11所示。

第 14 章 工程图设计

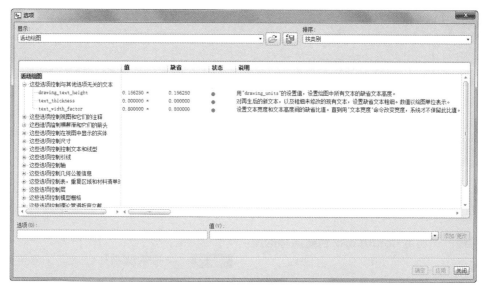

图 14-11 【选项】对话框

【选项】对话框由 3 个下拉列表框和一个文本框组成，其具体使用方法和功能。

（1）【显示】下拉列表

位于【选项】对话框左上方，主要用来设置显示选项的来源，也就是说显示哪一个绘图窗口的配置选项，系统默认为显示活动窗口的配置选项。

在下拉列表中选择一个选项后，将在对话框中间显示该选项所包含的所有 Pro/E 选项配置内容的列表。此列表分为左右两栏，左栏主要显示选项的名称，右栏用来显示与左栏对应的选项的当前设置值和每个设置选项的具体说明，如图 14-12 所示。

图 14-12 配置内容列表中的内容

（2）【排序】下拉列表

位于【选项】对话框的右上方，主要用来设置配置选项列表的排序方式。这里共有 3 种排列方式供设计者选择，如图 14-13 所示。

图 14-13 排序列表

- 【按类别】：按照配置选项的功能类别排序。例如要修改的箭头宽度，此时可以使用【按类别】排序，在列表中找到【这些选项控制横截面和它们的箭头】类别，在其下再修改需要的选项即可。
- 【按字母】：按照配置选项对应的英文名称排序。
- 【按设置】：按通常工程图配置文件设置的先后顺序进行排序。

（3）【选项】文本框

位于【选项】对话框左下方，当找到要进行配置的选项后，用鼠标选中该选项，则该选项就显示在【选项】文本框中。

（4）【值】下拉列表框

位于【选项】对话框右下方，当【选项】文本框中有选项时，该选项对应的值将显示在【值】下拉列表框中。在下拉列表中可以为该选项选择新值，修改完成后，单击右侧的【添加/更改】按钮即可使修改生效。

技巧点拨：

单击 按钮可以打开已经保存过的配置文件，单击 按钮可以保存修改过的配置文件。

动手操练——利用 Config.pro 创建国标的图纸模板

在默认情况下，Pro/E 中只能创建按第三角投影设计的由其自带模板自动生成的工程图，这并不符合我国的国标。因此，对 Pro/E 软件的系统参数和自带的工程图模板进行修改，即可解决模板不符合国标的问题，同时也提高了设计效率。

下面详解修改操作过程。

1. 设置 Config.pro 配置文件

step 01 在基本环境下（非工程图环境），在菜单栏中选择【工具】|【选项】命令，打开【选项】对话框。

step 02 取消选中【仅显示从文件加载的选项】复选框，系统从当前的选项中显示所有的设置。这里需要设置的有【特征】、【系统单位】和【公差显示模式】3个选项。

step 03 使用系统默认的设置，不是所有特征（如轴、法兰等）能显示在菜单栏的【插入】菜单中。因此需要设置 allow_anatomic_features 的选项值为 yes，如图 14-14 所示。设置后，重新启动系统将会自动加载这些命令。

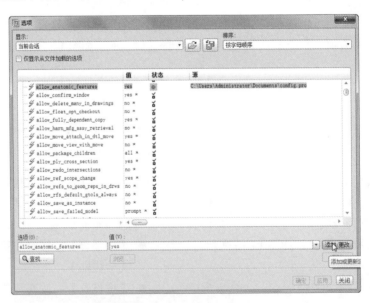

图 14-14 设置 allow_anatomic_features 的选项

step 04 Pro/E 系统默认的单位是英制单位 inlbs，国标采用的是公制单位 mmns。因此需要再将 template_designasm、template_mfgmold 和 template_solidpart 选项的值均设为 mmns。

step 05 将 tol_mode（尺寸公差显示模式）的值设为 nominal，或者在工程图环境中设置 tol_display 为 yes。设置后将使所有尺寸处于可编辑状态，即可以任意编辑基本尺寸的属性为公差尺寸。

> **技巧点拨：**
>
> 当 Pro/E 默认的尺寸公差显示模式（tol_mode）为极限公差 limits 时，即在工程图环境中设置配置文件中的公差显示模式（tol_display）为 yes 后，所有尺寸均会加上极限公差，需要将没有公差的尺寸再注意编辑为基本尺寸，由此会带来工作的不便。所以我们采用了步骤 5 的做法。同时还需注意的是：此项配置必须在模型建立之前设置才能生效。

step 06 设置完成后，单击【选项】对话框中的【保存】按钮，将配置保存在 Config.pro 文件中。

> **关于 Config.pro 和 config.win 文件**
>
> Config.pro 文件中的选项用来设置 Pro/E 的外观和运行方式。Pro/E 包含两个重要的配置文件：Config.pro 和 Config.win。Config.pro 是文本文件，存储定义 Pro/E 处理操作的方式的所有设置。Config.win 文件是数据库文件，存储窗口配置设置，如工具栏可见性设置和"模型树"位置设置。
>
> 配置文件中的每个设置称为配置选项。可设置的选项包括：
> - 公差显示格式、计算精度、草图器尺寸中使用的数字的位数、工具栏内容、工具栏上的按钮相对顺序，以及模型树的位置和大小。

> **技巧点拨：**
>
> Config.sup 是受保护的系统配置文件。公司的系统管理员使用此文件设置在公司范围内使用的配置选项。在此文件中设置的任何值都不能被其他（更多本地）Config.pro 文件覆盖。

2. 工程图配置文件的参数设置

step 01 以【空】的模板类型进入制图环境。在菜单栏中选择【文件】|【绘图选项】命令，打开【选项】对话框。

step 02 然后按表 14-1 中列出的选项完成设置。

表 14-1 设置国标工程图模板的选项配置表

参数类别	系统变量	设定值	说明
文本默认粗细、高度和比例	drawing_text_height	3.5	设置文本高度
	text_thickness	0.25	设置文本粗细
	text_width_factor	0.8	设置文本比例
视图与注释	broken_view_offset	5	设置断开视图两部分之间的偏移距离
	def_view_text_height	5	视图注释与尺寸箭头中的文本高度
	def_view_text_thickness	0.25	视图注释与尺寸箭头中的文本粗细
	projection_type	first_angle	设置投影角
	show_total_unfold_seam	no	不显示切割平面的边
	tan_edge_display_for_new_views	no_disp_tan	不显示相切边
	view_scale_denominator	3600	设置视图比例分母
	view_scale_format	ratio_colon	用比值方式显示比例

续表

参数类别	系统变量	设定值	说明
横截面和箭头	detail_view_boundary_type	circle	确定父视图上默认的边界类型
	detail_view_scale_factor	4	详细视图及父视图的比例
	crossec_arrow_length	5	剖视图剖面箭头的长度
	crossec_arrow_width	1	剖视图剖面箭头的宽度
尺寸显示	allow_3d_dimensions	yes	显示3D尺寸
	angdim_text_orientation	parallel_fully_outside	角度尺寸的放置方式
	chamfer_45deg_leader_style	std_iso	控制倒角导引线
	clip_dim_arrow_style	double_arrow	修剪尺寸的箭头样式
	dim_leader_length	5	箭头在尺寸线外的长度
	dim_text_gap	1	文本和引导线的距离
	text_orientation	parallel_diam_horiz	尺寸的文本方向
	witness_line_delta	2	尺寸界线的延伸量
	witness_line_offset	1	尺寸线与文本的间距
标注引线	draw_arrow_length	3.5	引导线箭头长度
	draw_arrow_style	filled	箭头样式
	draw_arrow_width	0.75	箭头宽度
	draw_dot_diameter	1	引导线点的直径
	leader_elbow_length	6	导引折线的长度
	leader_extension_font	dashfont	引线线性
中心线	axis_line_offset	5	中心线超过模型的距离
	circle_axis_offset	3	圆心轴线超过模型的距离
	radial_pattern_axis_circle	yes	显示圆形共享轴线
公差显示	tol_display	yes	显示公差
	tol_text_height_factor	0.6	公差与文本的高度比例
	tol_text_width_factor	0.5	公差与文本的宽度比例
制图单位和字体	drawing_units	mm	设置公制单位
	default_font	simfang	设置仿宋字体

step 03 设置后，还需要在Config.pro配置文件中加入如图14-15所示的语句，那么每次启动Pro/E后都会自动加载工程图的国标配置。

图14-15 在Config.pro配置文件中添加语句

14.1.4 图形交换

Pro/E 的工程图模块提供了类型丰富且多元化的图形文件格式，以便与其他同类软件进行信息交互。Pro/E 的工程图模块可以和 10 余种 CAD 软件进行文件交互，下面以 AutoCAD 与 Pro/E 进行文件交互为例说明具体操作方法。

1．导入 DWG 文件

将在 AutoCAD 中创建的 DWG 文件导入 Pro/E，有以下两种方法。

方法一：

在菜单栏中选择【文件】|【打开】命令，打开【文件打开】对话框，在【类型】下拉列表中选择【DWG（*.dwg）】文件类型，然后选择要打开的 DWG 文件,完成后在【文件打开】对话框中单击【打开】按钮，如图 14-16 所示。

图 14-16　打开以 *.dwg 为扩展名的 AutoCAD 文件

系统将打开【导入新模型】对话框，如图 14-17 所示。在其【类型】选项组中选中【绘图】单选按钮，然后单击【确定】按钮。

系统打开【导入 DWG】对话框，如图 14-18 所示，通常接受该对话框的默认设置即可，然后单击【确定】按钮打开 DWG 文件。

图 14-17　【导入新模型】对话框

图 14-18 【导入 DWG】对话框

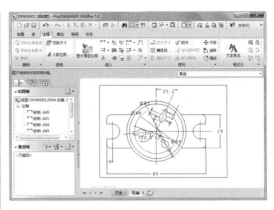

图 14-19 在 Pro/E 中导入 AutoCAD 图形文件

方法二：

创建工程图后，在【插入】主菜单下依次选择【数据共享】|【自文件】命令，系统打开【文件打开】对话框，在【类型】下拉列表中选择【DWG（*.dwg）】文件类型，然后选择要打开的 DWG 文件，完成后在【文件打开】对话框中单击【打开】按钮。其余操作与方法一相同。

在 Pro/E 中导入 DWG 文件的操作比较简单，同时【导入 DWG】对话框中的选项浅显易懂，因此这里不再赘述，不过设计中还应该注意以下几个要点：

- 导入 DWG 文件时，系统以图纸左下角作为基准点来放置文件。
- 如果导入的 DWG 文件的页面大小与所创建工程图的页面不一致，系统会自动修正 DWG 文件使之符合工程图的页面大小。
- 导入 DWG 文件时，使用 DWG 文件中指定的单位。如 Pro/E 工程图默认的单位为英寸，而 DWG 文件的单位为毫米，则在导入 DWG 文件过程时，系统将使用毫米作为单位。

如图 14-19 所示为导入到 Pro/E 后的结果。

2．输出 DWG 文件

从 Pro/E 中输出 DWG 文件也非常方便。下面简要介绍其操作方法。

在菜单栏中选择【文件】|【保存副本】命令，打开【保存副本】对话框。在其中的【类型】下拉列表中选择【DWG（*.dwg）】文件类型，输入要保存文件的名称，单击【确定】按钮。如图 14-20 所示。

图 14-20 导出时选择保存文件类型

随后系统打开【DWG 的导出环境】对话框，如图 14-21 所示。对【DWG 的导出环境】对话框中的相关参数进行设置，一般情况下使用系统默认设置即可。完成后单击【确定】按钮导出 DWG 文件。

如图 14-22 所示为在 AutoCAD 中显示的文件。

14.2.1 基本视图类型

Pro/E 中视图类型丰富，根据视图使用目的和创建原理的不同，对视图进行分类。

1. 一般视图（主视图）

一般视图是系统默认的视图类型，是为模型创建的第一个视图，也称为主视图。一般视图是按照一定投影关系创建的一个独立正交视图，如图 14-23 所示。

图 14-21 【DWG 的导出环境】对话框

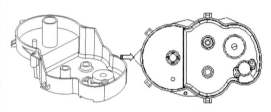

图 14-23 主视图

当然，由同一模型可以创建多个不同结果的一般视图，这与选定的投影参照和投影方向有关。通常用一般视图来表达零件最主要的结构，通过一般视图可以最直观地看出模型的形状和组成。因此，常将主视图作为创建其他视图的基础和根据。

一般视图的设计过程比较自由，主要具有以下特点：

- 不使用模板或空白图纸创建工程图时，第一个创建的视图一般为一般视图。
- 一般视图是投影视图及其他由一般视图衍生出来的视图的父视图，因此不能随便删除。
- 除了详细视图外，一般视图是唯一可以进行比例设定的视图，而且其比例大小直接决定了其他视图的比例。因此，修改工程图的比例可以通过修改一般视图的比例来实现。
- 一般视图是唯一一个可以独立放置的视图。

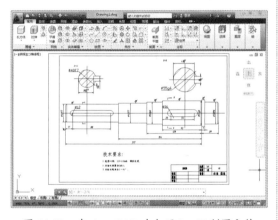

图 14-22 在 AutoCAD 中打开 Pro/E 制图文件

14.2 工程图的组成

工程图是使用一组二维平面图形来表达一个三维模型的。在创建工程图时，根据零件复杂程度的不同，可以使用不同数量和类型的平面图形来表达零件。工程图中的每一个平面图形被称为一个视图，视图是工程图中最重要的结构之一，Pro/E 提供了多种类型的视图。设计者在表达零件时，在确保把零件表达清楚的条件下，又要尽可能减少视图数量，因此视图类型的选择是关键。

2. 投影视图

对于同一个三维模型，如果从不同的方向和角度进行观察，其结果也不一样。在创建一般视图后，还可以在正交坐标系中从其余角度观察模型，从而获得和一般视图符合投影关系的视图，这些视图被称为投影视图。如图14-24所示是在一般视图上添加投影视图的结果，这里添加了4个投影视图。但是在实际设计中，仅添加设计需要的投影视图即可。

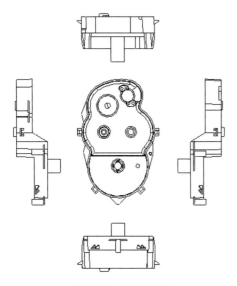

图 14-24 投影视图

在创建投影视图时，注意以下要点：
- 投影视图不能作为工程图的第一个视图，在创建投影视图时必须指定一个视图作为父视图。
- 投影视图的比例由其父视图的比例决定，不能为其单独指定比例，也不能为其创建透视图。
- 投影视图的放置位置不能自由移动，要受到父视图的约束。

3. 辅助视图

辅助视图是对某一视图进行补充说明的视图，通常用于表达零件上的特殊结构。如图14-25所示，为了看清主视图在箭头指示方向上的结构，使用该辅助视图。

图 14-25 辅助视图示例

辅助视图的创建流程如下：
- 在【插入】主菜单中依次选择【绘图视图】|【辅助】命令。
- 在指定的父视图上选择合适的边、基准面或轴作为参照。
- 为辅助视图指定合适的放置位置。

4. 详细视图

详细视图是使用细节放大的方式来表达零件上的重要结构的。如图14-26所示，图中使用详细视图表达了齿轮齿廓的形状。

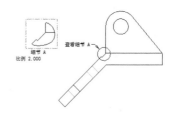

图 14-26 详细视图示例

5. 旋转视图

旋转视图是指定视图的一个剖面图，绕切割平面投影旋转90°。如图14-27所示的轴类零件，为了表达键槽的剖面形状，在这里创建了旋转视图。

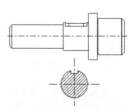

图 14-27 旋转视图

14.2.2 其他视图类型

根据零件表达细节的方式和范围的不同,视图还可以进行其他分类。

1. 全视图

全视图则以整个零件为表达对象,视图范围包括整个零件的轮廓。例如对于图 14-28 所示的模型,使用全视图表达的结果如图 14-29 所示。

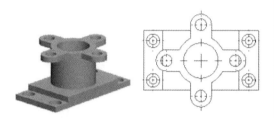

图 14-28　实体模型　　图 14-29　模型的全视图

2. 半视图

对于关于对称中心完全对称的模型,只需要使用半视图表达模型的一半即可,这样可以简化视图的结构。如图 14-30 所示是使用半视图表达图 14-28 中模型的结果。

3. 局部视图

如果一个模型需要表达局部结构,可以为该结构专门创建局部视图。如图 14-31 所示是模型上部凸台结构的局部视图。

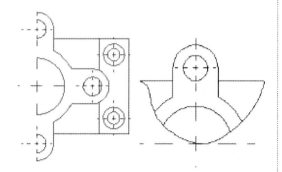

图 14-30　模型的半视图　图 14-31　模型的局部视图

4. 破断视图

对于结构单一且尺寸冗长的零件,可以根据设计需要使用水平线或竖直线将零件剖断,然后舍弃零件上的部分结构以简化视图,这种视图就是破断视图。如图 14-32 所示的长轴零件,其中部结构单一且很长,因此可以将轴的中部剖断,创建如图 14-33 所示的破断视图。

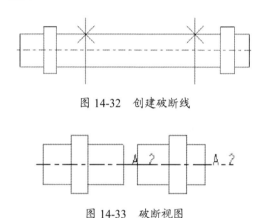

图 14-32　创建破断线

图 14-33　破断视图

5. 剖视图

此外,还有一种表达零件内部结构的视图——剖视图。在创建剖视图时首先沿指定剖截面将模型剖开,然后创建剖开后模型的投影视图,在剖面上用阴影线显示实体材料部分。剖视图又分为全剖视图、半剖视图和局部剖视图等类型。

在实际设计中,常常将不同视图类型进行结合来创建视图。如图 14-34 所示是将全视图和全剖视图结合的结果;如图 14-35 所示是将全视图和半剖视图结合的结果;如图 14-36 所示是将全视图和局部剖视图结合的结果。

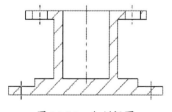

图 14-34　全剖视图

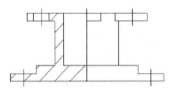

图 14-35　半剖视图

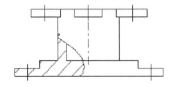

图 14-36　局部剖视图

> **技巧点拨：**
>
> 另外，注意剖面图和剖视图的区别，剖面图仅表达使用剖截面剖切模型后剖面的形状，而不考虑投影关系，如图 14-37 所示。

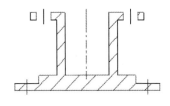

图 14-37　剖面图

14.2.3　工程图上的其他组成部分

一幅完整的工程图除了包括一组适当数量的视图外，还应该包括以下一些内容：

- 必要的尺寸：对于单个零件，必须标出主要的定形尺寸；对于装配组件，必须标出必要的定位尺寸和装配尺寸。
- 必要的文字标注：包括视图上剖面的标注、元件的标识、装配的技术要求等。
- 元件明细表：对于装配组件，还应该使用明细表列出组件上各元件的详细情况。

14.3　定义绘图视图

在学习具体的视图创建方法之前，首先介绍【绘图视图】对话框的用法。在 Pro/E 中，【绘图视图】对话框几乎集成了创建视图的所有命令。

14.3.1　【绘图视图】对话框

新建绘图文件后，在上工具栏中单击【一般】按钮，在绘图区中选择一点放置视图后，即可打开【绘图视图】对话框，如图 14-38 所示。

图 14-38　【绘图视图】对话框

在【绘图视图】对话框中有 8 种不同的设计类别，这些设计类别显示在对话框左侧的【类别】列表框中。选中一种类别后，在对话框右侧可以设置相关参数。这 8 种设计类别各自的用途如下：

- 【视图类型】：定义所创建视图的视图名称、视图类型（一般、投影等）和视图方向等内容。
- 【可见区域】：定义视图在图纸上的显示区域及其大小，主要有【全视图】、【半视图】、【局部视图】和【破断视图】4 种显示方式。
- 【比例】：定义视图的比例和透视图。
- 【剖面】：定义视图中的剖面情况。
- 【视图状态】：定义组件在视图中的显示状态。

- 【视图显示】：定义视图图素在视图中的显示情况。
- 【原点】：定义视图中心在图纸中的放置位置。
- 【对齐】：定义新建视图与已建视图在图纸中的对齐关系。

技巧点拨：

在具体创建一个视图时，并不一定需要一一确定以上8个方面的设计内容，通常只需根据实际的需要确定需要的项目即可。完成某一设计类别对应的参数定义后，单击【应用】按钮可以使之生效。然后继续定义其他设计类别对应的参数。完成所需参数定义后单击【确定】按钮关闭对话框。

14.3.2 定义视图状态

在【绘图视图】对话框中选中【视图状态】类别时，【绘图视图】对话框右边将显示【分解视图】选项组和【简化表示】选项组，如图14-39所示。

图14-39 【视图状态】类别

技巧点拨：

当加载的模型为装配体时，【视图状态】类别右侧的【组合状态】列表中才会有【全部默认】选项，而其余的选项设置被激活。

1. 【分解视图】选项组

该选项组用于创建组件在工程图中的分解视图，如图14-40所示的就是某装配体模型在工程图中的分解视图。这里系统提供给用户两种视图分解方式。

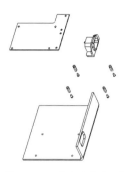

图14-40 手机分解视图

- 在【分解视图】选项组中选中【视图中的分解元件】复选框，然后在默认状态下创建分解视图。
- 在【分解视图】选项组中选中【视图中的分解元件】复选框，然后单击【定制分解状态】按钮打开如图14-41所示的【分解位置】对话框来创建分解视图。

图14-41 【分解位置】对话框

2. 【简化表示】选项组

简化表示主要用来处理大型组件工程图。虽然现在硬件的速度发展很快，但如果一个大型组件具有上千个零件，即使计算机性能再好，系统的效能也会大大下降，为了解决这一问题，在设计大型工程图时常常需要使用简化表示的方法来进行设计。在 Pro/E 中常用的简化表示方法是几何表示，系统检索几何表示的时间比检索实际零件要少，因为系统只检索几何信息，不检索任何参数化信息。

Pro/E 为用户提供了 3 种组件简化表示方法，它们分别是【几何表示】、【主表示】和【默认表示】，在没有给组件模型创建简化表示方法时，系统默认使用【主表示】。

14.3.3 定义视图显示

读者可能已经发现前面创建的视图中线条很多，因此显得很凌乱，这并不符合我国的工程图标准，这时可以定义视图中的显示方式。在【绘图视图】对话框中选中【视图显示】类别后，即可在如图 14-42 所示窗口中设置视图显示方式。

> **技巧点拨：**
> 在定义视图显示方式时，如果选择了多个视图，则在【绘图视图】对话框中仅【视图显示】类别可用。此时所做的任何更改会被应用到所有选定视图中。

图 14-42 【视图显示选项】选项组

下面依次介绍设置视图显示方式的基本操作。

1．显示样式

在【显示样式】下拉列表中有以下 4 个选项用来设置图形中的线型。

- 【从动环境】：显示系统默认状态下定义的线型。
- 【线框】：以线框形式显示所有边。
- 【隐藏线】：以隐藏线形（比正常图线颜色稍浅）方式显示所有看不见的边线。
- 【消隐】：不显示看不见的边线。
- 【着色】：使视图以【着色】方式显示。

2．定义显示相切边的方式

在【相切边显示样式】下拉列表中设置显示相切边的方式。

- 【默认】：为系统配置所默认的显示方式。
- 【无】：关闭相切边的显示。
- 【实线】：显示相切边，并以实线形式显示相切边。
- 【灰色】：以灰色线条的形式显示相切边。
- 【中心线】：以中心线形式显示相切边。
- 【双点画线】：以双点画线形式显示相切边。

3．定义是否移除面组中的隐藏线

使用以下两个单选按钮设置是否移除面组中的隐藏线。

- 【是】：将从视图中移除隐藏线。
- 【否】：在视图中显示隐藏线。

4．定义显示骨架模型的方式

使用以下两个单选按钮定义显示骨架模型的方式。

- 【隐藏】：在视图中不显示骨架模型。
- 【显示】：在视图中显示骨架模型。

5．定义绘图时设置颜色的位置

使用以下两个单选按钮定义绘图时设置颜色的位置。

- 【绘图】：绘图颜色由绘图设置决定。

- 【模型】：绘图颜色由模型设置决定。

6. 定义是否在绘图中显示焊件剖面

使用以下两个单选按钮定义是否应在绘图中显示焊件剖面。

- 【隐藏】：在视图中不显示焊件剖面。
- 【显示】：在视图中显示焊件剖面。

14.3.4　定义视图的原点

放置视图后，如果觉得视图在图纸上的位置不合适，可以在【绘图视图】对话框中选中【原点】类别，然后通过调整视图原点来改变放置位置。Pro/E 为用户提供了 3 种定义视图原点的方式，如图 14-43 所示。

图 14-43　【原点】类别

3 种定义视图原点的方法如下：

- 【视图中心】：将视图原点设置到视图中心，是系统的默认选项。
- 【在项目上】：将视图原点设置到所选定的几何图元上，此时需要在视图中选择几何图元作为参照。
- 【页面中的视图位置】：输入视图原点相对页面原点的 x、y 坐标来重新定位视图。

14.3.5　定义视图对齐

使用视图对齐的方法可以确定一组视图之间的相对位置关系。例如，将详细视图与其父视图对齐后可以确保详细视图跟随父视图移动。用户可以在【绘图视图】对话框中选中【对齐】类别来定义视图间的对齐关系，

此时需要定义视图的对齐方式和对齐参照，如图 14-44 所示。

图 14-44　【对齐】类别

对齐视图时，首先勾选【将此视图与其他视图对齐】复选框，然后再选择与之对齐的视图，该视图的名称将显示在复选框右侧的文本框中。

以下两个单选按钮用于设置对齐方式：

- 【水平】：对齐的视图将位于同一水平线上。如果与此视图对齐的视图被移动，则该视图将随之移动以便保持水平对齐关系。
- 【垂直】：对齐的视图将位于同一竖直线上。如果与此视图对齐的视图被移动，则该视图将随之移动以便保持竖直对齐关系。

在【对齐】参照选项组中设置合适的对齐参照，从而完成视图对齐操作。

将一个视图与另一个视图对齐后，该视图将始终保持与其父视图的对齐关系，就像投影视图一样跟随其父视图的移动，直到取消对齐关系为止。如果需要取消对齐，只需取消选中【视图对齐选项】选项组上的【将此视图与其他视图对齐】复选项即可。

14.4　工程图的标注与注释

工程图设计的一个重要环节是工程图标注与注释。对于一幅完整的工程图来说，尺寸的标注和添加必要的注释是必不可少的。具体内容包括：自动标注和手动标注尺寸、

设置几何公差和粗糙度、文字注释等。

在工程图模式下，尺寸的标注可以根据Pro/E的全相关性自动地显示出来，也可以手动创建尺寸。

14.4.1 自动标注尺寸

在功能区选择【注释】选项卡，单击面板上的【显示模型注释】按钮，或者在绘图区单击鼠标右键，在弹出的快捷菜单中选择【显示模型注释】命令，打开如图14-45所示的【显示模型注释】对话框。

图14-45　打开【显示模型注释】对话框

【显示模型注释】对话框中具有6个基本按钮，其功能如表14-2所示。

表14-2　【显示模型注释】对话框中各按钮的功能

符号	含义
⊢⊣	显示/拭除模型尺寸
⟂	显示/拭除模型几何公差
A≣	显示/拭除模型注释
∇	显示/拭除模型表面粗糙度
⚠	显示/拭除模型符号
⏀	显示/拭除模型基准

技巧点拨：

在设置某些项目显示的过程中，可以根据实际情况设置其显示类型。例如，在设置显示尺寸项目的过程中，可以从【类型】下拉列表中选择【全部】、【驱动尺寸注释元素】、【所有驱动尺寸】、【强驱动尺寸】或【从动尺寸】。

在选项卡中设置好模型注释的显示项目及其具体类型后，选择主视图，单击 按钮，表示列表中的都被选中，如图14-46所示。

不需要显示的尺寸可以去掉。单击【应用】按钮，即完成了尺寸的标注，如图14-47所示。

图14-46　【显示模型注释】对话框

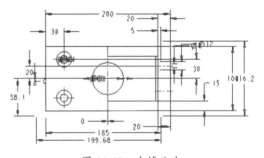

图14-47　去掉尺寸

由于显示了整个视图的所有尺寸，画面显得零乱，因此不建议这样标注。可以标注某一特征的尺寸，如图14-48所示。

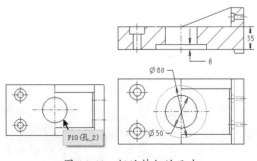

图14-48　标注特征的尺寸

14.4.2 手动标注尺寸

为了符合机械图样中关于合理标注尺寸的有关规则,需要手动自定义标注尺寸。在功能区【注释】选项卡中有几种尺寸的创建工具,如表 14-3 所示。

表 14-3 创建尺寸工具类型

类型	符号	功能含义
尺寸 - 新参照		根据一个或两个选定新参考来创建尺寸
尺寸 - 公共参照		使用公共参照创建尺寸
纵坐标尺寸		创建纵坐标尺寸
自动标注纵坐标		在零件和钣金零件中自动创建纵坐标尺寸
参考尺寸 - 新参考		创建参考尺寸
参考尺寸 - 公共参考		使用公共参照创建参考尺寸

1. 尺寸 - 新参照

使用此命令可以标注水平尺寸、竖直尺寸、对齐尺寸及角度尺寸等。单击【尺寸 - 新参照】按钮,打开如图 14-49 所示的菜单管理器。此时光标由箭头变为笔形。

图 14-49 【依附类型】设置

- 图元上:在工程图上选择一个或两个图元来标注。选择需要标注的边,按鼠标中键确定。如图 14-50 所示为选择一个图元进行长度标注的结果。如图 14-51 所示为选择两个图元进行距离标注的结果。

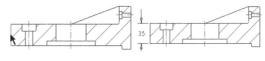

图 14-50 标注长度

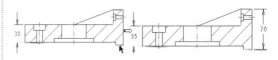

图 14-51 标注距离

- 在曲面上:通过选择曲面进行标注。选择第一曲面,再选择第二个曲面,单击中鼠标键确定并在弹出的菜单管理器中选择【同心】,创建如图 14-52 所示的尺寸标注。

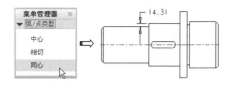

图 14-52 尺寸标注

- 中点:通过捕捉对象的中点来标注尺寸。选择第一条线段,再选择第二条线段,单击鼠标中键放置尺寸,如图 14-53 所示。

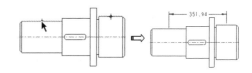

图 14-53 中点标注

- 中心:通过捕捉圆或圆弧的中心来标注尺寸。选择第一个圆,再选择第二个圆,单击鼠标中键确定。在弹出的菜单管理器中选择【竖直】,创建如图 14-54 所示的尺寸标注。

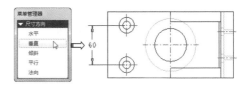

图 14-54 中心尺寸标注

- 求交：通过捕捉两图元的交点来标注尺寸，交点可以是虚的。按住 Ctrl 键选择 4 条边线，单击鼠标中键确定。在弹出的菜单管理器中选择【倾斜】方式，系统将在交叉点位置标注尺寸，如图 14-55 所示。

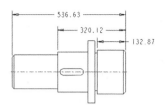

图 14-58 标注其他尺寸

3．纵坐标尺寸

Pro/E 中的纵坐标尺寸可使用不带引线的单一的尺寸界线，并与基线参照相关。所有参照相同基线的尺寸，必须共享一个公共平面或边。操作步骤如下：

从【注释】选项卡中单纵坐标按钮，出现如图 14-59 所示的【依附类型】菜单管理器，选择【图元上】。

系统提示："在几何上选择以创建基线，或选择纵坐标尺寸，以使用现有的基线"，然后选择如图 14-60 所示的轮廓线作为线参照。

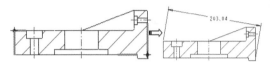

图 14-56 在交叉点标注尺寸

- 做线：有 3 种方式标注尺寸，如图 14-56 所示。

图 14-56 做线

2．尺寸－公共参照

【尺寸-公共参照】是用于基线标注的命令。

选择【尺寸-公共参照】命令，同样打开【依附类型】菜单管理器。选择【图元上】选项，操作步骤如下：

（1）选择一条边作为基准，如图 14-57 所示。

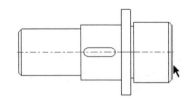

图 14-57 基准面

（2）选择第二条边，在合适的位置单击鼠标中键放置尺寸。

（3）用同样的方法，标注其他尺寸，如图 14-58 所示。

图 14-59 【依附类型】菜单管理器　　图 14-60 选择轮廓线

在出现的【依附类型】菜单管理器中选择【中心】命令，如图 14-61 所示，然后选择要标注的图元，如图 14-62 所示。

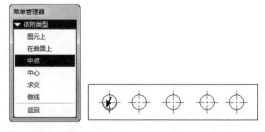

图 14-61 【中心】命令　　图 14-62 选择标注的图元

在合适的位置单击鼠标中键来放置纵坐

标尺寸,如图 14-63 所示。

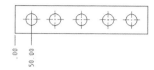

图 14-63　放置纵坐标尺寸

在【依附类型】菜单管理器中,【中心】选项还处于被选中的状态,此时选择第二个圆作为要标注的图元。然后在合适的位置单击鼠标中键来放置纵坐标尺寸,如图 14-64 所示。

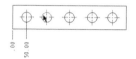 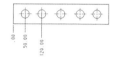

图 14-64　选择和标注尺寸

(6) 用同样的方法,创建其他纵坐标尺寸,如图 14-65 所示。

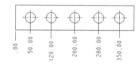

图 14-65　创建其他纵坐标尺寸

4. 参考尺寸

参考尺寸的创建方式与前面所述的几种方式一样,唯一不同的是,创建参考尺寸后,会在尺寸后面加上"参考"两个字。如图 14-66 所示。

图 14-66　参考尺寸

> **技巧点拨:**
> 通过更改系统配置文件中的选项"parenthesize_ref_dim"的值,可以设置参考尺寸是以文字表示还是括号表示,注意只对设置以后生成的参考尺寸有效。

5. 其他尺寸标注工具

在【注释】下拉菜单中还有几种尺寸的创建工具,如图 14-67 所示。这些标注尺寸工具的功能含义如表 14-4 所示。

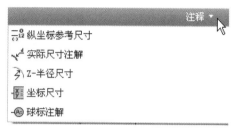

图 14-67　【注释】下拉菜单

表 14-4　创建尺寸其他工具类型

纵坐标参考尺寸	坐标尺寸
创建纵坐标参考尺寸。	创建坐标尺寸。
Z-半径尺寸	球标注解
创建透视缩短半径尺寸。	创建球标注解。
实际尺寸注解	
创建一个可以调用出模型尺寸的 ISO 引线注解。	

14.4.3　尺寸的整理与操作

为了使工程图尺寸的放置符合工业标准,图幅页面整洁,并便于工程人员读取模型信息,通常需要整理绘图尺寸,进行一些尺寸的操作是必不要少的。下面介绍移动尺寸、将尺寸移动到其他视图、反向箭头等关于尺寸的操作。

1. 移动尺寸

移动尺寸到新的位置,操作步骤如下:

(1) 用鼠标左键选择需要移动的尺寸,此时尺寸颜色会改变,而且周围出现许多方块，如图 14-68 所示。

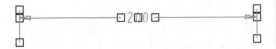

图 14-68　移动尺寸

（2）当将鼠标指针靠近尺寸时，就可以看到不同的指针图案，而这些指针图案代表可以移动的方向，此时按住鼠标左键并移动鼠标，就可以移动尺寸或尺寸线。

（3）可以按住 Ctrl 键选择多个尺寸，或直接用矩形框选择多个尺寸，再同时移动多个尺寸：

- ↕：尺寸文本、尺寸线与尺寸界线在竖直方向上移动，如图 14-69 所示。
- ↔：尺寸文本、尺寸线与尺寸界线在水平方向上移动。
- ✥：尺寸文本、尺寸线与尺寸界线可以自由移动。

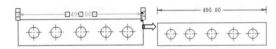

图 14-69　同时移动多个尺寸

2．对齐尺寸

可以使多个尺寸同时对齐，并且使多个尺寸之间的间距保持不变，操作步骤如下：

（1）按住 Ctrl 键选择要对齐的尺寸。

（2）单击鼠标右键，在弹出的快捷菜单中选择【对齐尺寸】命令，则尺寸与第一个选定的尺寸对齐，效果如图 14-70 所示。

图 14-70　对齐尺寸

（3）或者单击【注释】选项卡中的【对齐尺寸】按钮。

3．将项目移动到视图

可以将尺寸移动到另一个视图。首先选择要转换视图的尺寸，然后单击鼠标右键，在弹出的快捷菜单中选择【将斜面移动到视图】命令，接着选择要放置的视图，尺寸便会转换到新的视图上。如图 14-71 所示。

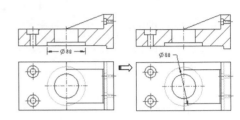

图 14-71　将项目移动到新视图

4．清理尺寸

首先选中要清理的尺寸，然后单击【注释】选项卡中的【清除尺寸】按钮，或者单击鼠标右键，在弹出的快捷菜单中选择【清除尺寸】命令，系统打开【清除尺寸】对话框，如图 14-72 所示。在对话框中设置好参数后，清理后的尺寸结果如图 14-73 所示。

图 14-72　【清除尺寸】对话框

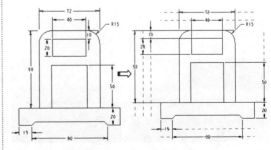

图 14-73　清理尺寸结果图

5. 角拐

【角拐】用来折弯尺寸界线。单击【角拐】命令按钮，系统提示选择尺寸（或注释），在尺寸界线上选择断点位置，移动鼠标来重新放置尺寸，创建的角拐尺寸如图14-74所示。

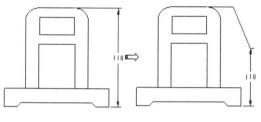

图14-74　角拐

6. 断点

【断点】用来在尺寸界线与图元相交处切断尺寸界线。单击【断点】命令按钮，系统提示在尺寸边界线上选择两断点，断点之间的线段被删除，创建的断点尺寸如图14-75所示。

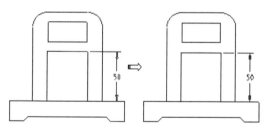

图14-75　断点

7. 拭除和删除尺寸

尺寸可以拭除或删除。拭除尺寸只是暂时将尺寸从视图中移除，可以恢复。删除尺寸会将其从视图中永久地移除。

操作步骤如下：

（1）选择要从视图中拭除和删除的尺寸。

（2）单击鼠标右键并选择快捷菜单中的【拭除】或【删除】命令，尺寸即被拭除或删除。

14.4.4　尺寸公差标注

尺寸公差是工程图设计的一项基本要求，对于模型的某些重要配合尺寸，需要考虑合适的尺寸公差。

默认情况下，Pro/E软件不显示尺寸的公差。我们可以先将其显示出来，然后标注公差，操作步骤如下：

（1）在功能区选择【文件】|【准备】|【绘图属性】命令，弹出【绘图属性】对话框。

（2）在【绘图属性】对话框中，单击【详细信息选项】中的【更改】按钮，弹出【选项】对话框。

（3）在【选项】对话框的【选项】文本框中输入tol_display，在【值】下拉列表框中选择yes，如图14-76所示，然后单击【添加/更改】按钮。

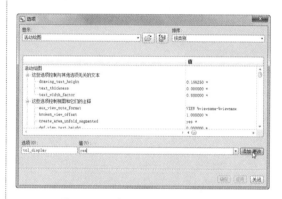

图14-76　修改tol_display选项值

（4）选择要标注公差的尺寸后，单击鼠标右键，在弹出的快捷菜单中选择【属性】命令，或者在图纸上双击要标注公差的尺寸，打开【尺寸属性】对话框。

（5）在【值和显示】选项组中，将小数位数设置为3；在【公差模式】下拉列表框中选择一种模式（比如【加—减】模式），并相应地设置上公差为"+0.036"，下公差为"-0.010"，如图14-77所示。

（6）单击【确定】按钮完成设置，完成

的公差标注如图 14-78 所示。

图 14-77　设置尺寸属性

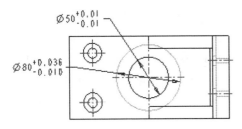

图 14-78　公差标注

技巧点拨：

在【公差模式】下拉列表框中可供选择的选项有【公称】、【限制】、【加减】、【+- 对称】、【+- 对称（上标）】，如图 14-79 所示。其中，选择【公称】选项时，只显示尺寸公称值。

图 14-79　公差模式

14.4.5　几何公差标注

在功能区【注释】选项卡中单击【几何公差】按钮，打开如图 14-80 所示的【几何公差】对话框。

在【模型参照】选项卡中设置公差标注的位置；在【基准参照】选项卡中设置公差标注的基准；在【公差值】选项卡中设置公差的数值；在【符号】选项卡中设置公差的符号。

图 14-80　【几何公差】对话框

如图 14-81 所示为标注的尺寸公差。

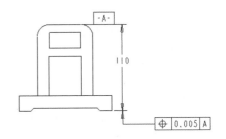

图 14-81　平行度公差

技巧点拨：

有些公差还需要指定额外的符号，如同轴度需要指定直径符号。在【几何公差】对话框中的"符号"选项组，可以选取各种符号；创建一个几何公差后，单击【新几何公差】按钮可以创建新几何公差。

14.5　综合实训——支架零件工程图

本节将重点讲解如何利用自定义的国标图纸模板进行零件工程图的设计过程。设计图纸之前，也将模板的加载方法一并详解。支架零件工程图的设计要点主要是三视图、轴侧视图的创建，以及尺寸、公差、粗糙度、技术要求等的国标注法。支架零件工程图如图 14-82 所示。

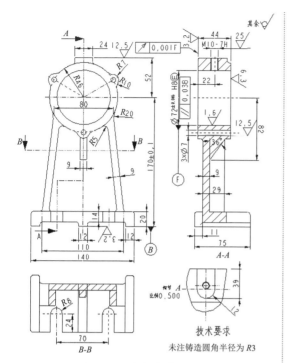

图 14-82 支架零件工程图

操作步骤：

1. 新建工程图文件

step 01 启动 Pro/E，新建工作目录。然后打开本例光盘素材文件夹中的 zhijia.prt 文件，如图 14-83 所示。

图 14-83 支架零件模型

step 02 创建工程图视图之前，按照本章前面介绍的 Config.pro 配置选项文件的设置方法，在【选项】对话框中设置符合国标定义的选项参数（这里不重复介绍过程）。

> **技巧点拨：**
> 为了让大家熟练掌握国标绘制图纸的方法，可以按我们介绍的方法来设置，也可以使用我们提供的已经配置完全的 Config.pro 文件。此外，我们还提供了标准的国标图纸格式文件。
> Config.pro 文件的使用方法是：将本例光盘路径下的多媒体文件\实例文件\素材\Ch14\Config.pro 文件复制并粘贴到您的计算机系统 C:\Users\Administrator\Documents\ 路径下。
> 国标图纸格式文件的使用方法：将本书提供的从 A0~A4 的零件工程图格式文件和装配工程图格式文件全部复制并粘贴到你的计算机安装路径下：本地磁盘：\Program Files\proeWildfire 5.0\formats。

step 03 在上工具栏中单击【新建】按钮，打开【新建】对话框。在【类型】选项组中选择【绘图】单选按钮，在【名称】文本框中输入工程图名称 zhijia，取消选中【用默认模板】复选框，然后单击【确定】按钮打开【新建绘图】对话框。

step 04 在【指定模板】选项组中选择【格式为空】单选按钮，单击【浏览】按钮打开国标模板文件【GB_A4_part.frm】，最后单击【确定】按钮进入制图模式。如图 14-84 所示。

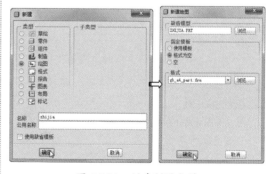

图 14-84 创建制图文件

step 05 进入工程图设计模式后，根据系统提示："输入想要使用格式的页面（1-2）"，输入 1（意思为在图纸的第一个页面中使用此格式）。接着再继续输入设计者的名字、零件图纸名称、重量、材料名称、热处理次数等，如图14-85所示。

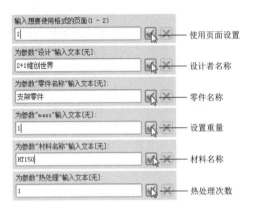

图 14-85　设置图框中的文字

step 06　打开的国标A4工程图模板，如图14-86所示。

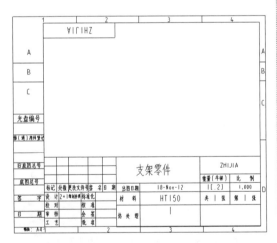

图 14-86　打开的A4国标工程图模板

技巧点拨：
如果A4图纸中的字体显示不清楚，用户可以自行设置文本的高度。

2. 创建主视图

step 01　单击【布局】选项卡中【模型视图】面板中的【一般】按钮，然后在图纸中左上位置选择一点作为主视图的放置参考

点，同时系统打开【绘图视图】对话框，如图14-87所示。

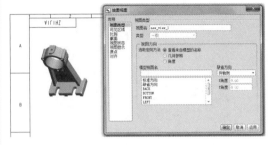

图 14-87　放置主视图

step 02　在【绘图视图】对话框的【视图类型】类别中，设置模型视图名为FRONT。在【视图显示】类别中，设置模型显示样式为【消隐】，最后单击【绘图视图】对话框中的【应用】按钮完成主视图的设置，如图14-88所示。

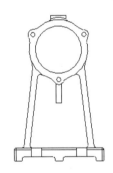

图 14-88　创建的主视图

step 03　在【比例】类别中，选中【定制比例】单选按钮，并重新输入绘图比例0.5，完成后单击【绘图视图】对话框中的【应用】按钮，把新设置的绘图比例应用到工程图中，如图14-89所示。

图 14-89　定制比例

3. 创建剖面图

支架零件工程图中必须用两个以上的截面才能完全表达设计意图，即 A-A 剖面图和 B-B 剖面图。

step 01 剖面图必须在投影视图中建立，因此先单击【投影】按钮，然后选择主视图向右投影，得到如图 14-90 所示的右视图。

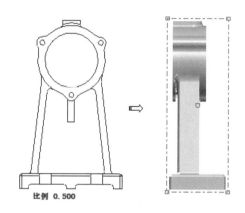

图 14-90 创建投影视图

step 02 双击投影视图，在随后弹出的【绘图视图】对话框中，选择【截面】类别。然后在对话框右侧选择【2D 剖面】单选按钮，单击【将横截面添加到视图】按钮，打开【剖截面创建】菜单管理器。

step 03 在菜单管理器中选择【偏移】|【双侧】|【单一】|【完成】命令，根据系统提示输入新创建的剖截面名称 A，完成后按 Enter 键。如图 14-91 所示。

图 14-91 创建 2D 截面并选择剖面创建的选项

step 04 随后程序自动转入零件模式。选择 FRONT 基准平面作为草绘平面，然后以默认的草绘方向进入草绘模式中，如图 14-92 所示。

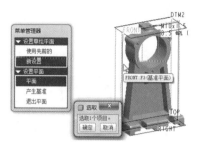

图 14-92 选择草绘平面

step 05 利用【线】命令绘制如图 14-93 所示的剖面线，完成后退出草绘模式。

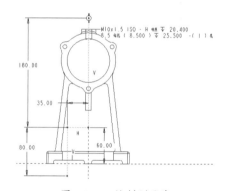

图 14-93 绘制剖面线

step 06 在【绘图视图】对话框中单击【应用】按钮，完成 A-A 剖面图的创建。如图 14-94 所示。但是剖面线的间距偏大，需要修改。双击剖面线，退出【修改剖面线】菜单，如图 14-95 所示。

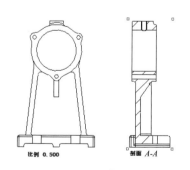

图 14-94 创建剖面图

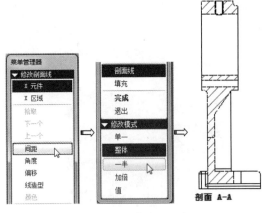

图 14-95　修改剖面线

step 07　在【布局】选项卡下【格式化】面板中单击【箭头】按钮，先选择剖面图，然后再选择主视图来放置剖面箭头，如图 14-96 所示。

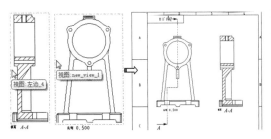

图 14-96　创建剖面箭头

step 08　由于箭头距离视图太远，需要手动拖动箭头至合适位置。此外，从【布局】选项卡切换到【注释】选项卡，然后删除"比例 0.500"字样。更改剖面线箭头的结果如图 14-97 所示。

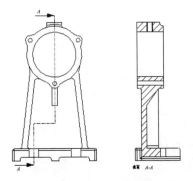

图 14-97　更改剖面线箭头位置

step 09　切换回【布局】选项卡，同理，再创建一个俯视投影视图，如图 14-98 所示。

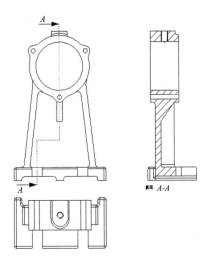

图 14-98　创建俯视投影视图

step 10　利用创建 A-A 剖面图的方法，创建出 B-B 剖面图。这里仅表示出草绘的剖面线图（如图 14-99 所示）与 B-B 剖面图完成结果图（如图 14-100 所示）。

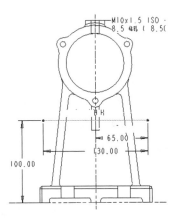

图 14-99　绘制的剖面线

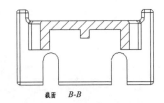

图 14-100　创建的 B-B 剖面图

step 11 单击【箭头】按钮，创建主视图中的 B-B 剖面线，如图 14-101 所示。

技巧点拨：

如果创建投影视图不能左右移动，可以双击该投影视图，然后在【绘图视图】对话框的【对齐】类别中取消选中【将此视图与其他视图对齐】复选框即可，如图 14-103 所示。

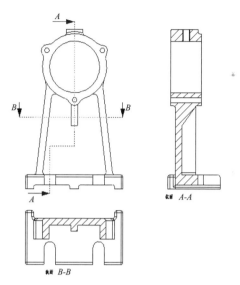

图 14-101　创建 B-B 剖面线

图 14-103　取消视图的对齐设定

4. 创建局部投影视图

支架零件顶部有局部的形状，需要用局部投影视图进行表达。

step 01 单击【投影】按钮，创建一个俯视投影视图，然后将其移动至图框右下角，如图 14-102 所示。

step 02 单击【详细】按钮，然后在俯视投影视图中指定一点作为查看细节的中心点，然后绘制详细查看的区域，如图 14-104 所示。

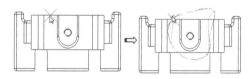

图 14-104　绘制详细查看的区域

技巧点拨：

绘制区域后，必须连续双击鼠标左键，再单击鼠标中键结束绘制，指定详细视图的放置位置后并自动创建详细视图。

step 03 创建的详细视图如图 14-105 所示。

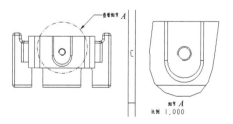

图 14-105　创建完成的详细视图

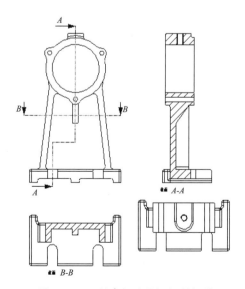

图 14-102　创建新的俯视投影视图

step 04 单击【拭除视图】按钮，将作为参照的俯视视图拭除。然后将详细视图拖动到图框中，并双击该视图，将其比例改为0.5。如图14-106所示。

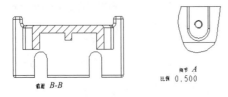

图14-106 创建详细图

技巧点拨：
拭除视图并非删除视图，只是将视图暂时隐藏罢了。在绘图树中可以选择右键菜单【恢复视图】命令，将视图删除。

step 05 将图框中的4个视图，重新设置视图显示。将"相切边显示样式"设为"无"，这样视图中带有圆角的边将不会显示出来，如图14-107所示。

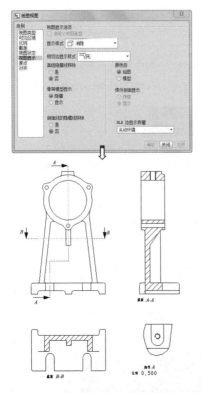

图14-107 设置相切边的样式

step 06 切换至【注释】选项卡，将视图下面的注释进行修改或删除，结果如图14-108所示。

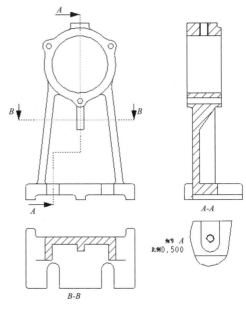

图14-108 清理视图注释

5．绘制中心线

下面用【草绘】选项卡中的相关草绘工具来绘制中心线。

step 01 在【草绘】选项卡中单击【线】按钮，打开【捕捉参照】对话框。在此对话框中单击【选择参照】按钮，然后选择主视图中的上下两条边作为参考，如图14-109所示。

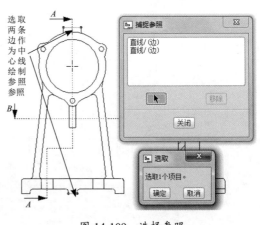

图14-109 选择参照

step 02 然后过两条直线的中点绘制模型的竖直平分线,如图 14-110 所示。

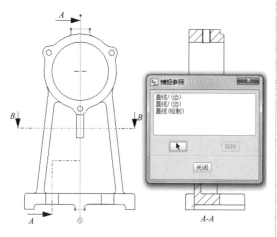

图 14-110 绘制竖直平分线

step 03 绘制后,选中该直线并选择右键快捷菜单中的【线造型】命令,或者双击此直线,打开【修改线造型】对话框。然后选择【中心线】样式,并单击【应用】按钮,如图 14-111 所示。

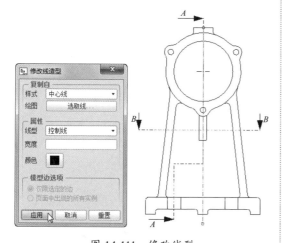

图 14-111 修改线型

step 04 同理,绘制其余的中心线,结果如图 14-112 所示。

技巧点拨:

可以在【捕捉参照】对话框没有关闭的情况下,继续绘制其他的中心线。

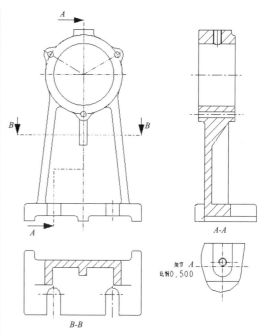

图 14-112 绘制其余中心线

技巧点拨:

当绘制的直线不够长时,可以按住 Shift 键拖动直线的端点,拉长直线。如果需要更精确地拉长,可以使用【修剪】面板中的【拉伸】命令,通过输入值进行拉长。如图 14-113 所示为斜线的拉伸操作过程。

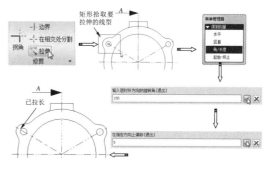

图 14-113 拉伸线型的操作步骤

技巧点拨:

对于水平或竖直方向的线型拉伸,直接在【得到向量】菜单中选择【水平】线型或【竖直】线型即可。

6. 尺寸与公差标注

step 01 在【注释】选项卡中，利用尺寸标注工具【尺寸-新参照】，标注几个视图中的线性尺寸、直径或半径尺寸、角度尺寸等，结果如图 14-114 所示。

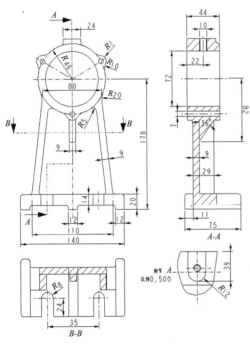

图 14-114 标注基本尺寸

技巧点拨：

在标注尺寸过程中，如果某些尺寸的标注后仅仅显示的是实际尺寸的一半，可以通过双击该尺寸，然后在打开的【尺寸属性】对话框中修改值的显示，如图 14-115 所示。

step 02 接下来为某些定位尺寸和形状尺寸创建尺寸公差。例如，双击图 14-114 中的底座边至孔轴的距离尺寸 170，然后在打开的【尺寸属性】对话框中设置公差，完成后单击【确定】按钮，如图 14-116 所示。

step 03 双击支架中轴的直径尺寸"72"，在打开的【尺寸属性】对话框的【属性】选项卡中设置公差，如图 14-117 所示。然后在【显示】选项卡中，设置【前缀】与【后缀】，如图 14-118 所示。最终修改尺寸属性的结果如图 14-119 所示。

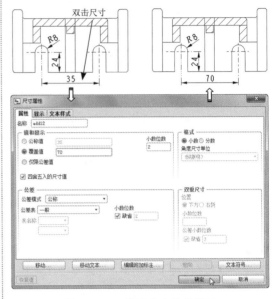

图 14-115 修改尺寸值的显示

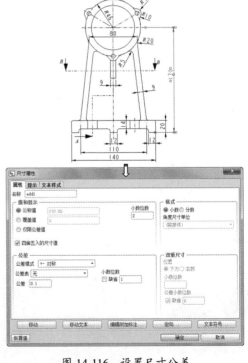

图 14-116 设置尺寸公差

技巧点拨：

如果前缀或后缀中是符号，可以单击对话框下方的【文本符号】按钮，从中选择要添加的前缀或后缀符号。

图 14-117 设置公差

图 14-118 设置前缀与后缀

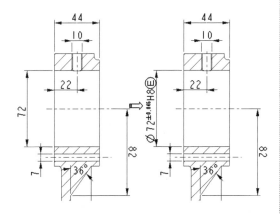

图 14-119 尺寸属性修改结果

step 04 同理，为其余两个尺寸（螺孔规格尺寸和直径为 7 的轴孔尺寸）修改尺寸属性，

结果如图 14-120 所示。

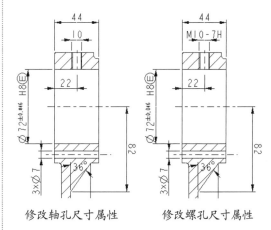

修改轴孔尺寸属性　　修改螺孔尺寸属性

图 14-120 修改其余尺寸的属性结果

7. 标注形位公差与基准代号

step 01 下面为支架右视图中的顶部线性尺寸 44 创建形位公差。在【插入】面板中单击【几何公差】按钮，弹出【几何公差】对话框。在【模型参照】选项卡中，选择"参照类型"为"边"，再单击【选择图元】按钮，如图 14-121 所示。

图 14-121 选择参照类型

step 02 在右视图中选择如图 14-122 所示的模型边作为参照。

图 14-122 选择参照边

step 03 然后在【放置】列表中选择【带引线】选项，弹出【依附类型】菜单管理器。然后按信息提示选择一条尺寸界线作为依附对象，随后在该尺寸界线旁单击，以放置形位公差，如图 14-123 所示。

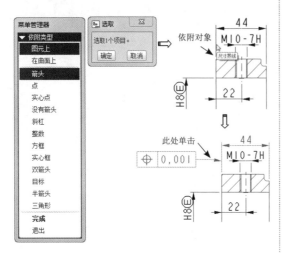

图 14-123　放置形位公差

> **技巧点拨：**
> 放置形位公差时，标注引线的长度取决于鼠标光标单击的位置。

step 04　在【模型参照】选项卡的左侧公差符号中单击【圆跳动】按钮，公差符号由【位置度】变为【圆跳动】，如图 14-124 所示。

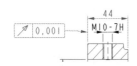

图 14-124　更改公差符号

step 05　进入【公差值】选项卡，输入新的公差值为 0.04，并勾选【总共差】复选框以确认，如图 14-125 所示。

图 14-125　设置公差值

step 06　进入【附加文本】选项卡。勾选【后缀】复选框，并在下方的文本框内输入 F（表示基准代符号），如图 14-126 所示。

图 14-126　输入公差后缀

step 07　最后单击对话框中的【确定】按钮，完成形位公差的创建，如图 14-127 所示。

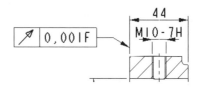

图 14-127　完成形位公差的创建

step 08　同理，另一形位公差的创建结果如图 14-128 所示。

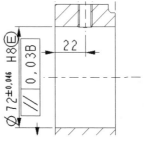

图 14-128　创建另一形位公差

step 09　单击【球标注解】按钮，然后在弹出的【注解类型】菜单管理器中选择【带引线】|【输入】|【垂直】|【法向引线】|【默认】|【进行注解】命令，在随后弹出的【依附类型】菜单中选择【图元上】|【三角形】命令，如图 14-129 所示。

step 10　选择主视图中的某尺寸界线，然后在下方单击并放置球标，如图 14-130 所示。

第 14 章　工程图设计

图 14-129　选择球标注解的类型与依附类型

球标注解，结果如图 14-132 所示。

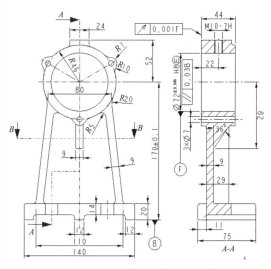

图 14-132　创建另一个球标注解

8. 粗糙度标注

step 01　单击【表面光洁度】按钮，弹出【得到符号】菜单管理器，选择【检索】命令，在打开的【打开】对话框中选择 standard1.sym 文件，如图 14-133 所示。

图 14-133　选择粗糙度符号文件

step 02　导入文件后，在【实例依附】菜单管理器中选择【图元】命令，然后选择长度为 52 的线型尺寸作为依附对象，如图 14-134 所示。

step 03　接着在该尺寸的尺寸界线上选择粗糙度符号的放置位置，并在图形区上方显示的文本框内输入粗糙度允许范围值 12.5，单击【确定】按钮完成粗糙度的标注，如

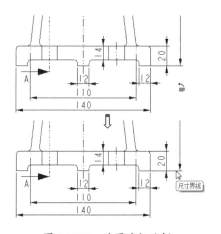

图 14-130　放置球标注解

step 11　在图形区上方弹出的文本框中输入注解内容 B，然后单击【确定】按钮完成球标注解（球标注解就是基准代号）的创建。如图 14-131 所示。

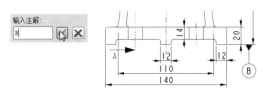

图 14-131　完成球标注解的创建

step 12　同理，创建另一个基准代号为 F 的

图 14-135 所示。

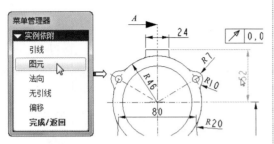

图 14-134 选择依附类型并选择依附对象

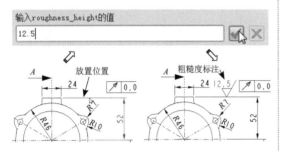

图 14-135 完成粗糙度的标注

step 04 同理，完成其余表面粗糙度的标注，如图 14-136 所示。

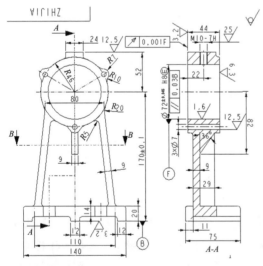

图 14-136 完成粗糙度的标注

技巧点拨：

在检索粗糙度符号时，在 Pro/E 安装路径下包含 3 个粗糙度符号的文件夹，3 个文件夹共提供了 6 种常见的粗糙度基本符号，如图 14-137 所示。

图 14-137 Pro/E 的提供的粗糙度符号文件

9. 书写技术要求

step 01 单击【注解】按钮，弹出【注解类型】菜单管理器，然后依次选择如图 14-138 所示的命令，并指定文本注解的位置（详细视图的下方）。

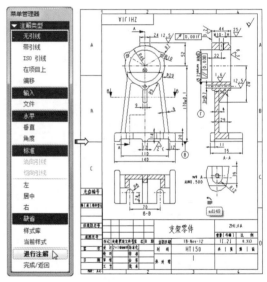

图 14-138 选择注解类型并指定文本的放置位置

step 02 指定位置后，在图形区上方弹出的文本框内输入第 1 行文字"技术要求"，接着输入第 2 行文字"未注铸造圆角半径为 R3"，创建完成的文本注解如图 14-139 所示。

step 03 双击文本注解，在打开的【注解属性】对话框中调整文本位置和文本的高度（设为 7），如图 14-140 所示。

图 14-139　创建文本注解

图 14-140　设置文本属性

step 04　设置后的效果如图 14-141 所示。然后在图纸右上角的粗糙度符号旁插入新的文本注解"其余",如图 14-142 所示。

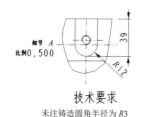

图 14-141　修改文本属性的效果

图 14-142　插入新的文本注解

step 05　至此,支架零件工程图的创建工作全部结束,最后将结果保存。完成的支架零件工程图如图 14-143 所示。

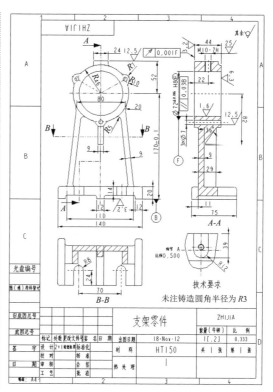

图 14-143　最终完成的支架零件工程图

14.6　课后习题

1. 绘制高速轴工程图

打开本练习的素材文件——高速轴的工程图,完成工程图中尺寸和注解标注,高速轴工程图如图 14-144 所示。

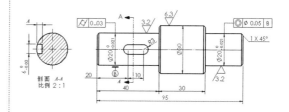

图 14-144　高速轴工程图

2. 绘制型芯零件工程图

打开本练习的型芯零件,创建如图 14-145 所示的型芯零件工程图。

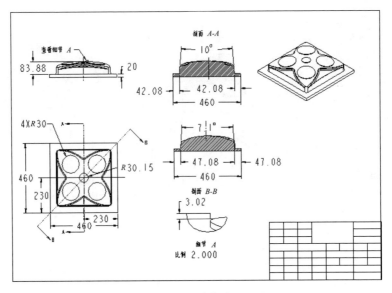

图 14-145 型芯零件工程图

第 15 章

钣金设计

本章内容

使用 Pro/E 软件进行钣金设计是由各个法兰壁开始的,在各个法兰壁上完成其他的特征后,才能完成钣金零件的设计,因此,各个法兰壁在 Pro/E 钣金设计中占有重要地位,是使用该模块的基础。

知识要点

- ☑ 钣金成型基础
- ☑ 分离的钣金基准壁
- ☑ 钣金次要壁的创建
- ☑ 转换钣金件

15.1 钣金成型基础

Pro/E 的钣金设计功能十分强大，在钣金设计行业中应用范围非常广。了解与掌握钣金成型的基础理论知识，有助于我们对钣金结构设计的认知。下面介绍钣金工艺的基本知识。

15.1.1 钣金加工概述

钣金是指厚度均一的金属薄板，通过一些加工工艺将其加工成符合应用要求的零件，在实际工程中用途比较广泛，其加工工艺以冲压为主，因此广泛应用于冲模设计中。在市场上，钣金零件占全部金属制品的90%以上，在国民经济和军事诸方面所占有的位置是极其重要的。钣金零件具有劳动生产率和材料利用率高、重量轻等优点。在轻工十大产品中，金属件基本都是钣金冲压产品。

如图 15-1 所示为日常生活中常见的计算机机箱钣金件。

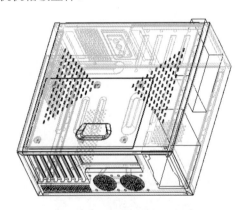

图 15-1　计算机机箱钣金件

1. 钣金设计要点

在一般情况下，钣金设计有以下几个设计要点：

- 钣金设计首先要注意钣金的厚度与设计尺寸的关系问题，例如要求的尺寸长度是包括钣金厚度在内，还是没有包括钣金厚度。
- 要考虑钣金制造的工艺、加工制造是否容易、是否会增加制造的成本、是否会降低生产效率等问题。
- 钣金件的相互连接方式、钣金和塑料件的连接固定方式，以及钣金和其他零件的固定与连接方式都是设计考虑的重点，钣金件的连接方式主要有螺钉、铆接、电焊等，并要考虑维修拆装的难易程度和配合的公差问题。
- 钣金的强度设计是钣金设计的重点，强度的设计将直接影响产品寿命和耐用性，有时为了增加钣金的强度而增加一些冲压突起。
- 钣金组装优先顺序和安装空间需要从组装合理化和组装便利化的方面来考虑。

2. 钣金的加工方法

在通常情况下，钣金加工有以下3种方法：

- 冲裁加工：冲裁加工即钣金的落料，是按照钣金件的展开轮廓，从钣金卷板或平板上冲裁出坯料，以便进一步加工。
- 折弯加工和卷曲加工：折弯加工是指将板料通过折弯机折成一定角度，卷曲加工与折弯加工相似，是将平板卷成具有一定半径的弧形。
- 冲压加工：冲压加工是指用事先加工好的凸模和凹模，利用金属的延展性加工出各种凹凸的形状。

15.1.2 Pro/E 中的钣金设计方法

在 Pro/E 中进行钣金设计的方法和特点，包括怎么进入钣金设计模式，以及在钣金模式下进行设计的主要方法和流程。通过对各个命令的介绍，让读者更加了解钣金模式下的设计环境。

在进行钣金设计之前必须先进入钣金设计模式，在 Pro/E 中进入钣金设计模式主要有两种方法：创建钣金设计文件和创建钣金组件。

1．创建钣金设计文件

该方法是进入钣金设计模式最常用和最基本的方法，具体操作步骤如下：

在启动 Pro/E 之后，在工具栏中单击【新建】按钮，打开【新建】对话框，选择【零件】类型和【钣金件】子类型，如图 15-2 所示。然后在【新文件选项】对话框中选择公制模板，最后单击【应用】按钮即可进入钣金设计模式，如图 15-3 所示。

> **技巧点拨：**
> 在【新建】对话框中取消选中【使用默认模板】复选框，才能弹出【新文件选项】对话框，如果勾选了【使用默认模板】复选框，将直接进入到工作界面中。

2．创建钣金组件

如果需要为装配件制作一个外壳，在装配模式下同样可以创建钣金件。

在装配模式下，在菜单栏中选择【插入】|【元件】|【创建】命令，系统弹出如图 15-4 所示的【元件创建】对话框。

在【子类型】选项组中选中【钣金件】单选按钮，在【名称】文本框中输入钣金文件的名称，单击【应用】按钮。在随后弹出的【创建选项】对话框中选择创建方法。在该对话框中完成设置后，单击【应用】按钮即可完成钣金组件文件的创建。如图 15-5 所示。

图 15-2 【新建】对话框

图 15-4 【元件创建】对话框   图 15-5 选择创建方法

15.1.3 钣金设计环境

在进行钣金设计之前，必须先了解钣金设计环境，只有这样才能更熟练和有效地进行钣金设计。创建或打开钣金文件后，Pro/E 的钣金设计界面如图 15-6 所示。下面将对其中的主要功能进行介绍。

图 15-3 选择公制模板

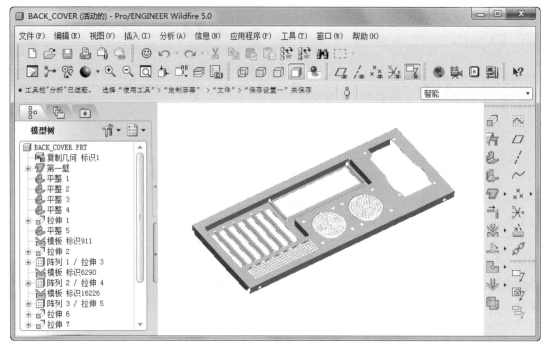

图 15-6 钣金设计界面

15.2 分离的钣金基本壁

创建钣金特征可以使用钣金工具栏内的工具按钮来完成。下面就来介绍常见的、分离的法兰壁特征,包括平整壁、拉伸壁、选择壁、混合壁和偏移壁这5种壁的创建方法。

> **技巧点拨:**
> 所谓"分离的"壁,实质是主壁特征的创建,是可以作为独立特征出现的。而后面的次要壁则是建立在分离壁上的,不能以单独特征的形式出现。

15.2.1 平整壁特征

分离的平整壁就是钣金的平面部分及一块等厚度的薄壁。平整壁是通过草绘封闭的轮廓,然后再定义它的厚度而生成的。第一次创建的平整壁是法兰壁。其余类型的钣金壁则在此基础之上继续创建。

单击【平整】按钮,弹出【平整】操控板,如图15-7所示。

图 15-7 【平整】操控板

动手操练——创建平整壁

step 01 启动 Pro/E 后,创建一个名为 pingzhengbi 的钣金文件,并选择【direct_part_solid_mmns】公制模板。

step 02 单击【平整】按钮,弹出【平整】操控板。在操控板的【参照】选项卡中单击【定义】按钮,弹出【草绘】对话框。

step 03 选择 TOP 基准面作为草绘平面,进入草绘模式,如图15-8所示。

step 04 在草绘模式中绘制如图15-9所示的图形,完成后单击【应用】按钮退出草绘模式。

15.2.2 拉伸壁特征

拉伸壁是草绘壁的侧截面,并使其拉伸出一定长度。它可以是第一壁(设计中的第一个平整壁),也可以是从属于主要壁的后续壁。

技巧点拨:

仅当创建第一壁厚后,其他壁特征命令才变为可用。

单击【拉伸】按钮,弹出【拉伸】操控板,如图15-11所示。

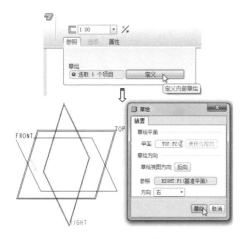

图15-8 选择草绘基准面

图15-11 【拉伸】操控板

动手操练——创建拉伸壁

step 01 启动Pro/E后,创建一个名为lashenbi的钣金文件,并选择【direct_part_solid_mmns】公制模板。

step 02 单击【拉伸】按钮,弹出【拉伸】操控板。在操控板的【放置】选项卡中单击【定义】按钮,打开【草绘】对话框,然后选择TOP基准面作为草绘平面,如图15-12所示。

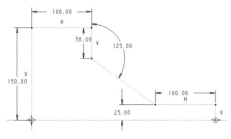

图15-9 绘制图形

技巧点拨:

扭曲的附加边只能是直边,弧形或其他不规则形状的边不能作为扭曲的附加边。

step 05 在【平整】操控板中输入厚度值1.5,然后单击【应用】按钮,完成平整壁的创建,结果如图15-10所示。

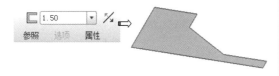

图15-10 创建平整壁

技巧点拨:

输入的厚度数字要根据实际情况而定,以免造成长、宽、高的极度不协调。如果厚度过厚,在创建后续特征时会因为厚度生成很多逻辑错误,用户应根据实际情况来确定厚度。

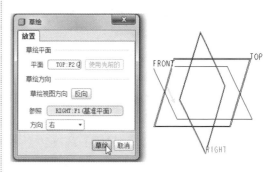

图15-12 选择草绘平面

step 03 进入草绘模式,绘制如图15-13的草图。

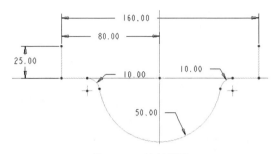

图 15-13　绘制草图

step 04　在【拉伸】操控板中输入拉伸深度值 100 及厚度值 3.0，然后直接单击【应用】按钮，如图 15-14 所示，完成平整壁的创建，如图 15-15 所示。

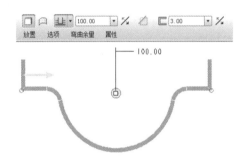

图 15-14　输入拉伸深度值、厚度值

图 15-15　创建的拉伸壁

15.2.3　旋转壁特征

旋转壁是将截面沿旋转中心线旋转一定的角度而产生的特征。在创建旋转壁时，首先要草绘剖面，然后将其围绕草绘的中心线，再指定角度和壁厚，最终生成旋转壁。需要注意的是，在截面中必须绘制一条中心线作为旋转轴，才能生成旋转特征。

单击【旋转】按钮，弹出【分离壁：旋转】对话框和【属性】菜单管理器，如图 15-16 所示。

图 15-16　【分离壁：旋转】对话框和【属性】菜单

【属性】菜单中管理器的【单侧】与【双侧】命令的含义如下：

- 单侧：仅在草绘平面的一侧创建旋转壁，如图 15-17 所示。

图 15-17　在草绘平面单侧

- 双侧：同时在草绘平面的两侧创建旋转壁，如图 15-18 所示。

图 15-18　在草绘平面双侧

动手操练——创建旋转壁

step 01　启动 Pro/E 后，创建一个名为 xuanzhuanbi 的钣金文件，并选择【direct_part_solid_mmns】公制模板。

step 02　单击【旋转】按钮，弹出【分离壁：旋转】对话框和【属性】菜单管理器。

step 03　在【属性】菜单管理器其子菜单中

依次选择如图 15-19 所示的命令，然后选择 FRONT 基准面作为草绘平面，进入草绘模式中。

选择【270】|【完成】命令，接着在【第一壁：旋转】对话框中选择【厚度】元素，并单击【定义】按钮，如图 15-22 所示。

图 15-22　设定旋转角度和定义厚度元素

step 06　在图形区上方弹出的文本框内输入新的厚度值 3，再单击【应用】按钮关闭文本框，如图 15-23 所示。

图 15-23　设置旋转壁厚度

step 07　最后单击【第一壁：旋转】对话框中的【应用】按钮，完成旋转壁的创建，如图 15-24 所示。

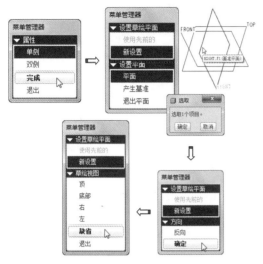

图 15-19　选择草绘基准平面

step 04　在草绘模式中绘制如图 15-20 所示的草图，完成后退出草绘模式。然后确定加厚方向，如图 15-21 所示。

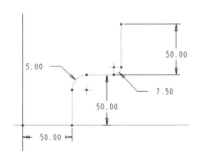

图 15-20　绘制草图

图 15-24　创建的旋转壁

15.2.4　混合壁特征

混合壁是通过连接至少两个截面而生成的壁。在创建混合壁时，首先要绘制多个截面，指定壁厚。截面形成与连接的方式决定了混合壁特征的基本形状。

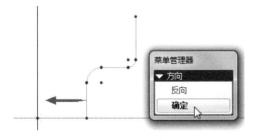

图 15-21　确定加厚方向

step 05　在弹出的【REV TO】菜单管理器中

单击【混合】按钮，弹出【混合选项】菜单管理器，如图15-25所示。

图15-25　【混合选项】菜单管理器

此菜单管理器中的命令含义与前面章节中所介绍的【混合】命令中的含义是相同的，这里不再重复讲解了。下面介绍一般的混合壁创建过程。

动手操练——创建混合壁

step 01　启动Pro/E后，创建一个名为hunhebi的钣金文件，并选择【direct_part_solid_mmns】公制模板。

step 02　单击【混合】按钮，弹出【混合选项】菜单管理器。

step 03　依次选择【平行】|【规则截面】|【草绘截面】|【完成】命令，系统弹出如图15-26所示的【属性】菜单管理器和【分离壁：混合，平行，规则截面】对话框。

图15-26　属性

step 04　选择【直】|【完成】命令，弹出如图15-27所示的【设置草绘平面】菜单管理器

和【选取】对话框。

图15-27　设置草绘平面

> **技巧点拨：**
>
> 在【属性】菜单管理器中，【直】代表用直线段连接不同界面的顶点，截面的边用平面连接；【光滑】表示用光滑曲面连接不同截面的顶点，截面的边用样条曲面连接。

step 05　选择TOP基准面作为草绘平面，然后依次选择如图15-28所示的菜单命令，进入草绘模式中。

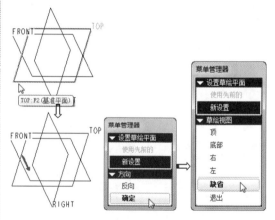

图15-28　指定草绘平面所选择的菜单命令

step 06　进入草绘模式后首先绘制如图15-29所示的矩形截面。然后在空白绘图区域内单击鼠标右键，弹出一个快捷菜单，在快捷菜单中选择【切换截面】命令。

step 07　接着绘制如图15-30所示的圆形截面，作为混合的第二截面。退出草绘模式。确定钣金加厚方向，如图15-31所示。

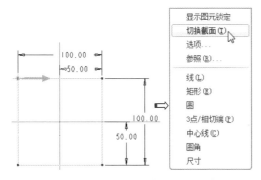

图 15-29 绘制第一个截面并切换截面

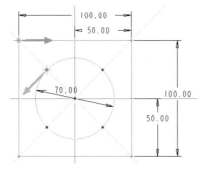

图 15-30 绘制第二个截面图

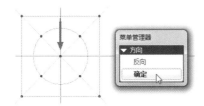

图 15-31 确定钣金加厚方向

> **技巧点拨：**
> 若要继续绘制截面，重复上两步切换截面，并绘制下一个特征截面，如此反复，可以绘制多个混合特征截面，若要重新回到第一个特征截面，在绘制窗口中单击鼠标右键，选择【切换剖面】命令即可。

step 08 在图形区上方的文本框中输入钣金厚度值 2.5，如图 15-32 所示。单击【接受值】按钮 ✓。此刻会弹出【深度】菜单管理器，提示选择深度类型，这里保持默认，再选择【完成】命令。

step 09 再在上方的文本框中输入截面 2 至截面 1 的深度值 100，单击【接受值】按钮 ✓，如图 15-33 所示。

图 15-32 输入钣金厚度值

图 15-33 输入截面深度值

step 10 在【第一壁：混合，平行，规则截面】对话框中，单击【应用】按钮，完成混合壁的创建，如图 15-34 所示。

图 15-34 创建混合壁

15.2.5 偏移壁特征

偏移壁是将现有面组或是其他曲面偏移特定的距离而产生的薄壁特征。首先要选择偏移的面组或实体曲面，接着指定一个移动距离，然后系统自动生成一个偏移壁，并且壁厚与原来的壁厚相同。

单击【偏移】按钮 ，弹出【第一壁：偏移】对话框，如图 15-35 所示。

图 15-35 【偏移】操控板

下面介绍偏移壁的创建方法。

step 01 启动 Pro/E 后，打开本例的素材源文件——拉伸壁特征，如图 15-36 所示。

step 02 单击【偏移】按钮，弹出【第一壁：偏移】对话框和【选择】对话框。在拉伸壁上选中一个曲面，如图 15-37 所示。

图 15-36 打开的拉伸壁　　图 15-37 选择偏移曲面

step 03 在图形区上方弹出的文本框内输入偏移值 15，然后单击【应用】按钮，如图 15-38 所示。

图 15-38 设定偏移距离

step 04 确定材料加厚的方向后（默认方向），单击【分离壁: 偏移】对话框中的【应用】按钮，完成偏移壁的创建，如图 15-39 所示。

图 15-39 完成偏移壁的创建

15.3 钣金次要壁

钣金次要壁的创建主要是在第一壁的基础上进行的，创建第一壁的方法可以用来创建次要壁，经过次要壁对第一步的修饰和扩展，可以建立更加复杂的壁，它们之间是相互连接的。本节主要介绍的次要壁特征有：平整壁、法兰壁、延伸壁、扭转壁等。

15.3.1 创建次要平整壁

次要平整壁是以第一壁的一条边为依附边，通过绘制轮廓，创建出所需形状的次要平整壁，它们之间是相互连接的。这个命令只能用直线边作为依附边。

单击【平整】按钮，弹出【平整】操控板，如图 15-40 所示。

图 15-40 【平整】操控板

如图 15-41 所示为常见的几种次要平整壁形状。

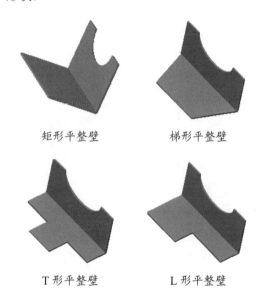

矩形平整壁　　梯形平整壁

T 形平整壁　　L 形平整壁

图 15-41 平整壁的几种形状

动手操练——创建次要平整壁

step 01 新建命名为 ciyaopingzhengbi 的钣金文件。

step 02 利用【拉伸】或【平整】工具，创建第一壁。第一壁草图与壁厚度参数设置如图 15-42 所示。

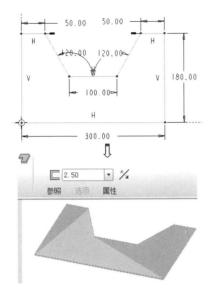

图 15-42 绘制第一壁的草图并设置厚度

step 03 单击【平整】按钮，弹出【平整】操控板。在【放置】选项卡中激活【放置参照】收集器，然后选择第一壁的一条边作为放置参照，如图 15-43 所示。

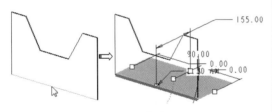

图 14-43 选择参照边

step 04 在操控板中选择次要平整壁的形状——T形，然后双击图形中的尺寸进行编辑，如图 14-44 所示。

> **技巧点拨：**
> 还可以在【形状】选项卡单击【草绘】按钮，进入草绘模式中编辑次要平整壁的形状为任意形状。

step 05 在【平整】操控板中输入角度值 60，标注折弯类型为外部曲面，单击【应用】按钮，完成次要平整壁的创建，如图 15-45 所示。

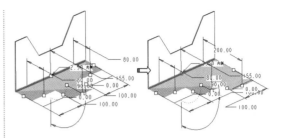

图 15-44 编辑形状尺寸

图 15-45 设置壁折弯选项

step 06 最后单击【应用】按钮，完成二次次要平整壁的创建，如图 15-46 所示。

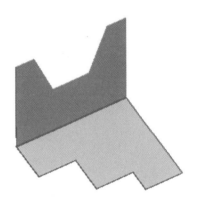

图 15-46 创建的平整壁

15.3.2 创建法兰壁

法兰壁主要用于创建常见的折边和替代简单的扫描壁，使用这个命令能加快设计速度，减少单击烦琐菜单的次数。

单击【法兰壁】按钮，弹出【法兰壁】操控板，如图 15-47 所示。

图 15-47 【法兰壁】操控板

在操控板中，可以选择的法兰壁有以下几种形状，如图 15-48 所示。

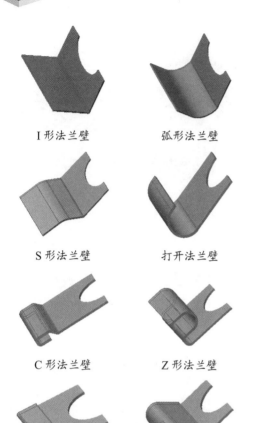

I 形法兰壁　　　弧形法兰壁

S 形法兰壁　　　打开法兰壁

C 形法兰壁　　　Z 形法兰壁

平齐的法兰壁　　鸭形法兰壁

图 15-48　法兰壁的几种形状

技巧点拨：

在弧形边上创建法兰壁是要受限制的，有几种形状的法兰壁不能在弧形边上创建，"弧形""S"和"鸭形"都不能在弧形边上创建。

动手操练——创建法兰壁

step 01 新建名称为 falanbi 的钣金文件。

step 02 首先创建一个钣金零件，其结果如图 15-49 所示。

图 15-49　创建的钣金零件

step 03 单击【法兰壁】按钮，弹出【法兰壁】操控板。接着在第一壁上选择一条放置参照边，随后显示法兰壁的预览，如图 15-50 所示。

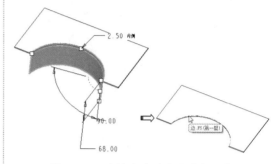

图 15-50　选择法兰壁的放置参照边

技巧点拨：

如果所示选择多条编辑作为放置参照，那么就需要按住 Shift 键进行选择。

step 04 双击预览图形中的尺寸进行编辑，确定凸缘的外形，如图 15-51 所示。

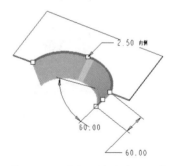

图 15-51　确定凸缘的外形尺寸

step 05 最后单击【应用】按钮，完成法兰壁的创建，结果如图 15-52 所示。

图 15-52　创建的法兰壁

15.3.3 创建扭转壁

扭转壁是钣金的螺旋或螺线部分，扭转壁就是将壁沿中线扭转个角度，类似于将壁的端点反向转动相对小的指定角度。可将扭转连接到现有平整壁的直边上。

由于扭转壁可以更改钣金零件的平面，所以通常用作两钣金件区域之间的过渡。它可以是矩形，也可以是梯形。

在菜单栏中选择【插入】|【钣金件壁】|【扭转】命令，系统弹出如图 15-53 的【扭转】对话框、【特征参照】菜单管理器和【选择】对话框。

图 15-53　执行【扭转】命令弹出的对话框及菜单

动手操练——创建扭转壁

step 01 新建名称为 niuzhuanbi 的钣金文件。然后创建一个平整壁，其大致形状如图 15-54 所示。

图 15-54　创建一个平整壁

step 02 执行【扭转】命令，系统弹出【扭转】对话框、【特征参照】菜单管理器和【选择】对话框。

step 03 选择如图 15-55 所示的依附边，系统将弹出如图 15-56 所示的【扭曲轴点】菜单管理器和【选择】对话框。

图 15-55　选择依附边

图 15-56　【扭曲轴点】菜单管理器和【选择】对话框

step 04 在【扭曲轴点】菜单管理器中选择【使用中点】命令，系统将弹出如图 15-57 所示的【输入起始宽度】输入框，在其中输入起始宽度值 40，单击【接受值】按钮✓，则弹出如图 15-58 所示的【输入终止宽度】输入框，在其中输入终止宽度值 50，单击【接受值】按钮✓，则弹出如图 15-59 所示的【输入扭曲长度】输入框，并在其中输入扭曲长度值 80，单击【接受值】按钮✓，系统弹出如图 15-60 所示的【输入扭曲角】输入框，在其中输入扭曲角度值 60，单击【接受值】按钮✓，系统弹出如图 15-61 所示的【输入扭曲发展长度】输入框，在其中输入扭曲长度值 100，单击【接受值】按钮✓，完成扭曲设置。

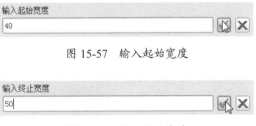

图 15-57　输入起始宽度

图 15-58　输入终止宽度

图 15-59　输入扭曲长度

图 15-60　输入扭曲角

图 15-61　输入扭曲发展长度

step 05　单击【扭转】对话框中的【应用】按钮，完成扭转壁特征的创建，其结果如图15-62所示。

图 15-62　创建的扭转壁

15.3.4　创建延伸壁

延伸壁也叫延拓壁，就是将已有的平板壁延伸到某一指定的位置或指定的距离，不需要绘制任何截面线。延伸壁不能作为第一壁来创建，它只能用于建立额外壁特征。

在菜单栏中选择【插入】|【钣金件壁】|【延伸】命令，或者在右工具栏中单击【延伸】按钮，弹出【壁选项：延伸】对话框和【选择】对话框，如图15-63所示。

图 15-63　【壁选项：延伸】对话框和【选择】对话框

从对话框中可以看出，要创建延伸壁，须完成"边"元素和"距离"元素的定义。下面讲解延伸壁的创建方法。

技巧点拨：

延伸壁命令只能延伸单条边，并且只有直边才能延伸。弧形或其他不规则形状边都不能延伸。

动手操练——创建延伸壁

step 01　新建名称为 yanshenbi 的钣金文件。创建一个拉伸壁，其大致形状如图15-64所示。

step 02　执行【延伸】命令，打开【壁选项：延伸】对话框。然后在拉伸壁上选择一条边，作为要延伸的边，如图15-65所示。

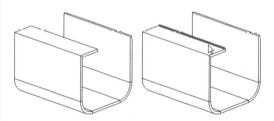

图 15-64　创建一个拉　　图 15-65　选择一条要延
　　　　伸壁　　　　　　　　　　伸的边

step 03　随后弹出【延拓距离】菜单管理器和【选择】对话框。保留默认选项，选择如图15-66所示的平面作为延伸距离的参照。

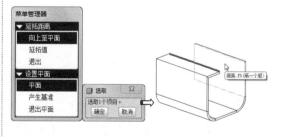

图 15-66　选择延伸距离的参照平面

step 04　在【壁选项：延伸】对话框中单击【确定】按钮，完成延伸壁的创建，如图15-67所示。

第 15 章 钣金设计

图 15-67 创建的延伸壁

15.4 将实体转换成钣金

转换特征是将实体零件转换为钣金件，可以用钣金行业特征对现有的实体设计进行修改。在设计过程中，可将这种转换用作快捷方式，为实现钣金件设计意图，可以反复使用现有的实体设计，可以在一次转换特征中包括多种特征，将零件转换为钣金件后，就与其他钣金件一样了。

转换钣金是在建模环境下进行的。下面以一个实例来说明转换过程。

动手操练——将实体转换成钣金件

step 01 启动 Pro/E，新建名称为 zhuanhuanbanjin 的零件文件。利用【拉伸】命令在 TOP 基准面上创建一个拉伸实体，拉伸深度为 50，其大致形状如图 15-68 所示。

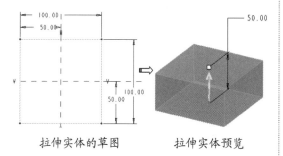

图 15-68 创建拉伸实体

step 02 再利用【拔模】工具对拉伸实体进行拔模，如图 15-69 所示。

step 03 在菜单栏中选择【应用程序】|【钣金件】命令，弹出【钣金件转换】菜单管理器。

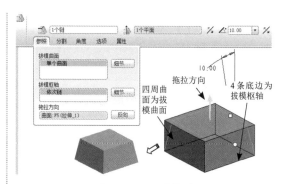

图 15-69 创建拔模

step 04 在【钣金件转换】菜单管理器中选择【壳】命令，然后选择实体特征的上表面作为要抽取的参照面，如图 15-70 所示。

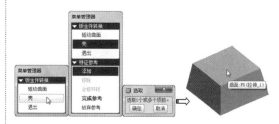

图 15-70 选择抽取曲面

step 05 单击【选择】对话框中的【确定】按钮，然后在【特征参考】子菜单中选择【完成参考】命令，此刻提示需要在图形区上方弹出的文本框内输入壳的厚度值 2.5，输入后再单击【确定】按钮，完成钣金件的转换。如图 15-71 所示。

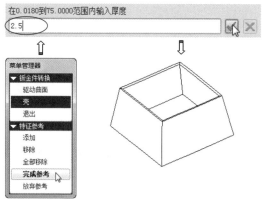

图 15-71 设定钣金厚度并完成转换操作

15.5 综合案例——计算机机箱侧板钣金设计

本节介绍计算机机箱钣金的设计，目的是为了让大家熟练运用 Pro/E 钣金设计功能设计较为复杂的钣金产品。下面详解其设计过程与软件应用技巧。

计算机机箱侧板仅仅是机箱的其中一块钣金件。其结构设计应用了 Pro/E 的基本壁、次要壁、凸模成型、拉伸、切除等工具，如图 15-72 所示。

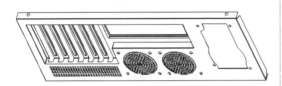

图 15-72 计算机机箱侧板钣金件

step 01 启动软件，创建一个名为 jixiangceban 的钣金文件，并选择【direct_part_solid_mmns】公制模板。

step 02 在钣金设计环境中。单击【平整】按钮，打开【平整】操控板。选择 TOP 基准平面作为草绘平面，进入草绘模式中绘制如图 15-73 所示的草图。

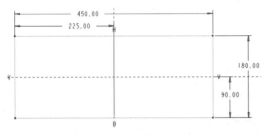

图 15-73 绘制第一壁草图

step 03 退出草绘模式后，在操控板中输入厚度值 0.5，创建第一壁，如图 15-74 所示。

step 04 下面创建次要平整壁，在第一壁的边缘上创建 4 个次要平整壁。下面创建第一个。

单击【平整】按钮，打开【平整】操控板。然后选择第一壁上的一条长边作为放置参照。如图 15-75 所示。

图 15-74 创建的第一壁

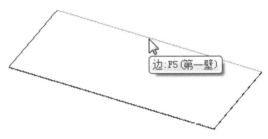

图 15-75 选择放置参照

step 05 在【形状】选项卡中选择【高度尺寸不包括厚度】单选按钮，并双击高度尺寸和折弯半径进行修改，如图 15-76 所示。

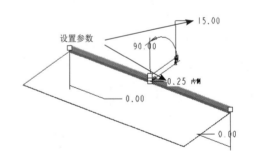

图 15-76 设置折弯参数

> **技巧点拨：**
>
> 参数的修改可以通过在图形区的预览模型上双击进行，也可以在【形状】选项卡的示例图上双击尺寸进行修改，如图 15-77 所示。

step 06 单击【应用】按钮，完成次要平整壁的创建。同理，对称的另一侧也创建相同尺寸的次要平整壁，结果如图 15-78 所示。

在示例图中修改尺寸

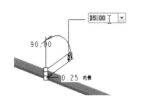

在预览模型上修改尺寸

图 15-77　修改尺寸

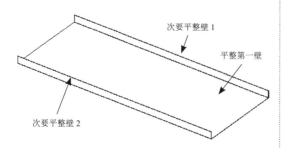

图 15-78　创建完成的两个次要平整壁特征

step 07　继续在第一壁的另外两侧创建次要平整壁，设置相同的高度尺寸和折弯半径尺寸，如图 15-79 所示。

step 08　在【形状】选项卡中单击【草绘】按钮，以此进入草绘模式，修改平整壁形状，如图 15-80 所示。

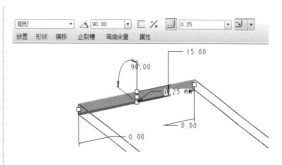

图 15-79　修改高度尺寸和折弯半径尺寸

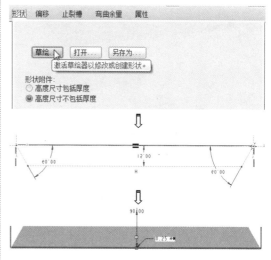

图 15-80　修改形状

step 09　最后在操控板中单击【应用】按钮，完成次要平整壁的创建。同理，在对称的另一侧也创建相同尺寸的次要平整壁。如图 15-81 所示。

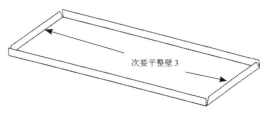

图 15-81　创建另一侧的次要壁特征

step 10　利用【拉伸】工具，以 FRONT 基准平面作为草绘平面，创建出如图 15-82 所示的 4 个孔。

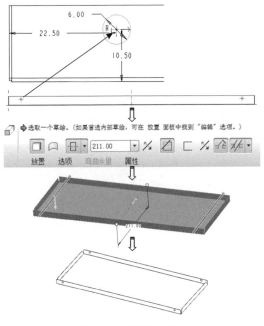

图 15-82 创建4个孔

step 11 再使用【拉伸】工具，在第一壁上创建如图 15-83 所示的拉伸切除特征。

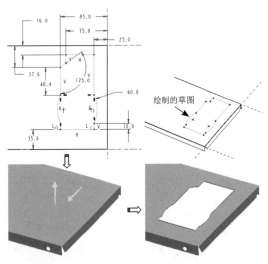

图 15-83 创建拉伸切除特征

step 12 同理，再利用【拉伸】工具，在第一壁上创建如图 15-84 所示的小孔。

step 13 单击【平整】按钮，选择拉伸切除特征的一条边，创建如图 15-85 所示的次要平整壁。

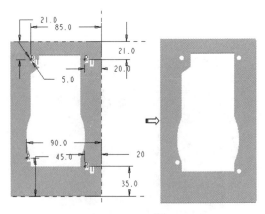

图 15-84 创建小孔

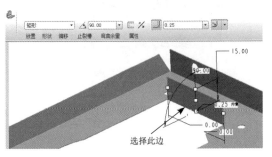

图 15-85 创建次要平整壁

step 14 接下来创建凹模特征。在右工具栏中单击【凹模工具】按钮，弹出【选项】菜单管理器。然后选择【参照】|【完成】命令，再弹出【打开】对话框。通过此对话框打开本例素材文件 case-1，如图 15-86 所示。

图 15-86 选择参照

step 15 接着弹出【模板】装配对话框和【模板】定义对话框，如图 15-87 所示。

图 15-87 【模板】装配和【模板】定义对话框

step 16 在【模板】装配对话框中创建 3 组装配约束，如图 15-88 所示。

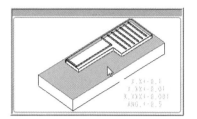

定义【边界平面】

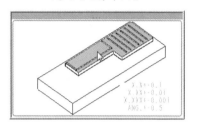

定义【种子曲面】

图 15-89 定义元素

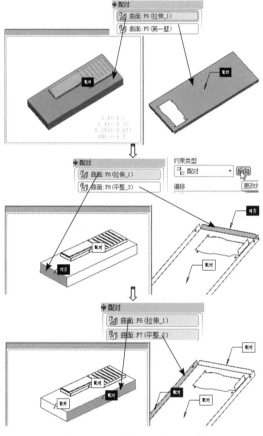

图 15-88 创建 3 组发配约束

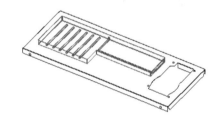

图 15-90 创建的凹模成型特征

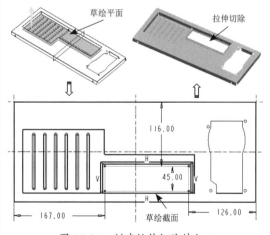

图 15-91 创建拉伸切除特征 4

step 17 创建约束并放置凹模零件后，在【模型】定义对话框中定义【边界平面】元素和【种子曲面】元素，如图 15-89 所示。

step 18 最后单击【确定】按钮，创建凹模成型特征，如图 15-90 所示。

step 19 利用【拉伸】命令，创建如图 15-91 所示的拉伸切除特征（模型树中编号为 4）。

step 20 同样，以相同的草绘平面，再创建出如图 15-92 所示的拉伸切除特征（模型树中编号为 5）。

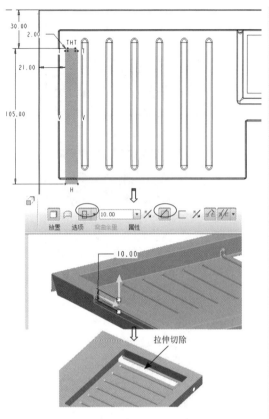

图 15-92 创建拉伸切除特征 5

step 21 在菜单栏中选择【编辑】|【阵列】命令,弹出【阵列】操控板。利用【尺寸】驱动方式,选择上步创建的拉伸特征 5 作为阵列参考,选择标注为 21 的尺寸作为驱动尺寸,并创建出 7 个阵列对象,如图 15-93 所示。

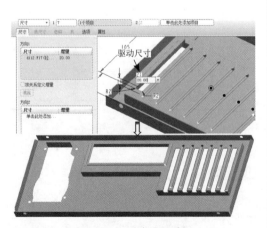

图 15-93 创建阵列特征

step 22 利用【拉伸】工具,创建如图 15-94 所示的小圆孔。

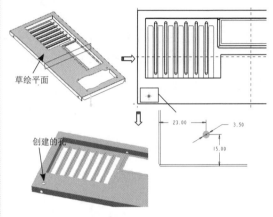

图 15-94 创建小圆孔

step 23 再利用【阵列】工具,将此孔进行阵列,结果如图 15-95 所示。

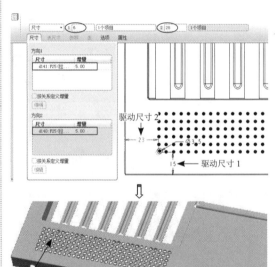

图 15-95 创建圆孔的阵列

step 24 利用【拉伸】工具,创建如图 15-96 所示的拉伸切除特征 7(直径为 3.5 的小圆孔)。

step 25 利用【阵列】命令,以【填充】方式对小圆孔(拉伸特征 7)进行圆形填充阵列,且操作步骤与结构如图 15-97 所示。

第 15 章　钣金设计

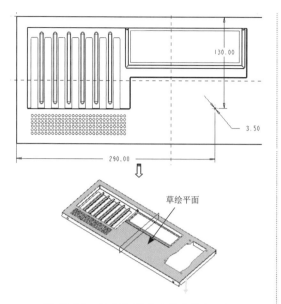

图 15-96　创建小圆孔（拉伸特征 7）

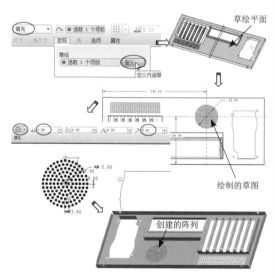

图 15-97　创建圆孔的填充阵列

step 26　使用【拉伸】工具，在填充阵列特征的周边创建如图 15-98 所示的 4 个大孔。

step 27　接下来再创建一个凹模特征（在填充阵列位置）。单击【凹模工具】按钮，弹出【选项】菜单管理器。然后选择【参照】|【完成】命令，再弹出【打开】对话框。通过此对话框打开本例素材文件 case-2，如图 15-99 所示。

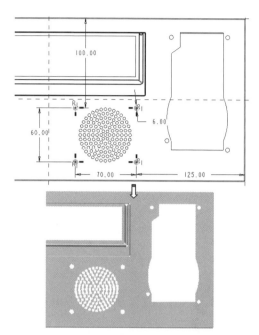

图 15-98　创建 4 个大孔

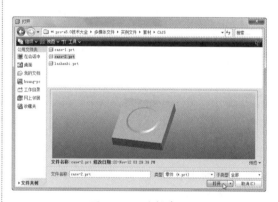

图 15-99　选择参照

step 28　接着弹出【模板】装配对话框和【模板】定义对话框，如图 15-100 所示。

图 15-100　【模板】装配和【模板】定义对话框

step 29　在【模板】装配对话框中创建 3 组装配约束，如图 15-101 所示。

403

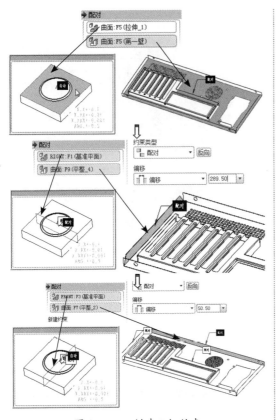

图 15-101 创建 3 组约束

step 30 创建约束并放置凹模零件后,在【模型】定义对话框中定义【边界平面】元素和【种子曲面】元素,如图 15-102 所示。

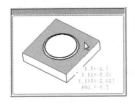

定义【边界平面】　　定义【种子曲面】

图 15-102 定义元素

step 31 最后单击【确定】按钮,创建凹模成型特征,如图 15-103 所示。

图 15-103 创建的凹模成型特征

step 32 单击【平面】按钮,打开【基准平面】对话框。然后选择 RIGHT 基准平面作为参考,创建如图 15-104 所示的基准平面。

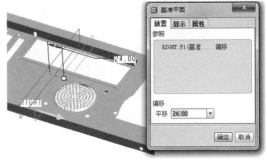

图 15-104 创建基准平面

step 33 在模型树中将填充阵列特征、4 个圆孔特征和凹模成型特征创建为一个组,如图 15-105 所示。

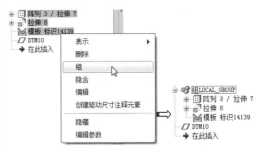

图 15-105 创建组

step 34 选中组,然后在菜单栏中选择【编辑】|【镜像】命令,以前面创建的基准平面 DTM10 作为镜像平面,创建出如图 15-106 所示的镜像特征。

图 15-106 创建镜像特征

step 35 至此,完成了计算机机箱侧板钣金的设计过程。

15.6 课后习题

1. 折弯练习

利用如图15-107所示左图的钣金件，折弯成右图的形状。

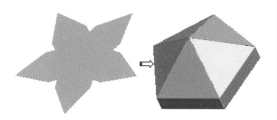

图 15-107　折弯钣金

2. 展平练习

利用如图15-108所示左图的折弯钣金件，展平成右图。

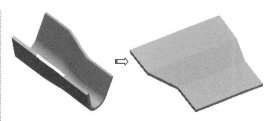

图 15-108　展平钣金

3. 钣金设计

利用基础壁、次要壁、成型等命令，创建如图15-109所示的钣金件。

图 15-109　钣金件

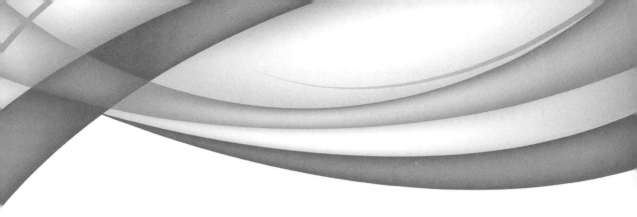

第 16 章
Plastic Advisor（塑料顾问）分析

本章内容

Plastic Advisor（塑料顾问）是 Pro/E 向用户提供的一套简易的模流分析系统。使用 Pro/E 的塑料顾问进行塑料填充分析，能使模具设计人员在产品设计和模具设计初期对产品进行可行性评估，同时优化模具设计。

知识要点

- ☑ Pro/E 塑料顾问
- ☑ 塑料料流理论基础
- ☑ 熟悉 Plastic Advisor 界面
- ☑ Plastic Advisor 基本操作
- ☑ 顾问

16.1 Pro/E 塑料顾问概述

Pro/E 的塑料顾问分析系统来自于澳大利亚 Modlfolw 公司的 Modlfolw Plastic Advisor 系列产品中的一员，即 Moldflow Part Advisor（简称 MPA），MPA 是附在 Pro/E 中免费使用的。

16.1.1 Plastic Advisor 的安装

Plastic Advisor 模块是伴随 Pro/E 软件一起进行安装的，也就是说在安装软件程序过程中只需要选择 Plastic Advisor 选项进行安装即可，如图 16-1 所示。

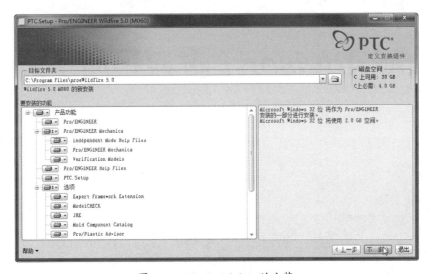

图 16-1　Plastic Advisor 的安装

安装完成后启动 Pro/E，然后进入建模环境。在菜单栏中选择【应用程序】|【Plastic Advisor】命令，就可以使用 Plastic Advisor 进行模型产品分析了。如图 16-2 所示。

图 16-2　使用 Plastic Advisor

> **技巧点拨：**
>
> Plastic Advisor（塑料顾问）分析模块仅在零件设计模式和装配设计模式可用。也就是说，塑料顾问仅针对零件模型或组件模型进行分析。

16.1.2 塑料顾问分析流程

Plastic Advisor（塑料顾问）分析流程如图 16-3 所示。

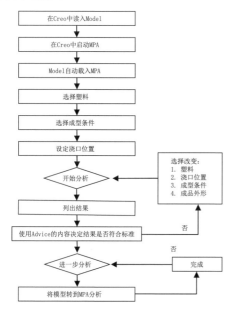

图 16-3　Plastic Advisor 的分析流程

16.1.3 分析要求

由于数值方法的限制，Plastic Advisor 的分析模型的外形最好是薄壳及表面模型组成，这样 Advisor 才可以做最准确的计算。一般的规则是，在模型中应尽量避免出现实心的圆锥形或圆柱形结构。如果出现这些结构特征，但所占模型的比例不是很大，就不需要做修改。

由上可知，唯有薄壳件 Plastic Advisor 的表达式才能精确地分析，薄壳件的定义是：

- 考虑模型局部区域的长度和宽度的平均数。如图 16-4（a）所示，25 和 15 的平均数是 20。
- 确认厚度小于长宽平均数的 1/4。图 16-4（a）中，3 小于 20 的 1/4，所以这样的分析模型 Plastic Advisor 是可以接受的。
- 如图 16-4 所示，（b）图的模型是符合分析条件的，而（c）图是不符合的。

（a）薄壳件　（b）符合要求　（c）不符合要求

图 16-4　符合分析条件的模型

16.1.4　Plastic Advisor 的功能

Plastic Advisor 为针对 ID 工程师做外观设计时的辅助之用，主要针对模型内部的塑料流动行为做分析，下面介绍 Plastic Advisor 的功能。

1．产品设计评估

首先，设计人员可以快速评估每个薄壳射出塑件制造的可行性，产品设计概念得以在最初的阶段即加以改善。Plastic Advisor 将产品设计及模具修改所需花费的时间与金钱降至最低，并缩短产品上市时间。

2．仿真制造过程

Plastic Advisor 对设计人员的主要制造顾虑提供实用的建议，并能迅速地修改影响产品制造品质的设定与性质，例如薄板厚度、浇口位置、补强肋的位置及原料的选择。

3．先进的科技

Plastic Advisor 是以非牛顿、非等温的理论解析，以及实际注模行为的仿真为基础的，所以结果非常可靠、可信。另外，Moldflow丰富的原料数据库包括全球各大品牌七千多种原料的各项详细精确的材质特性数据，并随时更新，供设计人员充分利用。

4. 软件特性

Plastic Advisor 的软件特性表现如下：

- 工业界最佳 CAD 整合软件（industry best CAD integration）：MPA 可以用集成 CAD 环境下的 Moldflow 菜单进行格式转换，或是接受 STL 档案单独使用。通过 MPA 使得 CAD 实体模型可以被真实地仿真出来。
- 实体基础（solid based）：Plastic Advisor 是以实体为基础的，在杂乱的资料转换、网格的建立、实体模型的 mid-plane 各方面需要下评估。因此，即使再复杂的产品，也可以在很短的时间内完成。
- 操作极其简便（extreme ease of use）：通过模型操作工具列、线上教学和直觉式图形使用者接口（GUI），使得 Plastic Advisor 操作相当简便，只需要几分钟时间就可以学会，而且无须有分析或塑料的相关经验。
- 独特的线上顾问（unique on-line advisor）：线上顾问及时在塑料产品制造限制和如何控制塑料行为上提供建议。
- 充填可行性（confidence of fill）：充填可行性帮助设计者毫不费力地检视压力、温度和充填的结果，以控制产品的充填品质。让非专业人员也能够有效地进行仿真分析是 Moldflow 的一个重要的策略，其显示结果若在绿色区，则代表有高度充填可行性，而红色或黄色的区域则代表必须要重新设计或选择其他的材料再重新进行仿真。
- 气孔（air traps）：气孔是由不完全充填和保压所造成的，其表面会有类似烧焦的污点，设计师可以应用 Plastic Advisor 显示的结果来预防气孔的发生，或设定气孔的位置。
- 熔接线和熔合线（weld lines and meld lines）：熔接线和熔合线在塑料产品上会导致结构上的问题和外观的缺陷，假如可以预知它们会在哪里发生，设计者可以做一些改善再重新评估或移动这些线。
- 充填模式（fill pattern）：fill pattern 告诉设计者产品如何充填，并帮助他们了解熔接线和气孔是如何形成及其他潜在的问题，如过度保压、迟滞现象也可以很明显地确认出来。
- 广泛的塑料成型仿真（process wide plastics simulation）：Plastic Advisor 是 Moldflow 广泛的塑料成型仿真策略中重要的一环，它带来各方面的知识，如产品和模具设计应用于制造上的限制、连接塑料仿真和实际机器控制，以及确认和控制工厂的生产参数。

16.1.5 产品结构对 Plastic Advisor 分析的影响

设计塑料产品时所需考虑的因素众多，包括功能与尺寸的需求、组合之公差、艺术感与美观、制造成本、环境的冲击，以及成品运送等。在此，考虑产品"肉厚"对于成型周期、收缩与翘曲、表面品质等因素的影响，以讨论热塑性塑料注射成型的加工性。

1. 塑料产品的"肉厚"

塑件注射成型后，必须冷却到足够低的温度，顶出时才不会造成变形。"肉厚"较厚的塑件需要较长的冷却时间和较长的保压时间。理论上,冷却时间与"肉厚"尺寸的平方成正比,或者与圆形对象直径的 1.6 次方成正比。所以"肉厚"较厚的塑件会延长成型周期,降低单位时间所射出塑件的数量,增加每个塑件的制造成本。

另外,塑料注射成型后就会发生收缩,然而,剖面或整个组件的过量收缩或不均匀收缩就会造成翘曲,以致成型品无法依照设计形状呈现,如图 16-5 所示。

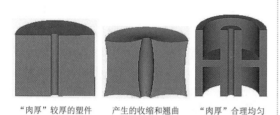

图 16-5 塑料产品的"肉厚"

塑件"肉厚"的设计原则是:使用筋可以提高塑件的刚性和强度,并且避免厚肉区的结构。塑件尺寸的设计,应将塑料的材料性质、负荷类型和使用条件之间的关系列入考虑范围,也应考虑组件的组合需求。如图 16-6 所示为一些塑件的结构设计范例。

图 16-6 常见塑件结构设计

2. 加强筋设计

加强筋的厚度、高度和拔模斜度是相互关联的。较粗厚的筋会在塑件的另一面造成凹痕;较薄的筋及较大的拔模斜度会造成筋的尖端充填困难。筋之各边应有 1°的拔模角,最小不得低于 0.5°,而且应该将筋两侧的模面精密抛光。拔模斜度使得从筋顶部到根部增加肉厚,每增加 1°的拔模角度,将会使 10mm 高的筋根部增加 0.175mm 的肉厚。因此,建议筋根部的最大厚度为塑件厚度的 4/5,通常取 1/2 ~ 4/5,如图 16-7 所示。

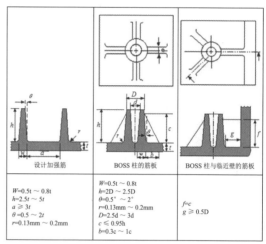

图 16-7 加强筋的设计规范

16.2 塑料流动理论基础

应用 Plastic Advisor 分析模型,必须先了解塑料流动基础知识。塑料流动基础知识包括塑料注射成型、浇口位置、结晶性、模具类型、流道系统设计等结点。

16.2.1 塑料注射成型

塑料注射成型的整个过程由 3 个阶段组成:充填阶段、加压阶段和补偿阶段。

1. 充填阶段

在充填阶段,塑料被射出机的螺杆挤入模穴中直到填满。当塑料进入模穴时,塑料接触模壁时会很快凝固,这会在模壁和熔料之间形成凝固层。

如图 16-8 所示，图中显示塑料波如何随着塑料被往前推挤时产生的扩张。当流动波前到达模壁并凝固时，塑料分子在凝固层中没有很规则地排列，一旦凝固，排列的方向也无法改变。红色箭头代表熔融塑料的流动方向，蓝色层代表凝固层，而绿色箭头代表熔融塑料向模具的传热方向和熔融塑料之间形成凝固层。

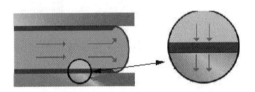

图 16-8　熔料与模壁之间形成凝固层

2．加压阶段

在模穴充填满之后紧接着是加压阶段，虽然所有的流动路径在上一个阶段都已经充填完成，但其实边缘及角落都还有空隙存在。特别是远离浇口位置的区域，极不容易充满，此时就需要在这个阶段增加充填压力将额外的塑料挤入模穴，使之完全充满。

如图 16-9 所示，在充填阶段末期可看到未充填的死角（左图中圆圈内），加压后熔料完全充满整个模穴（右图）。

充填阶段末期　　　加压阶段末期

图 16-9　充填末期与加压末期的差异

3．补偿阶段

塑料从熔融状态冷凝到固体状态时，会有大约 25% 的高收缩率，因此必须将更多的塑料射入模穴以补偿因冷却而产生的收缩，这是补偿阶段。

16.2.2　浇口位置

浇口位置即塑料射入模穴的位置。在 MPA 中因无流道系统，所以在各浇口会以相同的压力将塑料注入模穴，这一压力在射出的过程中会以指数的方式增加。

浇口位置的主要考虑因素是流动平衡，也就是各流动路径在同一时间充填满。这可以预防先充满的区域发生过保压的现象。如图 16-10 所示，若将浇口位置设在标号 1 和标号 2 处，则会在模型的右侧形成熔接线，当浇口移到标号 3 的位置时则会在右下方造成熔接线。

> **技巧点拨：**
>
> 在一般规则中，浇口应设在较厚的区域，而不应该设在较薄的区域。

有些情况下，可以选择一个以上的浇口，再将产品均匀划分成几个区域，这样在充填时可使各区域同时充填满，并缩短注塑时间。如图 16-11 所示。

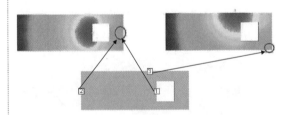

图 16-10　浇口位置的差异导致的制件缺陷

图 16-11　多浇口设定并划分区域

16.2.3　结晶性

塑料分子是由原子组成的长链。如图 16-12

所示，长分子链能规则排列（结晶）、无规则排列（非结晶）或部分有规则（半结晶）排列。

图 16-12　塑料分子结晶

1. 收缩、翘曲与结晶

如果产品在所有的区域和方向上保持收缩一致，那么它就不会产生翘曲。若产品在不同方向上收缩，就会产生翘曲，如图 16-13 所示。

通常，结晶材料比非结晶材料收缩要大。这意味着产品在不同方向上结晶，也就会在不同方向上收缩，因此会产生翘曲，如图 16-14 所示。

图 16-13　收缩不均产生的翘曲

图 16-14　不同方向的结晶产生的翘曲

2. 结晶的产生

半结晶材料有着结晶的倾向，但是在成型过程中，结晶度受熔体冷却速度的影响。熔体冷却速度越快，结晶度就越低，反之亦然。如果产品的某个区域冷却速度慢，则这一区域有高的结晶性，因此收缩也会大一些。

3. 影响熔体冷却速度的两个主要因素

影响熔体的冷却速度的两个主要因素是：模温和几何尺寸。模温越高，维持高熔体温度的时间也越长，这将延迟熔体的冷却。

相对于制件的几何尺寸这个因素，产品肉厚薄的地方冷却快一点，因此收缩比较小。这是由于在注射成型过程中，厚的区域比薄的区域冷却慢，于是结晶度会大一点，并有大的体积收缩。另一方面，薄的区域冷却较快，因此结晶度比较小，体积收缩也比用热力学数据（PVT）预测的要低。

16.2.4　模具类型

模具按模穴数量来分，可分为两板模和三板模。两板模是最常用的模具类型，与三板模比较，两板模具有成本低、结构简单及成型周期短的优点。

1. 单模穴两板模

许多单穴模具采用两板模的设计方式，如果成型产品只用一个浇口，不要流道，那么塑料会由竖流道直接流到型腔中。

2. 多模穴两板模

一模多穴和家族模穴可以使用两板模，但是这种结构限制进浇的位置，因为在两板模中流道和浇口也位于分模面上，这样它们才能随开模动作一起工作，如图 16-15 所示。

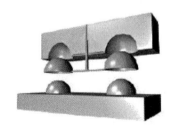

图 16-15　多模穴两板模

一模多穴的模具，达到流动平衡对设计流道是重要的。对于一模多穴而言，使用常用的两板模结构，使各模穴的流动到达平衡比较困难，因此可用三板模或者用热流道的两板模代替。

3. 热流道两板模

热流道两板模能保证塑料以熔融状态通过竖流道、横流道、浇口，只有到了模穴时才开始冷却、凝固。当模具打开时，成品被顶出，当模具再次关闭时，流道中的塑料仍然是热的，因此可以直接充填模穴，此种模具中的流道可能由冷、热两部分组成，如图16-16所示。

图 16-16　热流道两板模

4. 三板模

三板模的流道系统位于与主分模面平行的拨料板上，开模时拨料板顶出流道及衬套内的废料，在三板模中流道与成品将分开顶出。如图16-17所示。

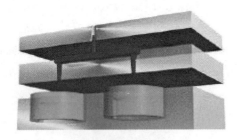

图 16-17　三板模

当整个流道系统不能与浇口放于同一平板上时，使用三板模。这是因为：
- 模具包含多穴或家族模穴。
- 一模一穴较复杂的成品需要多个进浇点。
- 进浇位置在不便于放流道的地方。
- 平衡流动要求流道设计在分模面以外的地方。

> **技巧点拨：**
> "一模多穴"是指同一模具中成型多个相同产品。"家族模穴"是沿海一带对一模多件的叫法，即在同一模具中成型多个不同产品，此类产品一般为装配件。

16.2.5　流道系统设计

浇口、主流道（也叫竖流道）与分流道是用来将熔胶从喷嘴传输到每个模穴进浇位置的工具。如图16-18所示为多模穴两板模的典型流道系统。

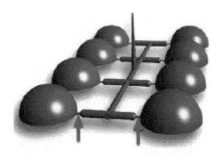

图 16-18　多模穴两板模的典型流道系统

1. 浇口设计

在设计浇口之前，应使用 Plastic Advisor 的最佳浇口位置分析工具，对每个模穴进行分析，以便找到合理的浇口位置。

对于外观要求很高的产品，浇口应设计得窄小一些，以免在外观面留下大的痕迹。

若将浇口做短一点，可避免因浇口处产生大的压力降，使浇口与流道的接触角太尖，阻碍胶体的流动。此时应在连接处做一个圆角。

2. 分流道设计

分流道的设计影响到使用材料的用量及产品的品质。假如每个模穴的流动不平衡，过渡保压和滞流就会引起较差的产品品质。又长又不合理的分流道设计，能引起较大的压力降并且需要较大的注射压力。

一般来讲，应使流道尽可能短，尽可能有较小的射出重量，并提供平衡的流动。如图 16-19 所示为典型的平衡式多模穴分流道布置图。

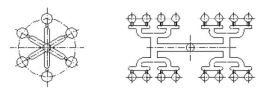

图 16-19 平衡式分流道布置

对于非平衡式流道系统，各个型腔的尺寸和形状相同，只是诸型腔距主流道的距离不同而使得浇注系统不平衡，这也使得充填不平衡，如图 16-20 所示。

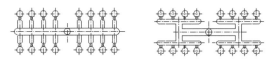

图 16-20 非平衡式分流道布置

3．主流道

主流道是与注射喷嘴接触，延伸进入模具的部分，在单模穴的只有一个进浇位置的模具中，主流道与模穴壁相交汇。主流道的开口要尽可能小，但是必须完全充满模具。主流道上的锥角应该足够大，使它能被容易推出，但不能太大，因为冷却时间和所使用的材料会随着主流道直径的增加而变大。

16.3 熟悉 Plastic Advisor 的界面

在 Pro/E 建模环境下打开产品模型，然后在菜单栏中选择【应用程序】|【Plastic Advisor】命令，弹出【选择】对话框。

若用户使用【基准点】工具在要创建浇口处设置基准点，可选择该基准点而进入 Plastic Advisor 应用程序；没有预先设置基准点，则直接单击【选择】对话框中的【确定】按钮 确定 ，之后将打开 Plastic Advisor 设计界面。

Plastic Advisor 操作窗口主要由菜单栏、上工具栏、左工具栏、图形分析区域、工作标签区域和信息栏等 6 部分构成。如图 16-21 所示。

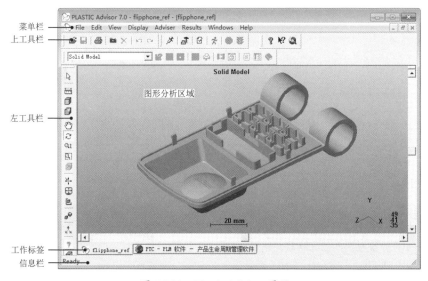

图 16-21 Plastic Advisor 界面

技巧点拨：

在 Plastic Advisor 操作窗口中，鼠标的用法如下：按住鼠标左键可以翻转模型；按住鼠标右键可以平移模型；按住鼠标中键可以缩放模型。

16.4 Plastic Advisor 基本操作

下面介绍 Plastic Advisor 的基本操作，帮助大家熟悉 Plastic Advisor 的应用环境。

16.4.1 导入/导出的文件类型

Plastic Advisor 支持的文件格式包括 *.stl、*.igs、*.ctm、*.stp、*.x_t、*.x_b、*.prt 等，如图 16-22 所示。

图 16-22 支持的文件类型

技巧点拨：

建议以后将分析的模型在其他三维软件中用 .stl 文件格式保存。在 Plastic Advisor 中打开时会缩短分析时间。

完成分析后的文件，可以保存为 Plastic Advisor 的项目文件 .adv，也可以保存为 MPI 的项目文件 .udm 或 .mfl，以及图片文件 .jpg、.tiff、.bmp 等。

16.4.2 模型视图操作

在 Plastic Advisor 中，用于模型视图控制的【View Piont】工具栏如图 16-23 所示。包含各种视图控制命令。

图 16-23 【View Piont】工具栏

如图 16-24 列出了 6 个基本视图与 4 个轴侧视图类型。

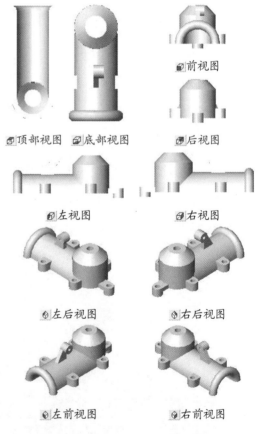

图 16-24 Plastic Advisor 视图类型

单击【View Rotation】按钮 ♦，弹出【View Rotation】对话框。可以通过输入值来精确旋转视图，如图 16-25 所示。

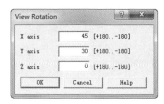

图 16-25　旋转视图

16.4.3　模型显示操作

模型显示操作工具在如图 16-26 所示的【Display】工具栏上。

图 16-26　【Display】工具栏

各工具含义如下：

- select（选择工具）：单击此按钮，鼠标指针变成 ▷，用来选择模型对象。
- Measure（测量工具）：单击此按钮，可以测量任何两点间的距离。测量方法是，在模型上的任意位置单击，确定测量起点，则信息栏显示起点坐标为（0,0,0），按住鼠标左键不放，拖动光标至新位置并放开鼠标，即可得到测量信息，如图 16-27 所示。

图 16-27　测量距离

- Bounding Box（边界盒体工具）：这个工具显示一个最小的三维矩形空间，产品可以包含在内，如图 16-28 所示。

- Enable Clipping Plane（激活剖切面工具）：剪切平面将模型切剖，以便能看到模型的内部。使用这个功能可以在复杂的区域观察几何形状和结果。
- pan（平移工具）：单击此按钮，在屏幕周围拖动鼠标可以移动模型。
- Rotate（旋转工具）：在屏幕周围拖动鼠标可以旋转模型。
- Dynamic Zoom（动态放大工具）：沿着鼠标向上拖动会动态地放大模型，向下拖动则会缩小模型。
- Banding Zoom（区域放大工具）：在想观察的区域的一角单击，然后拖到想观察的区域的对角上，所选择的区域就会填满窗口。
- Set Center（设置中心）：用于为观察模型设置一个中心点。
- Fit to Window（将模型填满窗口）：也称全屏设置工具。
- original orientation（初始方向）：单击此按钮，可以返回到前视图方向。
- Plastic Attributes（制品属性）：单击此按钮，弹出【Plastic Attributes】对话框。如图 16-29 所示，通过此对话框可以设置反射加亮、阴影、发亮、透明及制品颜色等属性。

图 16-28　边界盒体　　图 16-30　【Plastic Attributes】对话框

- ⊕ display origin：单击此按钮可以显示原点，如图 16-31 所示。
- ▽ injectiom Cones（注射锥）：当应用【Pick Injection Location】工具创建注射锥（表示浇口注射位置）后，单击此按钮可以控制其显示。

图 16-31　显示原点　　图 16-32　显示注射锥

- Cavities（型腔）：单击此按钮可以控制模型的显示。

16.4.4　首选项设置

在模型分析之初，可对 Plastic Advisor 的运行环境进行参数设置。在菜单栏中选择【File】|【Preferences】命令，打开【Preferences】对话框，如图 16-33 所示。

通过该对话框可进行背景与颜色、单位、外部应用程序、鼠标、系统、互联网等参数设置：

- Display（显示）：设置系统背景与颜色。
- Units（单位）：设置测量单位、材料、货币符号等。
- External Programs（外部应用程序）：设置从外部载入的应用程序。
- System（系统）：设置模型的旋转、亮度、渲染，以及视图模式、视图数量等。
- Mouse Modes（鼠标）：设置鼠标快捷键。
- Internet（互联网）：设置互联网的连接与更新等。
- Consulting（顾问）：设置邮件发送。

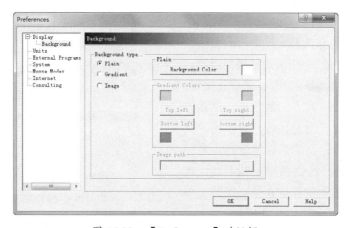

图 16-33　【Preferences】对话框

16.5　顾问

【Advisor】工具栏用于拾取浇口位置、建模、选择分析材料、分析前的检查、分析向导设定及查看建议等工作，如图 16-34 所示。

图 16-34　【Advisor】工具栏

16.5.1　拾取注射进胶位置

用户可以事先按自己对产品的初步判断，在模型上设置注射进胶点。单击【Pick Injection

Location】按钮，在模型上选择进浇点，如图 16-35 所示。

图 16-35　设置注射进胶点

技巧点拨：

为了移动进浇位置，可以拖动它到一个新的位置，或者选定它，单击鼠标右键，并选择 Properties 命令，然后输入想要移动到的确切位置。若要删除进浇点，选择黄色圆锥体，然后按 Delete 键。

创建进浇点后，需要单击模型显示工具，才可结束当前操作。当用户不能正确判断最佳的浇口点位置时，可以先进行最佳浇口位置分析，得到分析结果后再设定进浇点，提高后续分析的精确性。

16.5.2　建模工具

建模工具主要用来进行创建坐标系、镜像模型和旋转模型等变换操作。此操作不能创建副本对象，只是改变模型的方位。单击【Modeling Tools】按钮，弹出【Modeling Tools】对话框，如图 16-36 所示。

图 16-36　【Modeling Tools】对话框

对话框的左侧列表中包含 3 个选项操作：Coordinate System（坐标系）、Mirror（镜像）和 Rotate（旋转）。

1. Coordinate System（坐标系）

通过在 Absolut（绝对坐标）或 Relativ（相对坐标）的文本框内输入数值，即可创建参考坐标系。如图 16-37 所示为定义的相对坐标系。

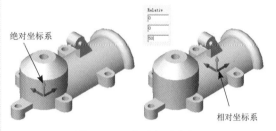

图 16-37　定义相对坐标

2. Mirror（镜像）

镜像工具通常用来进行对称变换。操作步骤如下：

step 01　在【Modeling Tools】对话框左侧列表中选择【Mirror】选项，然后在工作区中选择要镜像变换的模型，此时对话框右侧的选项设置变为可用，如图 16-38 所示。

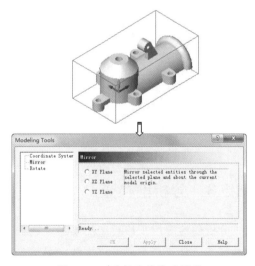

图 16-38　选择要镜像的模型

技巧点拨：

选中模型前，镜像的选项设置是灰显不可用的状态。

step 02 选择【XY Plane】单选按钮，然后单击【OK】按钮，完成镜像变换操作。结果如图 16-39 所示。

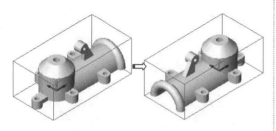

图 16-39 镜像变换

3. Rotate（旋转）

旋转变换也不能创建副本，此工具可以绕 X、Y、Z 轴旋转自定义的角度，也可以单击旋转按钮旋转正负 90°。如图 16-40 所示为绕 X 轴旋转正向 90° 的结果。

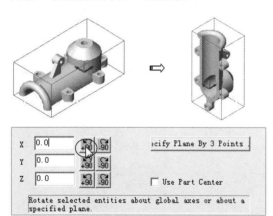

图 16-40 旋转变换

16.5.3 分析前检查

分析前检查用来检查产品质量是否符合分析要求。如果产品厚度过大或产品模型有大量尖角，会显示产品出现质量问题。如果产品符合要求，单击【Pre-Analysis Check】按钮，弹出【Pre-Analysis Check-Model】对话框，并显示"没有发现错误"信息，如图 16-41 所示。

图 16-41 分析前的检查

16.5.4 分析向导

分析向导是用来指引用户创建分析类型的工具。在【Advisor】工具栏中单击【Analysis Wizard】按钮，弹出【Analysis Wizard-Analysis selection】对话框，如图 16-42 所示。

在 Plastic Advisor 程序中，共有 5 种分析类型：成型窗口分析、浇口位置分析、充填分析、冷却质量分析和缩痕分析。

图 16-42 【Analysis Wizard- Analysis selection】对话框

该对话框分析序列中的选项含义如下：

- Molding Windows（模型窗口分析）：此分析可以给出最好的成型条件，运行此分析前，必须指定材料和浇口位置。
- Gate Location（浇口位置分析）：运行此分析将得到最佳的浇口位置。
- Plastic Filling（塑料填充分析）：此分析用来检测塑料填充过程中的流动状态。
- Cooling Quality（冷却质量分析）：此分析可协助确认修改造型的几何，以避免因不同的冷却方式所造成的变形。

- Sink Marks（缩痕分析）：此分析用来检测模型是否会产生缩痕及凹坑等缺陷。

16.5.5　分析结果

使用 Plastic Advisor 分析模型，关键是要会查看分析结果，以此找到解决产品产生缺陷的方法。

Plastic Advisor 每一次分析结束后，会将分析结果列于【Rusults】工具栏中，例如做塑料充填分析，其结果如图 16-43 所示。

图 16-43　塑料充填分析结果下拉列表

用户在该下拉列表中选择一个分析结果选项，在图形分析区域中则用各种颜色来显示模型，以表示该分析结果。充填可行性结果把模型显示为绿色、黄色、红色及半透明部分，如图 16-44 所示。

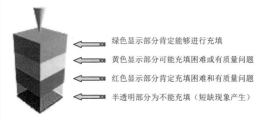

图 16-44　充填分析结果的颜色解析

在质量分析结果中，图中所示的几种颜色将表现为质量问题：

- 绿色表示为高的表面质量。
- 黄色表示表面质量可能有问题。
- 红色表示这部分有明显的表面质量问题。
- 半透明部分表示不能充填，有短射现象。

如果质量结果有红色或黄色显示，则产品有质量问题。为了精确地找出在产品中发生了什么问题，用户可通过单击【Results】工具栏上的【Help on displayed results】按钮，打开相关的帮助主题来解决，如图 16-45 所示。

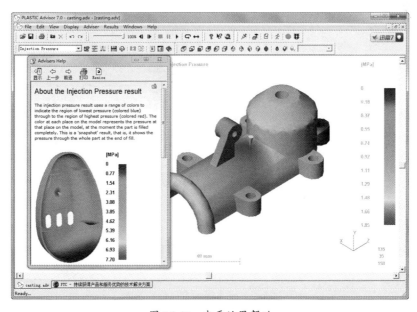

图 16-45　查看结果帮助

16.6 综合案例——名片格产品分析

模块主要分析产品中的塑料流道情况，以帮助设计师提高产品的外观质量。下面用一个名片格模型的最佳浇口位置分析和流道分析的实例来说明 Plastic Advisor 的实际应用。名片格产品如图 16-46 所示。

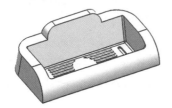

图 16-46　名片格产品

16.6.1 最佳浇口位置分析

在对模型进行最佳浇口位置分析时，需要指定分析材料、模具温度、最大注射压力等参数，使分析的结果逼近真实。

操作步骤：

step 01　从本例光盘中打开名片格模型，然后设置工作目录。

step 02　启动 Plastic Advisor 模块，如图 16-47 所示。

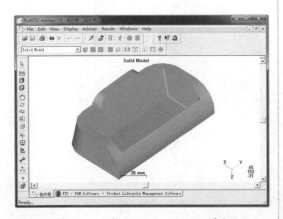

图 16-47　启动 Plastic Advisor 模块

step 03　在 Plastic Advisor 应用程序中，单击【Advisor】工具栏中的【分析向导】按钮，弹出【Analysis Wizard- Analysis seletion】对话框。然后选择【Gate Location】类型，并单击【下一步】按钮，如图 16-48 所示。

step 04　随后在选择材料对话框中选择 GE Plastics（USA）材料供应商和 Cycolac 28818E 材料，随后单击【下一步】按钮，如图 16-49 所示。

图 16-48　选择分析类型

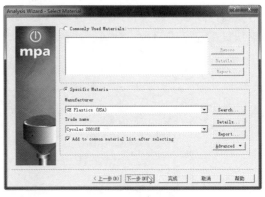

图 16-49　选择材料

step 05　在工艺条件的选择对话框中，保留默认的模具温度和注射压力参数，单击【完成】按钮，程序执行分析操作，如图 16-50 所示。

step 06　经过一定时间的计算分析后，得出最佳浇口位置的分析结果，如图 16-51 所示。通过查看最佳浇口位置区域，得出模具的浇口位置在模型内部，可采用【潜伏式】浇口。

第 16 章　Plastic Advisor（塑料顾问）分析

技巧点拨：

有些时候，为了简化模具结构以提高经济效益，对于多腔模具来说，常使用【侧浇口形式】。只是在注塑阶段时调整注塑压力或模具温度，即可解决产品质量问题。

艺参数可保留先前最佳浇口位置分析时的设置。充填分析结果中包括有充填时间、注射压力、波前流动温度、压力降、品质、气孔及熔接线等。

1. 执行分析

操作步骤：

step 01　在【顾问分析】工具栏中单击【拾取进浇位置】按钮 ✗，然后在最佳浇口位置（蓝色区域）内设置一个注射浇口，如图 16-52 所示。

图 16-50　执行最佳浇口位置分析

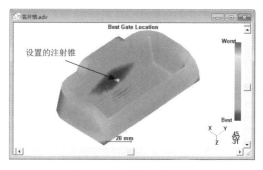

图 16-52　设置注射浇口

step 02　设置浇口后单击 ✗ 按钮进入分析顺序选择页面，弹出【Analysis Wizard-Analysis seletion】对话框。然后选择【Plastic Filling】类型，并单击【完成】按钮，如图 16-53 所示。

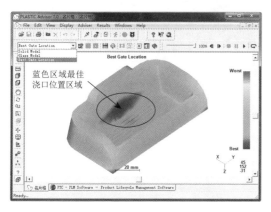

图 16-51　最佳浇口位置分析结果

step 07　将最佳浇口位置的分析结果保存。

技巧点拨：

最佳浇口位置分析完成后，必须要保存结果，否则不能进行后续的分析，因为每个分析都是基于前一分析结果的。

图 16-53　选择分析类型

step 03　随后弹出如图 16-54 所示的结果概要对话框。该对话框中显示了充填分析结果摘要，包括材料、注塑参数等。

16.6.2　塑料充填分析

塑料充填分析需要指定注射浇口，则工

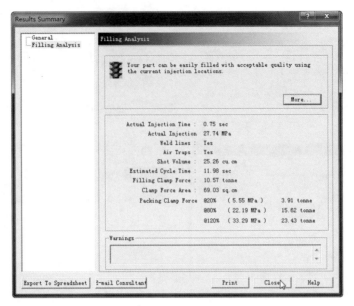

图 16-54 分析结果摘要

step 04 单击该对话框中的【Close】按钮，接受分析结果。最后单击菜单栏上的【SAVE】按钮 🖫，将塑料充填分析结果保存。

2．解读分析结果

塑料充填分析完成后，可以从【结果】工具栏上的分析结果列表中选择结果选项进行查看。

- 充填时间：充填时间结果用一系列颜色来表示充填时间从最先充填区域（红色）到最后充填区域（蓝色）的变化过程。名片格模型的填充时间如图 16-55 所示，总共花了 0.75 秒才完成充填过程。

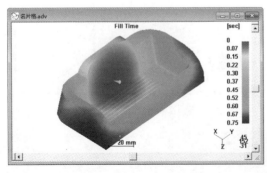

图 16-55 填充时间

技巧点拨：

充填时间分析结果的用意是解决塑料熔体在充填过程中是否能同时充填整个模具型腔。用充填时间有助于理解熔接线与气孔是怎样形成的。

- 注射压力：注射压力是用一系列的颜色表示压力从最小区域（用蓝色表示）升到最大区域（用红色表示）的变化过程。注射压力分析结果如图 16-56 所示。

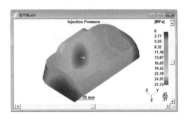

图 16-56 注射压力分析结果

技巧点拨：

注射压力结果和压力降结果连接在一起使用，能解释得更加清晰。例如，即使产品的某一部份有可接受的压力降，但在同一区域的实际注射压力可能太高了。若注射压力过高，可导致过保压现象。

- 流动前沿温度：流动前沿温度是用一系列的颜色来表示波前温度从最小值（用蓝色表示）到最大值（用红色表示）的变化过程的。流动前沿温度分析结果如图16-57所示。颜色代表的是每一个点充填时该点的材料温度。

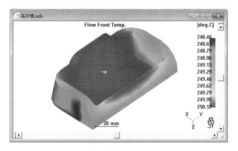

图16-57　流动前沿温度分析结果

- 压力降：压力降是用来决定充填可行性的因素之一。假如压力降超过目标压力的80%，充填可行性就显示为黄色，若达到了目标设定的100%，可行性就显示为红色。如图16-58所示为压力降分析结果。在模型上每一位置的颜色代表的是该位置充填瞬间从进浇点到该位置的压力降。

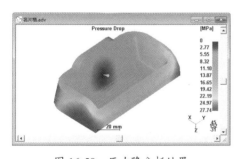

图16-58　压力降分析结果

- 表层取向：表层取向分析用于预测模型的机械特性。在表层取向的方向上，一向是冲击力较高的。当使用纤维充填聚合物时，在表层取向的方向上的张力也是较高的，这是因为分析模型表面上的纤维在该方向上是一致且对齐的。表皮方位分析结果如图16-59所示。

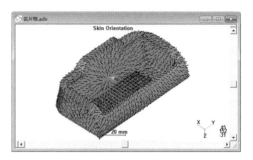

图16-59　表层取向分析结果

- 充填可靠性：充填可靠性显示了塑料充填模穴内某一区域的可能性。这个结果来源于压力和温度的结果。充填可行性结果把模型显示为绿色、黄色、红色，如图16-60所示。

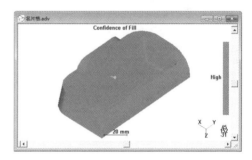

图16-60　填充可行性分析结果

- 质量预测：质量预测分析估量的是产品可能出现的质量和它的机械性能，这个结果来源于温度、压力和其他的结果。质量预测分析结果如图16-61所示。从结果中可以看出，整个模型中塑料充填的效果非常好，说明浇口位置、注塑压力、模具温度等参数很正确。

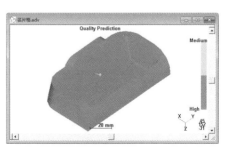

图16-61　质量预测分析结果

16.6.3 冷却质量分析

冷却质量分析将有助于构建一个良好的模具冷却系统。例如，分析得知模型某处的冷却质量高或低，可以确定冷却通道与模型表面之间的距离，以此获得高质量的产品。

1. 执行分析

操作步骤：

step 01 单击【分析向导】按钮 ，然后进入分析顺序选择页面，在分析序列列表框中勾选【Cooling Quality】复选框，然后单击该页面的【完成】按钮，程序开始执行冷却质量分析操作，如图16-62所示。

图16-62 选择分析类型并执行分析操作

step 02 随后弹出结果概要对话框。单击该对话框中的【Close】按钮，接受分析结果，如图16-63所示。

图16-63 冷却质量分析的结果概要

step 03 最后单击菜单栏中的【SAVE】按钮 将冷却质量分析结果保存。

2. 解读冷却分析结果

在冷却质量分析结果中，产品表面温度差异和冷却质量对产品质量有重大影响，情况介绍如下：

- 产品表面温度差异：冷却分析结果中的表面温度变化反映了模型上的冷却效果。当模型中有高于正常值的区域时，说明该区域需要被冷却。也就是说，在该区域处应该合理设计冷却系统来冷却制品，以免产生收缩、翘曲等缺陷。产品表面温度差异的分析结果如图16-64所示。

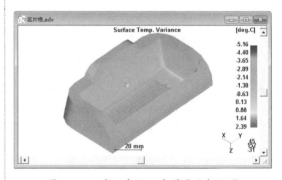

图16-64 产品表面温度差异分析结果

- 冷却质量：冷却质量的分析结果反映了模型中何处冷却质量高、何处冷却质量低。如图16-65所示，图中绿色代表最高质量，黄色次之，红色最低。

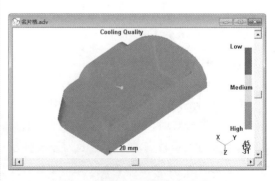

图16-65 冷却质量分析结果

16.6.4 缩痕分析

缩痕分析结果用来表示缩痕或凹坑在模型中的位置,这是经由表面反面特征收缩引起的。典型的缩痕一般发生在造型厚实的部分,或在加强筋、毂、内部圆角处。

1. 执行分析

操作步骤:

step 01 单击【分析向导】按钮 ⚡,然后进入分析顺序选择页面,在分析序列列表框中勾选【Sink Marks】复选框,再单击该页面的【完成】按钮,程序开始执行缩痕分析操作,如图 16-66 所示。

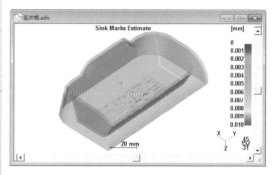

图 16-67 缩痕估算的分析结果

● 缩痕阴影:缩痕着色用半透明的色彩表示缩痕位置区域,如图 16-68 所示。

图 16-66 选择分析类型并执行分析操作

step 02 随后弹出结果概要对话框。单击该对话框中的【结束】按钮,接受分析结果。

step 03 最后单击菜单栏中的【Save】按钮 💾,将缩痕分析结果保存。

2. 解读缩痕分析结果

缩痕分析完成后,选择该分析中的【缩痕估算】和【缩痕阴影】结果进行查看。

● 缩痕估算:缩痕估算分析是用来检查模型表面凹坑情况的。如图 16-67 所示,图中模型表面的凹坑主要集中在加强筋、BOSS 柱和内部圆角上,

红色表示缩痕最大,蓝色表示缩痕最小。

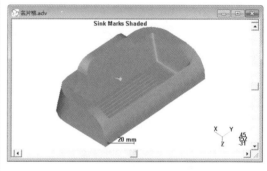

图 16-68 缩痕阴影的显示结果

16.6.5 熔接痕与气穴位置

熔接痕位置的分析结果用于显示模型中焊接线和融合线所处的位置。焊接线和融合线也是两个波流前锋汇合的地方。

焊接线和融合线的区别是,当波流前锋汇合时,角度值小于 45°则形成融合线,角度值大于 45°则形成焊接线。

在【Results】工具栏上单击【熔接痕位置】按钮 ⚡,图形区中将显示熔接痕分布结果(图中红色条纹为熔接线),如图 16-69 所示。从结果看没有熔接痕。

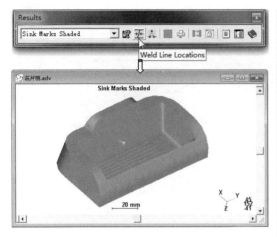

图 16-69　熔接痕位置的分析结果

气穴位置表示的区域是两股或两股以上的流体末端相遇的区域，气泡在这一区域受到压制。结果中着重指出的区域为可能产生气孔的区域。

气穴产生的原因有填充不平衡、赛马场效应和滞流等。

在【Results】工具栏上单击【气穴位置】按钮，图形区中将显示气穴分布结果，如图 16-70 所示。分析完成后，将所有的分析结果保存。

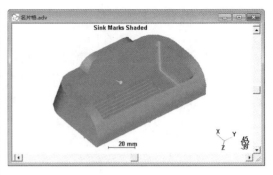

图 16-70　气穴位置

16.7　课后习题

打开光盘练习文件 shouji.prt。利用 Pro/E 塑料顾问功能对手机面板进行分析，手机外壳模型如图 16-71 所示。

图 16-71　手机外壳

第 17 章
注塑模具设计

本章内容

Pro/E 软件的一大特色就是其注塑模具设计模块被广泛应用于各行各业。模具设计功能易学易用。本章将对模具设计模块进行简要介绍。其内容为模具设计的前期阶段——拆模设计阶段，包括模型检测、装配参照模型、设置产品收缩率、创建工件、分型面设计、分割成型零件等。

知识要点

- ☑ 模具设计流程
- ☑ 模具设计环境
- ☑ 准备模型的检测
- ☑ 装配参照模型
- ☑ 设置收缩率
- ☑ 毛坯工件
- ☑ 分型面设计
- ☑ 模具体积块

17.1 Pro/E 模具设计流程

本章主要介绍 Pro/E 的模具设计模块，Pro/E 的模具设计功能十分强大，下面先了解整个模具设计的流程。

第一步：设计零件成品

首先要有一个设计完成的零件成品，也就是将来用于分模的零件，如图 17-1 所示。此零件可在 Pro/E 的零件设计或零件装配的模块中先行建立。当然，也可以在其他的 3D 软件中建立好，再通过文件交换格式将其输入 Pro/E 中，但此方法可能会因为精度差异而产生几何问题，进而影响到后面的开模操作。

第二步：在 Pro/E 中导入模型

在进入 Pro/E 的模具设计环境之后，第一个操作便是进行模型装配。模具设计的装配环境与零件装配的环境相同，用户可以通过一些约束条件的设定轻易将零件成品或参照模型与事先建立好的工件装配在一起，如图 17-2 所示。此外，工件也可以在装配的过程中建立，在建立的过程中只需指定模具原点及一些简单的参数设定，用户可自行选择模具装配方式。

图 17-1 零件成品　　图 17-2 装配模型

第三步：模型检测

在进行分模之前，必须先检验模型的厚度、拔模角度等几何特征，如图 17-3 所示。其目的是确认零件成品的厚度及拔模角是否符合设计需求。如果不符合，便可及时发现和修改，若一切皆符合设计需求，便可以开始进入分模操作。

第四步：设置收缩率

不同的材料在射出成型后会有不同程度的收缩，为了补正体积收缩上的误差，必须将参照模型放大。在给定收缩率公式之后，程序可以分别对于 X、Y、Z 三个坐标轴设定不同的收缩率，也可以针对单一特征或尺寸个别做缩放。如图 17-4 所示为模具温度与模型收缩率的走势。

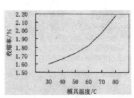

图 17-3　模型的拔模检测　　图 17-4　模具温度与模型收缩率的走势

第五步：设计分型面

建立分型面的方式与建立一般特征曲面相同。通常，参考零件的外形越复杂，其分型面也会越复杂，此时必须有相当的曲面操作技术水平才能建立复杂的分型面。因此，熟练地掌握曲线和曲面操作技术对于分型面的建立有非常大的帮助。如图 17-5 所示为工件中的分型面。

第六步：模具开启

Pro/E 提供了开模仿真工具，可以通过开模步骤的设定来定义开模操作顺序，接着将每一个设定完成的步骤连贯在一起进行开模操作的仿真。在仿真的同时还可以做干涉检验，以确保成品在拔模时不会产生干涉。如图 17-6 所示为模具开启状态。

图 17-5　分型面　　图 17-6　模具开启状态

17.2 Pro/E 模具设计环境

Pro/E 的模具设计界面由快速访问工具栏、导航区、命令选项卡、功能区、前导工具栏、图形区、信息栏和选择过滤器组成，如图 17-7 所示。

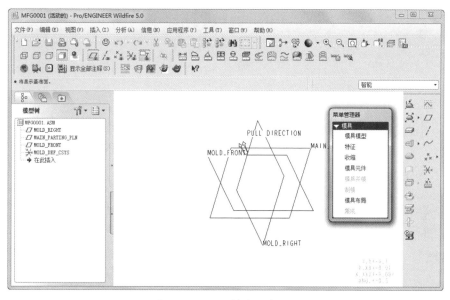

图 17-7 Pro/E 模具设计界面

用户可以通过在配置文件中修改所需的设置，进行预设环境选项和其他全局选项设置。

在菜单栏中选择【工具】|【选项】命令，然后在打开的【选项】对话框中，根据表 17-1 所列内容对模具设计模式进行环境配置。

表 17-1 模具设计环境配置参照表

序号	设置项目	可设置内容	简要说明
1	default_abs_accuracy	<用户定义>	定义默认的绝对零件或组件精度。在"模具设计"或"铸造"中工作时，只有对所有模型都使用同样的标准精度时，才推荐使用该选项。否则，请勿设置此选项
2	allow_shrink_dim_before	Yes，no	确定"计算顺序"选项是否在"按尺寸收缩"对话框中显示。计算顺序是指一种顺序，该顺序确定是在计算尺寸设置的关系之后应用收缩，还是在计算这些关系之前应用收缩
3	default_mold_base_vendor	futaba_mm，dme，hasco，dme_mm，hasco_mm	设置 EMX 中的模架默认供货商，"模具基体"供货商的默认值为 futaba_mm
4	default_shrink_formula	Simple，ASME	确定默认情况使用的收缩公式。Simple：将 (1+S) 设置为默认情况下使用的收缩公式。ASME：将 1/(1-S) 设置为默认情况下使用的收缩公式
5	enable_absolute_accuracy	yes，no	通常，如果设置为 yes，允许从零件或组件的相对精度切换到绝对精度。在模具设计中，将该项设置为 yes 有助于保持参照模型、工件（夹模器）、和模具或铸造组件精度的一致性。在"模具设计"或"铸造"中工作时，强烈建议将该项设置为 yes

续表

序号	设置项目	可设置内容	简要说明
6	show_all_mold_layout_buttons	yes, no	为拥有 EMX 许可证的用户控制"模具布局"工具栏和菜单配置。默认情况下，如果检测到 EMX 许可证，"模具布局"工具栏和菜单将仅显示与 EMX 不重复的功能，以避免混淆。如果要查看所有模具工具栏图标和菜单选项，可将此配置选项设置为 yes
7	shrinkage_value_display	final_value, percent_shrink	确定在对模型应用收缩时尺寸的显示方式。如果它被设置为 percent_shrink，则尺寸文本以下列形式显示：nom_value（shr%）；如果将其设置为 final_value，则尺寸仅显示收缩后的值

17.3 准备模型的检测

检查产品模型的拔模斜度是否足够、分型面是否符合要求、产品的厚度情况及冷却系统水线的间隙等。这些工作十分重要，且直接关系到产品是否能成功分模、模具设计得是否合理。

17.3.1 拔模斜度

对模型进行拔模检测，需要指定最小拔模角、拉伸方向、平面及要检测单侧还是双侧。拉伸方向平面是垂直于模具打开方向的平面。

在菜单栏中选择【分析】|【模具分析】命令，弹出【模具分析】对话框。在此对话框的【类型】下拉列表中选择【拔模检测】选项，然后再按需要依次指定参照平面、拉伸方向、拔模方向侧及最小拔模角等参数，如图 17-8 所示。

指定拉伸方向平面和拔模检测角度后，Pro/E 计算每一曲面相对于指定方向的拔模。超出拔模检测角度的任何曲面将以洋红色显示，小于角度负值的任何曲面将以蓝色显示，处于二者之间的所有曲面以代表相应角度的彩色光谱显示。如图 17-9 所示为执行计算时程序自动弹出的彩色光谱对照表窗口。

> **技巧点拨：**
> 当需要设置光谱的显示时，可单击【模具分析】

对话框中的【计算设置】选项区域中的【显示】按钮 显示... ，在随后弹出的【拔模检测 - 显示设置】对话框中进行显示，如图 17-10 所示。

图 17-8 选择【拔模检测】选项   图 17-9 彩色光谱对照表

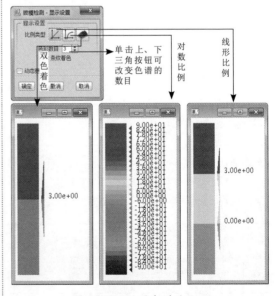

图 17-10 设置光谱的显示

17.3.2 等高线

等高线（水线）检测主要用于检测模具冷却循环系统与其他零件间的间隙情况。等高线检测可使设计人员避免冷却组件与其他模具组件的干涉，以及薄壁情况的出现。

在菜单栏中选择【分析】|【模具分析】命令，程序弹出【模具分析】对话框。在此对话框的【类型】下拉列表中选择【等高线】选项，然后再依次指定检测对象、水线、合理的间隙值等参数。单击【计算】按钮后，程序将等高线检测情况以不同的色谱来显示反馈。如图 17-11 所示。

图 17-11 选择【等高线】选项

如图 17-12 所示为模具等高线检测情况，红色部分表示小于合理间隙值，绿色则表示大于合理间隙值。

图 17-12 等高线检测结果

> **提示：**
> 等高线检测的间隙值一般是冷却水管道到产品模型的距离——15，但随着产品的面积增大，此间隙也会逐渐增加。

17.3.3 厚度

用户还可使用 Pro/E 的厚度检测功能来确定零件的某些区域同设定的最小和最大厚度进行比较——是厚还是薄。既可在零件中间距等量增加的平行平面检测厚度，又可在所选的指定平面检测厚度。

> **提示：**
> 厚度检查通常用于检查产品是否符合模具要求，通常要求产品厚度尽量均匀，如果厚度不均，会造成产品存在翘曲、缩痕等缺陷。

在菜单栏中选择【分析】|【厚度检查】命令，程序弹出【模型分析】对话框。该对话框中包含两种厚度检测方式：平面和层切面。

1．平面厚度检测

平面厚度检测方法可以检查指定平面截面处的模型厚度，要检测所选平面的厚度，只需拾取要检测其厚度的平面，并输入最大和最小值，Pro/E 程序将创建通过每一所选的横截面，并检测这些截面的厚度。

平面厚度检测的相关选项设置如图 17-13 所示。

图 17-13 平面厚度检测的选项设置

当用户依次指定检测对象、检测平面，并设置最大厚度值和最小厚度值后，单击【计算】按钮 计算 ，程序执行平面厚度检测，并将检测结果显示在图形区的检测对象中，如图 17-14 所示。

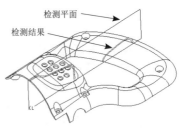

2. 层切面厚度检测

使用层切面检测厚度，需要在模型中选择层切面的起点和终点，还需要指定一个与层切面平行的平面，最后指定层切面偏移尺寸和要检测的最小和最大厚度，程序将创建通过此两件的横截面并检测这些横截面的厚度。

图 17-14　平面厚度检测结果

层切面检测的选项设置如图 17-15 所示。用户依次指定检测对象、层切面起点和终点、层切面个数、层切面方向、层切面偏移量，以及最大厚度值和最小厚度值后，单击【计算】按钮 计算 ，程序执行厚度检测，并将检测结果显示在图形区的对象中，如图 17-16 所示。

Pro/E 完成了每一横截面的厚度检测后，横截面内大于最大壁厚的任何区域都将以红色剖面线显示，小于最小壁厚的任何区域都将以蓝色显示。此外，还可以得到所有横截面的信息，以及厚度超厚与不足的横截面的数量。

图 17-15　层切面厚度检测的选项设置

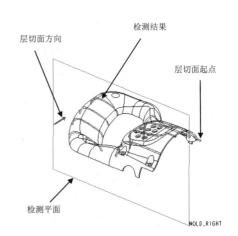

图 17-16　层切面厚度检测

17.3.4　分型面

分型面检查分为两种，一种是自交检查，即检查所选分型面是否发生自相交；另一种是轮廓检查，就是检查分型面是否存在间隙，检查完成后程序会在分型面上用深红色的点显示可能存在间隙的位置。当检查到分型面发生自相交或存在不必要的间隙时，则必须对分型面进行修改或重定义，否则将无法分割体积块。

> **提示：**
> 分型面设计后进行检查是模具设计前期阶段中重要而不可缺少的一环，它关系到分模的成功与否。

1. 自交检查

在菜单栏中选择【分析】|【分型面检查】命令，在菜单管理器中将显示【零件曲面检测】子菜单，默认的检测方式为自交检测，如图17-17所示。按信息提示选择要检测的分型面，信息栏中将显示自交检测结果，如图17-18所示。

图17-17 【零件曲面检 图17-18 信息栏中的自
测】子菜单 交检测结果

2. 轮廓检查

在【零件曲面检测】菜单中选择【轮廓检测】命令，即可执行分型面的轮廓检查。若分型面中有开口环（缝隙），程序将以红色线高亮显示。例如，分型面的外轮廓为开口环，高亮显示为红色，如图17-19所示。

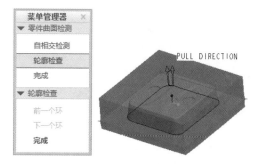

图17-19 检查分型面外轮廓

当在【轮廓检查】子菜单中选择【下一个环】命令时，程序将自动搜索分型面中其余缝隙部分，一旦检测到有缝隙，将以红色高亮显示，如图17-20示，在分型面内部检测到的缝隙，必须立即进行修改处理，以免造成体积块的分割失败。

图17-20 检查分型面的内部缝隙

> **提示：**
> 一个完整的分型面，只能是一个轮廓。如果多个轮廓同时出现，那么需要对该曲面进行及时修改处理。

17.3.5 投影面积

当面对一个形状较为复杂的产品时，其分型线不容易确定，因此那么采取计算最大投影面积的方法来找到产品最大外形轮廓。

【投影面积】工具可以测量的对象包括：单个曲面、面组、小平面、实体模型。

例如，如图17-21所示的产品，形状是比较复杂的，而且模具开模方向也是错误的。

Pro/E Wildfire 5.0 中文版完全自学一本通

图 17-21 分型线不明确的产品

在菜单栏中选择【分析】|【投影面积】命令，程序弹出【测量】对话框，如图 17-22 所示。要计算投影面积，需要定义两个必须具备的要素：测量对象（产品）和投影方向，如图 17-23 所示。

图 17-22 【测量】对话框

图 17-23 定义投影平面

动手操练——MP3 后盖模型检测

MP3 后盖模型为一薄壁制件，制件内部有加强筋、BOSS 孔、侧孔等特征。为了保证模型符合造型设计、模具设计要求，有必要进行拔模检测、厚度检测。MP3 后盖模型如图 17-24 所示。

图 17-24 MP3 后盖模型

step 01 在 Pro/E 基本环境下，单击【打开】按钮，然后通过打开的【文件打开】对话框将本例光盘中的 model_2-1.prt 文件打开。

提示：

注意，模具分析与厚度分析可以针对零件模式中的模型，并非仅针对模具零件。

step 02 在菜单栏中选择【应用程序】|【模具/铸造】命令，启用【模具/铸造】设计功能。

step 03 在菜单栏中选择【分析】|【模具分析】命令，程序弹出【模具分析】对话框。然后按如图 17-25 所示的操作步骤对产品模型进行拔模检测。

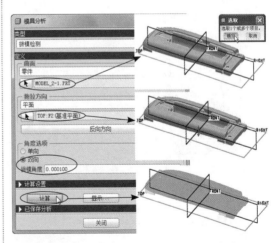

图 17-25 对模型进行拔模检测的操作过程

技巧点拨：

从检测结果看，由于拖动方向是向 -Z 方向（正常情况下拖动方向就是模具开模方向，一般设为 +Z 方向），则产品外表面均为蓝色显示（拔模角小于零），产品内部为红色和黄色显示（拔

第 17 章 注塑模具设计

模角大于或等于零），这说明产品能保证顺利地脱离模具。完成拔模检测后，关闭【模具分析】对话框。

step 04 在菜单栏中选择【分析】|【模型】|【厚度】命令，程序弹出【厚度】对话框。然后按如图 17-26 所示的操作步骤对产品模型进行厚度检测。

机的最大注射量、注射机最大锁模力、塑件的精度要求或经济性来确定模腔数目，然后再进行加载。根据模腔数目的多少，模具可以分为单腔模具和多腔模具，在 Pro/E 中包含 3 种参考模型的加载方式，如图 17-27 所示。

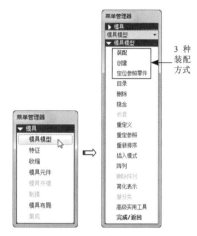

图 17-27 参考模型的加载方式

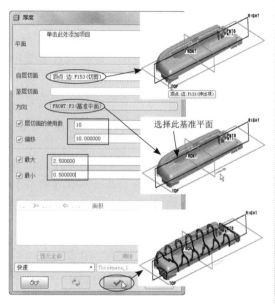

图 17-26 对模型进行厚度检测的操作过程

17.4.1 【装配】方式

【装配】方式适用于单模腔模具的参考模型加载。在【模具模型】子菜单中选择【装配】命令，然后通过【打开】对话框加载参考模型，图形窗口顶部将弹出如图 17-28 所示的【装配】约束操控板。同时设计模型将自动加入到模具模型中。

图 17-28 【装配】约束的操控板

提示：

该模型的厚度检测是在零件模式下进行的，因此与在模具设计模式下的厚度检测操作对话框不同，但分析所得的结果是一致的。

step 05 从厚度检测结果看，在模型内部层切面中没有红色线及蓝色线显示，则说明该产品符合成型设计要求。最后关闭【厚度】对话框结束操作。

在装配约束下拉列表中选择相应的约束进行装配，使状态由【不完全约束】变为【完全约束】后，定位操作才完成。

17.4.2 创建方式

当采用直接在模具模型中创建新的参考模型方式时，其工作模式相当于在装配模型

17.4 装配参照模型

向模具中装配参考模型首先要根据注射

437

中创建新的元件或开始新的建模过程。

在【模具模型】子菜单中选择【创建】|【参照模型】命令，程序弹出【元件创建】对话框，如图17-29所示。

图 17-29 【元件创建】对话框

该对话框包括两种模型的创建方法：实体和镜像。

- 实体：选择该方法可以复制其他参考模型，以及在空文件下创建实体特征。
- 镜像：选择该方法可以创建已加载模型的镜像特征。

若选择"实体"方法来创建参考模型，单击【确定】按钮 确定 后，会弹出【创建选项】对话框，如图17-30所示。

图 17-30 【创建选项】对话框

【创建选项】对话框中包含以下4种实体模型的创建方式：

- 复制现有：复制其他模型进入到模具环境中，且复制的现有对象与源对象之间不再有关联关系。
- 定位默认基准：使用程序默认的基准平面来定位参考模型。
- 空：创建一个空的组件文件，该组件文件未被激活。
- 创建特征：创建一个空的组件文件，该组件文件已激活。

17.4.3 定位参照模型

在大批量生产产品的过程中，为了提高生产效率，经常将模具的模腔布置为一模多腔。定位参照零件的方法给模具设计者提供了自动化的装配方式，它能够将参照零件以用户定义的排列方式放置在一起。此方式可在模型布局中创建、添加、删除和重新定位参照零件。

在【模具模型】子菜单中选择【定位参照零件】|【创建】命令，程序弹出【打开】对话框和【布局】对话框（此时该对话框未被激活）。如图17-31所示。

图 17-31 【打开】对话框和灰显的【布局】对话框

当通过【打开】对话框从系统路径中加载参考模型后，会再弹出【创建参照模型】对话框，如图17-32所示。

图17-32 【创建参照模型】对话框

> 提示：
> 选择【按参照合并】或【同一模型】类型，只要实际模型发生了变化，则参照模型及其所有相关的模具特征均会发生相应的变化。

在【创建参照模型】对话框选择参照模型类型后，单击【确定】按钮，【布局】对话框才被激活，该对话框中包括3种布局方法：单一、矩形和圆形。【可变】不是布局方法，只是用来改变模型的方位。

1. 【单一】布局

【单一】是创建单个模腔布局的布局方法，Pro/E 将以参照模型的中心作为模具的中心。单击【布局】对话框中的【预览】按钮，可以时时观察布局的效果，如图17-33所示为单一的模型布局。

单一布局特别适合那些产品尺寸较大且产量不高的模具。单一布局的模具多数为三板模（动模板、定模板和卸料板）。

图17-33 【单一】布局的选项设置

2. 【矩形】布局

【矩形】布局参照模型排列成矩形，布局后的模腔数量可以为2，4，6，8，10，…，如图17-34所示为创建【矩形】布局的选项设置。

【矩形】布局多用于多模腔模具设计，通常产品尺寸较小，且产量要求较高。

图17-34 【矩形】布局的选项设置

3. 【圆形】布局

【圆形】布局是将参照模型围绕布局中心排列成圆形。如图17-35所示为创建圆形布局的选项设置。

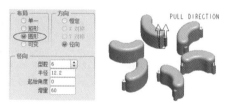

图17-35 【圆形】布局的选项设置

4. 【可变】设置

当为矩形的多模腔布局时，可以利用【可变】设置来更改参考模型在布局中的方位。如图17-36所示为创建可变布局的选项设置。

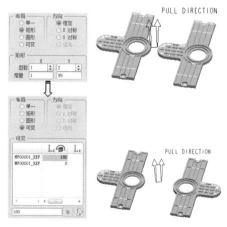

图17-36 【可变】布局的选项设置

动手操练——创建可变布局

可变布局主要用于模型的平衡布局。下面将通过一个实例,详细介绍可变布局的创建过程。设计的模型如图 17-37 所示。

图 17-37 设计模型

step 01 新建一个命名为 kebianbuju 的模具制造文件,并进入模具设计环境。

step 02 然后设置工作目录。

step 03 在模具设计模式下,单击【模具型腔布局】按钮,然后从路径中打开实例模型,如图 17-38 所示。

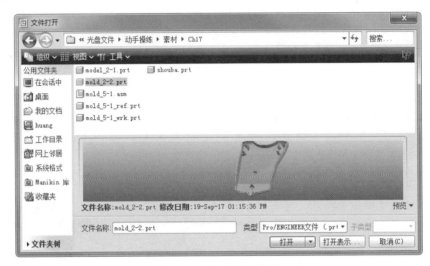

图 17-38 打开实例模型

step 04 再按如图 17-39 所示的步骤先创建矩形布局。

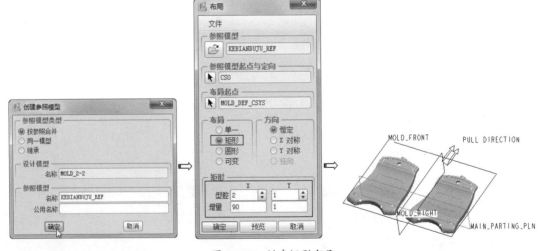

图 17-39 创建矩形布局

step 05 很明显,拖动方向不符合模具设计的要求,需要更改模型的定向,按如图 17-40 所示的步骤,调整拖动方向。

第 17 章 注塑模具设计

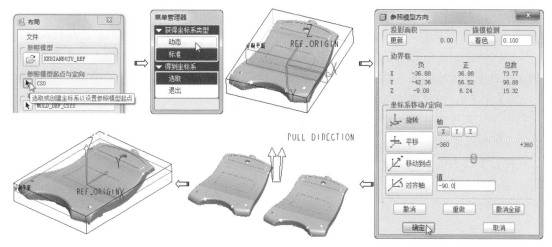

图 17-40 重定向模型

step 06 最后按如图 17-41 所示的操作方法，创建可变布局。

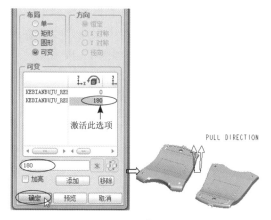

图 17-41 创建可变布局

step 07 最后选择【文件】|【保存】菜单命令，或单击 按钮，保存结果。

17.5 设置收缩率

制品成型后的实际尺寸与理论尺寸之间有一个误差，该值随制品种类的不同而不同。这个误差值就是产品的收缩率。

当将参照模型加载到模具设计模式并在创建工件之前，必须考虑材料的收缩并按比例或按尺寸来增加参照模型的尺寸。Pro/E 向用户提供了两种设置收缩率的方法：按尺寸收缩和按比例收缩。

17.5.1 按尺寸收缩

按尺寸收缩就是指给模型尺寸设定一个收缩系数，参照模型将按照设定的系数进行缩放。此方法可以对模型的整体进行缩放，也可以对单独的尺寸进行缩放。

在右工具栏中单击【按尺寸收缩】按钮，程序弹出【按尺寸收缩】对话框，如图 17-42 所示。

各选项含义如下：

- 公式：使用基于零件原始几何的预先计算的收缩因子。

- 公式：此公式指定基于参照零件最终几何的收缩因子。

- 更改设计零件尺寸：勾选此复选框可将收缩率应用于设计模型。

- ：将选定尺寸插入表中。

- ：将选定特征的所有尺寸插入表中。

- ：单击此按钮可直接更改比例值。

17.5.2 按比例收缩

按比例收缩是指相对于坐标系并按一定的比例对模型进行缩放。这种方法可分别指定 X、Y 和 Z 坐标的不同收缩率。若在模具设计模式下应用比例收缩，则它仅用于参照模型而不影响设计模型。

在右工具栏中单击【按比例收缩】按钮，程序弹出【按比例收缩】对话框，如图 17-43 所示。

图 17-42 【按尺寸收缩】对话框

图 17-43 【按比例收缩】对话框

17.6 毛坯工件

在 Pro/E 中，工件表示直接参与熔料例如顶部及底部嵌入物成型的模具元件的总体积。工件可以是模板 A、B 连同多个嵌入件的组合体（模板与镶块成整体），也可以只是一个被分成多个元件的嵌入物。工件的创建方法有装配工件、自动工件和手动工件 3 种，下面分别介绍。

17.6.1 自动工件

自动工件是根据参照模型的大小和位置来进行定义的。工件尺寸的默认值则取决于参照模型的边界。对于一模多腔布局的模型，程序将以完全包容所有参照模型来创建一个默认大小的工件。

在右工具栏中单击【自动工件】按钮，程序将会弹出【自动工件】对话框。

在图形区中选择模具坐标系作为工件原点，【自动工件】对话框中工件尺寸参数设置区域将被激活并亮显，如图 17-44 所示。

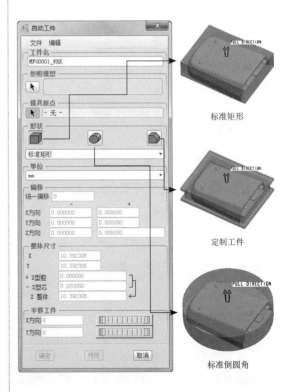

图 17-44 【自动工件】对话框

【自动工件】对话框中有3种工件形状：标准矩形、标准倒圆角和定制工件。

- 标准矩形：相对于模具基础分型平面和拉伸方向来定向矩形工件。
- 标准倒圆角：相对于模具基础分型平面和拉伸方向来定向圆形工件。
- 定制工件：创建一个定制尺寸的工件或从标准尺寸中选择工件。

17.6.2 装配工件

利用装配来加载工件，必须先在零件设计模式下完成工件模型的创建，并将其保存在系统磁盘中。

在菜单管理器中选择【模具模型】|【装配】|【工件】命令，通过随后弹出的【打开】对话框将用户自定义的工件模型加载到模具设计模式下，并利用【装配】约束功能将工件约束到参照模型上，如图 17-45 所示。

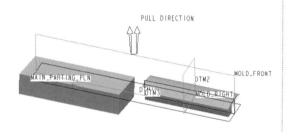

图 17-45 装配工件

17.6.3 手动工件

用户可以通过在组件模式下手动创建工件，也可以通过复制外部特征作为工件将其加载到模具设计模式下。当产品形状不规则时，可以创建手动工件。

在菜单管理器中选择【模具模型】|【创建】|【工件】|【手动】命令，程序将弹出【元件创建】对话框。

在该对话框中输入新建元件的名称后，单击【确定】按钮，弹出【创建选项】对话框。通过该对话框，用户可以选择其中的一种创建选项来创建所需的工件，最后单击【确定】按钮，或者对加载的工件进行装配定位，或者在组件模式下根据模型形状来创建工件，如图 17-46 所示。

图 17-46 可以选择的元件创建选项

17.7 分型面设计

在 Pro/E 模具设计中，分型面是将工件或模具零件分割成模具体积块的分割面。它不仅局限于对动、定模或侧抽芯滑块的分割，对于模板中各组件、镶块同样可以采用分型面进行分割。

为保证分型面设计成功和所设计的分型面能对工件进行分割，在设计分型面时必须满足以下两个基本条件：

- 分型面必须与欲分割的工件或模具零件完全相交，以期形成分割。
- 分型面不能自身相交，否则分型面将无法生成。

Pro/E 模具设计模式下有两类曲面可以用于工件的分割：一是使用分型面专用设计工具来创建分型面特征；二是在参照模型或零件模型上使用曲面工具生成的曲面特征。由于前者得到的是一个模具组件级的曲面特征，

易于操作和管理，因此最为常用。

从原理上讲，分型面设计方法可以分为两大类：一是采用曲面构造工具设计分型面，如复制参考零件上的曲面、草绘剖面进行拉伸、旋转，以及采用其他高级曲面工具等构造分型面；二是采用光投影技术生成分型面，如阴影分型面和裙边分型面等。

在Pro/E模具设计模式下，单击【分型面】按钮，进入分型面设计模式。然后所创建的任何曲面都将作为分型面的一部分。

17.7.1 自动分型工具

自动分型工具包括裙边曲面和阴影曲面。下面讲解这两种工具的含义及用法。在应用裙边曲面工具之前，需要创建用于修补破孔及边缘延伸的曲线，这些曲线就是轮廓曲线（在Pro/E中称"侧面影像曲线"）。

分割模具时可能要沿着设计模型的轮廓曲线创建分型面，轮廓曲线是在特定观察方向上模型的轮廓。沿侧面影像边分割模型是很好的办法，这是因为在指定观察方向上沿此边没有悬垂。

轮廓曲线就是通常所指的分型线。它的主要作用是辅助创建分型面。从拉伸方向观察时，此曲线包括所有可见的外部和内部参照零件边。

在【模具】选项卡的【设计特征】面板中单击【轮廓曲线】按钮，程序弹出【侧面影像曲线】对话框，如图17-47所示。同时，在参照模型中显示程序默认的投影方向（–Z方向）。

在【侧面影像曲线】对话框中，用户必须对所有列出的元素进行定义，否则无法正确创建曲线特征。列表中各元素含义如下：

- 名称：为轮廓曲线指定名称。
- 曲面参照：是指创建轮廓曲线时的参照模型。
- 方向：投影的方向。可为投影指定平面、曲线/边/轴、坐标系作为方向的参照。单击【定义】按钮，弹出【一般选择方向选项】菜单管理器，如图17-48所示。
- 投影画面：指定处理参照零件中底切区域的体积块和/或元件。
- 间隙闭合：定义此元素时，若方向参照模型中有间隙，程序会弹出信息框提示用户，对间隙处进行修改。

图17-47　【侧面影像曲线】对话框　　图17-48　【一般选择菜单】菜单管理器

如图17-49所示为经过环选择后最终创建完成的轮廓曲线。

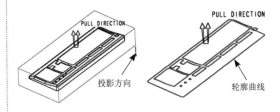

图17-49　投影方向与轮廓曲线

17.7.2 裙边分型面

裙边分型面是通过拾取用轮廓曲线创建的基准曲线并确定拖动方向来创建的分型曲面。当参照模型的轮廓曲线创建完成后，就可以创建裙边分型面了。

在【模具】选项卡的【分型面和模具体

积块】面板中单击【分型面】按钮,激活【分型面】选项卡。单击该选项卡中【曲面设计】面板中的【裙边曲面】按钮,程序会弹出如图 17-50 所示的【裙边曲面】对话框和【链】菜单管理器。

> **提示:**
>
> 与创建覆盖型分型面(即复制参照模型的曲面以创建一个完整曲面)的阴影曲面不同,裙边曲面特征不在参照模型上创建曲面,而是创建参照模型以外的分型面,包括破孔面和主分型面。

如图 17-53 所示,图中显示的是使用轮廓曲线作为分型线创建的裙边分型面。

图 17-50　【裙边曲面】对话框和【链】菜单管理器

图 17-53　裙边分型面

17.7.3　阴影分型面

在【裙边曲面】对话框的【元素】列中,值得一提的是【延伸】元素。若参照模型简单,则程序会正确创建主分型面的延伸方向,如图 17-51 所示。

若参照模型较复杂,延伸方向显得比较凌乱,但可通过打开的【延伸控制】对话框来更改延伸方向,如图 17-52 所示。

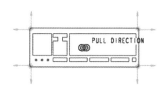

图 17-51　显示的默认延伸方向

阴影分型面是用光投影技术来创建分型曲面和元件几何的。阴影分型面是投影产品模型而获得的最大面积的曲面,因此在使用"阴影"方法来创建分型面之前,必须对产品进行拔模处理。也就是说,若产品的外部有小于或等于 90°的面,则不能按照设计意图来正确创建分型面。

由阴影创建的分型曲面是一个组件特征。如果删除一组边、删除一个曲面或改变环的数量,程序将会正确地再生该特征。

在菜单栏中选择【编辑】|【阴影曲面】命令,程序会弹出如图 17-54 所示的【阴影曲面】对话框。

图 17-52　【延伸控制】对话框

图 17-54　【阴影曲面】对话框

如图 17-55 所示为使用【阴影曲面】方法

来创建的模具分型面。

图 17-55　参照模型与阴影分型面

动手操练——分型面设计

笔帽为塑料制件，模型布局为一模四腔。笔帽模具分型面主要由主分型面、型腔侧（或型芯侧）分型面、侧抽芯镶块分型面组成。下面使用各种分型面工具来创建笔帽的模具分型面。笔帽模型与模具布局如图 17-56 所示。

图 17-56　笔帽模型

1．创建主分型面

主分型面的设计可使用【填充】工具（即创建平整分型面）来完成。主分型面必须完全覆盖工件。

step 01　设置工作目录，并从光盘中打开 mold_5-1.asm 组件文件。

step 02　在工具栏中单击【分型面】按钮，进入分型面设计模式。

step 03　在【模型树】界面单击【显示】按钮，将显示切换至【层树】界面。在该界面中选中【01___PRT_ALL_DTM_PLN】项目并选择右键快捷菜单中的【隐藏】命令，将零件模型的基准平面关闭，如图 17-57 所示。设置后再切换回【模型树】界面。

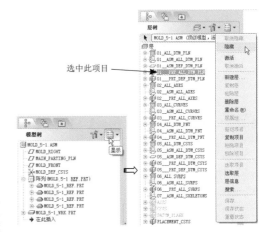

图 17-57　关闭零件模型的基准平面显示

技巧点拨：

关闭零件模型的基准平面，是为了方便后续设计过程中模具基准平面的选择。

step 04　在菜单栏中选择【编辑】|【填充】命令，然后创建如图 17-58 所示的主分型面。

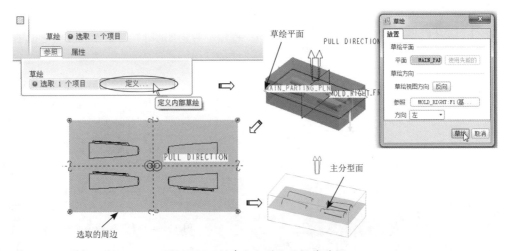

图 17-58　创建主分型面的操作过程

第 17 章 注塑模具设计

step 05 进入分型面设计模式。在【基础特征】工具栏中单击【旋转】按钮，程序弹出【旋转】操控板。然后按照如图 17-59 所示的操作步骤完成单个笔帽型芯侧分型面的创建。

> **技巧点拨：**
> 旋转特征的旋转中心线可在草绘模式中绘制，也可在操控板运行状态下选择基准轴，以此作为旋转中心线。

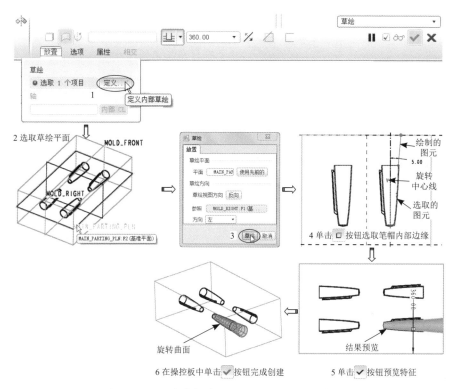

图 17-59 创建单个笔帽型芯侧分型面的操作过程

step 06 选中旋转曲面，在菜单栏中选择【编辑】|【镜像】命令，使用"镜像"方法创建其余 3 个笔帽型芯侧分型面，结果如图 17-60 所示。

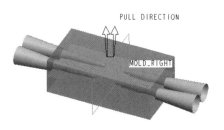

图 17-60 创建其余 3 个分型面

> **技巧点拨：**
> 要创建其余 3 个旋转分型面，最快捷的方法就是采用镜像复制的方法。

step 07 在分型面设计模式中继续进行镶块分型面的创建。

step 08 在工具栏中单击【拉伸】按钮，程序弹出"拉伸"操控板。然后选择 MOLD_FRONT 基准平面作为草图平面，并创建完成如图 17-61 所示的侧抽芯镶块分型面。

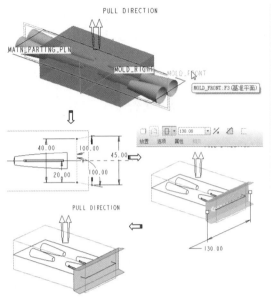

图 17-61 创建侧抽芯镶块分型面

step 09 选中前面创建的侧抽芯镶块分型面,在菜单栏中选择【编辑】|【镜像】命令,将其镜像至 MOLD_RIHGT 的另一侧,如图 17-62 所示。

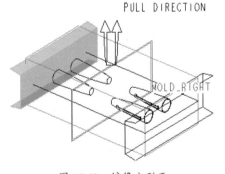

图 17-62 镜像分型面

step 10 选择【合并】方法中的【相交】选项,将拉伸分型面与旋转分型面进行合并,过程如图 17-63 所示。

step 11 同理,按此方法将其余的旋转分型面与拉伸分型面分别进行合并,完成侧抽芯镶块分型面的创建。最终合并操作完成的结果如图 17-64 所示。

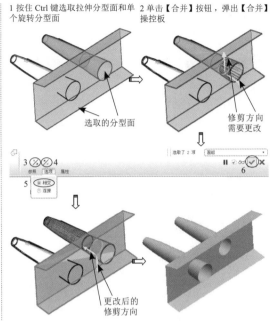

图 17-63 合并分型面的操作过程

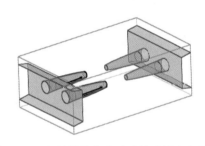

图 17-64 合并操作完成后的抽芯镶块分型面

step 12 笔帽模具分型面创建完成后,单击【保存】按钮 将结果保存。

17.8 模具体积块

在 Pro/E 中,模具分型面是用来分割工件或现有模具体积块而获得成型零件的。当指定分型曲面分割模具体积块或工件时,程序会计算材料的总体积,然后程序对分型面的一侧材料计算出工件的体积,再将其转化为模具体积。程序对分型面另一侧上的剩余体积重复此过程,因而生成了两个新的模具体积块,每个模具体积块在完成创建后都会立即命名。

在 Pro/E 模具设计模式中，单击【体积块分割】按钮，程序弹出【分割体积块】菜单，如图 17-65 所示。

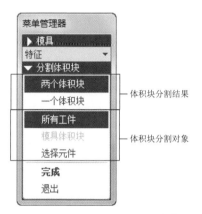

图 17-65　【分割体积块】菜单

【分割体积块】菜单中包括两种体积块分割后的结果选项和 3 种可选择的分割对象，下面简要介绍。

17.8.1　以分型面分割体积块

用分型面分割工件或现有模具体积块的最大优点之一是复制了工件或模具体积块的边界曲面。对工件或分型面进行设计更改时将不会影响分割本身。更改工件时，只要分型面与工件边界完全相交分割就不会有问题。

1．一个体积块的分割

当用户需要创建单个模具组件特征时，可选择【一个体积块】命令。可以选择的分割对象包括【所有工件】、【模具体积块】和【选择元件】。

- 所有工件：选择此命令，模具中的所有工件都要被分割。
- 模具体积块：选择此命令，可以选择分割后的或者新建模具体积块来分割。
- 选择元件：选择此命令，可选择任意的模具组件进行分割。

由于使用模具分型面分割工件，将被分割为至少两个体积块，因此在分割时程序会告知用户将保留某个体积块，如图 17-66 所示。

> **技巧点拨：**
>
> 要创建一个体积块，在【岛列表】菜单中不能同时勾选多个岛，否则与【一个体积块】命令相违背，当然也不能完成分割操作。

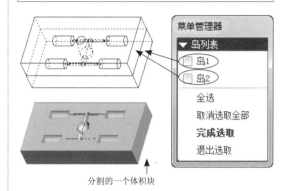

图 17-66　分割为一个体积块

2．两个体积块的分割

选择【分割体积块】菜单中的【两个体积块】命令，Pro/E 将把分割完成的体积块定义为芯与腔。

如图 17-67 所示为选择【两个体积块】命令，并利用模具分型面分割工件后得到的型腔体积块与型芯体积块。

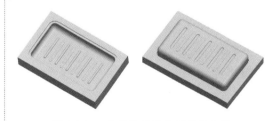

图 17-67　分割的型腔与型芯体积块

17.8.2　编辑模具体积块

编辑、创建模具体积块是参照"参照模型"来进行材料的添加或减去的，使体积块与参照模型相适应，并设定模具体积块的拔模角。

用户可以通过采用【聚合体积块】、【草绘体积块】和【滑块体积块】3种方法来创建模具体积块。

从某种角度讲，【体积块分割】命令是专门用来设计型腔或型芯中的镶块。比如拆分的镶块、侧抽芯滑块等。

单击【体积块分割】按钮，进入模具体积块编辑模式。

1. 聚合体积块

【聚合体积块】是通过复制设计模型的曲面和参考边所创建的体积块。

进入模具体积块编辑模式后，在菜单栏中选择【编辑】|【收集体积块】命令，弹出【聚合体积块】选项菜单，如图17-68所示。

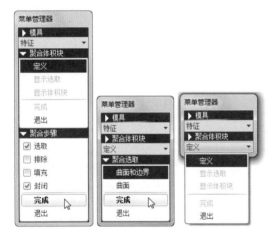

图17-68 【聚合体积块】子菜单

【聚合体积块】菜单中的【聚合步骤】子菜单中，用户可以选择一个或多个复选框：

- 选择：从参照零件中选择曲面或特征；
- 排除：从体积块定义中排除边或曲面环。
- 填充：在体积块上填充内部轮廓线或曲面上的孔。
- 封闭：通过选择顶平面和邻接边关闭聚合体积块。

2. 草绘体积块

【草绘体积块】是通过【拉伸】、【旋转】、【扫描】等实体创建工具，进入草绘模式绘制截面而创建的体积块。

当需要延伸聚合体积块或者排除某个区域时，可使用实体特征创建工具。例如，为了使模具加工方便，可将成型部分与外侧的边框分割开。如图17-69所示。

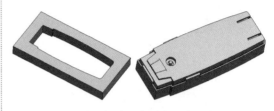

图17-69 型芯部件的成型部分与边框的分割

3. 滑块体积块

当产品具有侧孔或侧凹特征时，需要做滑块，这样才能保证产品能顺利地从模具中取出。在菜单栏中选择【插入】|【滑块】命令，随后弹出【滑块体积块】对话框，如图17-70所示。

图17-70 【滑块体积块】对话框

17.8.3 修剪到几何

"修剪到几何"工具主要用于模具组件的修剪，如滑块头、斜顶、顶杆、子镶块等。修剪工具可以是零件、曲面或平面等。

单击【修剪到几何】按钮，程序将弹出【裁剪到几何】对话框，如图17-71所示。

图 17-71 【裁剪到几何】对话框

> **提示：**
> 只有创建了模具体积块后，【修剪到几何】命令及【参考零件切除】命令、【连接】命令才被激活。

在此对话框中，包含如下选项：

- 树：列出了特征的元素。使用树来选择要重定义的元素。
- 参照类型：用作参照的对象类型。在【零件】模式中，【零件】选项不可用。
- 参照：选择修剪时要用于参照的对象。
- 修剪类型：单击"从第一个"按钮，在与第一个参照几何相交之后修剪几何。单击"从最后一个"按钮，在与最后一个参照几何相交之后修剪几何。仅在将【零件】用作参照时，"修剪类型"选项才可用。
- 偏移：输入正值或负值，定义自边界曲面的偏移。

17.9 抽取模具元件

模具体积块仅是三维曲面，而不是实体特征，因此分割完成模具体积块后，还需要将体积块通过填充实体材料，将其转变为具有实体特征的模具元件。

在模具设计模式中，从模具体积块到模具元件的转换，这一过程是通过执行抽取操作来完成的。

单击【型腔插入】按钮，程序弹出【创建模具元件】对话框，如图17-72所示。

当前的模具体积块列于对话框的顶部，可单个选择或同时选择这些体积块以创建相关联的模具元件。

图 17-72 【创建模具元件】对话框

17.10 制模

在 Pro/E 中，当模具的所有组件都设计完成时，可以通过浇注系统的组件来模拟填充模具型腔，从而创建铸模（制模）。

铸模可以用于检查前面设计的完整性和正确性，如果出现不能生成铸模文件的现象，极有可能是先前的模具设计有差错或者参照零件有几何交错的现象。此外，铸模可以用于计算质量属性、检测合适的拔模,因为它有完整的流道系统可以较准确地模拟产品注塑过程,所以可用于塑料顾问的模流分析。

17.11 模具开模

在模具体积块定义并抽取完成之后,模具元件仍然处于闭合状态。为了检查设计的适用性,可以模拟模具打开的过程。

在【模具】选项卡的【分析】面板中单击【模具开模】按钮，弹出【模具开模】菜单,然后依次选择【定义间距】|【定义移动】命令,程序将弹出【选择】对话框,在图形区中选择模具元件,单击其中的【确定】按钮,然后在图形区中选择一个基准以确定打开的方向,再输入移动距离,就能移动模具元件,如图 17-73 所示。

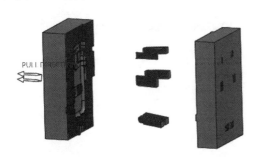

图 17-73 移动模具元件

> 提示：
> 当选择要移动的对象后,必须关闭【选择】对话框才能选择边来作为分解的方向。

17.12 综合案例——手把拆模设计

本产品比较普通,没有特殊结构（侧凹、侧孔、倒扣等）。模具开模方向与 BOSS 柱同向,分型面不能直接从产品边缘水平延伸,必须按产品边缘的斜度进行一定距离的延伸,然后再水平延伸。

本练习的产品模型——手把产品,如图 17-74 所示。

图 17-74 手把模型

操作步骤

1. 模具设计前期准备

step 01 新建命名为 shouba.prt 的模具设计文件,如图 17-75 所示。然后设置工作目录。

图 17-75 新建模具文件

step 02 单击【模具型腔布局】按钮，然后打开本例素材文件,如图 17-76 所示。

图 17-76 打开模型

step 03 然后将模型装配到模具设计环境中,如图 17-77 所示。

第 17 章 注塑模具设计

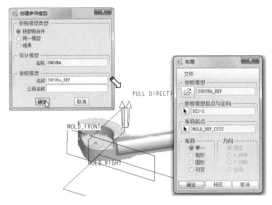

图 17-77 装配模型

step 04 但拖动方向错误，需要重定向模型。如图 17-78 所示。

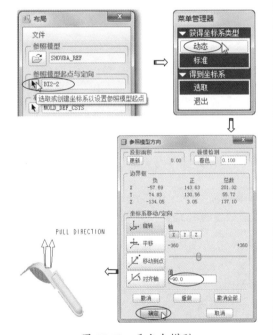

图 17-78 重定向模型

step 05 单击【按比例收缩】按钮，然后设置模型的收缩率，如图 17-79 所示。

技巧点拨：

选择参考坐标系时，必须是产品的坐标系，不要选择模具坐标系 MOLD_DEF_CSYS。收缩率是基于产品来设置的，在零件设计环境中也能设置产品收缩率。

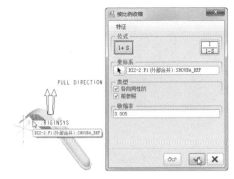

图 17-79 设置模型收缩率

step 06 单击【自动工件】按钮，然后创建毛坯工件，结果如图 17-80 所示。

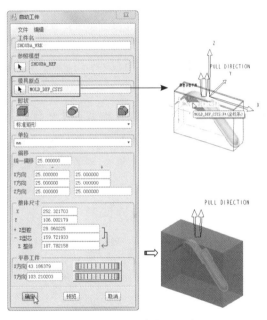

图 17-80 创建自动工件

技巧点拨：

在创建自动工件时，所选择的参考坐标系必须是模具坐标系 MOLD_DEF_CSYS。不能选择产品坐标系。因为工件只能在模具设计环境中创建。

2. 分型面设计

step 01 单击【分型面】按钮，进入分型面设计模式。按 Ctrl 键选择产品内部的曲面，如图 17-81 所示。

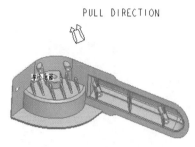

图 17-81 选择要复制的内部曲面

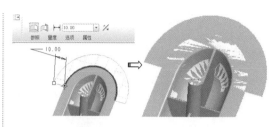

图 17-83 创建延伸曲面

技巧点拨：

如果所选择的面比较多，可以先选择一个面，然后选择【复制】|【粘贴】命令，打开【复制】操控板，接着按 Ctrl 键选择其他曲面，选到一定数量的时候先确定完成复制。然后重新编辑定义此复制特征，重新打开【复制】操控板继续选择其余曲面。这样就避免了选择许多曲面后出现重选的错误。

技巧点拨：

为什么要延伸一定的距离呢？对于分型面为斜面时不宜直接做斜坡，因为熔料在填充过程中有强大的填充压力，使模具部件产生位移，进而会导致制品变形或制品精度不高等问题，所以不可取。如图 17-84 所示的左图就是这种情形。因此通常采用的做法为后两种情况，两边做平台（止口）或在斜面下方做虎口，以防止滑坡。

step 02 然后在上工具栏中单击【复制】按钮和【粘贴】按钮，打开复制操控板。在操控板的【选项】选项卡中单击【排除曲面并填充孔】单选按钮，接着按 Ctrl 键依次选择要填充孔的曲面，如图 17-82 所示。

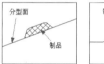

图 17-84 斜面分型面

step 05 同理，在手把的另一侧也选择复制曲面的边进行延伸，结果如图 17-85 所示。

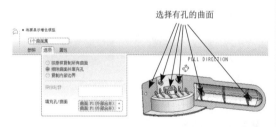

图 17-82 选择要填充孔的曲面

step 03 在【复制】操控板中单击【应用】按钮✓完成模型内部曲面的复制。复制的曲面也是型芯区域曲面。

step 04 选中复制曲面的一条边，然后在菜单栏中选择【编辑】|【延伸】命令，打开【延伸】操控板，然后输入延伸距离 10，单击【应用】按钮✓，如图 17-83 所示。

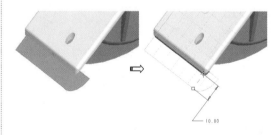

图 17-85 创建另一延伸曲面

step 06 延伸的曲面需要进行修剪。利用【平面】工具，首先创建第一个参照的基准平面，如图 17-86 所示。

step 07 利用此参照平面，修剪延伸曲面，如图 17-87 所示。

第 17 章 注塑模具设计

方向的边，如图 17-90 所示。

step 11 按此操作方法，将其余 3 侧的曲面边进行延伸，得到最终的结果，如图 17-91 所示。

> **技巧点拨：**
>
> 要选择连续的边，可以按 Shift 键进行选择。切不可按 Ctrl 键进行选择。在同一侧，您可以先选择其中一条边，执行【延伸】命令后，再按 Shift 键依次继续选择同侧的其他边。必须是依次选择。但凡是产品以外的分型面，如果存在钝边或直角边，都必须进行圆角处理。这是为了保护模具的边不被磨损，以及减小动、定模仁之间的摩擦。

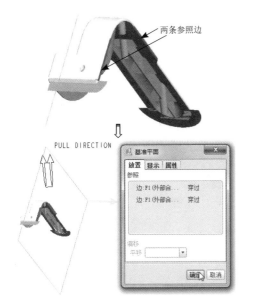

图 17-86 创建基准平面

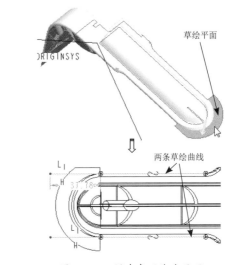

图 17-87 创建参照基准平面

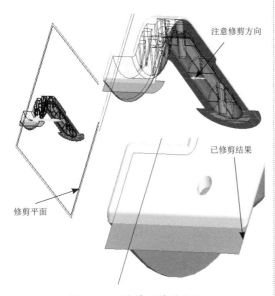

图 17-87 修剪延伸的曲面

step 08 同样在另一侧，利用【草绘】工具绘制两条曲线来修剪延伸曲面，如图 17-88 所示为创建的参照平面。

step 09 利用两条曲线，修剪延伸曲面，结果如图 17-89 所示。

step 10 接下来将曲面的边向 4 个方向（即工件的 4 个侧面）延伸。下面延伸其中一个

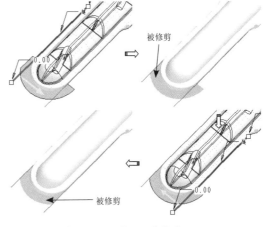

图 17-88 利用曲线修剪曲面

455

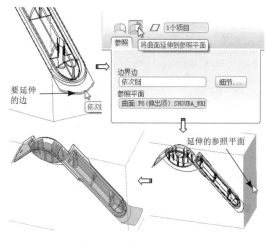

图 17-89　创建延伸曲面

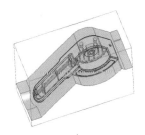

图 17-90　创建完成的延伸分型面

step 12　利用【倒圆角】工具，对如图 17-91 所示的边进行圆角处理。

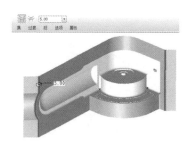

图 17-91　对分型面进行圆角处理

step 13　完成分型面的设计后退出分型面设计模式。

3．分割型芯和型腔

step 01　单击【体积块分割】按钮，然后执行如图 17-92 所示的命令，完成型芯与型腔体积块的分割。

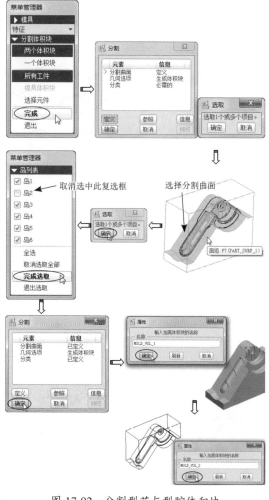

图 17-92　分割型芯与型腔体积块

step 02　分割体积块后，单击【型腔插入】按钮抽取模具元件，如图 17-93 所示。

图 17-93　抽取模具元件

step 03　在【模具】菜单中选择【制模】|【创建】命令，创建制模零件，如图 17-94 所示。

step 04 至此，完成了本例的拆模设计工作。最后将设计结果保存。

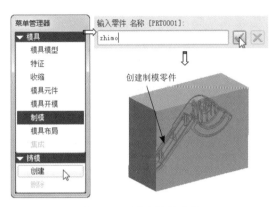

图 17-94　创建制模零件

17.13　课后习题

数码相机外壳产品为塑料制品，其外部与内部结构较复杂，最大的难点在于分型线不明显，需要对面组进行修剪。另外，模型三面均有侧凹特征，为产品脱模增加了难度。数码相机外壳模型如图 17-95 所示。

图 17-95　相机外壳模型

第 18 章

数控加工

本章内容

数控加工相对于传统的加工方式,有着不可比拟的优点,特别是现代工业高速发展更需要柔性化制造。Pro/E 为用户提供了大量的数控加工方式,可以极为方便地对需要加工的零件进行自动编程。

知识要点

- ☑ 数控编程基础
- ☑ NC 数控加工的准备内容
- ☑ 体积块铣削
- ☑ 轮廓铣削
- ☑ 端面铣削加工
- ☑ 曲面铣削加工
- ☑ 钻削加工

18.1　数控编程基础

本节所介绍的数控技术包括数控加工原理、加工工艺、数控编程基础等实质性内容。

18.1.1　数控加工原理

当操作工人使用机床加工零件时,通常都需要对机床的各种动作进行控制,一是控制动作的先后顺序,二是控制机床各运动部件的位移量。采用普通机床加工时,这种开车、停车、走刀、换向、主轴变速和开关切削液等操作都是由人工直接控制的。

采用自动机床和仿形机床加工时,上述操作和运动参数则是通过设计好的凸轮、靠模和挡块等装置以模拟量的形式来控制的,它们虽能加工比较复杂的零件,且有一定的灵活性和通用性,但是零件的加工精度受凸轮、靠模制造精度的影响,且工序准备时间也很长。数控加工的一般工作原理如图18-1所示。

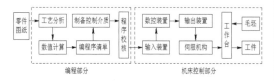

图 18-1　数控加工原理图

机床上的刀具和工件间的相对运动,称为表面成型运动,简称成型运动或切削运动。数控加工是指数控机床按照数控程序所确定的轨迹(称为数控刀轨)进行表面成型运动,从而加工出产品的表面形状。如图18-2和图18-3所示分别为一个平面轮廓加工和一个曲面加工的切削示意图。

数控刀轨是由一系列简单的线段连接而成的折线,折线上的节点称为刀位点。刀具的中心点沿着刀轨依次经过每一个刀位点,从而切削出工件的形状。

刀具从一个刀位点移动到下一个刀位点的运动称为数控机床的插补运动。由于数控机床一般只能以直线或圆弧这两种简单的运动形式完成插补运动,因此数控刀轨只能是由许多直线段和圆弧段将刀位点连接而成的折线。

数控编程的任务是计算出数控刀轨,并以程序的形式输出到数控机床,其核心内容就是计算出数控刀轨上的刀位点。

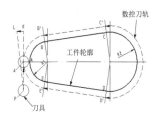

图 18-2　平面轮廓加工

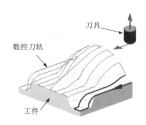

图 18-3　曲面加工

在数控加工误差中,与数控编程直接相关的有两个主要部分:

- 刀轨的插补误差:由于数控刀轨只能由直线和圆弧组成,因此只能近似地拟合理想的加工轨迹,如图18-4所示。
- 残余高度:在曲面加工中,相邻两条数控刀轨之间会留下未切削区域,如图18-5所示,由此造成的加工误差称为残余高度,它主要影响加工表面的粗糙度。

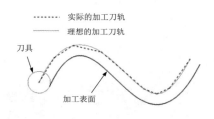

图 18-4　刀轨的插补误差

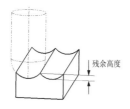

图 18-5　残余高度

总的来说，数控加工有如下特点：

- 自动化程度高，具有很高的生产效率。除手工装夹毛坯外，其余全部加工过程都可由数控机床自动完成。若配合自动装卸手段，则是无人控制工厂的基本组成环节。数控加工减轻了操作者的劳动强度，改善了劳动条件；省去了画线、多次装夹定位、检测等工序及其辅助操作，有效地提高了生产效率。
- 对加工对象的适应性强。改变加工对象时，除了更换刀具和解决毛坯装夹方式外，只需重新编程即可，不需要做其他任何复杂的调整，从而缩短了生产准备周期。加工精度高，质量稳定。加工尺寸精度在 0.005mm～0.01mm，不受零件复杂程度的影响。由于大部分操作都由机器自动完成，因此消除了人为误差，提高了批量零件尺寸的一致性，同时精密控制的机床上还采用了位置检测装置，更加提高了数控加工的精度。
- 易于建立与计算机间的通信联络，容易实现群控。由于机床采用数字信息控制，易于与计算机辅助设计系统连接，形成 CAD/CAM 一体化系统，并建立起各机床间的联系，容易实现群控。

初学者学习数控编程技术之前，需要了解一些数控加工术语。

1. 坐标联动加工

坐标联动加工是指数控机床的几个坐标轴能够同时进行移动，从而获得平面直线、平面圆弧、空间直线和空间螺旋线等复杂加工轨迹的能力。如图 18-6 所示为坐标联动加工示例。

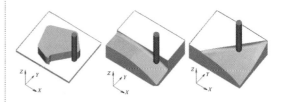

图 18-6　坐标联动加工

2. 脉冲当量、进给速度与速度修调

单位脉冲作用下工作台移动的距离称为脉冲当量。

手动操作时数控坐标轴的移动通常是采用按键触发或采用手摇脉冲发生器（手轮方式）产生脉冲的，采用倍频技术可以使触发一次的移动量分别为 0.001mm、0.01mm、0.1mm、1mm 等多种控制方式，相当于触发一次分别产生 1、10、100、1000 个脉冲。

3. 插补与刀补

数控加工直线或圆弧轨迹时，程序中只提供线段的两端点坐标等基本数据，为了控制刀具相对于工件走在这些轨迹上，就必须在组成轨迹的直线段或曲线段的起点和终点之间，按一定的算法进行数据点的密化工作，以填补确定一些中间点，如图 18-7 的（a）（b）所示，各轴就以趋近这些点为目标实施配合移动，这称为插补。这种计算插补点的运算称为插补运算。

刀补是指数控加工中的刀具半径补偿和刀具长度补偿功能。

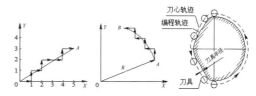

（a）直线插补（b）圆弧插补（c）刀具半径补偿

图 18-7　插补和刀补

18.1.2 选择加工刀具

选择刀具应根据机床的加工能力、工件材料的性能、加工工序、切削用量及其他相关因素正确选用刀具及刀柄。

选择刀具时还要考虑安装调整的方便程度、刚性、耐用度和精度。在满足加工要求的前提下，刀具的悬伸长度要尽可能地短，以提高刀具系统的刚性。

下面对部分常用的铣刀进行简要的说明，供读者参考。

1. 圆柱铣刀

圆柱铣刀主要用于卧式铣床加工平面，一般为整体式，如图18-8所示。该铣刀材料为高速钢，主切削刃分布在圆柱上，无副切削刃。该铣刀有粗齿和细齿之分。粗齿铣刀，齿数少，刀齿强度大，容屑空间大，重磨次数多，适用于粗加工；细齿铣刀，齿数多，工作较平稳，适用于精加工。圆柱铣刀直径范围 $d=50mm \sim 100mm$，齿数 $Z=6 \sim 14$ 个，螺旋角 $\beta=30° \sim 45°$。当螺旋角 $\beta=0°$ 时，螺旋刀齿变为直刀齿，目前生产上应用少。

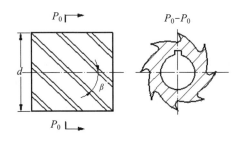

图18-8　圆柱铣刀

2. 面铣刀

面铣刀主要用于立式铣床上加工平面、台阶面等。面铣刀的主切削刃分布在铣刀的圆柱面或圆锥面上，副切削刃分布在铣刀的端面上。面铣刀按结构可以分为整体式面铣刀、硬质合金整体焊接式面铣刀、硬质合金机夹焊接式面铣刀、硬质合金可转位式面铣刀等形式。图18-9所示是硬质合金整体焊接式面铣刀。该铣刀是由硬质合金刀片与合金钢刀体经焊接而成，其结构紧凑，切削效率高，制造较方便。刀齿损坏后，很难修复，所以该铣刀应用不多。

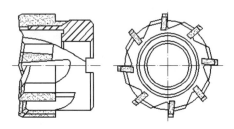

图18-9　面铣刀

3. 立铣刀

立铣刀主要用于立式铣床上加工凹槽、台阶面、成型面（利用靠模）等。如图18-10所示为高速钢立铣刀。该立铣刀的主切削刃分布在铣刀的圆柱面上，副切削刃分布在铣刀的端面上，且端面中心有顶尖孔，因此，铣削时一般不能沿铣刀轴向做进给运动，只能沿铣刀径向做进给运动。该立铣刀有粗齿和细齿之分，粗齿齿数 $3 \sim 6$ 个，适用于粗加工；细齿齿数 $5 \sim 10$ 个，适用于半精加工。该立铣刀的直径范围是 $\phi 2mm \sim \phi 80mm$。柄部有直柄、莫氏锥柄、7：24锥柄等多种形式。该立铣刀应用较广，但切削效率较低。

图18-10　立铣刀

4. 键槽铣刀

键槽铣刀主要用于立式铣床上加工圆头封闭键槽等，如图18-11所示。该铣刀外形似立铣刀，端面无顶尖孔，端面刀齿从外圆开至轴心，且螺旋角较小，增强了端面刀齿强度。端面刀齿上的切削刃为主切削刃，圆柱面上的切削刃为副切削刃。加工键槽时，每次先沿铣刀轴向进给较小的量，然后再沿径向进给，这样反复多次，就可完成键槽的加工。由于该铣刀的磨损是在端面和靠近端面的外圆部分，所以修磨时只要修磨端面切削刃，这样，铣刀直径可保持不变，使加工键槽精度较高，铣刀寿命较长。键槽铣刀的直径范围为$\phi 2mm \sim \phi 63mm$。

图 18-11　键槽铣刀

5. 三面刃铣刀

三面刃铣刀主要用于卧式铣床上加工槽、台阶面等。三面刃铣刀的主切削刃分布在铣刀的圆柱面上，副切削刃分布在两端面上。该铣刀按刀齿结构可分为直齿、错齿和镶齿3种形式。如图18-12所示是直齿三面刃铣刀。该铣刀结构简单，制造方便，但副切削刃前角为零度，切削条件较差。该铣刀直径范围是 50mm～200mm、宽度为4mm～40mm。

6. 角度铣刀

角度铣刀主要用于卧式铣床上加工各种角度槽、斜面等。角度铣刀的材料一般是高速钢。角度铣刀根据本身外形不同，可分为单刃铣刀、不对称双角铣刀和对称双角铣刀3种。如图18-13所示是单角铣刀。圆锥面上切削刃是主切削刃，端面上的切削刃是副切削刃。该铣刀直径范围是 40mm～100mm。

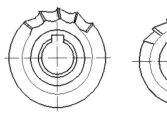 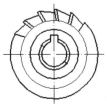

图 18-12　三面刃铣刀　　图 18-13　角度铣刀

7. 模具铣刀

模具铣刀主要用于立式铣床上加工模具型腔、三维成型表面等。模具铣刀按工作部分形状不同，可分为圆柱形球头铣刀、圆锥形球头铣刀和圆锥形立铣刀3种形式。

如图18-14所示是圆柱形球头铣刀，如图18-15所示是圆锥形球头铣刀。在该两种铣刀的圆柱面、圆锥面和球面上的切削刃均为主切削刃，铣削时不仅能沿铣刀轴向做进给运动，也能沿铣刀径向做进给运动，而且球头与工件接触往往为一点，这样，该铣刀在数控铣床的控制下，就能加工出各种复杂的成型表面，所以该铣刀用途独特，很有发展前途。

如图18-16所示的圆锥形立铣刀其作用与立铣刀基本相同，只是该铣刀可以利用本身的圆锥体，方便地加工出模具型腔的出模角。

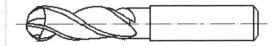

图 18-14　圆柱形球头铣刀

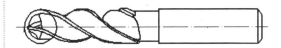

图 18-15　圆锥形球头铣刀

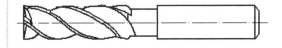

图 18-16　圆锥形立铣刀

加工中心上用的立铣刀主要有3种形式：球头刀（$R=D/2$）、端铣刀（$R=0$）和R刀（$R<D/2$，俗称"牛鼻刀"或"圆鼻刀"），其中D为刀具的直径，R为刀角半径。某些刀具还可能带有一定的锥度A。

数控加工时选择刀具应注意以下几点：

- 刀具尺寸。选择刀具时，要使刀具的

尺寸与被加工工件的表面尺寸相适应。刀具直径的选用主要取决于设备的规格和工件的加工尺寸，还需要考虑刀具所需功率应在机床功率范围之内。

- 刀具形状的选择应符合铣削面。生产中，平面零件周边轮廓的加工，常采用立铣刀；铣削平面时，应选择端铣刀或面铣刀；加工凸台、凹槽时，选高速钢立铣刀；加工毛坯表面或粗加工孔时，可选择镶硬质合金刀片的玉米铣刀；对于一些立体型面和变斜角轮廓外形的加工，常采用球头铣刀、环形铣刀、锥形铣刀和盘形铣刀。如图 18-17 所示为常见符合铣削面的铣刀刀具。

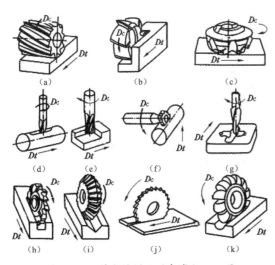

图 18-17　符合铣削面的各类加工刀具

- 选择刀具应符合精度要求。平面铣削应选用不重磨硬质合金端铣刀或立铣刀，可转为面铣刀。一般采用二次走刀，第一次走刀最好用端铣刀粗铣，沿工件表面连续走刀。选好每次走刀的宽度和铣刀的直径，使接痕不影响精铣精度。因此，加工余量大又不均匀时，铣刀直径要选择小一些的。精加工时，铣刀直径要选择大一些的，最好能够包容加工面的整个宽度。表面要求高时，还可以选择使用具有修光效果的刀片。

技巧点拨：

在实际工作中，平面的精加工，一般用可转位密齿面铣刀，可以达到理想的表面加工质量，甚至可以实现以铣代磨，如图 18-18 所示。

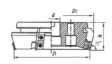

图 18-18　可转位密齿面铣刀

- 选择刀具时应考虑减少残留高度。加工空间曲面和变斜角轮廓外形时，由于球头刀具的球面端部切削速度为零，而且在走刀时，每两行刀位之间，加工表面不可能重叠，总存在没有被加工去除的部分。每两行刀位之间的距离越大，没有被加工去除的部分就越多，其残余高度就越高，加工出来的表面与理论表面的误差就越大，表面质量也就越差。加工精度要求越高，走刀步长和切削行距越小，编程效率越低。

- 刀具的选择应符合强度加工。镶硬质合金刀片的端铣刀和立铣刀主要用于加工凸台、凹槽和箱口面，如图 18-19 所示。

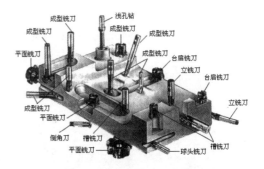

图 18-19　端铣刀和立铣刀的铣削范围

- 为了提高槽宽的加工精度，减少铣刀的种类，加工时应采用直径比槽宽小的铣刀，先铣槽的中间部分，然后再利用刀具半径补偿（或称直径补偿）功能对槽的两边进行铣加工。

> **技巧点拨：**
>
> 对于要求较高的细小部位的加工，可使用整体式硬质合金刀，它可以取得较高的加工精度，但是注意刀具悬升不能太大，否则刀具不但让刀量大，易磨损，而且会有折断的危险。

18.1.3 Pro/E 数控加工界面认识

为了让大家能更好地学习 Pro/E 数控加工，下面对 NC 加工的内容及 NC 界面进行简要介绍。

1．设计模型

代表着成品的 Pro/E 设计模型为所有制造操作的基础。在设计模型上选择特征、曲面和边作为每一刀具路径的参考。通过参考设计模型的几何，可以在设计模型与工件间设置关联链接。由于有了这种链接，在更改设计模型时，所有关联的加工操作都会被更新以反映所做的更改。

零件、装配和钣金件可以用作设计模型。如图 18-20 表示的是一个参考模型的示例，其中，1 为要进行钻孔加工的孔，2 为要进行铣削的平面。

2．工件

工件表示制造加工的原料，即毛坯。如图 18-21 所示的工件是通过 NC 建模得到的毛坯，NC 也可以采用不同方式生成工件。其中，1 为移除的孔——不是铸件的一部分，2 为因考虑材料移除而增大的尺寸，3 为因考虑材料移除而减小的尺寸。

使用工件的优点主要如下：

- 在创建 NC 序列时，自动定义加工范围。
- 可以在 NC-CHECK 中使用，进行材料去除动态模拟和过切检测。
- 通过捕获去除的材料来管理进程中的文档。
- 工件可以代表任何形式的原料。如棒料或铸件；工件的建立方式比较灵活，可以通过复制参考模型、修改尺寸或删除 | 隐含特征等操作方式生成。

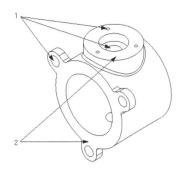

图 18-20　设计模型

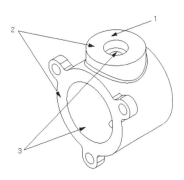

图 18-21　工件

> **技巧点拨：**
>
> 如果拥有 Pro/ASSEMBLY 许可，也可以通过参考设计模型的几何，直接在【制造】模式中创建工件。

3．制造模型

常规的制造模型由一个参照模型和一个装配在一起的工件组成。在后期的 NC-check 命令中可实现工件执行材料去除模拟。一般来说，在加工的最终结果工件几何应与设计模型的几何特征保持一致。如图 18-22 显示了一个参照零件与工件装配的制造模型。

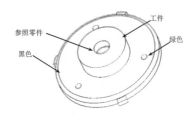

图 18-22　制造模型

当创建一个加工模型后，通常包括 4 个单独的文件：

- 设计模型——扩展名为 .prt。
- 工件——扩展名为 .prt。
- 加工组合——扩展名为 .asm。
- 加工工艺文件——扩展名为 .asm。

4. 零件与装配加工

在先前的 NC 制造版本中，可创建两种单独类型的制造模型：

- 零件加工：制造模型包含一个参照零件和一个工件（也是零件）。
- 装配加工：系统不做有关制造模型配置的假设。制造模型可以是任何复杂级别的装配。

目前，所有 NC 制造均基于"装配"加工。但是，如果有在先前版本中创建的、继承的"零件"加工模型，则可检索和使用它们。某些加工方法与"零件"加工中的方法略有不同。这些不同之处在文档的相应部分加以注解。

"零件"与"装配"加工的主要差异在于，在"零件"加工中，制造过程的所有组成部分（操作、机床或 NC 序列）是属于工件的零件特征，而在"装配"加工中，它们是属于制造装配的装配特征。

5. NC 制造用户界面

NC 制造用户界面是基于功能区的，该用户界面中包含多个选项卡，每个选项卡中都含有按逻辑顺序组织的多组常用命令。NC 制造用户界面简洁，概念清晰，符合工程人员的设计思想与习惯，如图 18-23 所示。

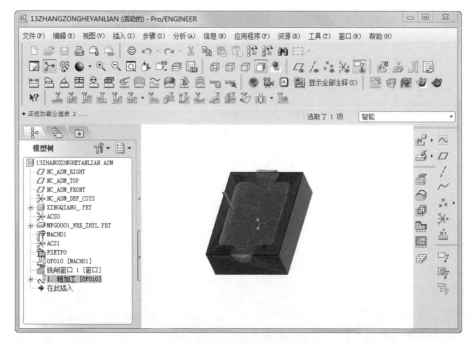

图 18-23　NC 制造用户界面

18.2 NC 数控加工的准备内容

下面详解 NC 加工模块的具体介绍和准备工作中所涉及的功能命令的用法。

18.2.1 参考模型

Pro/E 中共提供了 3 种加工模型的装配方式：组装参照模型、继承参照模型和合并参照模型。本小节主要介绍组装参照模型。

【组装参照模型】装配方式可以装配单个模型，也可以同时装配多个模型。

在【模具】选项卡的【参照模型和工件】面板中单击【参照模型】|【装配参照模型】命令，然后通过【打开】对话框加载参照模型，图形窗口顶部将弹出如图 18-24 所示的【装配约束】操控板。同时设计模型将自动加入到模具模型中。

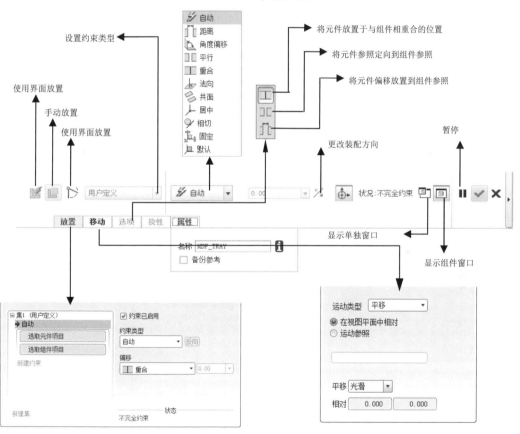

图 18-24　【装配约束】的操控板

在装配约束列表中选择相应的约束进行装配，使"状态"由"不完全约束"变为"完全约束"后，定位操作才完成。

【继承参照模型】和【合并参照模型】两种方式的装配过程与【组装参照模型】是相同的，不同的是装配后的结果。其中：

- 合并参照模型：将设计零件几何复制到参照零件中。它也将把基准平面信息从设计模型复制到参照模型。如果设计模型中存在某个层，它带有一个或多个与其关联的基准平面，会将此层、它的名称及与其关联的基准平面从设计模型复制到参照模型中。层的显示状况也被复制到参照模型。
- 继承参照模型：参照零件继承设计零件中的所有几何和特征信息。

18.2.2 自动工件

在 Pro/E 中，工件表示直接参与熔料例如顶部及底部嵌入物成型的模具元件的总体积。在加工制造中常称"毛坯"。

自动工件是根据参照模型的大小和位置来进行定义的。工件尺寸的默认值则取决于参照模型的边界。对于一模多腔布局的模型，程序将以完全包容所有参照模型来创建一个默认大小的工件。

在右工具栏中单击【自动工件】按钮，程序弹出【创建自动工件】操控板，如图18-25 所示。

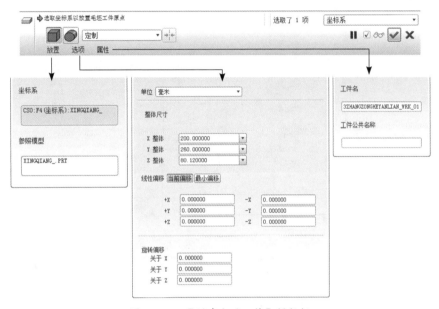

图 18-25 【创建自动工件】操控板

【自动工件】对话框中有两种工件形状：矩形工件和圆形工件。
- 矩形工件：相对于参照模型来定义矩形工件。
- 圆形工件：相对于 NC 加工坐标系来定义圆形工件。

操控板中有两种工件尺寸的定义方式：包络和定制。
- 包络：此方式用于创建完全包容参照模型、没有偏置的工件（或偏置距离为 0），如图 18-26 所示。
- 定制：此方式是创建偏置一定距离的毛坯工件。如图 18-27 所示。

图 18-26 包络

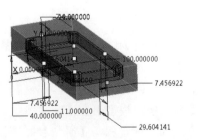

图 18-27 自定义

第 18 章 数控加工

> **技巧点拨：**
> 注意创建工件时选择的坐标系是"产品"坐标系，而非 NC 加工坐标系。

工件尺寸的偏移有 3 种方法：整体尺寸、线性偏移和旋转偏移。

1．整体尺寸

这种方法可以使工件的尺寸为整数。一般情况下，Pro/E 自动计算了参照模型的整体尺寸，并将尺寸显示在【整体尺寸】下各个文本框中，如图 18-28 所示。

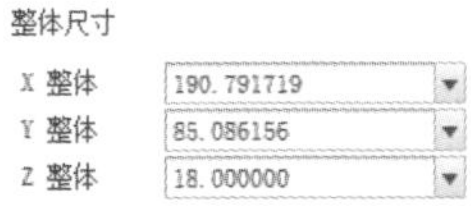

整体尺寸
X 整体 190.791719
Y 整体 85.086156
Z 整体 18.000000

图 18-28　自动计算的参照模型尺寸

要创建某方向的尺寸，在不删除模型尺寸的情况下，修改模型尺寸的整数即可。例如，要创建工件边框到参照模型的距离为 20 的 X 方向的工件，直接修改"190.791719"中的"190"即可，修改结果为"230.791719"。如图 18-29 所示。

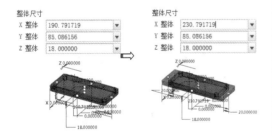

图 18-29　修改 X 方向的整体尺寸

> **技巧点拨：**
> 同理，您还可以修改其他方向的整体尺寸。但是除非特殊情况外，一般选择"统一偏移"方法来创建自动工件。

2．线性偏移

【线性偏移】方法适用于在参照模型的某侧定义偏移量。比如在参照模型顶面要增加一定的毛坯余量，粗加工、半精加工及精加工后可以满足顶平面的加工要求。

如图 18-30 所示的零件，顶平面要保留 5mm 的加工余量，在 +Z 方向侧输入偏移量 5 即可。

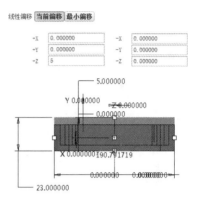

图 18-30　线性偏移

> **技巧点拨：**
> 如果要在原有的基础之上再定义新的偏移量，可以单击【最小偏移】按钮，原来输入的数值将变为 0。注意，仅仅是数字变为 0，工件的尺寸却没有变化。

3．旋转偏移

【旋转偏移】方法是创建偏移量与旋转角度一致的工件。【关于 X（或 Y\Z）】表示绕 X（或 Y\Z）轴旋转。

如图 18-31 所示，在【关于 Z】文本框内输入 30，表示将要创建绕 Z 轴旋转 30° 的工件。

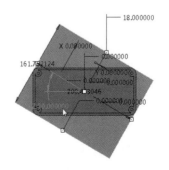

图 18-31　旋转偏移

> **技巧点拨：**
> 设置了角度后，若重新输入 0，那么工件的尺寸是不会发生变化的，也就是说此时的工件比旋转前的工件尺寸大，如图 18-32 所示。

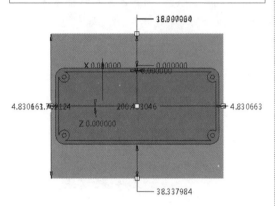

图 18-32　重新输入偏移值

18.2.3　其他工件创建方法

其他几种工件的创建方法包括组装工件、继承工件、合并工件和创建工件。

1. 组装工件

【组装工件】方法与前面组装参照模型的装配原理相同，目的是利用装配约束关系把保存在磁盘中的毛坯模型装配到 NC 加工环境中，如图 18-33 所示。

图 18-33　装配工件

2. 继承工件

如果使用【继承工件】，将选择工件必须从中继承特征的设计模型。同样，也需要装配到加工环境中。

装配后将继承设计模型的全部参数，如图 18-34 所示。

3. 合并工件

这种创建工件的方法与继承工件类似，也是从外部环境中装配设计模型，然后和加工环境中的参照坐标系合并，如图 18-35 所示。

图 18-34　继承工件

图 18-35　合并工件

4. 新工件

新工件是利用【特征类】菜单来创建实体、曲面模型的，如图 18-36 所示。

图 18-36　【特征类】菜单

【新工件】的创建方法其实很有用。因为大多数参照模型都是不规则的模型。例如一副模具，要知道毛坯工件材料的价格远比模架高，为了节约成本，需要将工件形状与参照模型的形状相同或近似。

这就需要手工创建毛坯工件。总之是使

用参照建模环境下的拉伸、旋转、扫描等基本实体造型工具来完成创建的。

18.2.4 NC 操作的创建方法

NC 操作主要包括机床、刀具、夹具、加工零点、退刀设置点等，以及轮廓铣削加工序列定义。其中，对于机床、刀具、夹具等操作设置，既可以在 NC 序列定义之前预先建立其数据库，也可以在后续的 NC 序列定义过程中进行设置。其数据库预先定义主要包括工作机床设置、刀具设置和操作参数设置，具体设置过程如下：

在菜单栏中选择【步骤】【操作设置】命令，在打开的【操作设置】的对话框中单击 按钮可以对工作机床进行设置，如图 18-37 所示，可以对机床参数、坯件材料、加工零点、退刀设置点等参数进行设置。

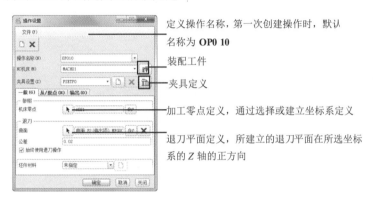

图 18-37　轮廓铣削的操作设置

单击【机床】按钮，在弹出的【机床设置】对话框中对各类铣削加工设置机床参数，如图 18-38 所示，

图 18-38　机床参数设置

刀具的设置操作，既可通过在【机床设置】对话框的【切削刀具】选项卡中单击【打开切

削刀具设置对话框】按钮 ![]，来进行，也可以在【制造设置】菜单中选择【刀具】命令，在弹出的【刀具设定】对话框中对体积块铣削加工相关的各项参数进行设置，如图 18-39 所示。

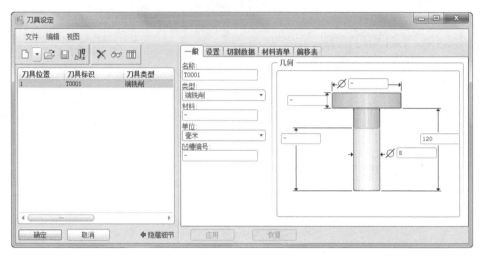

图 18-39　刀具参数设置

18.3　体积块铣削

体积块铣削，是根据加工几何资料（铣削体积块或铣削窗口），并配合适当的刀具几何数据、加工数据及制造参数设置，以等高分层的方式产生刀具路径数据将加工几何范围内的工件材料去除。

体积块铣削加工法是在等高面上切除待加工材料，其实质是一种二维半的分层处理加工方法。对于加工几何体表面与坐标轴正交的加工零件，一般只需要三坐标数控铣床的两坐标联动（即两轴半联动）就可以加工出来。在分层加工过程中，走刀轨迹可被限制在二维平面中，易于优化刀具轨迹，大大减少了空走刀现象。

18.3.1　体积块铣削的铣削过程

体积块铣削加工的基本过程是，刀具自上而下逐层切除余量，在某一层加工结束之后，刀具被抬至安全平面，然后从安全平面快速落刀，从下一层的起始切削位置开始新一层的切削，如此反复，直至零件的加工区域被全部加工结束，如图 18-40 所示。

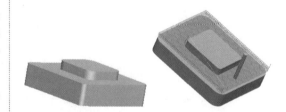

图 18-40　体积块铣削加工原理图

体积块铣削加工过程中，要依据零件加工要求来确定其工艺路线分析，并选择相应的刀具、夹具及坐标系参数。因此，刀具的选择、坐标系的选择和工件工艺路线的分析，是体积块铣削加工的关键。

18.3.2　确定加工范围

要进行数控加工，必须确定加工范围，即明确需要加工的区域。在 Pro/E 中，可由 MFG 几何特征来构建其加工区域，MFG 几何特征由铣削窗口、铣削曲面、铣削体积块等特征组成。而对于体积块铣削加工，一般采用铣削体积块来确定其加工范围。

要创建体积块，可在工具栏中单击【铣削体积块】工具，再单击工具栏中的基础特征按钮，如【拉伸】、【旋转】、【可变截面扫描】等成型方式来创建一个封闭的空间几何体，创建的体积块如图18-41所示。

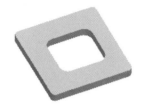

图 18-41 生成的体积块

技巧点拨：

对于复杂的内腔零件的体积块铣削，为了方便迅速地建立体积块，用户可以采用首先建立整个模型零件，然后采用【修剪】命令修剪参考模型，最终建立体积块加工的对象。

18.3.3 体积块铣削加工过程仿真

完成刀具路径规划后，可生成相应的刀具路径，生成 CL 数据。Pro/NC 可进行演示轨迹、NC 检测以及过切检测，以便查看和修改，生成满意的刀具路径。

在【NC 序列】菜单的【播放路径】子菜单中，选择【屏幕演示】命令，可观测刀具的行走路线。其演示实例如图18-42所示。

在【演示轨迹】子菜单中选择【过切检测】命令，可对工件材料去除进行动态模拟，观察刀具切割工件的实际运行情况，如图18-43所示。

动手操练——衬箱零件模具铣削加工

衬箱是箱体类中常见的构件，下面练习使用体积块铣削方法加工衬箱，衬箱的基本外形和结构参数如图18-44所示。

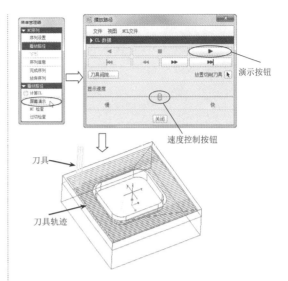

图 18-42 屏幕演示操作

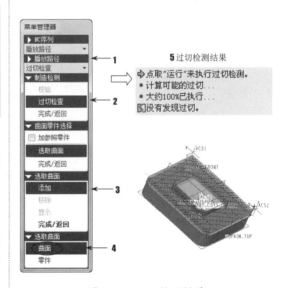

图 18-43 NC 检测操作

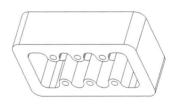

图 18-44 衬箱零件

step 01 单击【新建】按钮，在打开的【新建】对话框中选择【制造】模块，在子类型中选择【NC 组件】子类型，设定创建的加工文件名称为 linebox。使用公制单位的默认模板【mmns_mfg_nc】。单击【确定】按钮进入 NC 加工环境，如图 18-45 所示。

图 18-45　新建加工文件

step 02　装配参照模型。单击【装配参照模型】按钮，从本例光盘素材文件夹中选择参照模型 linebox.prt，以【坐标系】装配模式，选择零件坐标系和 NC 坐标系。具体操作步骤如图 18-46 所示。

> **技巧点拨：**
> 如果零件坐标系的 Z 轴与 NC 坐标系的 Z 轴不重合，那么就以【坐标系】方式进行装配。选择的参考就是 NC 坐标系和零件坐标系，选择后两者会自动重合。

step 03　创建工件。单击【自动工件】按钮，打开【工件】操控板。然后创建【包络】的自动工件，如图 18-47 所示。

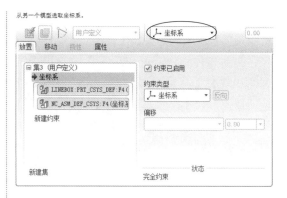

图 18-46　装配参照零件

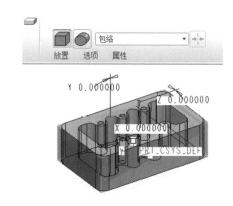

图 18-47　创建包络工件

step 04　创建体积块的横截面。在右工具栏中单击【铣削体积块】按钮，然后单击【拉伸】按钮。

step 05　按如图 18-16 所示操作步骤，选择上顶平面作为绘图平面，选择 RIGHTM_RIGHT 作为右基准。使用【通过边创建图元】工具选择工件的边作为草图，如图 18-48 所示。最后单击✓按钮退出草图绘制。

step 06　退出草绘环境，在【拉伸】操控板中选择拉伸方式为，创建的拉伸体积块如图 18-49 所示。

> **技巧点拨：**
> 因为内腔要加工的部分比较简单，采用拉伸方式建立体积块作为加工对象。用户可以尝试多种方式建立体积块。

第 18 章 数控加工

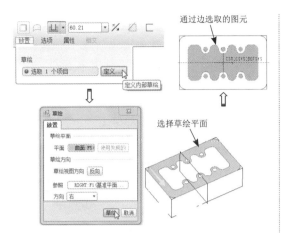

图 18-48 绘制草图

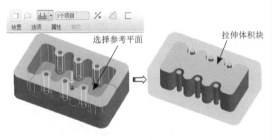

图 18-49 创建体积块

step 07 建立新操作，设置机床参数。在菜单栏中选择【步骤】|【操作】命令，打开【操作设置】对话框。

step 08 设置加工零点。单击【加工零点选择】按钮，按照如图 18-50 所示的操作步骤，选择参照零件坐标系 ASC0，系统将默认该坐标系原点为加工零点。

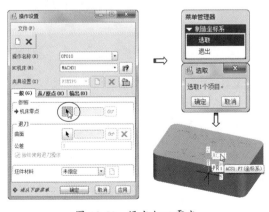

图 18-50 设定加工零点

技巧点拨：

默认情况下，机床零点为 NC 坐标系的原点。

step 09 设置退刀曲面。在【退刀设置】对话框中选择【编辑操作退刀】按钮，退出【退刀设置】对话框。选择工件顶部平面作为参照，设置退刀曲面与工件顶平面的距离为 20mm。如图 18-51 所示。

图 18-51 设置退刀曲面

step 10 单击【退刀设置】对话框中的【确定】按钮，关闭对话框。

step 11 定义体积块铣削工序。选择【步骤】|【体积块粗加工】命令，在【序列设置】菜单中，同时选择【刀具】、【参数】、【体积】命令，最后选择【完成】命令。操作步骤如图 18-52 所示的。

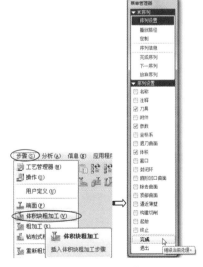

图 18-52 设定序列

step 12 设置刀具参数。如图 18-53 所示，在【刀具设定】对话框中，设置刀具参数。设置后单击【应用】按钮将刀具添加到左侧列表中。单击【确定】按钮关闭对话框。

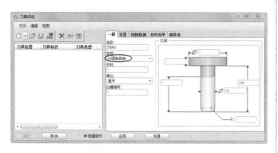

图 18-53 设定刀具参数

技巧点拨：

也可在设置机床时设置加工刀具。设置后在设定序列时就不再勾选【刀具】复选框了。

step 13 设置制造参数。在【编辑序列参数】对话框中设置制造参数，如图 18-54 所示。其中【允许轮廓坯件】（加工预留量）为 1，【步长深度】选项决定了刀具路径的密度，进给速度和主轴转速影响加工质量和切削效率，将【安全距离】设置为 20、【主轴转速】设为 5000r/min。

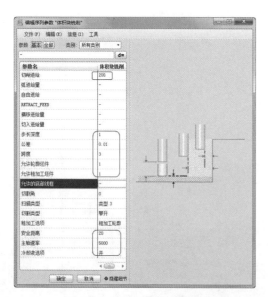

图 18-54 设定切削加工参数

step 14 选择铣削体积块。为了方便选取可以将铣削体积块的其他实体隐藏，单独显示铣削体积块。具体操作步骤如图 18-55 所示。

图 18-55 选择铣削体积块

step 15 演示轨迹。全部设置完毕后，选择【屏幕演示】功能，检测刀具路径的合理性，按照图 18-56 所示进行操作。

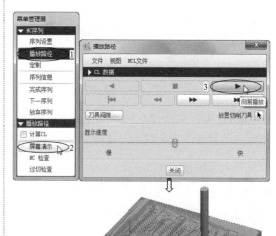

图 18-56 演示轨迹

step 16 NC 检测，对加工过程进行模拟仿真。显示参照模型（零件），选择参照模型作为检测对象，对其进行 NC 检测。操作步骤如图 18-57 所示。

step 17 选择【文件】|【保存文件】命令，弹出【另存为】对话框，将该文件保存。

第 18 章　数控加工

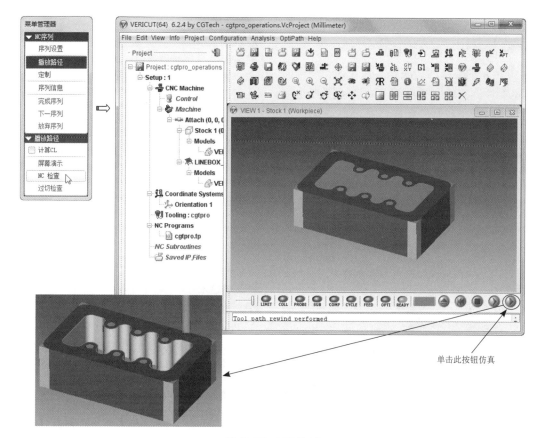

单击此按钮仿真

图 18-57　NC 检测

18.4　轮廓铣削

轮廓铣削加工（Profile Milling）是数控铣削加工方法的一种，可以加工垂直轮廓面，也可以加工倾斜度不大的轮廓斜面，通常作为零件轮廓的精加工使用，也可用于其粗加工。轮廓铣削加工如图 18-58 所示，要求加工轮廓曲面必须形成连续的刀具轨迹，并采用等高线方式沿着加工轮廓曲面进行分层加工。

要进行轮廓加工，必须设定需要加工的曲面轮廓。加工轮廓的设定可以在两种情况下进行。一是在加工工序的设定过程中，直接对零件的加工轮廓曲面进行选择，可以选择任意个曲面作为加工轮廓，也可以选择零件的整个外轮廓作为加工轮廓。而若模型比较复杂，则其轮廓曲面的选择会变得困难，可以根据加工工序规划，提前设定每一个工序要加工的区域，即通过 Milling Surface 方式来构建相应的加工曲面。

选择后，可采用着色的方法加以显示，以保证选择的曲面是正确的，其选择实例如图 18-59 所示。

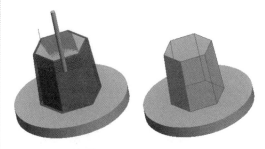

图 18-58　轮廓铣削刀具轨迹　　图 18-59　加工曲面的选择

477

动手操练——对称凹边底座零件铣削加工

平面凸轮零件是一种常用的零件,如图18-60所示的对称凹边底座零件作为一种平面凸轮零件,其轮廓是由两对对称的圆弧组成的。在凸轮运行时,平面凸轮的圆弧面的廓形对机械运动影响较大,因此必须使圆弧面的加工精度达到较高才能满足生产需要。下面将采用轮廓铣削加工方式对圆弧三边形凸轮进行加工仿真。

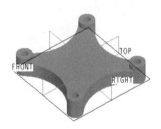

图18-60 对称凹边底座

首先,建立客户化作业环境。为了加快作业流程,建立标准作业环境。使用【文件】|【设置工作目录】命令,选择合适的文件位置,设置工作目录。其加工步骤流程如下:

step 01 单击【新建】按钮,新建命名为aobiandizuo的NC制造文件。

step 02 装配参照模型。单击【装配参照模型】按钮,打开aobiandizuo.prt参照模型,选择【坐标系】的装配模式,完成装配。如图18-61所示。

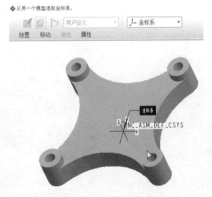

图18-61 装配参照模型

技巧点拨:
在装配参考模型过程中,用户一定要使装配后参考模型的Z轴正方向正对着刀具进给的方向和初始位置。

step 03 创建工件。单击【新工件】按钮,在弹出的消息输入窗口中输入零件名称workpiece,如图18-62所示。

图18-62 输入工件名称

技巧点拨:
在Pro/E的NC模块中,其参照模型、工件、加工机床等的名称必须使用英文标识,汉语等其他方式都不是合法的字符。

step 04 在弹出的菜单管理器中依次选择【实体】|【伸出项】|【完成】命令,打开【拉伸】操控板。然后选择NC_ASM_TOP作为草图平面,进入草图环境还要选择NC坐标系为新的草绘参照,如图18-63所示。

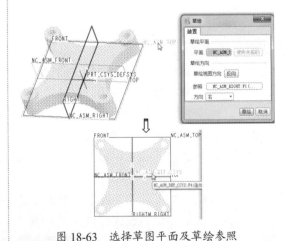

图18-63 选择草图平面及草绘参照

技巧点拨:
当选择了非3个标准的基准平面作为草绘平面时,

通常会提示再选择一个标准参照。若不知道选择何参照，最好的方法就是选择坐标系。

step 05 使用偏移工具 完成草图轮廓的绘制，最后单击【应用】按钮 退出草图绘制。在【拉伸】操控板中设置拉伸深度为30，创建的工件如图18-64所示。

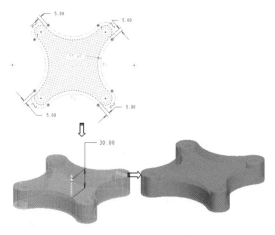

图18-64 创建的工件

step 06 建立新操作，设置机床参数。在菜单栏中选择【步骤】|【操作】命令，打开【操作设置】对话框，选择默认的3轴机床，选择NC坐标系作为参照来创建机床零点。单击【确定】按钮完成机床设置。如图18-65所示。

技巧点拨：
退刀平面将在后续的"铣削窗口"操作中来设置。

图18-65 设定机床参数

step 07 在右工具栏中单击【铣削窗口】按钮 ，打开【铣削】操控板。在【放置】选项卡中激活【窗口平面】收集器，然后选择工件上表面作为参照平面，如图18-66所示。

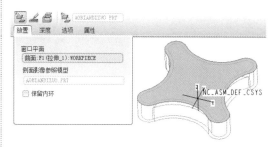

图18-66 选择窗口平面

step 08 在操控板的【深度】面板中，勾选【指定深度】复选框，然后输入安全高度20，最后单击【应用】按钮完成设置。如图18-67所示。

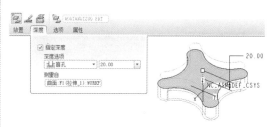

图18-67 设置安全高度

step 09 定义轮廓铣削工序。在【NC铣削】工具栏中单击【轮廓铣削】按钮 ，弹出【NC序列】菜单管理器，在【序列设置】子菜单选择【工具】|【参数】|【铣削曲面】选项，最后选择【完成】命令。

step 10 设置刀具参数。在【刀具设定】对话框中，设置刀具参数。设置完成后单击【应用】按钮，将刀具添加到左侧列表中。单击【确定】按钮关闭对话框，如图18-68所示。

技巧点拨：
以上刀具选用为外圆角铣削，刀具中心的半径应小于加工曲面的最小曲率半径。

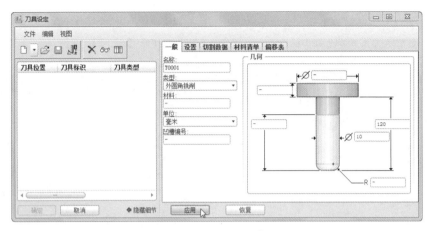

图 18-68 设定刀具参数

step 11 设置切削参数。在【编辑序列参数】对话框中设置制造参数,如图 18-69 所示。其中【允许轮廓坯件】(加工预留量)为 0.3,【步长深度】为 2.5,该选项决定了刀具路径的密度,进给速度和主轴转速影响加工质量和切削效率。

具路径的合理性,如图 18-71 所示。

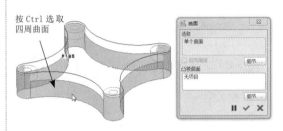

图 18-70 选择加工曲面

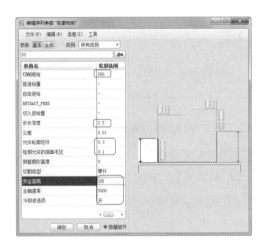

图 18-69 设置切削参数

step 12 选择加工曲面。为了方便选择,将工件隐藏,选择的加工曲面如图 18-70 所示。

> **技巧点拨:**
> 选用多个曲面时,可以按住 Ctrl 键,同时用鼠标选择各个加工曲面。

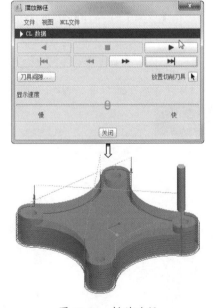

图 18-71 播放路径

step 13 演示轨迹。全部设置完毕后,在菜单管理器中选择【演示轨迹】命令,检测刀

step 14 选择【文件】|【保存文件】命令,将该文件保存。

18.5 端面铣削加工

端面铣削（Face Milling），是数控铣削加工方法的一种，可用来对大面积平面或平面度要求较高的平面（如平板、凸台面、平底槽、型腔与型芯的分型面）进行加工，但不适用于曲面加工。端面铣削的加工原理如图 18-72 所示，其刀具轴线垂直于切削层平面，并在水平切削层上创建刀具轨迹来去除工件平面上的材料余量。

图 18-72 端面铣削加工原理图

18.5.1 端面铣削的特点

端面铣削的特点如下：
- 交互非常简单，原因是用户只需选择所有要加工的面并指定要从各个面的顶部去除的余量。
- 当区域互相靠近且高度相同时，它们就可以一起进行加工，这样就因消除了某些进刀和退刀运动而节省了时间。合并区域还能生成最有效的刀轨，原因是刀具在切削区域之间移动不太远。
- 【面铣】提供了一种描述需要从所选面的顶部去除余量的快速而简单的方法。余量是自面向顶而非自顶向下的方式进行建模的。
- 使用【面铣】可以轻松地加工实体上的平面，例如通常在铸件上发现的固定凸垫。
- 在创建区域时，系统将面所在的实体识别为部件几何体。如果将实体选为部件，则可以使用干涉检查来避免干涉此部件。
- 对于要加工的各个面，可以使用不同的切削模式，包括在其中使用【教导模式】来驱动刀具的手动切削模式。
- 刀具将完全切过固定凸垫，并在抬刀前完全清除此部件。

端面铣削是通过选择面区域来指定加工范围的一种操作，主要用于加工区域为面且表面余量一致的零件。端面铣削可以实现平面的粗加工和精加工，尤其是加工平面面积较大时，使用端面铣削的方法能够提高其加工效率和加工质量。

> **技巧点拨：**
>
> 【端面】（Face）选项允许用平端铣削或半径端铣削对工件进行表面加工。可选择平行于退刀平面的一个平面曲面、多个共面曲面或铣削窗口。所选表面（孔、槽）中的所有内部轮廓将被自动排除。系统将根据选择的曲面生成相应的刀具路径。

18.5.2 工艺分析

平面铣削操作是从模板创建的，并且需要几何体、刀具和参数来生成刀轨。为了生成刀轨，Pro/E NC 程序需要将面几何体作为输入信息。对于每个所选面，处理器会跟踪几何体，确定要加工的区域，并在不过切部件的情况下切削这些区域。

1. 适用对象

端面铣削适用于侧壁垂直于底面或顶面为面的工件加工，如型芯和型腔的基准面、台阶面、底面、轮廓外形等。通常粗加工用面铣，精加工也用面铣。

端面铣削加工的工件侧壁可以是不垂直的，也就是说，面铣可以加工斜面，如复杂型芯和型腔上多个面的精加工。

端面铣削常用于多个面底面的精加工，也可用于粗加工和侧壁的精加工。

2．机床设置

对于端面铣削加工，由于加工面为平面，且采用等高分层铣削加工方式，其加工方式实质上是一种二维半的分层加工方法，采用两轴半联动功能的三轴数控铣床即可满足其要求。

3．加工刀具

端面铣削加工主要针对大面积的平面或平面度要求高的平面，刀具可选择盘铣刀或大直径端铣刀。对于加工余量大又不均匀的平面，进行粗加工时，其铣刀直径应较小，以减少切削转矩；对于精加工，其铣刀直径应较大，最好能包容整个待加工面。

动手操练——三角铣槽端面的精加工

三角铣槽是机械结构中的常见零件，如图 18-73 所示，其顶平面可采用端面铣削加工方法进行加工。

step 01 新建数控加工文件。

step 02 装配参照模型。选择参照模型 triangle.prt，以默认的装配模式进行装配。如图 18-74 所示。

step 03 创建手动工件。利用菜单管理器中的【拉伸】命令，选择模型上表面作为草图平面，绘制草图，并创建拉伸深度为 5 的拉伸实体（工件），如图 18-75 所示。

图 18-73 三角铣槽的实体造型

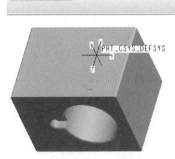
图 18-74 装配参照零件

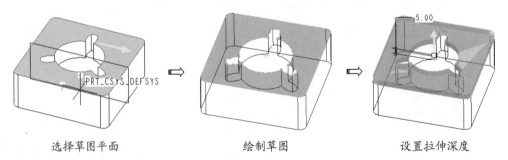

选择草图平面　　　　绘制草图　　　　设置拉伸深度

图 18-75 创建手动工件

step 04 建立新操作，设置机床参数。在菜单栏中选择【步骤】|【操作】命令，打开【操作设置】对话框，选择默认的三轴机床，选择 NC 坐标系作为参照来创建机床零点。单击【确定】按钮完成机床设置。如图 18-76 所示。

step 05 设置退刀曲面。在【操作设置】对话框中，如图 18-77 所示，选择工件上表面作为参照，设置退刀曲面与工件上表面的距离为 20mm。

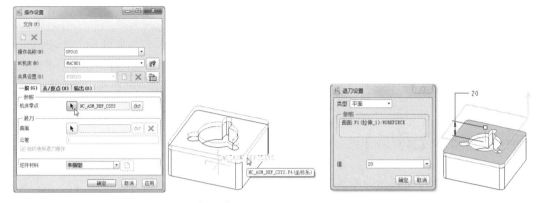

图 18-76　设定机床和机床零点　　　　图 18-77　设定退刀平面

step 06 定义端面铣削工序。选择【端面铣削】命令，弹出【NC 序列】菜单管理器。在【序列设置】子菜单中，选择【刀具】|【参数】|【加工几何】命令，最后选择【完成】命令。

step 07 随后在弹出【刀具设定】对话框中，设置端铣削刀具参数，如图 18-78 所示。

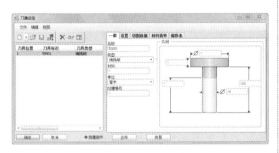

图 18-78　设定刀具参数

step 08 设置制造参数。在【编辑序列参数"端面铣削"】对话框中设置制造参数，如图 18-79 所示。其中，步长深度、跨度、进给速度和主轴转速是必选参数。

step 09 选择加工平面。选择零件上表面作为加工平面，如图 18-80 所示。

step 10 演示轨迹。全部设置完毕后，选择【演示轨迹】功能，检测刀具路径的合理性，具体步骤按照图 18-81 所示进行操作。

step 11 最后将结果文件保存。

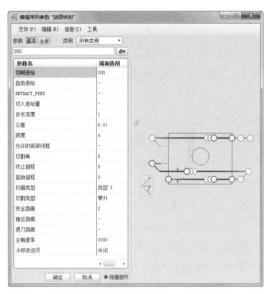

图 18-79　设定制造参数

图 18-80　选择加工平面

图 18-81　演示轨迹

18.6　曲面铣削加工

曲面铣削的软件操作与体积块铣削、平面铣削等加工方法的操作方式大体相同，其主要步骤有：加工方法设置、确定加工范围、加工过程仿真和刀具轨迹验证等步骤。

18.6.1　曲面铣削的功能和应用

曲面铣削（Profile Milling），是指根据加工几何特征（铣削曲面），并配合适当的刀具几何数据、加工参数，对工件的各种曲面进行加工操作。曲面铣削是数控加工中比较高级的内容。在机械加工中经常会遇见各种曲面的加工空间曲面轮廓零件。这类零件的加工为空间曲面（如图 18-82 所示），如模具、叶片、螺旋桨等。空间曲面轮廓零件不能展开平面。加工时，铣刀与加工面始终为点接触，一般采用球头在三轴数控铣床上加工。当曲面较复杂、通道较狭窄、会伤及相邻表面及需要刀具摆动时，要采用四坐标或五坐标铣床加工。

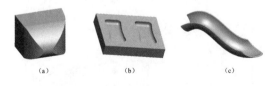

图 18-82　空间曲面轮廓零件

对曲面加工来说，可以借助其提供的非常灵活的走刀选项来实现对不同曲面特征的

加工并满足加工精度要求。Pro/E NC 的曲面铣削中有 4 种定义刀具路径的方法：直切、从曲面等高线、切削线、投影切削。

曲面铣削是一种对曲面加工有效的加工方法，主要用于各种复杂曲面的半精加工和精加工，也可以用于规则零件轮廓的半精加工和精加工。下列为曲面铣削的一些典型应用：

- 加空间曲面零件内外表面。
- 水平或倾斜曲面。
- 适当设置曲面铣削的加工参数，也可以完成平面铣削、轮廓铣削、体积块铣削等加工方法。

18.6.2　工艺分析

所有的机械零件都是出不同的曲面组成的，曲面又分为一般曲面和复杂曲面，一般曲面的加工在普通机床上容易实现，复杂曲面的加工在普通机床上不易实现。Pro/E 提供了曲面加工的方法，其生成的刀具路径可以在平面内互相平行，也可以平行于被加工平面的轮廓。

1．数控铣床的选用

数控机床的选择，要根据加工零件尺寸、零件的精度要求、曲面的几何形状和零件的批次等要求来选择。

对于各种复杂的曲线、曲面、叶轮、模具一般采用多坐标联动的卧式加工中心进行加工等。变斜角类曲面的加工曲面与水平间夹角连续变化，最好采用四轴或五轴数控铣床摆角加工。空间曲面一般采用三轴铣床加工，当较为复杂时，采用四轴或五轴的数控机床。

2．刀具的选择

刀具的有效直径和类型的选择，需要根据铣削作业的经济性，综合考虑刀具特定的工作条件、加工材料的硬度，机床的功率和刚性等因素决定。

通常对于空间曲面、模具型腔或凸模成型表面进行铣削加工时使用高速钢材料的球头铣刀或端面铣刀。

3．加工工艺参数选择

控铣削加工工艺参数可以参考表 18-1。

表 18-1　数控铣削加工工艺参数参考

工件材料		铸铁		铝		钢	
刀具直径/mm	刀槽数	转速/(r/min)	进给速度/(mm/min)	转速/(r/min)	进给速度/(mm/min)	转速/(r/min)	进给速度/(mm/min)
		切削速度/(m/min)	每齿进给量/(mm/齿)	切削速度/(m/min)	每齿进给量/(mm/齿)	切削速度/(m/min)	每齿进给量/(mm/齿)
8	2	1100	115	5000	500	1000	100
		28	0.05	126	0.05	25	0.05
10	2	900	110	4100	490	820	82
		28	0.06	129	0.06	26	0.05
12	2	770	105	3450	470	690	84
		29	0.07	130	0.07	26	0.07
14	2	660	100	3000	440	600	80
		29	0.07	132	0.07	26	0.07
16	2	600	94	2650	420	530	76
		30	0.08	133	0.08	27	0.07

注：高速钢立铣刀进行粗铣加工。

使用曲面铣削对水平曲面或倾斜曲面进行加工，所选曲面必须允许连续的刀具路径。因此对于曲面铣削加工来说，其参数主要包括曲面定义、切削参数和刀具轨迹规划参数。加工参数的确定也是工艺分析的重要内容。

动手操练——内腔曲面铣削加工

本例将结合一种矿泉水瓶吹塑模具数控加工程序的编制，介绍其复杂曲面的高速加工策略，以及 Pro/E 软件制造的几何形状在数控加工编程中的应用。矿泉水瓶是日常生活中常见的构件，用于生产矿泉水瓶的吹塑模的型腔基本外形和结构如图 18-83 所示。

由图 18-83 可以看出，由于该模具型腔结构较复杂，型面上有 3 条截面为半圆形、沿型面的扫略轨迹为 L 形的脊面，在铣削过程中，刀具与工件的接触点随着加工表面的曲面斜率和刀具有效半径的变化而变化，因此应将整个型面进行分区，根据各部分曲面的特点采用不同的走刀策略，设置不同的工序来分别加工。本例以 L 形脊面的精加工为例，说明曲面铣削在数控中的应用。

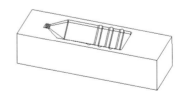

图 18-83　矿泉水瓶吹塑模型腔模型

（1）脊面的精加工。

以【复制】的方式建立包含脊面上所有表面的铣削曲面，并以该铣削曲面为加工对象。采用【切削线】（Along Cut Line）

刀具路线建立一个曲面铣削工序（Surface Milling），并将建立的铣削曲面的左侧轮廓线和右侧轮廓线分别定义为"始切削线"（Start Cut Line）和"终切削线"（End Cut Line）。采用 6mm 立铣刀，切削参数为：v_f=2500mm/min；a_e=0.108mm；n=12000r/min；曲面留痕高（Scallop Height）= 0.003mm；留余量为 0。

（2）脊面之间 S 形面的精加工。

采用【切削线】方式建立曲面铣削工序，将其左侧轮廓线和右侧轮廓线分别定义为"始切削线"和"终切削线"。刀具及切削参数与脊面的精加工完全相同。

step 01 新建 NC 加工文件。

step 02 自动装配参照模型。以【坐标系】装配方式装配 cupm.prt 模型。

step 03 自动装配工件。选择【插入】|【工件】|【装配】命令，选择素材文件夹中的 cupworkpiece.prt 工件文件作为参照模型，以【坐标系】装配方式装配到 NC 加工环境中，如图 18-84 所示。

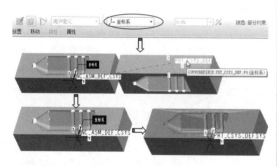

图 18-84 装配工件

step 04 创建铣削曲面。首先隐藏工件，在工具栏中单击【铣削曲面】按钮，选择一个曲面，并依次单击【复制】按钮和【粘贴】按钮，打开【复制】操控板。然后按 Ctrl 键选择型腔内的其他曲面，如图 18-85 所示。最后单击操控板中的【应用】按钮完成铣削曲面的创建。

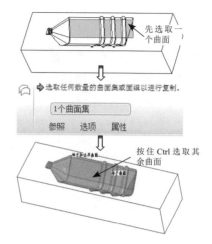

图 18-85 铣削曲面的创建

技巧点拨：

如果所选曲面非常多，逐一选择会花费大量时间。最好的方法是：按住 Shift 键选择一个边界曲面，使所有的曲面都自动包含在第一个曲面（种子面）和边界曲面之内，放开 Shift 键，将自动选择所有包含的曲面，如图 18-86 所示。

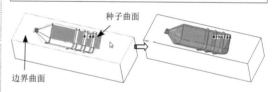

图 18-86 曲面的快速选择方法

step 05 建立新操作，设置机床参数。在菜单栏中选择【步骤】|【操作】命令，打开【操作设置】对话框，选择默认的三轴机床，选择 NC 坐标系作为参照来创建机床零点。

step 06 设置退刀曲面。在【操作设置】对话框中单击【编辑操作退刀】按钮，然后选择工件上表面作为参照，设置退刀曲面与工件上表面的距离为 20mm。如图 18-87 所示。

step 07 定义曲面铣削工序。单击【曲面铣削】按钮，弹出【NC 序列】菜单管理器，在【序列设置】子菜单中，选择【刀具】【参数】【曲面】|【定义切削】命令，最后选择【完成】命令。

第 18 章 数控加工

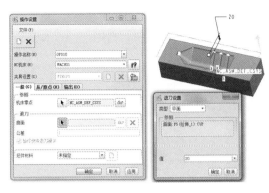

图 18-87 设定退刀平面

step 09 设置制造参数。在【编辑序列参数"曲面铣削"】对话框中设置制造参数，如图 18-89 所示。其中，步长深度、跨度、进给速度和主轴速率是必选参数。

step 08 随后在弹出【刀具设定】对话框中，设置曲面铣削刀具参数，如图 18-88 所示。

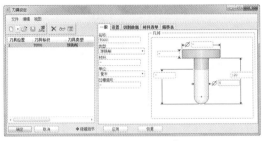

图 18-88 设置刀具参数

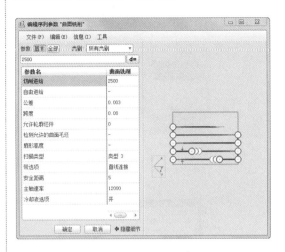

图 18-89 设定制造参数

step 10 在【NC 序列】菜单管理器中，选择如图 18-90 所示的命令，然后选择切削曲面。

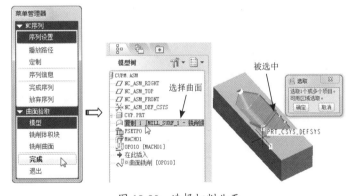

图 18-90 选择切削曲面

step 11 再在菜单管理器中执行系列命令，弹出【切削定义】对话框。然后设置切削类型和切削方法，并添加第一条切削线，如图 18-91 所示。

技巧点拨：

设置切削线也就是设置切削边界。只不过对于对称的产品，仅选择两条外侧边界即可。切削区域将包含在切削线内。

step 12 执行相同的操作，添加第二条切削线，如图 18-92 所示。

step 13 演示轨迹。全部设置完毕后，选择【演示轨迹】功能，检测刀具路径的合理性，具体步骤按照图 18-93 所示进行操作。

step 14 最后将结果文件保存。

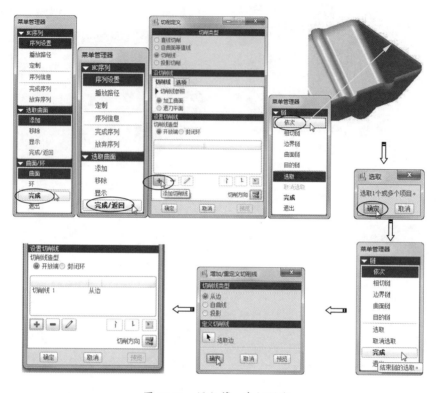

图 18-91 添加第一条切削线

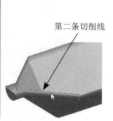

图 18-92 添加第二条切削线

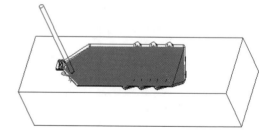

图 18-93 演示轨迹

18.7 钻削加工

钻孔铣削是机械加工中最主要的加工工艺之一，也是机械加工耗时最多的工序。钻孔铣削加工用于各类孔系零件，既可以采用钻刀加工出深径比较小的孔，也可采用深孔钻刀加工较大孔深和直径比的深孔。钻孔铣削的加工原理如图 18-94 所示，其刀具轴线对齐加工孔轴线，在旋转的同时进行进给切削加工。

图 18-94 钻孔铣削加工原理图

18.7.1 工艺设计

对于钻孔铣削加工,其加工方式可由单轴加工实现,可采用数控车床、数控铣床、加工中心等实现钻削的数控加工。

钻孔铣削加工刀具主要为麻花钻和深孔钻等。麻花钻是应用最广的孔加工刀具,由于有两条螺旋形的沟槽,形似麻花而得名,主要有高速钢钻头、普通硬质合金钻头和整体硬质合金钻头,且整体硬质合金钻头优于前两者,能够大幅度减少钻削加工所需的工时,从而降低孔加工成本。深孔钻常用的刀具有扁钻、枪钻、BTA深孔钻、喷射钻等。

18.7.2 参数设置

在Pro/E的钻孔铣削加工序列的定义过程中,当进行参数设置时,系统默认提供钻孔铣削加工常用的一些参数,必选参数以淡黄色高亮显示,供设计人员方便快捷地设置相应参数值。钻孔铣削的主要参数有:

- CUT_FEED:加工过程中的切削进给速度,通常单位是mm/min。
- 扫描类型:加工过程中的刀具路径规划方式。有下面几种主要类型:
  - 类型1:先沿 X 向进行走刀,再沿 Y 向进行偏移。
  - TYPE_SPIRAL:从离原点最近的点开始进行顺时针遍历走刀。
  - 类型一方向:先沿 Y 向进行遍历走刀,再沿 X 向进行偏移。
  - 选出顺序:刀具按照加工孔被拣选的顺序进行遍历走刀。
- 最短:走刀用时最短的路径。
- 安全距离:在退刀之前完全退离工件所需要的距离,单位为mm。
- SPINDLE_SPEED:设置主轴的旋转速度,通常单位为r/mm。

动手操练——折流板孔加工

传统的弓形折流板的加工方法是先由钳工画出管孔的位置线,用样冲在需要钻孔的位置打点,在摇臂钻床上用比较小的钻头钻出一个浅孔,检验孔距合格后再钻孔。以上钻孔方式操作方式耗时,由于定位精度主要靠人工,误差较大,不易达到较好的效果。而且换热器的折流板毛坯一般采用薄钢板,周边经火焰或者等离子切割,多件电焊较多,不平度较大。

本例采用在数控机床上钻孔的方式,这种钻孔方式可以保证孔的中心距及位置精度。如图18-95所示为折流板由毛坯到成品的加工过程。

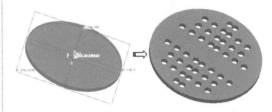

图18-95 折流板由毛坯到成品的加工过程

数控钻铣床具有较高的加工精度,重复定位精度小于等于0.01mm,即使是分开钻孔也可以保证管板和折流板上相应的孔能够对齐。由于孔径较大,所以本例先用小钻头钻孔,再用大钻头扩孔。

1. 钻削小孔

step 01 新建NC加工文件。

step 02 装配参照模型。选择参照模型zheliuban.prt,采用默认的装配模式,如图18-96所示。

step 03 创建工件。单击【创建自动工件】按钮,然后创建圆形包络工件,如图18-97所示。

step 04 建立新操作,设置机床参数。在菜

单栏中选择【步骤】|【操作】命令,打开【操作设置】对话框,选择默认的三轴机床,选择 NC 坐标系作为参照来创建机床零点。

图 18-96 装配参照零件

图 18-97 自动工件的创建

step 05 设置退刀曲面。在【操作设置】对话框中单击【编辑操作退刀】按钮,然后选择工件上表面作为参照,设置退刀曲面与工件上表面的距离为 5mm。如图 18-98 所示。

图 18-98 设定退刀平面

step 06 定义钻孔铣削工序。在菜单栏中选择【步骤】|【钻孔】|【断屑】命令,弹出如图 18-99 所示的【NC 序列】菜单管理器,在【序列设置】子菜单中,同时选择【刀具】、【参数】、【孔】命令,最后选择【完成】命令。

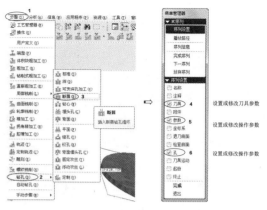

图 18-99 设定钻孔铣削 NC 序列

step 07 设置刀具参数。如图 18-100 所示,在【刀具设定】对话框中,设置刀具参数。刀具的尺寸和形状要与参照模型的切削部分相对应。

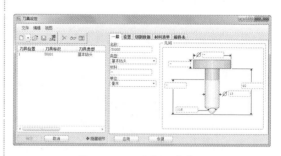

图 18-100 设定刀具参数

技巧点拨:

首先选择直径较小的钻头,然后选择直径较大的钻头进行扩孔。这样既可以提高加工效率,又可以延长刀具的寿命。

step 08 设置制造参数。在【编辑序列参数"孔加工"】对话框中设置制造参数,如图 18-101 所示。其中进给速度、安全距离和主轴速率是其必选项。

step 09 选择加工孔。为了选择方便可以将工件隐藏,单独显示参考模型,来选择加工孔。具体操作步骤如图 18-102 所示。

第18章　数控加工

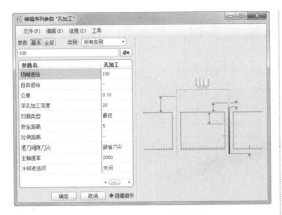

图 18-101　设定制造参数

step 01　设置的扩孔加工刀具参数，如图 18-104 所示。

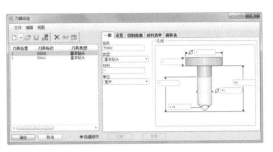

图 18-104　扩孔加工的刀具设定

step 02　设置的切削参数如图 18-105 所示。

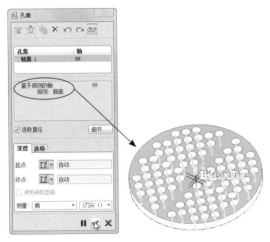

图 18-102　选择加工孔

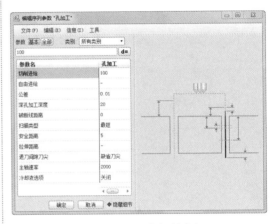

图 18-105　设定切削参数

step 10　演示轨迹。全部设置完毕后，选择【演示轨迹】功能，检测刀具路径的合理性，具体步骤按照图 18-103 所示进行操作。

step 03　演示轨迹。全部设置完毕后，选择【演示轨迹】功能，检测刀具路径的合理性，如图 18-106 所示。

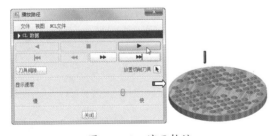

图 18-103　演示轨迹

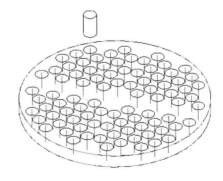

图 18-106　演示轨迹

2．扩孔

扩孔的加工操作与短削钻孔是相同的，不同的是切削参数与刀具。

step 04　最后将 NC 加工的文件保存。

491

18.8 课后习题

如图 18-107 所示的零件在实际生产中应用较广，本操作使用体积块粗加工方式，对模型进行 NC 操作练习。

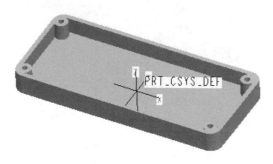

图 18-107　加工模型

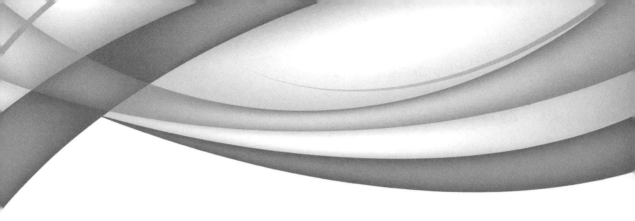

第 19 章

Pro/E 在零件设计中的应用

本章内容

机械零件是机械制造过程中为完成同一目的而由若干协同工作的机械零件组合在一起的组合体。
本章将介绍如何利用 Pro/E 的零件设计功能来设计机械零件。

知识要点

☑ 减速器上箱体设计
☑ 钳座
☑ 螺丝刀

19.1 减速器上箱体设计

减速器的上箱体模型如图 19-1 所示。就减速器上箱体模型来看，模型中最大的特征就是中间带有大圆弧的拉伸实体，其余小特征（包括小拉伸实体、孔等）皆附于其上。也就是说，建模就从最大的主要特征开始。

图 19-1　减速器的上箱体模型

step 01　启动 Pro/E，并设置工作目录。然后新建命名为 jsq-up 的零件文件，如图 19-2 所示。

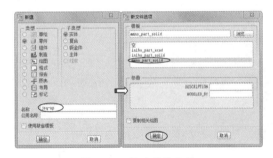

图 19-2　新建零件文件

step 02　在【模型】选项卡的【形状】面板中单击【拉伸】按钮 打开操控板。然后在图形区中选择标准基准平面 FRONT 作为草绘平面，如图 19-3 所示。进入二维草绘环境中绘制如图 19-4 所示的拉伸截面。

step 03　绘制完成后退出草绘环境，然后预览模型。在操控板中选择"在各方向上以指定深度值的一半"深度类型，并在深度值文本框中输入 102，预览无误后单击【确定】 按钮，完成第一个拉伸实体特征的创建，如图 19-5 所示。

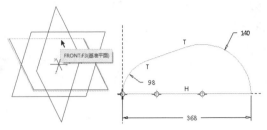

图 19-3　选择草绘平面　　图 19-4　绘制截面

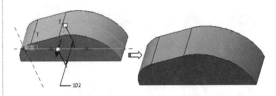

图 19-5　创建箱体主体

step 04　使用【壳】工具，对主体进行抽壳，壳厚度为 4。如图 19-6 所示。

图 19-6　创建壳特征

step 05　再执行【拉伸】命令，以相同的草绘平面进入草图环境，绘制如图 19-7 所示的拉伸截面。

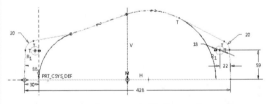

图 19-7　拉伸截面

step 06　在操控板中选择"在各方向上以指定深度值的一半"深度类型，并在深度值文本框中输入 13，最后单击【应用】按钮，完成拉伸实体的创建。如图 19-8 所示。

step 07　利用【拉伸】命令，以 TOP 基准平面作为草绘平面，创建如图 19-9 所示的厚度为 12 的底板实体。

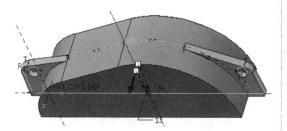

图 19-8　创建第二个拉伸实体

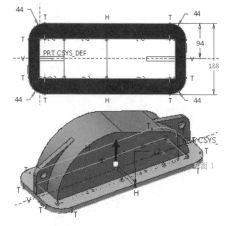

图 19-9　创建底板实体

step 08　利用【拉伸】命令，以底板上表面作为草绘平面，创建如图 19-10 所示的厚度为 25 的底板实体。

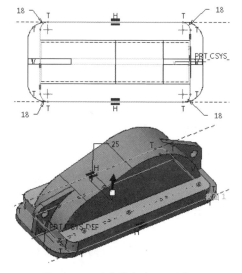

图 19-10　创建厚度为 25 的实体

step 09　利用【拉伸】命令，以 FRONT 基准平面作为草绘平面，创建如图 19-11 所示的向两边拉伸厚度为 196 的实体。

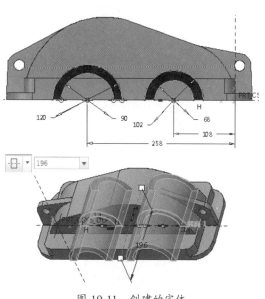

图 19-11　创建的实体

step 10　利用【拉伸】命令，以 FRONT 基准平面作为草绘平面，创建如图 19-12 所示的减材料特征。

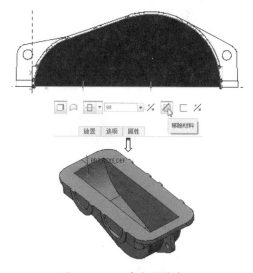

图 19-12　创建减材料特征

step 11　同理，在 FRONT 基准平面中再绘制草图来创建如图 19-13 所示的减材料特征。

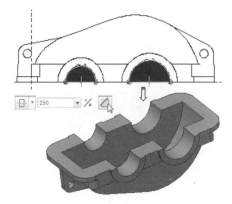

图 19-13 创建减材料特征

step 12 利用【拉伸】命令，在如图 19-14 所示的平面上创建拉伸实体。

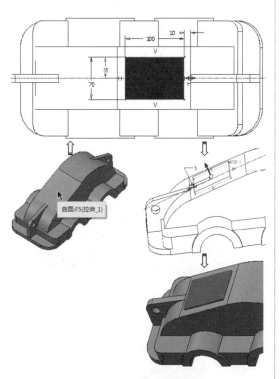

图 19-14 拉伸至指定平面

step 13 然后在实体上再创建减材料特征，如图 19-15 所示。

step 14 将视图设为 TOP。在【工程】面板中单击【孔】按钮，打开【孔】操控板。在操控板中设置如图 19-16 所示的选项及参数，然后在模型中选择放置面。

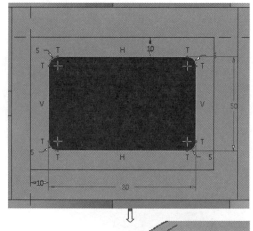

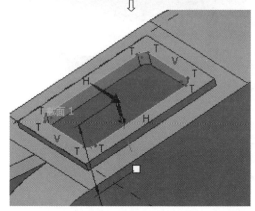

图 19-15 创建减材料特征

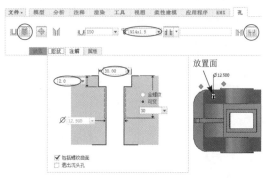

图 19-16 设置【孔】的相关选项及放置面

step 15 在【放置】选项卡中激活偏移参考收集器，然后选择如图 19-17 所示的两条边作为偏移参考，并输入偏移值。最后单击【应用】按钮完成沉头孔的创建。

step 16 同理，再以相同的参数及步骤，创建出其余 5 个沉头孔。如图 19-18 所示。

第 19 章　Pro/E 在零件设计中的应用

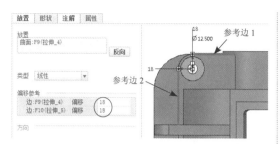

图 19-17　设置偏移参考并完成孔的创建

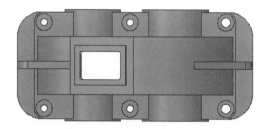

图 19-18　创建其余沉头孔

step 17　再使用【孔】工具，创建出如图 19-19 所示的 4 个小沉头孔。

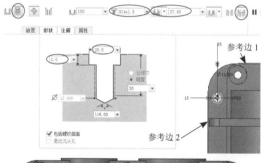

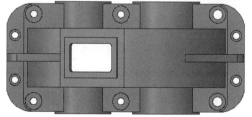

图 19-19　创建 4 个小沉头孔

step 18　利用【倒圆角】命令，对上箱体零件的边倒圆角，半径分别为 10 和 5，如图 19-20 所示。

step 19　至此，减速器上箱体设计完成，最后将结果保存在工作目录中。

图 19-20　倒圆角处理

19.2　钳座设计

钳座零件是一个实体模型，利用了多个建模命令，如图 19-21 所示。

图 19-21　钳座模型

step 01　启动 Pro/E，并设置工作目录。然后新建名称为 qianzuo 的零件文件，如图 19-22 所示。

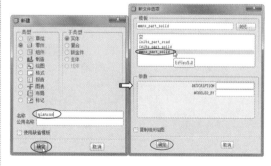

图 19-22　新建零件文件

step 02　在【模型】选项卡的【形状】面板中单击【拉伸】按钮，打开操控板。然后在图形区中选择 TOP 基准平面作为草绘平面，如图 19-23 所示。进入二维草绘环境中，绘制如图 19-24 所示的拉伸截面。

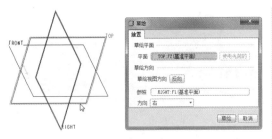

图 19-23 选择草绘基准平面

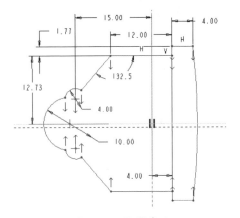

图 19-24 绘制截面

step 03 退出草绘环境。在【拉伸】操控板中，设置如图 19-25 所示的参数及选项。最后单击【应用】按钮，完成拉伸 1 特征的创建。

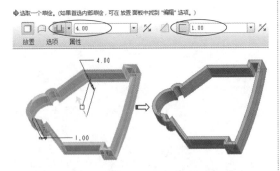

图 19-25 设置拉伸高度与壁厚

step 04 选择 TOP 基准平面作为基准面进入草绘环境，使用 选择实体内壁底面边，完成后退出草绘环境。设置如图 19-26 所示的拉伸选项后，完成特征的创建。

step 05 设置外壁的圆角半径为 2、内壁的圆角半径为 1，倒圆角结果如图 19-27 所示。

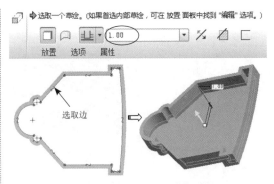

图 19-26 设置拉伸高度与壁厚

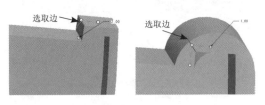

图 19-27 倒圆角全过程

step 06 外壁拔模。按住 Ctrl 键连续选择外壁，设置拔模角度为 8。拔模过程及最后结果如图 19-28 所示。

技巧点拨：

拔模的时候记住要选择底板作为拔模参照面。

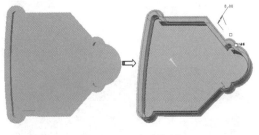

图 19-28 外壁拔模

step 07 内壁拔模。设置拔模角度为 8，过程如图 19-29 所示。

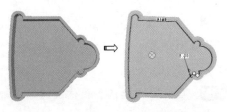

图 19-29 内壁拔模

step 08 选择FRONT基准平面作为草绘平面进入草绘环境，使用 □ 选择外壁弧，设置距离正三角形底边距外壁弧距离为9.5，如图19-30所示。

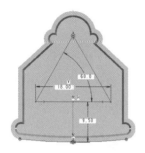

图 19-30 绘制草图

step 09 绘制完成后，退出草绘，设置拉伸高度为7，创建的拉伸特征如图19-31所示。

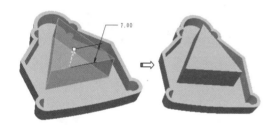

图 19-31 创建拉伸特征

step 10 把上一步拉伸的三角形实体侧壁连接处倒成圆角，半径为1.5，结果如图19-32所示。

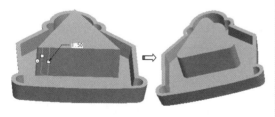

图 19-32 倒圆角处理

step 11 接下来绘制圆柱体，绘制圆柱体时利用 □ 选择上一步三角形实体的边线折弯定位参考，圆直径为8，与三角形边线的距离为1.85，拉伸高度为3，结果如图19-33所示。

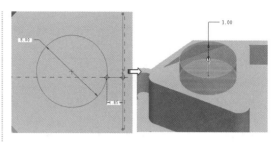

图 19-33 创建拉伸特征

step 12 再使用【拉伸】工具，选择圆柱顶面作为草绘平面，进入草绘环境，使用 □ 选择上一步圆柱边线作为参照，绘制如图19-34所示的草图，完成后退出草绘环境。

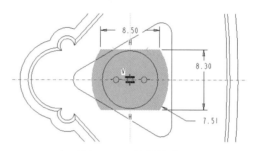

图 19-34 绘制草图

step 13 退出草绘模式后，设置拉伸高度为5.5，创建拉伸特征的结果如图19-35所示。

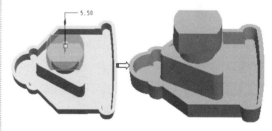

图 19-35 创建拉伸特征

step 14 使用【拉伸】工具，选择圆台侧面作为草绘平面进入草绘环境，首先定位左上角点的尺寸，如图19-36所示。同样使用 □ 选择圆台左边线作为参照线，绘制完成后退出草绘。

step 15 退出草图模式后，将拉伸高度设置为2.5，最终结果如图19-37所示。

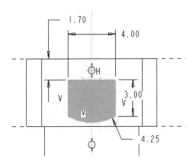

图 19-36 绘制草图

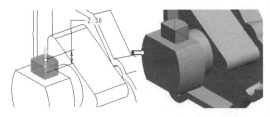

图 19-37 创建拉伸特征

step 16 用相同的方法绘制下面的圆柱和圆台，结果如图 19-38 所示。

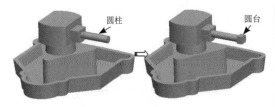

图 19-38 创建圆柱和圆台

step 17 在模型树中将 3 个实体特征创建成组。

step 18 利用【镜像】工具，以 FRONT 基准平面作为镜像平面，镜像上一步创建的组，结果如图 19-39 所示。

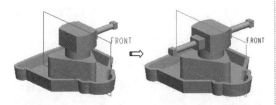

图 19-39 镜像特征

step 19 单击【旋转】按钮，以 FRONT 基准平面作为草绘平面进入草绘模式，绘制如图 19-40 所示图形，完成后退出草绘环境。

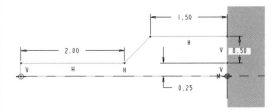

图 19-40 绘制图形

step 20 设置旋转角度为 360°，旋转结果如图 19-41 所示。

图 19-41 创建旋转特征

step 21 选择最顶上的小圆作为草绘平面进入草绘环境，绘制草图，完成后退出草绘模式。然后将拉伸高度设置为 2，结果如图 19-42 所示。

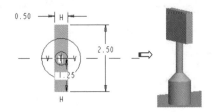

图 19-42 创建拉伸特征

step 22 新建一个基准平面，将 RIGHT 基准平面作为参考，如图 19-43 所示。

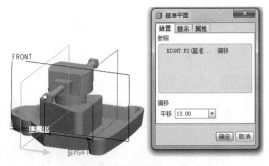

图 19-43 新建基准平面

step 23 利用【拉伸】工具，以新建的DTM1平面作为草绘平面，绘制如图19-44所示的草图。退出草绘模式后设置拉伸高度为3。

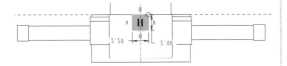

图19-44 绘制矩形块拉伸特征的草图

step 24 再利用【拉伸】工具，在小矩形块拉伸特征上创建如图19-45所示的深度为1的大矩形块特征。

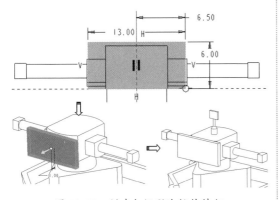

图19-45 创建大矩形块拉伸特征

step 25 在菜单栏中选择【插入】|【扫描】|【伸出项】命令，以钳座地面作为参照面进入草绘模式，绘制如图19-46所示的扫描轨迹。

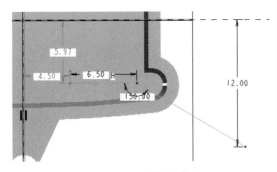

图19-46 绘制扫描轨迹

step 26 接着再绘制如图19-47（左）所示的扫描截面，最后创建完成的扫描特征如图19-47（右）所示。

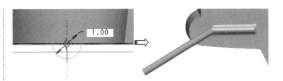

图19-47 创建扫描特征

step 27 使用【拉伸】工具，以钳座底面作为草绘平面进入草绘环境绘制草图，退出草绘模式后设置拉伸深度为1，创建完成的拉伸特征如图19-48所示。

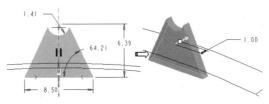

图19-48 创建底部拉伸特征

step 28 利用【镜像】命令，将上一步创建的扫描特征，以FRONT基准平面作为参照平面进行镜像，镜像得到如图19-49所示的结果。

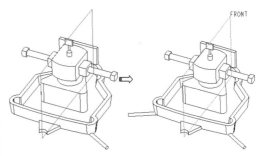

图19-49 镜像扫描特征

step 29 到此，钳座绘制完成结果如图19-50所示，最后保存文件。

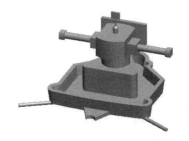

图19-50 设计完成的钳座

19.2 螺丝刀设计

螺丝刀是一种用来拧转螺丝钉以迫使其就位的工具，通常有一个薄楔形头，可插入螺丝钉头的槽缝或凹口内——亦称"改锥"。本例要设计的螺丝刀造型包括刀体部分和刀柄部分，如图19-51所示。

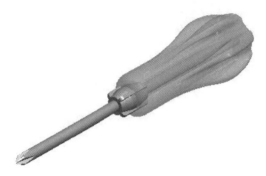

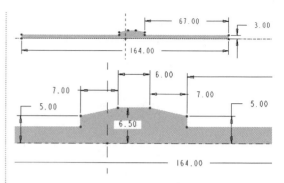

图 19-53 绘制草图

step 04 退出草绘模式后，保留操控板中的默认设置，单击【应用】按钮完成旋转特征的创建，如图19-54所示。

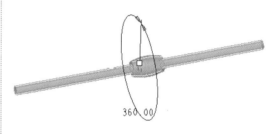

图 19-54 创建旋转特征

step 05 使用【拉伸】工具，选择如图19-55所示的面作为草图平面，然后进入草绘模式，绘制拉伸截面。

图 19-51 螺丝刀

1. 设计刀体

step 01 新建名称为 luosidao.asm 的组件文件，然后设置工作目录。

step 02 在右工具栏中单击【创建】按钮，然后创建命名为 daoti 的元件文件，如图19-52所示。

图 19-52 新建元件文件

step 03 单击【旋转】按钮，打开【旋转】操控板。然后选择 FRONT 基准平面进入草绘模式，绘制如图19-53所示的旋转截面和旋转中心线（几何中心线）。

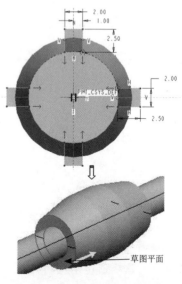

图 19-55 绘制拉伸截面

step 06 退出草绘模式后，设置拉伸类型及深度，如图 19-56 所示。单击【应用】按钮完成拉伸特征的创建。

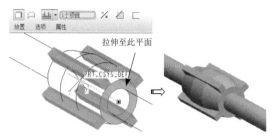

图 19-56 完成拉伸特征的创建

step 07 在整个旋转特征的长端设计十字改锥特征。首先使用【边倒角】工具创建倒角特征，如图 19-57 所示。

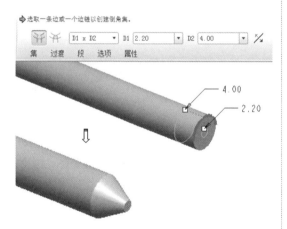

图 19-57 创建倒角特征

step 08 使用【拉伸】工具，选择如图 19-58 所示的平面作为草图平面，进入草绘模式后绘制拉伸截面。

step 09 退出草绘模式，在【拉伸】操控板上设置拉伸深度为 17，并单击【移除材料】按钮，完成拉伸去除材料特征的创建，如图 19-59 所示。

step 10 单击【拔模】按钮，打开【拔模】操控板。然后选择拔模曲面和拔模枢轴，如图 19-60 所示。

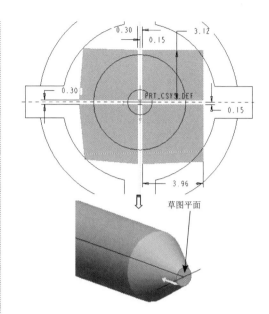

图 19-58 绘制拉伸截面

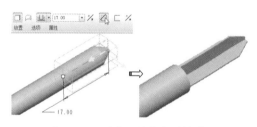

图 19-59 创建拉伸去除材料特征

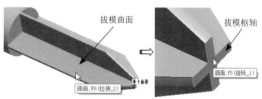

图 19-60 选择拔模曲面和拔模枢轴

step 11 更改拖拉方向，输入拔模斜度值 10，最后单击【应用】按钮完成拔模。结果如图 19-61 所示。

图 19-61 创建拔模

step 12 同理，在其余7个曲面上也创建相同拔模斜度的特征，最终结果如图19-62所示。

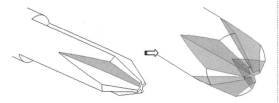

图19-62 创建其余曲面的拔模特征

技巧点拨：

可以一次性按住Ctrl键选择两个相邻曲面来创建两个曲面的拔模，如图19-63所示。

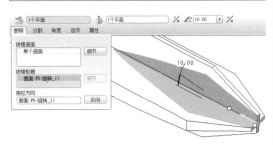

图19-63 一次创建两个曲面的拔模

step 13 再次将8个拔模后的曲面进行拔模，其中一个曲面的拔模操作如图19-64所示。然后按此方法创建其余曲面的拔模特征。

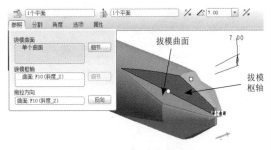

图19-64 创建拔模特征

技巧点拨：

在创建第二个拔模特征时，如果以第一个拔模特征的曲面作为拔模枢轴，那么拔模斜度将是14，而不是图19-64中的7，如图19-65所示。以此类推，其余拔模特征也是如此。

step 14 下面设计"一"字形改锥特征。在另一端新建一个基准平面，如图19-66所示。

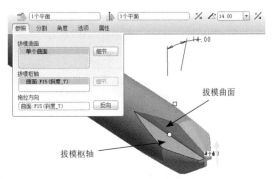

图19-65 创建第二个拔模特征的拔模斜度

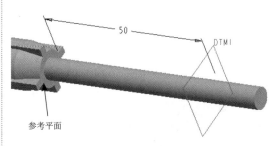

图19-66 创建参考平面

step 15 在菜单栏中选择【插入】|【混合】|【伸出项】命令，打开【混合选项】菜单管理器。如何以此选择如图19-67所示的命令及草图平面，进入草绘模式中绘制两个截面。

step 16 绘制一个截面后，选择右键快捷菜单中的【切换截面】命令，再绘制第二个截面，如图19-68所示。

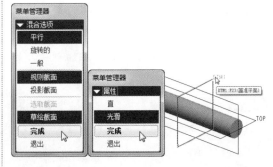

第 19 章　Pro/E 在零件设计中的应用

图 19-67　选择菜单命令进入草绘模式

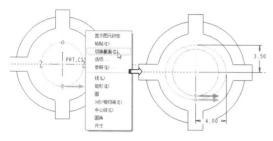

图 19-68　绘制两个截面

> **技巧点拨：**
> 第二个截面必须打断，而且段数和起点方向与第一个截面相同。否则会生成扭曲的实体。

step 17　退出草绘模式后，设置【深度】为【盲孔】，并输入深度值 20，最终完成混合特征的创建，如图 19-69 所示。

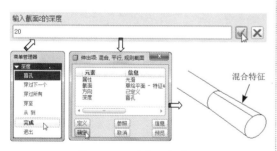

图 19-69　创建混合特征

step 18　利用【圆角】命令，在混合特征上创建圆角，如图 19-70 所示。

step 19　使用【拉伸】命令，选择 FRONT 基准平面作为草绘平面，进入草绘模式中绘制如图 19-71 所示的草图截面。

step 20　退出草绘模式后，在【拉伸】操控板中设置如图 19-72 所示的参数后，单击【应用】按钮完成拉伸去除材料特征的创建。

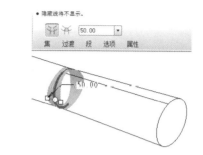

图 19-70　创建圆角特征

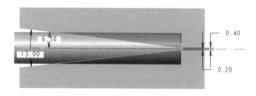

图 19-71　绘制拉伸截面

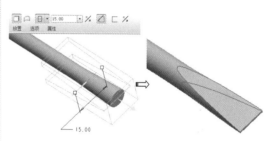

图 19-72　创建拉伸去除材料特征

step 21　使用【拉伸】工具，在 TOP 基准平面上绘制草图，并完成拉伸去除材料特征的创建。结果如图 19-73 所示。

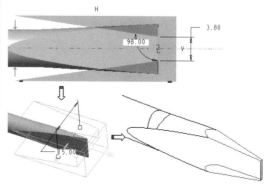

图 19-73　创建拉伸切除特征

step 22 利用【倒圆角】命令在刀体中间部位创建圆角特征，如图 19-74 所示。

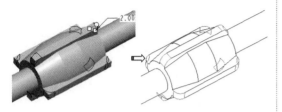

图 19-74 倒圆角

step 23 最终设计完成的刀体如图 19-75 所示。

图 19-75 设计完成的刀体

2．设计刀柄

step 01 新建名称为 shoubing 的元件文件，并进入到该元件的激活模式。

step 02 使用【旋转】命令，选择 FRONT 基准平面作为草绘平面，并绘制如图 19-76 所示的草图截面和几何中心线。

图 19-76 绘制草图

step 03 退出草绘模式后按操控板中默认的设置，单击【应用】按钮完成旋转特征的创建。如图 19-77 所示。

step 04 利用【倒圆角】命令，创建半径为 5 的圆角特征，如图 19-78 所示。

step 05 使用【拉伸】命令，选择 FRONT 基准平面作为草绘平面，进入草绘模式绘制如图 19-79 所示的截面。

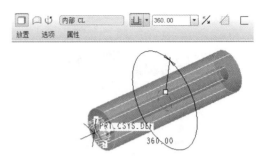

图 19-77 创建旋转特征

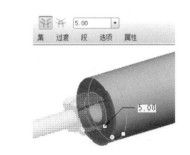

图 19-78 创建圆角

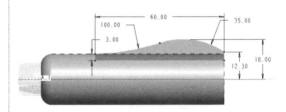

图 19-79 绘制截面

step 06 退出草绘模式后，设置拉伸深度类型及深度值，单击【应用】按钮完成拉伸曲面特征的创建。如图 19-80 所示。

图 19-80 创建拉伸曲面 1

step 07 再利用【拉伸】命令，在 TOP 基准平面上绘制草图，并创建出如图 19-81 所示的拉伸曲面特征。

第 19 章 Pro/E 在零件设计中的应用

技巧点拨：

如果是绘制开放的草绘轮廓，必须先在【拉伸】操控板中单击【拉伸为曲面】按钮，才能创建拉伸曲面。

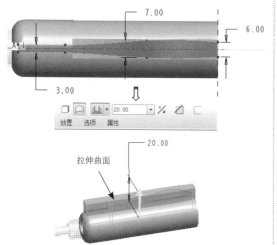

图 19-81 创建拉伸曲面 2

step 08 选中两个拉伸曲面，然后在菜单栏中选择【编辑】|【合并】命令，打开【合并】操控板。设置合并的方向后，单击【应用】按钮完成曲面的合并。如图 19-82 所示。

图 19-82 修剪曲面

step 09 将合并的曲面实体化。在菜单栏中选择【插入】|【扫描】|【切口】命令，然后选择如图 19-83 所示的菜单命令并绘制轨迹。

step 10 随后进入草图模式，绘制如图 19-84 所示的扫描截面。完成后退出草绘模式。最后单击【切减扫描】对话框中的【确定】按钮，完成扫描切口特征的创建。

step 11 同理，在对称的另一侧也创建相同的扫描切口特征。

step 12 利用【倒圆角】命令创建如图 19-85 所示的圆角特征。

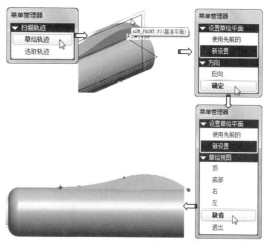

图 19-83 选择菜单命令并绘制轨迹

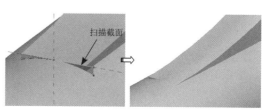

图 19-84 创建扫描切口特征

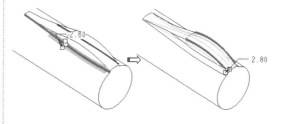

图 19-85 创建圆角

step 13 在模型树中选择 4 个特征将其创建组，如图 19-86 所示。

图 19-86 创建组

step 14 选中创建的组,然后单击【阵列】按钮,打开【阵列】操控板。以【轴】阵列方式,选择旋转特征的轴,然后设置阵列个数和角度,最后单击【应用】按钮完成阵列。如图 19-87 所示。

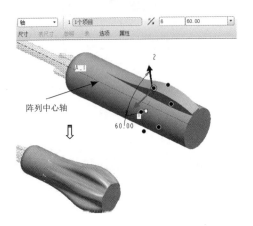

图 19-87 创建阵列特征

step 15 再使用【倒圆角】命令,对刀柄尾部进行倒圆角处理,如图 19-88 所示。

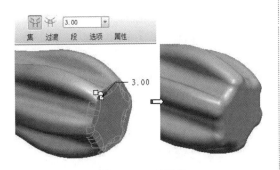

图 19-88 倒圆角

step 16 选择如图 19-89 所示的刀体曲面进行复制、粘贴。在打开的【复制】操控板的【选项】选项卡中选择【排除曲面并填充孔】单选按钮,然后选择孔轮廓,最后单击【应用】按钮完成曲面的复制。

step 17 选中复制的曲面,然后在菜单栏中选择【编辑】|【实体化】命令,在操控板中

单击【修剪】命令,再单击【应用】按钮,完成实体化修剪。结果如图 19-90 所示。

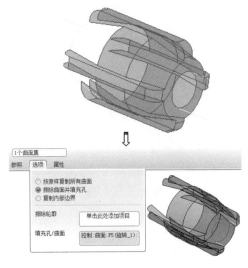

图 19-89 复制曲面

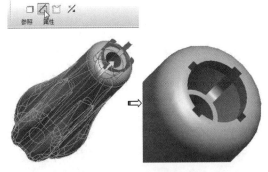

图 19-90 曲面实体化修剪

step 18 至此,完成了整个螺丝刀的组件装配设计,如图 19-91 所示。最后将结果保存。

图 19-91 设计完成的螺丝刀

第 20 章

Pro/E 在装配设计中的应用

本章内容

本章以家用的电风扇设计与装配为例,详解 Pro/E 在工业产品设计中的应用技巧。本章主要分 3 个部分进行讲解:产品设计前的分析、零件设计过程和组件装配。鉴于本章着重介绍产品造型设计,装配设计过程仅做了简要概述。但具体装配过程,与前面所学的装配设计中的操作方法是相同的。

知识要点

☑ 产品设计分析
☑ 设计过程
☑ 电扇装配

20.1 产品设计分析

家用电扇是常用的家电产品,其形式也多种多样,本章选择其中的一种作为应用项目,如图20-1所示,介绍设计实现过程。在建模过程中,根据获得的相关技术数据,主要建立外观件的模型,包括叶片、基座等,并在零件模型的基础上建立装配体的组件模型。

图 20-1 电扇模型

在获取家用电扇的主要技术数据后,根据Pro/E提供的设计模块,完成相应的工作。

1. 获取设计数据

首先,应该获取家用电扇的设计技术数据。这既可以是已有数据,也可以是设计人员设计完成的技术参数等。我们采用借鉴和实测数据相结合的方式获得设计数据。

2. 规划设计过程

按照从零件到部件一直到整体的设计思路,对零件进行分类工作,明确设计任务,并确定设计阶段。产品的整个设计流程比较明确,基本是按照"零件—装配体—工程图—分析"这个过程完成的。家用电扇主要零件包括叶片、基座及前后罩等,根据零件的形式及复杂程度,对零件进行分类建模,如基础零件建模、复杂零件建模及钣金件建模等。在此基础上,完成整个组件的装配工作。

3. 各阶段的细化工作

主要涉及一些具体零件的设计工作,即如何利用软件提供的建模工具完成相应的零件特征的创建。这部分工作是最具体的工作,也是我们学习软件的主要内容。

20.2 设计过程

下面详解电扇各零件的模型设计过程。

20.2.1 前罩设计

前罩是家用电扇的主要零件,主要起保护作用,同时强调外形的美观,如图20-2所示。前罩模型主要由多个辐条及辐条圈组成,前罩设计综合运用了旋转、扫描、壳体等基本建模设计工具。其中,辐条采用扫描特征创建,辐条圈采用旋转特征创建。

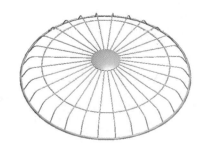

图 20-2 前罩模型

step 01 新建零件文件。单击工具栏中的【新建】按钮,建立一个新零件。在【新建】对话框的【类型】选项组中选择【零件】单选按钮,在【子类型】选项组中默认选中【实体】单选按钮,在【名称】文本框中输入文件名qiangai,并取消选中【使用默认模板】复选框。单击 确定 按钮,在弹出的【新文件选项】对话框中选择模板【mmns_part_solid】,单击 确定 按钮后,进入系统的零件模块。

step 02 创建旋转实体特征。单击绘图区右侧的【旋转】工具按钮，打开【旋转】特征操控板，单击其中的【放置】菜单，打开【草绘】对话框，选择基准平面 FRONT 作为草绘平面，绘制旋转剖面图，创建旋转实体特征，如图 20-3 所示。

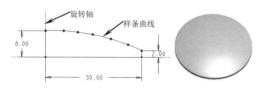

图 20-3　创建旋转实体特征

step 03 创建壳特征。单击绘图区右侧的【壳】工具按钮，打开【壳】设计操控板。在操控板上单击【参照】按钮，打开【参照】选项卡，选择移除曲面，输入壳体厚度数值 1.2，创建壳特征，如图 20-4 所示。

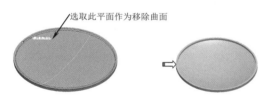

图 20-4　创建壳特征

step 04 创建草绘曲线。单击按钮打开【草绘】对话框，采用先前的草绘设置，绘制如图 20-5 所示的草绘曲线。

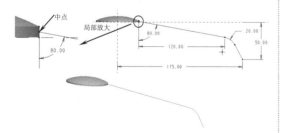

图 20-5　创建基准曲线

step 05 创建基准平面。单击按钮，打开【基准平面】对话框。选择 RIGHT 平面作为作为参照，采用平面偏移的方式，【平移】为17，并调整平面的偏移方向，创建如图 20-6 所示的 DTM1 基准平面。

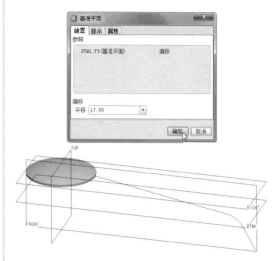

图 20-6　创建基准平面

step 06 创建基准点。单击按钮，按住 Ctrl 键依次选择如图 20-7 所示的上一步所创建的基准曲线和 DTM1 平面为基准点的放置参照，采用利用曲线与平面相交的方式创建基准点。

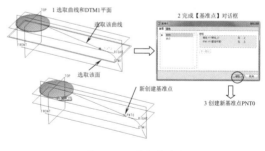

图 20-7　创建基准点

step 07 创建旋转实体特征。单击【旋转】工具按钮，打开【旋转】特征操控板，并进入草绘模式，草绘平面与参照直接采用先前的设置。在草绘模式中选择上一步所创建的基准点设置草绘参照，利用壳体的轴线作为旋转轴，并绘制旋转剖面图，创建旋转实体特征，如图 20-8 所示。

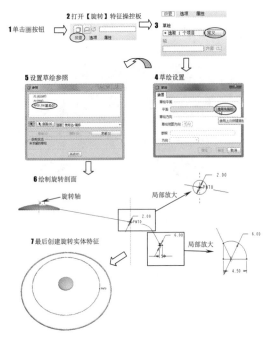

图 20-8 创建旋转实体特征

step 08 创建扫描实体特征。在【插入】主菜单中依次选择【扫描】|【伸出项】命令，打开【扫描轨迹】菜单管理器，具体操作过程如图 20-9 所示。其中主要完成 3 部分工作，即：完成扫描轨迹选择（按住 Ctrl 键选择扫描轨迹）、扫描属性定义和扫描截面定义，最后创建扫描实体特征。

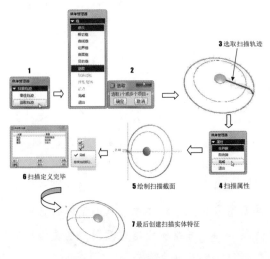

图 20-9 创建扫描实体特征

step 09 创建阵列特征。选中上一步创建的扫描实体特征，单击按钮，弹出【阵列】特征操控板，按图 20-10 操作，完成绕【轴】向阵列的 30 个特征。

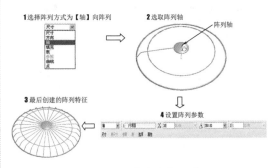

图 20-10 创建阵列实体特征

step 09 完成前罩零件模型设计。单击按钮保存设计结果，关闭窗口。

20.2.2 扇叶设计

下面创建电扇中的叶轮模型，如图 20-11 所示。叶轮模型主要包括沿圆周均布的 3 个叶片及中间旋转体部分，其中叶片部分建模较为复杂。

图 20-11 叶轮模型

step 01 新建零件文件。单击工具栏中的【新建】按钮，建立一个新零件。在【新建】对话框的【类型】选项组中选择【零件】单选按钮，在【子类型】选项组中默认选中【实体】单选按钮，在【名称】文本框中输入文件名 yelun，并取消选中【使用默认模板】复选框。

第 20 章 Pro/E 在装配设计中的应用

单击 确定 按钮，在弹出的【新文件选项】对话框中选择模板【mmns_part_solid】，单击 确定 按钮后，进入系统的零件模块，如图 20-12 所示。

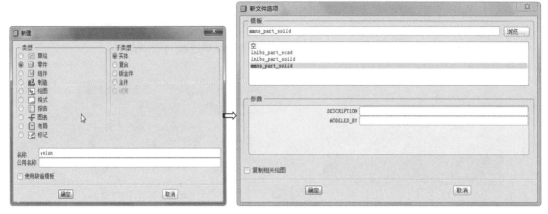

图 20-12 新建零件文件

step 02 创建旋转曲面特征。单击绘图区右侧的【旋转】工具按钮，打开【旋转】特征操控板，注意单击 按钮，主要操作过程如图 20-13 所示。

step 03 创建叶片主体拉伸曲面特征。单击右侧工具栏中的 按钮，弹出【拉伸】特征操作操控板，注意单击【曲面】按钮，操作过程如图 20-14 所示。

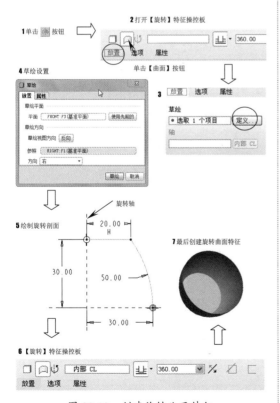

图 20-13 创建旋转曲面特征

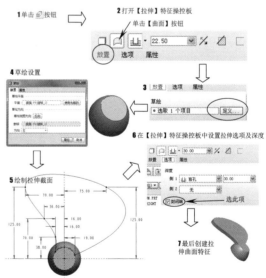

图 20-14 创建叶片主体拉伸曲面特征

step 04 绘制拉伸曲面特征。单击右侧工具栏中的 按钮，弹出【拉伸】特征操作操控板，注意单击【曲面】按钮，绘制一条样条曲线作为拉伸曲线，操作过程如图 20-15 所示。

513

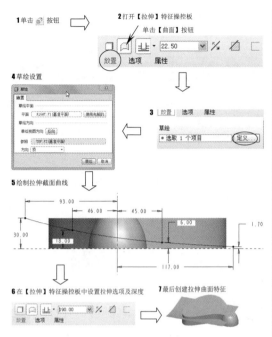

图 20-15　创建拉伸曲面特征

step 05　创建曲面偏移特征。选中上一步创建的曲面,选择【编辑】|【偏移】命令,打开【偏移】操控板,设置偏移距离为2,并利用 按钮调节偏移方向,生成如图20-16所示的偏移曲面。

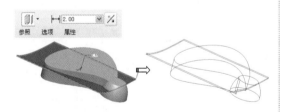

图 20-16　创建偏移曲面特征

step 06　复制曲面。选中如图20-17所示的曲面,选择【编辑】|【复制】命令,然后选择【编辑】|【粘贴】命令,即在原位置复制同样一个曲面,图形区域虽然没有发生什么变化,但在模型树中出现【复制1】项目。

step 07　合并曲面。按住Ctrl键,选择如图20-18所示的曲面1和曲面2作为合并对象,然后单击右侧工具栏中的 按钮,并在曲面

【合并】操控板上单击 按钮调节合并曲面保留方向,创建曲面合并特征。按同样的过程进行两次曲面合并,如图20-19和图20-20所示。注意在图20-20所示的曲面合并中,应在模型树中选择【合并2】。

图 20-17　复制曲面

图 20-18　合并曲面 1

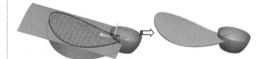

图 20-19　合并曲面 2

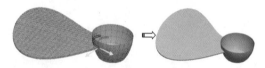

图 20-20　合并曲面 3

step 08　创建实体化特征。在模型树中,选中上一步图20-20所创建的合并曲面特征,然后选择【编辑】|【实体化】命令,创建如图20-21所示的实体化特征。

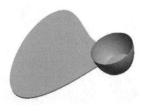

图 20-21　创建实体化特征

step 09 创建组。在模型树中，按住 Shift 键选中如图 20-22 所示的内容，单击鼠标右键，在弹出的快捷菜单中选择【组】命令，创建组。

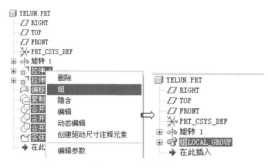

图 20-22 创建组

step 10 创建旋转阵列特征。在模型树中选择上一步所创建的组，单击右侧工具栏中的 ▦ 按钮，弹出【阵列】特征操控板，选择阵列方式为【轴】向阵列，并选第一步旋转曲面的轴线 A_1 作为旋转轴，创建旋转阵列特征如图 20-23 所示。

图 20-23 创建旋转阵列特征

step 11 创建曲面加厚特征。选中如图 20-24 所示的曲面，然后选择【编辑】|【加厚】命令，打开【加厚】特征操控板，调整加厚方向，创建曲面加厚特征。

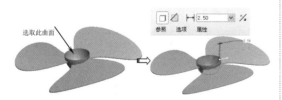

图 20-24 创建曲面加厚特征

step 12 创建中间轴孔拉伸实体特征。单击右侧工具栏中的 按钮，弹出【拉伸】特征操控板，注意单击 按钮，主要操作过程如图 20-25 所示，即创建了中间轴孔拉伸实体特征。

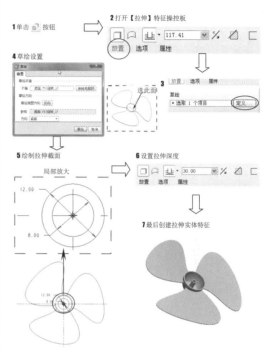

图 20-25 创建拉伸实体特征

step 13 创建基准平面。单击右侧工具栏中的 按钮，选择 FRONT 基准面和轴 A_1 作为参照，采用旋转 30°角的方式建立基准面 DTM1，如图 20-26 所示。

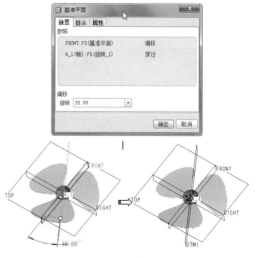

图 20-26 创建基准平面

step 14 创建筋特征。单击右侧工具栏中的 按钮，主要操作过程如图 20-27 所示。

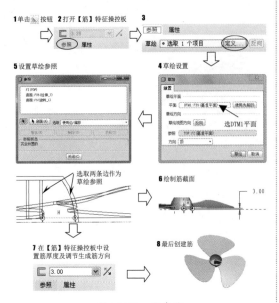

图 20-27 创建筋

step 15 创建筋的旋转阵列特征。在模型树中选择上一步所创建的筋，单击右侧工具栏中的 按钮，弹出【阵列】特征操控板，选择阵列方式为【轴】向阵列，选第一步旋转曲面的轴线 A_1 作为旋转轴，参数设置如图 20-28 所示，创建旋转阵列特征。

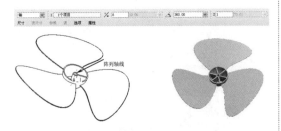

图 20-28 创建筋的旋转阵列特征

step 16 创建倒圆角特征。单击右侧工具栏中的 按钮，按住 Ctrl 键，分别选择 3 个叶片的边线进行倒角，设置圆角半径为 0.8。选择叶轮基体的边线，设置圆角半径为 3，创建倒圆角特征，如图 20-29 所示。

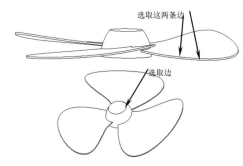

图 20-29 倒圆角

step 17 完成叶轮模型的创建，最后创建的叶轮模型如图 20-30 所示。

图 20-30 最后创建的叶轮

step 18 单击 按钮保存设计结果，关闭窗口。

20.2.3 底座设计

下面设计电扇的底座模型，如图 20-31 所示。底座模型主要由基座、支柱，以及旋钮、文字等修饰特征组成，其中基座、支柱部分建模较为复杂。

底座设计综合运用到混合、截面圆顶、曲面偏移、曲面合并、曲面实体化等复杂曲面建模方法。

图 20-31 底座模型

step 01 新建零件文件。单击工具栏中的【新建】按钮，建立一个新零件。在【新建】对话框的【类型】选项组中选择【零件】单选按钮，在【子类型】选项组中默认选中【实体】单选按钮，在【名称】文本框中输入文件名 dizuo，并取消选中【使用默认模板】复选框。单击 确定 按钮，在弹出的【新文件选项】对话框中选择模板【mmns_part_solid】，如图 20-32 所示，单击 确定 按钮后，进入系统的零件模块。

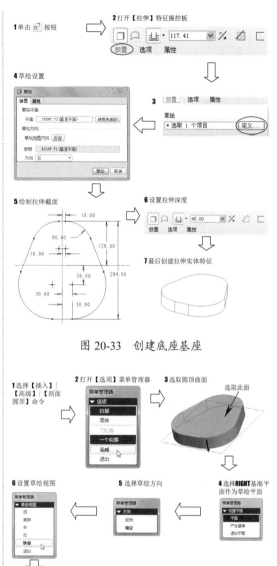

图 20-33 创建底座基座

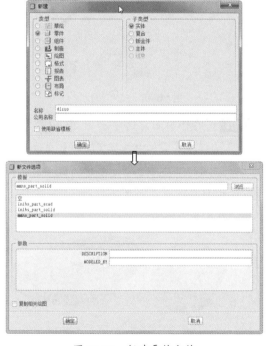

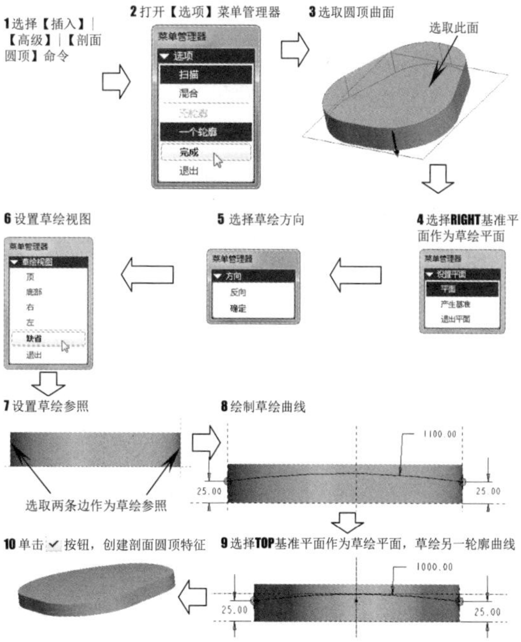

图 20-32 新建零件文件

step 02 以拉伸方式创建底座基座部分。单击右侧工具栏中的 按钮，弹出【拉伸】特征操作操控板，单击 按钮，选择 FRONT 平面作为草绘平面，主要操作过程如图 20-33 所示。

step 03 创建基座圆顶部分。选择【插入】|【高级】|【剖面圆顶】命令，主要操作过程如图 20-34 所示。

图 20-34 创建基座圆顶部分

step 04 创建基准平面。单击右侧工具栏中的 按钮，选择 FRONT 基准平面作为参照，以偏移方式建立基准平面，偏移距离为 43，创建基准平面 DTM1，如图 20-35 所示。

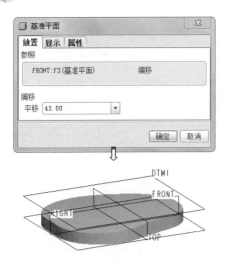

图 20-35 创建基准平面 DTM1

step 05 绘制基准曲线。单击右侧工具栏中的 按钮，选择上一步创建的 DTM1 平面作为草绘平面，绘制如图 20-36 所示的曲线，退出草绘模式，创建的曲线如图 20-36 所示。

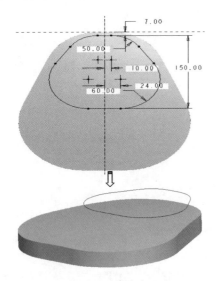

图 20-36 创建基准曲线

step 06 投影曲线。选中上一步创建的基准曲线，选择【编辑】|【投影】命令，并选择基座顶面作为投影曲面，最后得到投影曲线，如图 20-37 所示。

step 07 偏移曲线。选择上一步创建的投影曲线，选择【编辑】|【偏移】命令，弹出【偏移】操控板，设置偏移距离为 4，并利用 按钮调节偏移方向，创建的偏移曲线如图 20-38 所示。

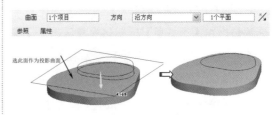

图 20-37 曲线投影

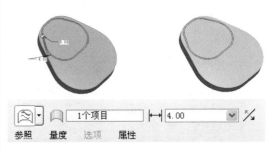

图 20-38 偏移曲线

step 08 偏移曲面。选中如图 20-39 所示的曲面，然后在主菜单中选择【编辑】|【偏移】命令，设置平移距离为 7，创建的偏移曲面如图 20-39 所示。

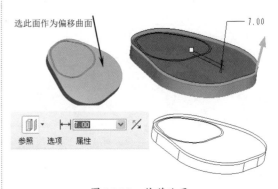

图 20-39 偏移曲面

step 09 隐藏曲面，显示基准曲线。在模型树中，选择上一步创建的偏移曲面，单击鼠标右键，在弹出的快捷菜单中选择【隐藏】命令，隐藏偏移曲面。同样，选中之前草绘的基准曲线，取消对其隐藏，最后的模型显示结果如图 20-40 所示。

第 20 章　Pro/E 在装配设计中的应用

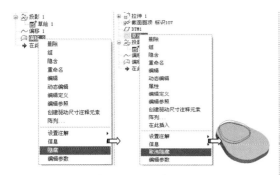

图 20-40　隐藏曲面

step 10　利用特征混合方式创建基座凸起部分。在主菜单中选择【插入】|【混合】|【伸出项】命令，弹出【混合】特征操控板，主要操作过程如图 20-41 所示。

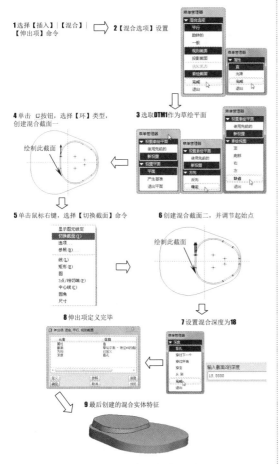

图 20-41　创建混合实体特征

step 11　取消对偏移曲面的隐藏。在模型树中，选择前面创建的偏移曲面，单击鼠标右键，在弹出的快捷菜单中选择【取消隐藏】命令，显示偏移曲面，如图 20-42 所示。

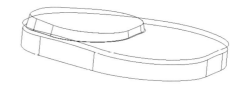

图 20-42　取消偏移曲面隐藏

step 12　偏移曲面实体化。在模型树中选中上一步取消隐藏的偏移曲面，在主菜单中选择【编辑】|【实体化】命令，弹出【实体化】特征操控板，单击按钮（去除材料），并利用％按钮调节切减材料方向，创建的实体化特征如图 20-43 所示。

图 20-43　曲面实体化特征

step 13　创建基准面。单击右侧工具栏中的按钮，打开【基准平面】对话框，选择 FRONT 基准平面作为参照，设置偏移距离为 230，创建基准平面 DTM2，如图 20-44 所示。

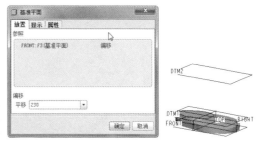

图 20-44　创建基准平面 DTM2

step 14　草绘基准曲线。单击右侧工具栏中的按钮，选择 DTM2 平面作为草绘平面，绘制如图 20-45 所示的曲线，完成后单击按钮退出草绘模式，创建的曲线如图 20-45 所示。

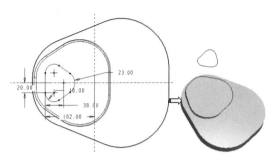

图 20-45　草绘基准曲线

step 15　投影曲线。选中上一步创建的基准曲线，选择【编辑】|【投影】命令，并选择基座顶面作为投影曲面，最后得到投影曲线如图 20-46 所示。

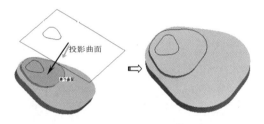

图 20-46　投影曲线

step 16　偏移曲线。选中上一步创建的投影曲线，选择【编辑】|【偏移】命令，弹出【偏移】操控板，设置偏移距离为 8，并利用 按钮调节偏移方向，创建的偏移曲线如图 20-47 所示。

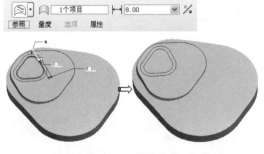

图 20-47　偏移曲线

step 17　取消隐藏基准曲线。在模型树中，选中之前草绘的基准曲线，取消对其隐藏，最后的模型显示结果如图 20-48 所示。

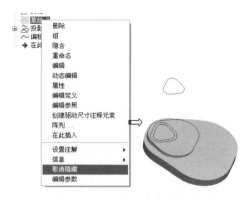

图 20-48　取消隐藏基准曲线

step 18　利用特征混合方式创建底座支柱部分。在主菜单中依次选择【插入】|【混合】|【伸出项】命令，弹出【混合】特征操控板，主要操作过程如图 20-49 所示。

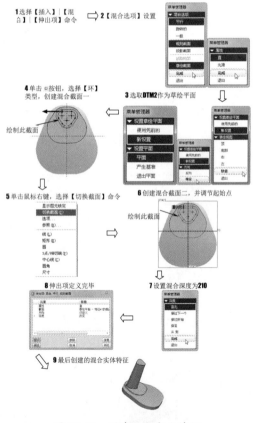

图 20-49　创建混合实体特征

step 19　以拉伸切除方式创建支柱缺口部分。单击右侧工具栏中的 按钮，弹出【拉伸】

特征操作操控板，注意单击 按钮，主要操作过程如图 20-50 所示。

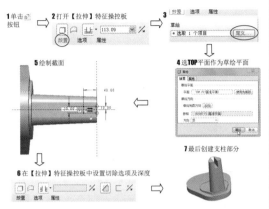

图 20-50　创建支柱缺口部分

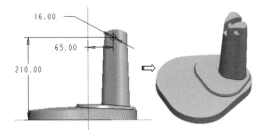

图 20-52　创建支柱上端圆孔

step 20　以拉伸切除方式创建支柱上端部分。单击右侧工具栏中的 按钮，弹出【拉伸】特征操作操控板，注意单击 、 与 按钮，主要操作过程如图 20-51 所示。

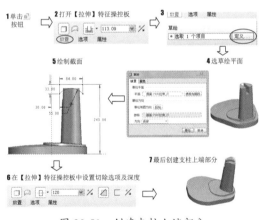

图 20-51　创建支柱上端部分

step 21　以拉伸切除方式创建支柱上端圆孔。过程与上一步相同，拉伸截面与最后创建的支柱缺口部分如图 20-52 所示。

step 22　创建 3 条草绘曲线。分别以 DTM2 平面作为草绘平面，3 次单击右侧工具栏中的 按钮，草绘 3 条曲线，作为底座修饰部分、旋钮及中间显示文字部分曲线，最后结果如图 20-53 所示。

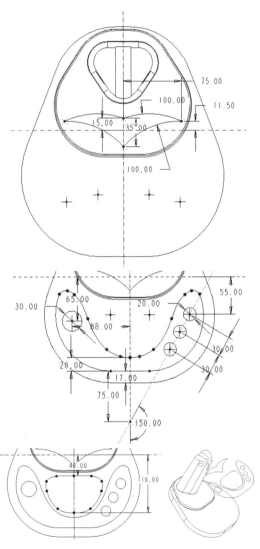

图 20-53　创建 3 条草绘曲线

step 23　创建剪切实体特征。单击右侧工具栏中的 按钮，选择 DTM2 平面作为草绘平面，主要操作过程如图 20-54 所示。

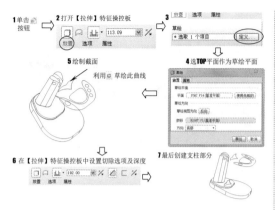

图 20-54　创建剪切实体特征

step 24　创建3个偏移曲面特征。选中如图20-55所示的曲面，然后在主菜单中选择【编辑】|【偏移】命令，设置偏移距离为5，最后得到的偏移曲面如图20-55所示。选择相同的曲面，设置偏移距离分别为15、30，创建另外两个偏移曲面特征，最后结果如图20-56所示。

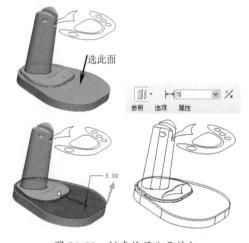

图 20-55　创建偏移曲面特征

图 20-56　创建另外两个偏移曲面特征

step 25　隐藏偏移曲面。隐藏新创建的3个偏移曲面，最后模型显示结果如图20-57所示。

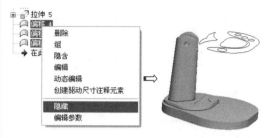

图 20-57　隐藏偏移曲面

step 26　创建切除实体特征。单击右侧工具栏中的按钮，选择DTM2平面作为草绘平面，主要操作过程如图20-58所示。

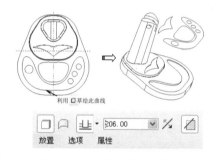

图 20-58　创建切除实体特征

step 27　创建拉伸实体特征。单击右侧工具栏中的按钮，选择DTM2平面作为草绘平面，调节拉伸方向，设置拉伸深度为 方式，最后创建的拉伸实体特征如图20-59所示。

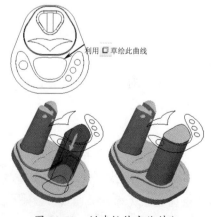

图 20-59　创建拉伸实体特征

step 28 创建切除实体特征。单击右侧工具栏中的 按钮,选择DTM2平面作为草绘平面,利用 按钮创建草绘曲线,主要操作过程及最后结果如图20-60所示。

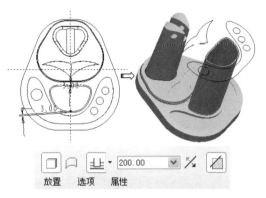

图20-60 创建剪切实体特征

step 29 创建实体化特征。在模型树中,取消对偏移曲面4的隐藏,选中该曲面特征,然后在主菜单中选择【编辑】|【实体化】命令,打开【实体化】特征操控板,单击去除材料按钮 ,调节方向,创建如图20-61所示的实体化特征。

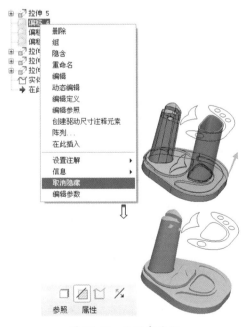

图20-61 曲面实体化

step 30 创建基准平面DTM3。单击右侧工具栏中的 按钮,打开【基准平面】对话框,选择FRONT基准平面作为参照,设置偏移距离为32,创建基准平面DTM3,如图20-62所示。

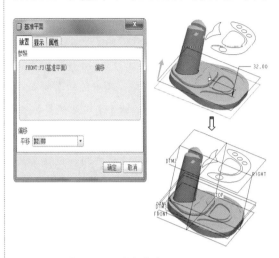

图20-62 创建基准平面DTM3

step 31 创建拉伸实体特征。单击右侧工具栏中的 按钮,选择DTM3平面作为草绘平面,单击 按钮创建文字,单击 按钮调节拉伸方向,设置拉伸深度为 方式,最后创建的拉伸实体特征如图20-63所示。

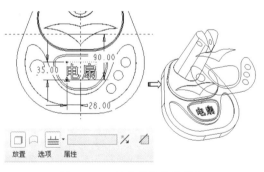

图20-63 创建拉伸实体特征

step 32 创建拉伸实体特征。单击右侧工具栏中的 按钮,选择DTM2平面作为草绘平面,利用 按钮绘制图示曲线,单击 按钮调节拉伸方向,设置拉伸深度为 方式,最后创建的拉伸实体特征如图20-64所示。

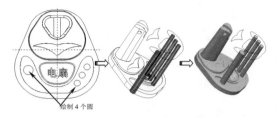

图20-64 创建拉伸实体特征

step 33 创建曲面实体化特征。在模型树中，取消对偏移曲面5的隐藏，选中该曲面特征，然后在主菜单中选择【编辑】|【实体化】命令，打开【实体化】特征操控板，单击【去除材料】按钮，并利用按钮调节方向，创建如图20-65所示的实体化特征。

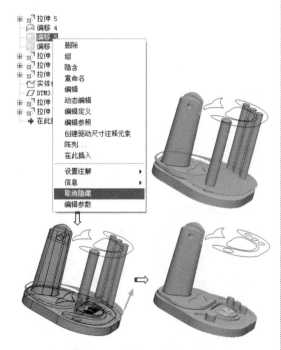

图20-65 创建曲面实体化特征

step 34 创建拉伸实体特征。单击右侧工具栏中的按钮，选择DTM2平面作为草绘平面，利用按钮绘制图示曲线，单击按钮调节拉伸方向，设置拉伸深度为方式，最后创建的拉伸实体特征如图20-66所示。

step 35 创建曲面实体化特征。在模型树中，取消对偏移曲面6的隐藏，选中该曲面特征，然后在主菜单中选择【编辑】|【实体化】命令，打开【实体化】特征操控板，单击【去除材料】按钮，并利用按钮调节方向，创建如图20-67所示的实体化特征。

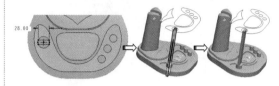

图20-66 创建拉伸实体特征

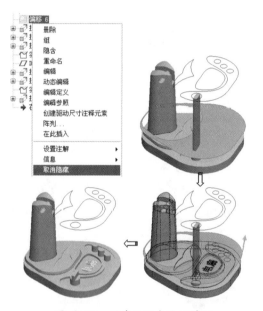

图20-67 创建曲面实体化特征

step 36 隐藏基准曲线，得到最后的设计结果，如图20-68所示。

图20-68 电扇底座最后设计结果

step 37 完成底座模型创建，单击按钮保存设计结果，关闭窗口。

20.2.4　其他零件设计

鉴于文章篇幅的限制，其他零件模型的设计过程将不再详解，大家可以打开本章案例结果文件中的模型，加以参考并完成练习。

20.3　电扇装配

家用电扇组成零件较多，装配关系复杂。家用电扇由多个零件组成，在装配过程中需要使用多种约束方法。通过家用电扇的装配可以掌握多零件装配的过程和方法，以及配对和对齐等约束的使用技巧。创建的电扇装配体如图 20-69 所示。

创建的电扇装配分解视图如图 20-70 所示。

图 20-69　电扇装配体　　图 20-70　电扇分解视图

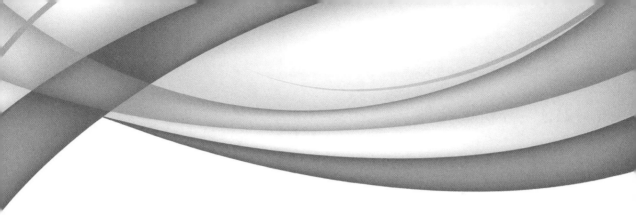

第 21 章

Pro/E 在钣金设计中的应用

本章内容

在本章中,将利用电控支架钣金的设计案例,对整个钣金的设计流程进行全面的讲解。目的是让读者明白钣金件的结构设计过程是根据钣金冲压工艺内容进行安排的。

知识要点

☑ 分析钣金件
☑ 确定钣金冲压方案
☑ 钣金设计流程

21.1 分析钣金件

冲压工艺方案是冷冲压模具设计的依据,若工艺方案有误,往往会造成模具返工,甚至报废。为此,制订冲压工艺方案时,必须周密考虑,根据冲压件的材料、形状、尺寸和精度要求,以及各冲压工序的变形特点及生产条件,仔细对比若干不同工艺方案,从中选择出技术上可行、经济上合理的工艺方案。

电控支架是某空调机上的结构件,要求大批量生产,从图 21-1、图 21-2 所示的零件图中可知,该零件虽然精度要求一般,但结构复杂,尺寸众多。

图 21-1　电控支架三维模型

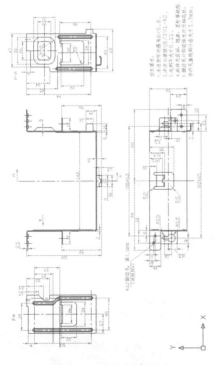

图 21-2　电控支架零件图

从形状特点上分析:首先,电控支架结构复杂,包含的工序内容较多,有冲孔、落料、打包、凸筋、翻边、弯曲等,想在一套模具上完成所有的工序是不现实的,因此会用到多套模具,而且有些工序(如弯曲)还不止采用一套模具;其次,零件上的凸筋离边缘较近(仅3mm),由于凸筋在成型时会产生料的流动,所以凸筋工序要安排在落料工序之前进行,避免因料流而破坏零件的外形轮廓。

从尺寸大小上分析:首先,零件的外形尺寸较大,所以模具尺寸较大,某些工序(如:落料工序)可能需要的冲压力较大;其次,零件的壁厚较薄(壁厚1mm),所以冲孔、落料模的凸凹模间隙比较小,模具精度相应较高。

从精度上分析:首先,零件大部分尺寸为自由公差,容易保证,但有两个位置尺寸具有公差要求,分别是 155 ± 0.2 和 162 ± 0.5,它们都是弯曲过后的孔位置尺寸,虽然要求不高,但是由于弯曲件的回弹和料的偏移,往往会导致这两个尺寸不容易保证,所以在设计弯曲模具时要控制好回弹和偏移;其次,技术要求中提到毛刺的高度要小于 0.12mm,属于普通精度要求,只要控制好模具间隙与凸凹模的刃口锋利就不难达到。

从材料上分析:电控支架采用的是镀锌钢板,材料的冲压性能较好。

综上所述,电控支架非常适合冲压模具的生产,这样不仅能够提高效率,降低成本,还能够有效地保证零件的精度与良好的互换性。

21.2 确定钣金冲压方案

这个步骤的任务就是要明确冲压件需要几个冲压工序、几套冲压模具、每一套模具要完成的任务是什么,以及工序间的先后次序。

在制订工艺方案时,往往会事先拟订几套可行的方案,再根据零件的工艺性能、生产批量、企业现有的生产条件，并综合考虑质量、效率、成本、寿命等因素，通过对各种方案的比较、分析，确定出一种最佳的冲压工艺方案。

表 21-1 列出的就是电控支架的几种冲压工艺方案对比。

表 21-1 电控支架冲压工艺方案对比

	步骤	冲孔（含翻边孔）、落料→打包、凸筋→一弯→二弯
方案 1	优缺点	4 套模具，每套模具完成的任务都不复杂，模具结构相对简单，但先落料后凸筋，模具控制不好，在凸筋工序中会因料流而破坏零件的外形轮廓
方案 2	步骤	打包、凸筋→冲孔（含翻边孔）、落料→一弯→二弯
	优缺点	先凸筋再落料，可有效地避免料流对零件外形轮廓的破坏，但不易保证翻边孔的位置精度 155±0.2
方案 3	步骤	打包、凸筋→冲孔、落料→一弯→二弯→翻边
	优缺点	为了确保翻边孔的位置精度，可将翻边孔安排在最后，以降低弯曲模的要求，但增加了一套模具，成本上升
结　论	综合考虑，选择方案 2	

参照表 21-1 的结论，选择相对合理的方案 2，此方案只需要 4 套模具，每套模具都比较简单，成本低，只要控制好两套弯曲模的回弹与偏移，保证孔的位置尺寸要求是没有问题的。

电控支架各道工序的最终工序图如表 21-2 所示。其中，工序 1 为下料工序，用到剪板机，不需要单独设计工装，而工序 2 至工序 5 都需要使用专用的模具，在后续章节中将陆续介绍电控支架 4 个工序的模具设计，它们分别是：打包凸筋模、冲孔落料模、电控支架一弯模、电控支架二弯模。

表 21-2 电控支架的冲压工艺方案

工　序	设　备	工　序　图
工序 1：下料	剪板机	电控支架切料图
工序 2：打包凸筋模	冲床	打包凸筋工序图

续表

工 序	设 备	工 序 图
工序2: 打包凸筋模	冲床	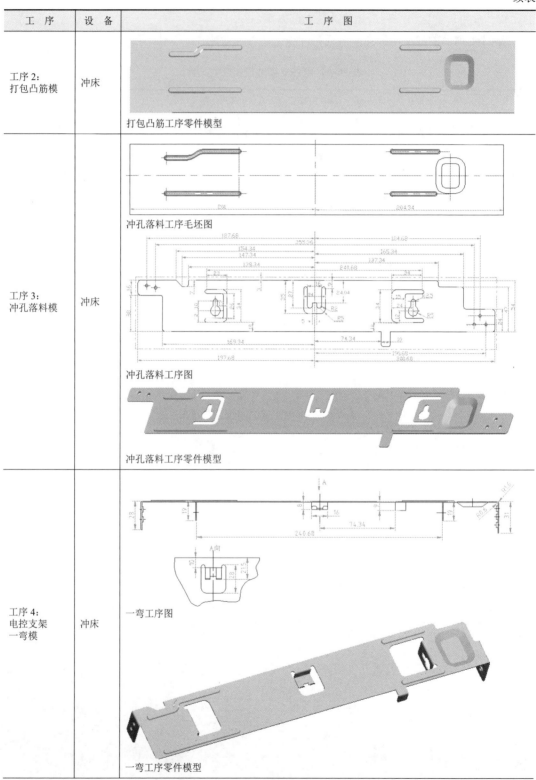 打包凸筋工序零件模型 冲孔落料工序毛坯图
工序3: 冲孔落料模	冲床	冲孔落料工序图 冲孔落料工序零件模型
工序4: 电控支架 一弯模	冲床	一弯工序图 一弯工序零件模型

续表

工序	设备	工序图
工序5：电控支架二弯模	冲床	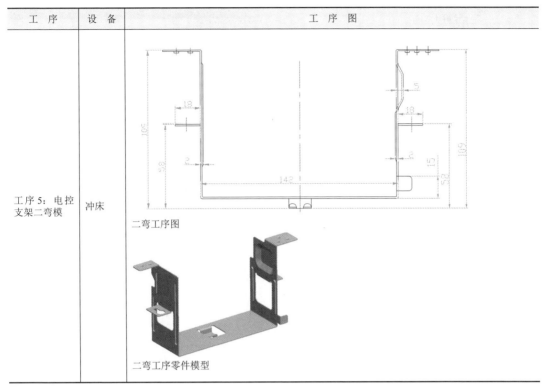 二弯工序图 二弯工序零件模型

21.3 钣金设计流程

设计电控支架将按照钣金成型的工序来设计钣金件，如图21-3所示。

下料（创建基础壁）

打包凸筋工序（钣金凸模成型和凹模成型）

切边（创建拉伸切除）

冲孔落料（创建拉伸切除）

第一次折弯（创建折弯钣金）

第二次折弯（创建折弯钣金）

图21-3　USB接口钣金件

21.3.1 创建第一壁及凸、凹模成型

step 01 启动 Pro/E 软件,并创建一个名称为 diankongzhijia 的钣金文件,并选择【direct_part_solid_mmns】公制模板进入钣金设计环境,如图 21-4 所示。

图 21-4 新建钣金文件

step 01 创建工作目录。单击【平整】按钮，打开【平整】操控板。选择 TOP 基准平面作为草绘平面,进入草绘模式绘制如图 21-5 所示的草图。

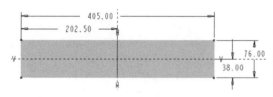

图 21-5 绘制第一壁草图

step 02 退出草绘模式后,在操控板中输入厚度值 1,创建的第一壁如图 21-6 所示。

图 21-6 创建的第一壁

step 03 在右工具栏中单击【凹模】按钮，弹出【选项】菜单管理器。选择【参照】|【完成】命令,从退出的【打开】对话框中打开凹模零件 cavity-1.prt,如图 21-7 所示。

图 21-7 打开凹模零件 1

step 01 接着弹出【模板】装配对话框和【模板】定义对话框,如图 21-8 所示。

图 21-8 【模板】装配和【模板】定义对话框

step 02 在【模板】装配对话框中创建 3 组装配约束,如图 21-9 所示。

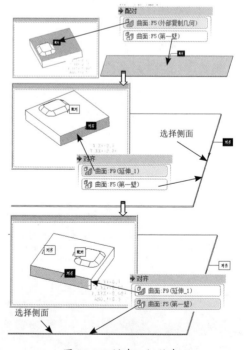

图 21-9 创建 3 组约束

step 03 创建约束并放置凹模零件后，在【模型】定义对话框中定义【边界平面】元素和【种子曲面】元素，如图21-10所示。

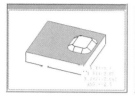 

定义边界平面　　　　定义种子曲面

图21-10　定义元素

step 04 最后单击【确定】按钮，创建凹模成型特征，如图21-11所示。

图21-11　创建的凹模成型特征

step 05 继续创建第二个（4个凹模成型）成型特征。打开素材文件夹中的cavity-2.prt文件，定义的3组放置约束如图21-12所示。

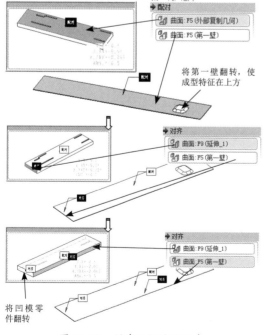

图21-12　创建3组放置约束

> **技巧点拨：**
>
> 选择第一壁上的参照平面时，需要将第一壁钣金翻转180°。也就是与第一个凹模成型特征的放置平面相反。

step 06 定义的边界平面和种子曲面如图21-13所示。

定义边界平面

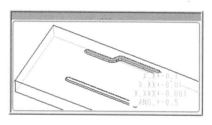

定义种子曲面

图21-13　定义元素

step 07 创建完成的凹模成型特征如图21-14所示。

图21-14　创建的第2个凹模成型特征

step 08 由于一次只能成型一个凹模特征，因此，凹模零件中的其余3个成型特征需要重复进行3次操作。过程这里就不再重复介绍了，最终创建完成的凹模成型特征如图21-15所示。

图21-15　创建完成的4个凹模成型特征

21.3.2 创建拉伸切除特征

拉伸切除分两次进行。第一次切除边角，第二次切除内部。

step 01 利用【拉伸】命令，在第一壁上绘制如图 21-16 所示的草图。

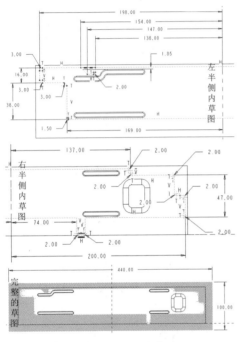

图 21-16 绘制的草图

step 02 退出草绘模式后，在操控板中设置切除方向，然后单击【应用】按钮完成拉伸切除特征的创建，如图 21-17 所示。

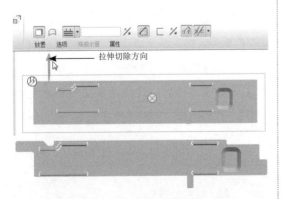

图 21-17 创建拉伸切除特征

step 03 执行相同的命令与操作，再创建第一壁上如图 21-18 所示的内部拉伸切除特征。

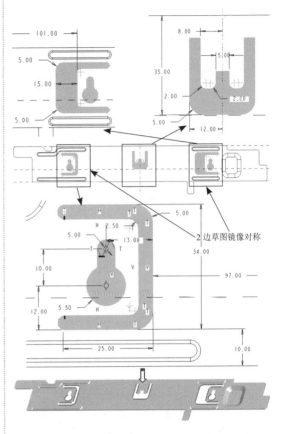

图 21-18 创建内部的切除特征

step 04 在第一壁的两侧再创建如图 21-19 所示的切除孔。

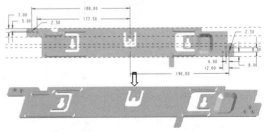

图 21-19 创建切除孔

21.3.3 创建折弯

本例电控支架钣金中要折弯的区域有 6

处，如图 21-20 所示。下面按照从左至右的顺序创建折弯，每个折弯的方法与不足都是相同的，不同的是折弯线。

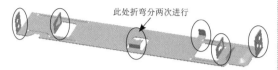

图 21-20　折弯特征

1．创建第一个折弯

step 01　单击【折弯】按钮，然后在弹出的菜单管理器中依次选择如图 21-21 所示的菜单命令，进入草绘模式绘制折弯线。

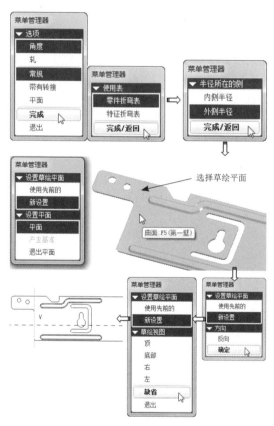

图 21-21　绘制折弯线

step 03　然后再依次选择如图 21-22 所示的菜单命令，退出草绘模式并完成折弯特征的创建。

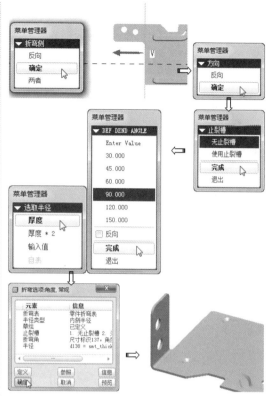

图 21-22　创建完成第一个折弯

2．创建第二个折弯

step 01　创建第二个折弯的步骤与方法与第一个是相同的（草绘平面也是相同的），不的是折弯线。详细操作步骤就不赘述了。如图 21-23 所示为第二个折弯的折弯线和折弯结果。

图 21-23　创建第二个折弯

3．创建第四、五、六个折弯

这 3 个折弯特征与前面两个折弯特征也是按相同的方法来操作。

step 01　如图 21-24 所示为第四个折弯的折弯线和折弯结果。

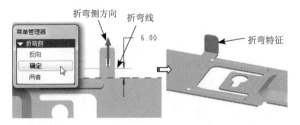

图 21-24 创建第四个折弯

step 02 如图 21-25 所示为第五个折弯的折弯线和折弯结果。

图 21-25 创建第五个折弯

step 03 如图 21-26 所示为第六个折弯的折弯线和折弯结果。

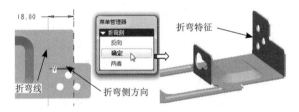

图 21-26 创建第六个折弯

4．创建第三个折弯

第三个折弯实际上是分 3 次折弯完成的。

step 01 创建第一次折弯的折弯线与结果如图 21-27 所示。

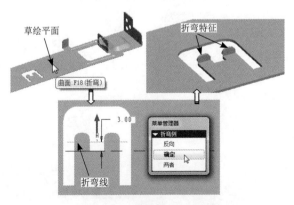

图 21-27 创建第一次折弯

step 02 第二次折弯与第一次折弯的方向是相同的,草绘平面也相同,如图 21-28 所示为第二次折弯的折弯线与结果。

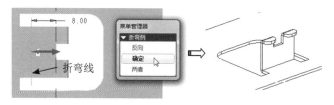

图 21-28 创建第二次折弯

step 03 第三次折弯与第一、二次折弯的方向是相反的,草绘平面也不同,在第一壁的另一反向侧,如图 21-29 所示为第三次折弯的折弯线与结果。

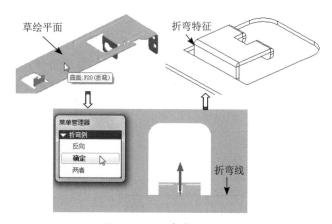

图 21-29 创建第三次折弯

> **技巧点拨:**
> 在草图中,一次只能绘制一条折弯线,否则不能创建折弯特征。

21.3.4 创建二次折弯钣金

在完成了前面介绍的折弯钣金设计后,最后再进行统一的折弯,就可以得到最终的电控支架钣金件。

操作步骤:

step 01 首先创建第一个折弯特征。选择的草图平面、创建的折弯线及折弯特征如图 21-30 所示。

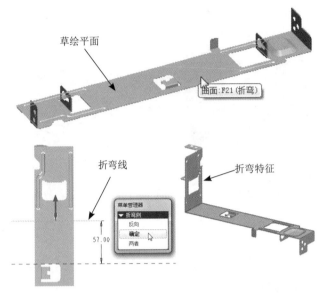

图 21-30　创建第一个折弯特征

step 02　同理，在对称的另一侧创建第二个折弯特征，结果如图 21-31 所示。

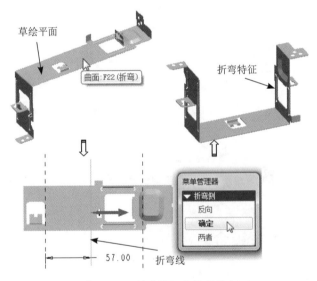

图 21-31　创建第二个折弯特征

step 03　至此，完成了电控支架钣金的设计过程。最后将结果保存即可。

反侵权盗版声明

电子工业出版社依法对本作品享有专有出版权。任何未经权利人书面许可，复制、销售或通过信息网络传播本作品的行为；歪曲、篡改、剽窃本作品的行为，均违反《中华人民共和国著作权法》，其行为人应承担相应的民事责任和行政责任，构成犯罪的，将被依法追究刑事责任。

为了维护市场秩序，保护权利人的合法权益，我社将依法查处和打击侵权盗版的单位和个人。欢迎社会各界人士积极举报侵权盗版行为，本社将奖励举报有功人员，并保证举报人的信息不被泄露。

举报电话：（010）88254396；（010）88258888
传　　真：（010）88254397
E-mail：dbqq@phei.com.cn
通信地址：北京市万寿路173信箱
电子工业出版社总编办公室
邮　　编：100036